U0177344

2009
长江保护与发展报告

Yangtze Conservation
and
Development Report

杨桂山 马超德 常思勇 主编

长江出版社

图书在版编目（CIP）数据

长江保护与发展报告.2009/杨桂山，马超德，

常思勇主编. —武汉：长江出版社，2009.4

ISBN 978-7-80708-645-1

Ⅰ.长… Ⅱ.①杨…②马…③常… Ⅲ.①长

江流域—环境保护—研究报告—2009②长江流域

—经济发展—研究报告—2009 Ⅳ.X321.25 F127.5

中国版本图书馆 CIP 数据核字（2009）第 049993 号

长江保护与发展报告.2009　　　　　　　　　　　杨桂山　马超德　常思勇　主编

责任编辑：赵冕　高伟

装帧设计：刘斯佳

出版发行：长江出版社

地　　　址：武汉市解放大道 1863 号　　　　　　　　　　邮　　编：430010

E-mail:cjpub@vip.sina.com

电　　　话：（027）82927763（总编室）

　　　　　（027）82926806（市场营销部）

经　　　销：各地新华书店

印　　　刷：武汉中远印务有限公司

规　　　格：787mm×1092mm　　　　1/32　　　　21.5 印张　　　　420 千字

版　　　次：2009 年 4 月第 1 版　　　　　　　2009 年 4 月第 1 次印刷

ISBN 978-7-80708-645-1/TV · 109

定　　　价：48.00 元

（版权所有　翻版必究　印装有误　负责调换）

高 层 顾 问　　孙鸿烈院士

　　　　　　　　陈宜瑜院士

核心专家组　　傅伯杰　常思勇　黄真理

　　　　　　　　冯仁国　王　毅　翁立达

　　　　　　　　虞孝感　杨桂山　马超德

　　　　　　　　于秀波

资助机构　　　中国科学院

　　　　　　　　国家开发银行

　　　　　　　　世界自然基金会北京代表处

序一

　　长江对中华民族的历史贡献与现实重要性毋庸多言。

　　当我们国家以短短 30 年的时间，走过发达国家曾经用 100 年才走完的发展之路的时候，当我们为我国成为"世界工厂"而雀跃自豪的时候，我们猛然发现，原来发展还会带来那么多的"副产品"，并且其来势之速之汹，让人有防不胜防之感！这些"副产品"就是一系列环境问题、生态问题、可持续发展问题。

　　长江亦不例外。

　　那么长江还健康吗？显然，这不仅仅是一个科学家关心的问题，更是社会公众迫切想要答案的问题。为了回答这个问题，2006 年，由中国科学院、长江论坛秘书处和世界自然基金会发起，来自全国的 20 余位专家合作完成了《长江保护与发展报告 2007》，首次为长江整理了一个"体检报告"，这个报告围绕水资源、水灾害、水环境、水生态四大方面，对长江健康态势做了初步评估，并针对长江保护与发展，提出了一系列对策和建议。《报告 2007》发布之后，引起了国务院、相关部委、科学界、各大媒体和社会公众的广泛关注，温家宝总理亲自指示有关部委阅读参考。应该说，这个报告尽管是首次尝试，但它是成功的，同时它也彰显了一个需求，即我们有必要对长江做"定期体检"，这就是本书——《长江保护与发展报告 2009》的由来。

　　2009 年的评估报告，来自相关科研机构、高校和有关部门 30 余位专家，将关注点集中在气候变化和重大工程的影响这两大方面。我们知道，气候变化议题是近年来的热点，气候变化肯定会给不同区域的环境以及民生带来影响，但这个影响有多大，正面影响是什么，负面影响是什么，两者相较后的净影响又是什么，人类如何利用正面影响克服负面影响，等等，都不易说清楚。坦率地说，目前研究全球变暖对生存环境影响的学者，大部分热衷于"预测"，而预测者为吸引注意力，有时候不免有夸大影响之嫌，并且在一段时期内既难证实，又难证伪，总之我个人对这类预测是不太相信的，更不认为它们应成为决策依据。我个人一直认为，气候变暖的影响研究不应只是往前看，而应着重往后看，因为过去100年气候变暖的趋势是明显的，在这个趋势下，到底产生了什么样的影响，我们完全有可能在充分利用过去各种观察资料和大量数据的基础上作出实事求是的评估。惜乎此类工作无论在国际上，还是在国内都少有学者问津！本报告列举了一些长江流域气候变化及其影响的基本现象和预估结论，正确与否，尚待大家评判，至于系统的评估，看来还待更多学者今后努力。

重大工程建设对长江的影响，这又是一个敏感的话题。在三峡大坝修建前，国内外曾有过很多争论，在三峡大坝完工后的今天，这些争论似乎也没有完全停止。根据有关部门的规划，在长江的各大支流中，还要修建大量的梯级电站。总之，重大工程建设还得继续，在社会越来越开放、越来越多元化的背景下，对重大工程建设得失之争是难以平息的。从这个意义上讲，我们确实应该欢迎有良知的学者，本着独立之精神，作出全面、客观、公正、平衡的评估。我虽然没有仔细阅读本报告，但我体会这个报告所涉及的，主要还是从生态、环境角度出发，探讨对长江本身的影响，而从重大工程建设的社会意义、经济意义等方面的综合评估，显然超出了他们的范围。

回到前面的问题：长江还健康吗？这确实不是一个有简单答案的问题。但我们至少可以说，长江的健康状况堪忧，人类的活动确实对长江的健康带来了实实在在的损害。在这方面，本报告，包括2007年发布的报告都给我们提供了科学的证据，不得不引起我们的高度重视。在中国历史上，治河从来就是国之大事，在一些时期，"河防"重于"边防"，国家甚至将岁入的一半投入到治河之中。总之，河患曾是我们中华民族心中永恒的痛。新中国成立以来，我们在治河上取得了前所未有的成就，历史上很少有过这样的时期：这些曾经肆虐的河流在半个多世纪中竟然得以安澜。当河患的噩梦离我们渐渐远去时，不同于洪水泛滥的、另类的河患可能正悄悄向我们走近。

警惕啊，国人！

是为序。

全国人大常委、中国科学院副院长、院士

丁仲礼

2009年2月

序二

　　长江是我国第一大河,是中华文明的摇篮,也是我国经济的命脉。伴随人口的持续增长和经济发展需求,长江长期以来不断开发,可持续发展面临严峻挑战,保护与治理需求极为迫切。长江流域沿岸是我国重要的经济带,被赋予了经济和财富增长的使命和任务,如何在保护中平衡发展的需要,是我们当前面临的巨大难题和艰巨考验。

　　国家开发银行作为政府的开发性金融机构,坚持以"科学发展、社会和谐"为指导,以"增强国力、改善民生"为使命,推动经济社会的可持续发展。作为我国第一家加入联合国"全球契约"的国有银行,我们逐步把社会责任的基本原理和要素融入企业文化、发展战略和业务实践中,积极关注环境保护领域重大问题,支持节能减排,认真履行环境保护责任,已经成为支持环境保护事业的一支重要力量。除了对环保项目建设提供资金支持,开发银行注重与国家发改委、环保部、水利部、中科院等国家部委和研究机构的合作,开展了环保规划和大量研究工作,发挥了不同于一般商业银行的作用,有力地促进了政府环境发展战略的实施。截至 2008 年 8 月,开发银行支持淮河、海河、太湖、巢湖、滇池、三峡库区及上游、松花江、黄河上中游 8 个流域 215 个项目,承诺贷款 446 亿元,累计发放金额 232 亿元。2009 年,开发银行与环保部签署新一轮的《开发性金融合作协议》,参与"十一五"环保规划中期评估、环保投资体制研究、"十二五"环保发展规划等工作,在完善环保投融资机制、优化财政资金支持模式、引导社会资金投入等方面发挥积极作用,并对环保部的规划、研究及重大项目实施等方面提供支持。

　　《长江保护与发展报告2007》出版后,取得了广泛和较为深远的社会影响力。2008 年,开发银行走访了本报告牵头组织编写机构——中国科学院南京地理与湖泊研究所,并与本报告另一支持单位世界自然基金会建立了联系。通过多次交流,各方在推动流域可持续发展方面达成很多共识,认为有必要由科研院所、金融机构、国际环保组织等多方合作,共同推广流域保护与发展的理念,以取得更加积极的影响力。流域治理和保护是典型的公共基础设施建设领域,投资额度大,仅依靠政府财力满足不了巨额资金的需求,只有建立科学的市场机制,才能更加有效吸引社会资金的支持。因此,开发银行积极参与和支持《长江保护与发展报告2009》有关编写和审议工作。本报告对社会各界了解流域发展基本情况和一些关键问题颇有帮助,其中有关流域重大水利、水电、防洪、环保工程经济社会效益的分析,也为金融机构和社会资金投向提供了借鉴和参考。依托本报告的研究基础,我们将启动流域治理的投融资需求和机制的研究。

目前,我行已加入"长江论坛"发起单位的行列,为进一步加强长江流域的保护工作提供了强有力的平台。我们希望与社会各界紧密合作,按照科学发展观的要求,奋发进取,开拓创新,扎实工作,实现长江的人水和谐。

国家开发银行董事长

2009 年 3 月

前　言

　　长江是我国的第一大河,其丰富的自然资源造就了世界上可开发规模最大、影响范围最广的经济带、资源带和产业带,在我国国土开发、生产力布局和社会经济方面,均具有极为重要的战略地位。特别是西部大开发、三峡工程及南水北调工程的建设,使长江在我国经济社会发展中的地位与重要性更加凸显。因此,长江在支撑中华民族生存与发展中的重要性不言而喻。然而,随着开发强度不断增加,传统开发模式暴露出来的生态与环境问题日趋严重,一系列的重大水利工程建成和运行后,工程的累积影响日渐显露,工程影响与气候变化影响交织,增加了问题的复杂性和不确定性,协调保护与开发两者之间关系的难度进一步加大。

　　近年来,协调长江保护与发展的关系,走可持续发展之路受到越来越多有识之士的关注。相关单位与部门均深刻认识到在国家大力倡导以人为本,全面、协调、可持续的科学发展观和国际社会普遍重视以流域为单元开展流域综合管理的宏观背景下,需要对长江保护与发展态势进行定期跟踪评估,及时把握长江保护与发展面对的新形势、取得的新成就和存在的新问题,提出长江保护与发展协调的战略路径和具体举措,为各级政府、部门、科学界和社会公众真实了解长江保护与发展的最新进展提供参考。

　　2006 年,由中国科学院、长江论坛秘书处和 WWF(世界自然基金会)发起,共同组织 20 余位在长江保护与发展研究方面具有丰富理论和实践经验的科研与管理专家,以政策为导向,科学为准绳,共同编撰并发布《长江保护与发展报告 2007》(简称《报告 2007》)。《报告 2007》追溯了新中国成立近 60 年来长江保护与发展历程、取得的成就,对长江发展和健康态势进行了客观评估,围绕长江面临的水资源、水灾害、水环境、水生态四大水问题开展相关热点的专题性评述,提出战略性和前瞻性对策建议,并针对 2007 年在湖南举办的"第二届长江论坛"主题设置了洞庭湖专论,集中评述洞庭湖演变、湿地保护与综合治理策略。《报告 2007》发布之后,引起了国务院、相关部委、科学界、各大媒体和社会公众的广泛关注,被誉为长江的第一份"体检报告"。国务院总理温家宝阅后批示国办将《报告2007》分发相关部委参阅，中央电视台《新闻联播》、《人民日报》等主流媒体进行了专题和跟踪采访报道，入选搜狐网评"2007年中国十大环保事件"，这大大促进了相关管理机构、利益相关方的互动，同时，也引起了国际社会的高度关注，为此，中国科学院和WWF共同组织了报告的翻译出版工作，并于2008年10月在湖北宜昌发布。

应该说，《报告2007》作为长江保护与发展系列报告的首部，尽管是首次尝试，但它是成功的，同时它也彰显了一个需求，即政府、科学界和社会公众都非常渴求能及时了解长江保护与发展的最新进展，因此开展定期评估十分必要，《长江保护与发展报告2009》(简称《报告2009》)正是在这样的背景下组织编写的。

近两年来，长江沿江地区经济继续保持着快速增长的势头，在全国的经济地位不断上升；以沿江开发区为依托的集聚开发特征明显，以临港型产业为主导的现代制造业基地逐步形成，装备制造、化工和冶金等三大临港型产业集群集聚规模日益壮大，高新技术产业得到快速发展。与此同时，在科学发展观的指引下，长江保护工作得到了显著加强。国家相继发布《关于落实科学发展观加强环境保护的决定》和《中华人民共和国循环经济促进法》，新修订了《中华人民共和国水污染防治法》等重要法律法规；继2007年4月"第二届长江论坛"成功举办之后，2007年9月有关政府和部门又成功举办了"长江生物资源养护论坛"，进一步增强了全社会保护长江的意识；以"维护健康长江、促进人水和谐"为基本宗旨的新一轮长江流域综合规划编修工作全面展开；环保问责制、排污权交易以及流域(区域)限批制度等一系列环保新政在长江流域的推行，进一步增强了流域环境治理和保护的自觉性。面对经济社会发展对生态与环境保护压力日益增大的严峻形势，流域各地采取了一系列水污染控制措施，实施了一批重点水污染治理和节能减排工程，使流域水质保持了总体基本稳定。然而，与长江河流生命健康和流域可持续发展要求相比，长江依然面临着水资源、水灾害、水环境与水生态四大水问题困扰，局部地区干旱缺水严重、汛期特大暴雨与洪水频发、水环境污染加重压力日益增大、水生态退化不断加重，尤其是受到叠加气候变化和重大工程的影响，使得这些问题更加复杂。

2007年，世界气象组织和联合国环境署组织的政府间气候变化专门委员会(IPCC)发布了全球气候变化第四次评估报告，由此引发了新一轮气候变化热，目前气候变化领域的国际谈判已经成为继世界贸易组织后，各主要国家及利益集团在政治、经济、科技、环保领域综合较量的又一个主要平台。实测资料显示，近几十年来，长江流域平均气温呈明显升高趋势，气候变化对长江水资源、水灾害和流域不同类型生态系统的影响已有所显现。近两年来，重庆遭遇百年不遇的高温和特大伏旱，长江出现百年罕见的汛期枯水和枯水期超低水位，洞庭湖、鄱阳湖出现持续枯水，南方大部分地区遭受了历史罕见的低温、雨雪、冰冻灾害等，这一系列气候与气象极端事件的频发，更引发人们对长江流域气候变化及其影响的高度关注。

重大工程不仅规模大、投资大、效益大，而且也具有生态环境影响大和多变复杂等特点，如何最大程度发挥工程的综合效益，减少负面影响，促进流域经济可持续发展和社会进步稳定，一直是重大工程建设过程中争论不休的话题。近两年来，三峡水库试验性蓄水至设计水位，标志着三峡工程主体工程基本完工；南水北调工程抓紧实施，丹江口大坝加高工程54个混凝土坝段已有47个加高到顶，库区移民试点工作全面启动；长江上游水电开发进入高峰期，向家坝、溪洛渡、锦屏等一大批水电站正在加紧建设之中。尤其是在三峡工程蓄水运行引起库区水环境变化和坝下河床冲刷与江湖关系改变等一系列生态环境效应日益显现的背景下，上游水电开发热潮、中游通江湖泊规划控湖以及由此引出的已经实施和正在实施的一系列重大工程效益等问题，均引起国内外热议和持续的争论。

因此，《报告2009》仍然延续了《报告2007》的基本框架，在综合分析近两年来长江流域经济社会发展和资源环境保护总体态势的基础上，遴选2007—2008年长江保护与发展的热点问题，重点以备受人们关注的气候变化与重大工程的影响为主题展开评述，力求为政府、科学界和社会公众对这些问题的认识提供较为客观、全面的认识。

中国科学院一直高度重视长江流域资源、环境与发展问题的研究，除在长江流域范围内已布局的10多个专门研究所和20余个生态系统野外观测研究站外，近两年来，又支持设立鄱阳湖湖泊湿地观测研究站和洞庭湖生态观测研究站等，进一步强化对长江保护与发展的跟踪监测和研究。国家开发银行作为政府的开发性金融机构，坚持以"科学发展、社会和谐"为指导，以"增强国力、改善民生"为使命，推动经济社会的可持续发展。国家开发银行作为我国第一家加入联合国"全球契约"的国有银行，积极关注环境保护领域重大问题，支持节能减排，认真履行环境保护责任，已经成为支持环境保护事业的一支重要力量。WWF自20世纪80年代以来，始终关注中国的生态与生物多样性保护问题，尤其是在长江中下游地区持续开展湿地保护与可持续利用、江湖连通、气候变化的脆弱性评估与适应性策略等工作，并积极促进流域综合管理研究，参与发起了"中国环境与发展国际合作委员会流域综合管理课题组"和"长江论坛"等。

《报告2009》由中国科学院南京地理与湖泊研究所、国家开发银行、WWF北京代表处三方共同组织来自中国科学院相关研究所，中国气象局气候变化中心、国家林业局退耕还林工程管理中心、长江水利委员会长江科学院等部门和研究机构以及华东师范大学等高校的30余位在长江保护与发展研究方面具有丰富理论和实践经验的科研与管理专家合作完成。

《报告2009》框架与《报告2007》一致，共分三部分，第一篇为进展与态势，回顾评述近两年长江保护与发展最新进展，评估沿江地区发展和水资源水环境态势；第二篇为热点与分析，针对气候变化影响与重大工程效应，开展专题评估，提出战略性和前瞻性对策建议；第三篇为配合在上海举行的2009年"第三届长江论坛"主题的长江口与长江三角洲专论，集中评述备受关注的长江河口盐水入侵、河口演变与综合整治、湿地生态保护以及长江三角洲可持续发展等问题。

《报告 2009》第一篇在对近两年长江保护与发展面临的新形势、重大问题与事件以及重要行动与进展系统评述的基础上,系统总结沿江地区改革开放 30 年发展成就和现状发展态势,采用定量化的指标,客观评价了沿江拥有长江岸线的 39 个市的发展水平、发展活力、发展能力和综合实力,并进行比较排序;从长江干流水资源时空分布与供需变化、水环境状况与变化趋势等角度,系统评述了长江水资源与水环境健康状况。

《报告 2009》第二篇为报告的核心部分,重点关注长江流域气候变化及其对水资源、不同类型生态系统影响的基本事实,预估未来气候变化对长江水资源和流域农田、源区草原、上游森林、中下游湿地等典型生态系统的可能影响,提出适应性对策和建议。针对三峡工程、重大防洪工程等重大水利工程和退耕还林、天然林资源保护和长江防护林等生态工程,依据大量跟踪监测和专题研究资料,系统评估三峡工程蓄水运行对库区水环境和坝下水文情势与中游江湖关系变化的影响,重大水工程建设与长江鱼类资源保护,重大防洪工程与防灾减灾效应以及重大生态工程的生态与综合效应等,总结经验、发现问题、提出对策。同时,针对近两年来长江流域发生的汶川特大地震,南方低温、雨雪、冰冻灾害和太湖饮用水源污染等重大事件的特征、生态环境影响及其生态恢复等进行了系统评述和分析。

《报告 2009》第三篇预估了气候变化引起的海平面上升和三峡与南水北调东线工程建设对长江河口盐水入侵和上海城市供水的影响;系统分析了长江河口历史演变过程,提出了长江河口综合整治与湿地生态保护的策略;总结了长江三角洲地区改革开放 30 年发展成就、面临的发展机遇和挑战,提出了长江三角洲保护与发展的重点。

《报告 2009》编写由杨桂山、李恒鹏负责全面协调。提纲由杨桂山、于秀波、马超德构思,经多次集体讨论拟定。《报告 2009》共分 3 篇 14 章。各部分编写者如下:

前言 杨桂山(中国科学院南京地理与湖泊研究所)

报告提要 杨桂山

第一章 李恒鹏 聂小飞(中国科学院南京地理与湖泊研究所)

第二章 段学军 虞孝感 田方(中国科学院南京地理与湖泊研究所)

第三章 高俊峰 夏霆(中国科学院南京地理与湖泊研究所)

第四章 姜彤 曾小凡 刘波(中国科学院南京地理与湖泊研究所,中国气象局国家气候中心)

第五章

　第一节 于秀波 夏少霞(中国科学院地理科学与资源研究所),第二节 徐明 郭华(中国科学院地理科学与资源研究所),第三节 马超德 沈兴兴(WWF 北京代表处)

第六章

　第一节 毕永红(中国科学院水生生物研究所),第二节 翁立达(水利部、环保部长

江流域水资源保护局），第三节翁立达 毕永红

第七章

第一节卢金友（长江水利委员会长江科学院），第二节卢金友，第三节姜加虎（中国科学院南京地理与湖泊研究所），第四节姜加虎

第八章

刘焕章 曹文宣（中国科学院水生生物研究所），陈大庆（中国水产科学研究院长江水产科学研究所）

第九章 陈进 黄茆（长江水利委员会长江科学院）

第十章

第一节杜纪山 邢红（国家林业局退耕还林工程管理中心），第二节邢红 杜纪山，第三节邢红 杜纪山，第四节邢红 杜纪山

第十一章

第一节葛永刚（中科院成都山地灾害与环境研究所），第二节杜纪山 邢红，第三节孔繁翔 胡维平 秦伯强（中国科学院南京地理与湖泊研究所）

第十二章 杨桂山

第十三章

第一节陈吉余 恽才兴 徐海根（华东师范大学） 金镠（长江口航道管理局）虞志英（华东师范大学），第二节线薇薇（中国科学院海洋研究所），第三节雍怡 王利民 任文伟（WWF 北京代表处）

第十四章

第一节段学军 虞孝感，第二节杨桂山，第三节杨桂山

《报告 2009》最后由杨桂山、李恒鹏、马超德、于秀波、姜加虎等统稿，高俊峰、虞孝感参加部分工作。

报告的出版，感谢中国科学院可持续发展中心、国家开发银行、WWF 北京代表处和中国科学院知识创新工程重大项目（KZCX1－YW－08）资助；感谢中国科学院副院长丁仲礼院士和国家开发银行董事长陈元先生在百忙之中为本报告作序；感谢核心专家组傅伯杰、黄真理、冯仁国、王毅、虞孝感、翁立达、于秀波等悉心指导和提出的宝贵意见。

本报告虽力求组织长江保护与发展相关领域权威专家编写，但由于时间紧、涉及面广、问题复杂，尤其是气候变化影响与重大工程效应评估具有相当大的不确定性和复杂性，加之编著者水平有限，报告中错误和不当之处在所难免，恳请广大读者批评指正，以便在后续报告中加以改进。

（中文）

一、近两年来,在科学发展观的指引下,长江保护与发展的统筹协调得到了显著加强,在流域经济继续保持两位数快速增长的同时,长江水环境状况保持基本稳定

1.落实科学发展观,统筹协调长江保护与发展关系的力度空前加大

近两年来,国家相继发布《关于落实科学发展观加强环境保护的决定》、《中华人民共和国循环经济促进法》,新修订了《中华人民共和国水污染防治法》等重要法律法规;2008年8月,在北京召开了《太湖管理条例》起草工作会议,率先在长江流域揭开了跨行政区的流域性立法的序幕,《长江法》、《长江河口管理办法》等也已进入准备或论证阶段;2008年,全国重点湖泊主要水污染物排污权有偿使用试点率先在太湖正式实施,标志着太湖治污和长江水环境保护工作步入新阶段;虽然在组建大部制的政府机构改革中涉水部门职能调整不大,但流域治理的观念不断得到强化,为今后加强长江保护与发展的协调奠定了基础;环保问责制、排污权交易以及流域(区域)限批制度等一系列环保新政在长江流域推行,进一步增强了流域环境治理和保护的自觉性。

2007年4月和9月,由国家有关部委、长江流域相关省(自治区、直辖市)人民政府和国内外有关机构共同发起组织,由湖南省人民政府主办的主题为"长江与洞庭湖"的第二届长江论坛和上海市人民政府与农业部主办的主题为"养护生物资源、共建和谐长江"的长江生物资源养护论坛分别在长沙和上海顺利举办,对加强长江生态保护、推动流域综合管理起到了积极的作用。2008年6月,国务院出台了《关于进一步推进长江三角洲地区经济社会发展和改革开放的指导意见》,明确要以促进长江三角洲地区科学发展、和谐发展、率先发展、一体化发展为龙头,带动长江流域经济又好又快发展;在此原则指导下,国家有关部委牵头编制了具有重大战略意义的长江三角洲地区区域规划,将由国务院颁布实施,并相继着手编制成渝都市圈、武汉城市圈、环鄱阳湖生态经济圈、长株潭城市群、皖江城市带等区域规划,区域协同发展战略实施步伐进一步加快。

与此同时,以科学发展观为指导、以"维护健康长江、促进人水和谐"为基本宗旨的新一轮长江流域综合规划修编工作全面展开;按照国家统一部署和要求,完成了流域第一次污染源普查;开展了以长江流域"三湖、一江、一库"为重点的水污染治理重大专项研究;启动了以长江中下游大于 $10km^2$ 主要湖泊为重点的"中国湖泊水质、水量和生物资源调查"工作;系统开展了对影响我国水环境安全和对经济社会发展有决定性作用的太湖、巢湖、滇池、洞庭湖、鄱阳湖、洪泽湖和三峡水库、丹江口水库等重要湖泊水库的生态评估,从而为长江保护与发展的协调提供了强有力的支撑。

2. 长江沿江地区经济在全国地位不断上升,继续呈现又好又快发展势头

2007 年,长江沿江地区经济继续保持快速增长的势头,在全国的经济地位不断上升;以沿江开发区为依托的集聚开发特征明显,以临港型产业为主导的现代制造业基地逐步形成,装备制造、化工和冶金等三大临港型产业集群集聚规模日益壮大,高新技术产业得到快速发展;以发达的港口群体为支撑的航运物流高速增长,初步形成以重庆、宜昌、城陵矶、武汉、九江、芜湖、南京、镇江、苏州、南通、上海等主要港口为依托,大中小型港口相结合,铁路水路、公路水路、江海河联运的港口群体,长江干线港口货物吞吐量由 2000 年 4 亿 t 左右增加到 2008 年近 12t 吨,超过欧洲的莱茵河和美国的密西西比河,连续 4 年居世界内河货运量第一。其中,外贸货物吞吐量达到 9400 万 t,集装箱吞吐量达到 380 万国际标准箱(TEU)以上;以沿江大通道为连接的城镇集群化趋势明显,逐步形成长三角城市群、皖江城市带、环鄱阳湖城市群、武汉城市圈、长株潭城市群、成渝城市群等 6 个城市群。

为促进长江流域区域协调发展,国家于 2007 年相继在长江上中游地区批准设立武汉城市圈、长株潭城市群以及成都、重庆等综合配套改革试验区,使这些地区的发展步伐不断加快。从经济社会发展水平、发展活力和发展能力综合评估结果来看,上海、苏州、武汉、南京、无锡、杭州、宁波等市的综合实力远远高于长江三角洲平均水平,虽处于发展的前列,但常州、南通、铜陵、嘉兴、镇江、绍兴、扬州、马鞍山、湖州、重庆、泰州等市也具备了较强的综合实力。作为长江上中游地区经济增长极的武汉和重庆,综合实力显著增强,武汉经济实力位居前列,重庆综合实力指数也已经高于长江三角洲部分地区水平,安徽的铜陵、马鞍山等市也进入综合实力排序的中上水平,这表明长江沿江地区发展的协调性明显得到加强,流域经济呈现出又好又快的良好发展势头。

3. 长江水环境总体状况基本稳定,但湖泊富营养化和供水安全形势依然严峻

近两年,长江流域经济继续保持快速增长态势,尤其是各地沿江开发战略的加快实施,重化工业发展迅猛,导致沿江地区用水量和污水排放量剧增,2007年流域总用水量比2000年增加200亿 m³,废污水排放量达到306亿 t/年,比1999年增加103亿 t/年,长江水环境保护面临更大的压力。在科学发展观的指导下,流域各地采取了一系列水污染控制措施,实施了一些重点水污染治理和节能减排工程,使流域水质保持了总体基本稳定。近两年来,长江干流及主要支流水质总体较好,干流水质总体优于支流,2007年103个地表水国控监测断面中,Ⅰ~Ⅲ类、Ⅳ类、Ⅴ类和劣Ⅴ类水质的断面比例分别为81.5%、3.9%、7.8%和6.8%。其中,长江干流劣于Ⅲ类水的河长比例控制在25%以下,支流水系劣于Ⅲ类水的河长比例控制在35%以下。

同时也应清醒地认识到,近两年,长江水环境质量虽总体保持稳定,但也并未出现根本好转,保护流域生态、维护长江健康任务依然十分艰巨。现阶段,流域湖泊水质普遍较差,水体富营养化仍呈加重趋势。2007年,太湖、滇池、巢湖"三湖"都暴发了大面积蓝藻。太湖和滇池总体水质均为劣Ⅴ类,湖体总体处于中度富营养状态;巢湖总体水质为Ⅴ类,湖体处于轻—中度富营养状态。三峡库区自2003年蓄水以来,部分库湾和支流已连续多年出现"水华"现象,且逐年加重。2007年"水华"暴发时间明显提前、程度明显加重,库区部分支流,如汝溪河、黄金河、澎溪河、磨刀溪、梅溪河、大宁河和香溪河等在2月22日前后开始出现"水华",持续时间明显长于往年。更为严重的是,流域水环境污染造成的供水水源污染事件时有发生,仅2006年上半年,长江水利委员会就收到长江流域各省级水行政主管部门报告的突发性重大水污染事件17起,2007年太湖无锡饮用水源污染事件造成200余万人饮用水困难,震惊中外。

二、气候变化对长江水资源和流域重要生态系统的影响利弊共存,存在较大不确定性

1. 近年来,长江流域气候变暖趋势明显,降水及其时空分布显著变化,极端天气气候事件增加,气候变化的影响受到普遍关注

实测资料显示,1961—2005年,长江全流域年平均气温呈明显升高趋势,尤以1991年以来升温最为显著,相对于1961—1990年,90年代平均气温升高了0.33℃,2001—2005年急剧升高了0.71℃。1961—2005年,长江全流域年降水量呈微弱增加趋势,但不显著,而降水空间分布变化则较为明显,1991—2005年长江源头、中下游地区年平均降水量相对于1961—1990年平均值呈增加趋势,其他地区则减少,尤其是嘉陵江流域和四川盆地减少趋势比较明显。季节变化上,1961—2005年间,春季降水量变化幅度不大,夏季降水量有所增加,尤以90年代增幅最大,平均距平值为61.9mm,秋季降水量减少,冬季呈微弱增加趋势。

据相关年份长江流域及西南诸河水资源公报,2006年和2007年,长江流域平均降水

量分别为 974.5mm 和 1011.1mm,比常年减少 10.3% 和 6.9%。地表水资源量及地下水资源量也相应减少,2006 年全年水资源总量较常年减少 19.1%,汛期长江干流主要控制站均出现同期罕见低水位,2007 年水资源总量为 8811.3 亿 m^3,比常年少 11.5%,均属少水年份。

2006—2008 年,长江流域经历了一系列罕见的极端天气气候事件。2006 年夏季,重庆遭遇了百年不遇的高温和特大伏旱,四川出现 1951 年以来最严重伏旱,同期,长江出现百年罕见的汛期枯水。2007—2008 年,又出现了枯水期超低水位,相继导致洞庭湖、鄱阳湖出现持续枯水事件。2008 年 1 月,以长江上中游为核心的我国南方大部分地区遭受了历史罕见的低温、雨雪、冰冻灾害;8 月,流域相继出现持续性强暴雨。越来越多的研究显示,频繁发生的极端天气气候事件给流域经济社会发展和人民日常生活所造成的损失和影响越来越大,也反映了气候变化与水资源供给和极端天气气候事件有一定相关性。

2. 未来气候变暖对长江水资源的影响主要表现在降水和源头补给水源变化方面,但不确定性较大

由于导致长江水资源变化的自然与人为因素十分复杂,定量评估未来气候变暖对长江水资源影响仍存在着很大的不确定性。对 IPCC 相关气候模型预测结果的综合分析表明,长江流域年平均气温在未来 50 年仍呈显著上升趋势,至 2050 年增温幅度可能达 1.5~2.0℃。年降水量变化在 2001—2050 年 50 年内无明显增加或减少,但年际及年代际的波动将可能更加显著,2030 年前减少趋势显著,呈相对偏干的气候状况。降水季节分布将可能更加集中,夏季汛期 7—8 月降水和极端降水事件将有所增加,秋季降水将可能减少,从而可能造成流域洪涝和干旱灾害发生概率的增加,影响水资源的合理利用。

同时,气候变暖不仅直接影响降水量及时空分布格局的变化,而且还将导致长江源头区冰川等补给水源变化,间接影响长江水资源。从 1971 年起,长江源区明显增暖,近 40 年年平均气温增加约 0.8℃,为高原异常变暖区,导致作为长江重要补给水源的源头区冰川和多年冻土大部分处于退缩状态,湿地干化明显。预估至 2030 年和 2060 年,气候变暖将可能导致长江源区冰川面积较 1970 年分别平均减少 6.9% 和 11.6%,冰川融化补给径流量将增加 26% 和 28.5%,冰川零平衡线将分别上升 30m 和 50m 左右。冰川加剧退缩虽在短时期内可能造成长江径流量的增加,但在长时期内将造成长江冰川补给水源的逐步减少,导致长江源区"中国水塔"地位下降,并将可能改变江源水系的分布格局。

3. 气候变化将可能改变植被物候、物种以及系统生产力与分布格局等,对长江流域农田、上游森林、江河源区草原和中下游湿地等重要生态系统的影响有利有弊

流域生态系统的结构和功能对气候变化存在复杂的响应关系,准确定量评估需要长期监测和试验数据以及综合模拟技术的支撑。气候变化对长江流域农田生态系统的影响主要体现在影响农业生产布局和结构、作物产量和农业病虫害等方面。气候变化与CO_2浓度增加将影响农作物的种植制度和耕作方式。据估算,在平均气温上升1℃和CO_2浓度倍增的情景下,现在长江流域的三熟制将向北推至黄河流域,在品种和生产水平不变前提下,全国三熟制面积由13.5%增加到35.0%。气候变暖在加速农作物生长的同时,也使农作物的呼吸作用增强,干物质积累减少,生育期缩短,大多数作物在高温下表现较低的生产效率,从而导致作物减产。同时,暖湿气候将有利于一些病菌和农业病虫害的发生、繁殖和蔓延,从而将使农田生态系统的稳定性降低。

气候变化将可能影响长江流域森林生态系统的结构、功能和生产力,增加森林病虫害发生的频率和面积。气候变化虽不大可能改变长江流域森林第一性生产力的总体分布格局,但气温升高将可能使许多动、植物分布有向北扩张的趋势,亚热带北界将由现在的秦岭至淮河一线推进至黄河流域;各物种的适宜分布区和栖息地也将相应迁徙,这可能导致一些物种难以抵挡气候变化的后果,而使森林生物多样性降低。模型模拟显示,气温升高,CO_2浓度倍增,植物生长期延长,将使森林生产力增加12%~35%。同样,气候变暖也有可能导致森林病虫害加重。

长江源区生态系统对气候变化最敏感、最脆弱,气候变化将造成长江源区草原生态系统以耐低温寒冷植物为建群种的高寒草甸面临更严重的生态胁迫,高寒草甸生态系统空间格局也可能发生变化。气候变暖引发湖泊萎缩,多年冻土层消失,沼泽草甸化、草甸草原化和草原荒漠化在部分地区将表现得更加明显。气温与冻土层变化将导致高寒草甸初级生产力下降,高覆盖草甸及覆盖高寒草原面积减少,低覆盖草甸和低覆盖草原面积增加,使源区草地面积总体减少,对高原畜牧业产生不利影响,并可能导致生态系统排放CO_2增多,使高寒草甸由弱的碳汇向弱的碳源转变,打破原有的碳源汇平衡。气候变化还会导致高原湿地类型发生改变,源头沼泽湿地将进一步干化,出现湿地环境逆向演变,呈现向草甸、草原演变的趋势,并可能导致湿地碳源/汇格局的改变,使高原湿地变为净碳源。

气候变化对长江中下游湿地生态系统的影响将主要表现为改变湿地生态系统碳源/汇格局、水循环和生物多样性等方面。气候变化与土地利用方式改变共同作用可能引起储存于湿地的碳源不断向大气层释放大量的CO_2和其他温室气体,从而导致碳源/汇格局的改变。大气环流变化将影响湿地的水文循环过程,进而影响湿地植物的消长与演替,导致湿地生态结构与功能发生变化,例如2007年,鄱阳湖遭遇三季连旱,导致湖泊湿地遭受严重破坏。气候变化引起的水位涨落对生物的栖息环境影响更大,未来长江径流量偏枯变化,将可能致使长江重要保护生物白鳍豚、江豚等珍稀水生物的活动和觅食空间减少,胭脂鱼等濒危物种失去产卵浅滩;同时,气候变暖也可能使很多鸟类改变迁飞路线,并逐渐北移,在长江中下游地区栖息的雁鸭类数量已由20世纪80年代前占世界总数的80%下降到目前的不足75%。

三、长江三峡工程蓄水运行的生态环境影响面临新的问题和形势，水库库湾与入库主要支流回水区水环境质量下降以及坝下水文情势与中游江湖关系剧烈变化备受关注

1. 三峡工程蓄水运行引起水库与主要入库支流水环境质量下降、"水华"加重趋势明显，入库污染物总量未得到有效控制和蓄水降低库区水体稀释扩散能力是主要原因

三峡库区的水环境问题涉及库区与长江中下游地区的供水安全、南水北调工程和流域生态安全。监测结果表明，2003 年三峡水库初次蓄水，库区干流各断面水质大多符合 Ⅱ、Ⅲ 类水质标准。近年来，尽管库区长江干流水质尚未出现明显变化，但城市江段断面水质普遍较差，重庆、涪陵、忠县、万州、云阳、奉节、巫山、巴东等城市江段形成明显的岸边污染带，长度在 1.0 ~ 15.0 km 之间，宽度 50 ~ 150 m，较蓄水前明显扩大，局部库湾江段水质也出现下降趋势。蓄水后入库主要支流水质下降趋势更为明显，Ⅱ 类水质断面日趋减少，Ⅳ 类水质断面明显增加，局部水域甚至出现 Ⅴ 类和劣 Ⅴ 类。库湾和入库支流水体氮、磷含量偏高，富营养化程度加重，"水华"发生范围扩大、频次增加，且暴发时间提前、持续时间明显延长。

三峡水库作为沿岸城镇的重要水源地，监测结果显示，蓄水前各城镇集中式水源地水质基本以 Ⅱ 类为主，个别为 Ⅲ 类，蓄水后水质则有变差趋势。2004 年，饮用水源地 Ⅱ 类水质比例比上年下降 17.2 %，Ⅲ 类水质比例上升 15.3%；2005 年起，Ⅲ 类水质所占比重增加更为明显。而且由于三峡水库的特殊性，枯水期水体流动性差，一旦发生污染事故，污染物难以扩散降解，极易对供水安全造成威胁。

近年来，国家针对三峡库区及上游地区开展了大量污染防治措施，但水库和入库支流水环境质量尚未出现根本性转变，主要原因：一是库区工业废水和生活污水排放量仍呈上升趋势，入库污染物总量未得到有效控制；二是三峡大坝蓄水后，原有的川江急流消失，水文水动力条件以及河道地形等发生重大改变，水体流速减缓，紊动、扩散、自净能力减弱，水环境容量明显降低，导致在同样入库污染物情况下水质更差；三是水库流速减缓有利于浮游植物生长，促进藻类生长和水华形成；同时，消落区及库区渔业、旅游、孤岛等资源存在无序开发现象，也不同程度加重了水质污染。

2. 三峡水库蓄水运行对坝下干流河道年径流沿程变化影响不大，但多年平均输沙量大幅减少，导致宜昌至武汉河段枯水河槽冲刷严重，已经影响到局部河段河势的稳定，崩岸险情不断增加

三峡水库蓄水运行以来，宜昌、螺山、汉口站年径流量占大通站的百分数与其蓄水前相比没有明显的趋势性变化，仍分别维持在多年平均水平。在长江上游入库泥沙大量减

少和三峡水库淤积的双重影响下,长江坝下干流河道沿程输沙量则呈现显著减少特征,减幅在63%~86%。

根据2003年10月至2007年10月,长江中游干流固定断面地形资料计算分析,三峡水库蓄水运行以来,长江中游干流河道总体表现为冲刷,宜昌至湖口段冲刷总量约为5.47亿 m^3,冲刷部位主要在枯水河槽,冲刷量占总冲刷量78.9%。从冲淤量沿程变化来看,坝下干流河道冲刷主要发生在宜昌至城陵矶河段,冲刷总量约3.3亿 m^3,占总冲刷量61.4%。城陵矶至武汉河段的上段总体表现为冲刷,局部淤积,而下段嘉鱼、簰洲、武汉河段(上)则以冲刷为主,武汉至湖口河段沿程冲淤相间,总体表现为冲刷。

三峡水库蓄水运行以来,宜昌至城陵矶河段河床断面形态总体上未发生大的明显变化,泥沙冲淤主要集中在深水主河槽,但随着河床冲刷,局部河段深泓和洲滩有所变动、水下岸坡变陡趋势明显。实测资料显示,下荆江石首河段深泓摆动较为频繁,其上段主流河床最大摆幅达750m;天星洲头部冲刷后退并形成新心滩,不断向藕池口口门推进,导致洞庭湖藕池口进流条件进一步恶化;荆江河段主要险工段水下岸坡坡度陡于1:2的断面所占比例已由2002年约占7%增加到2006年占82%,导致近岸河床遭受大幅度冲刷,最大冲刷深度已达13m,造成崩岸频度和强度显著增加,险情不断扩大。

随着三峡工程的继续运行,在相当长的时间内,坝下游河道还将发生冲刷,而目前实施的护岸工程是在现状险情条件下设计的,均未考虑三峡工程建成后河床冲刷对河岸稳定性的影响,同时由于水沙过程的改变和河床冲刷,坝下游河道水流顶冲部位将有一定变动,局部河段的河势也将发生一定变化,因此,亟待加强三峡工程蓄水运行坝下河道演变监测与治理研究,加固已有护岸工程,及时守护新发生的崩岸段。

3. 三峡工程蓄水运行造成坝下干流水文情势变化对洞庭湖水沙平衡有较大影响,有利于减缓洞庭湖的淤积萎缩,对鄱阳湖的影响有待进一步加强监测和专题研究

三峡水库蓄水运行对洞庭湖的影响,主要表现为荆江三口入洞庭湖分流分沙和城陵矶出口长江顶托的变化。三峡水库蓄水运行前,荆江三口分流分沙在自然演变和人类活动的双重影响下已有大幅减少,1999—2002年和1956—1966年平均比较,三口分流比已由29%减至14%,分沙比已由35%减为16%。三峡工程蓄水运行以来的2003—2007年与1999—2002年相比,三口分流比进一步由14%减少为12%,而分沙比虽由16%增加为18%,但因长江干流宜昌站沙量大幅度减少,三口分沙量绝对值仍为减少,仅为1999—2002年的26%。

三口分流分沙的减少,除了三峡水库蓄水运行直接造成长江干流水沙特别是输沙量减少的影响外,水库蓄水运行引发长江荆江段河床冲刷,造成同流量条件下长江荆江段河道水位下降,也是重要的原因之一。

自20世纪50年代以来,洞庭湖一直处于淤积状态,但淤积速率总体随入湖沙量的减少而减小。三峡水库蓄水运行以来的2003—2007年,入湖平均沙量较1991—2002年平均减少2.51亿t,相应湖区淤积率由1991—2002年的72.2%减为2003—2007年的41.0%,减小趋势明显。洞庭湖入湖沙量减少虽将有利于长江中游和湖区防洪以及减缓洞庭湖淤积萎缩和消亡速度,但入湖径流量同时减少,将导致洞庭湖滩地出露天数增加,尤其是秋季滩地出露时间提前,导致湖泊湿地植被发生变化,影响湿地生态演变。

三峡蓄水运行对鄱阳湖的影响主要表现为改变长江来水来沙条件和鄱阳湖出流出沙情势。初步分析显示,2003 年以来,鄱阳湖五河入湖径流量和输沙量均有所减少,其中入湖输沙量减小更为明显,2003—2007 年平均仅为 2000 年以前多年平均的34.3%;对应湖口入江年径流量显著减少,但入江输沙量增加明显,2003—2007 年平均入江径流量仅为 2000 年前多年平均的 0.78 倍,而年均输沙量则为 2000 年以前多年平均的 149.9%,变化过程十分复杂,因此评估三峡工程蓄水运行对鄱阳湖的影响有相当大的不确定性,需要进一步加强监测和专题研究。

四、以堤防、水库、分蓄洪区和河道为主体的重大防洪工程在保障流域经济社会发展和人民生活安定方面发挥了巨大作用,但协调和处理工程建设运行与生态保护的关系任务十分艰巨

1. 流域已建立起以堤防、水库、分蓄洪区和河道蓄泄兼筹为主体的综合防洪体系,在保障流域生活安定和经济发展方面发挥了巨大作用

经过 60 年的努力,长江基本形成了以堤防、水库、分蓄洪区和河道蓄泄兼筹为主体的流域综合防洪体系。堤防作为最传统、最基本的防洪设施,长期以来一直是流域洪水治理的关键和核心。至 2006 年,已累计建成堤防长度 73348km,保护人口 1.2 亿,保护耕地 646 万 hm^2;截至 2006 年,已建成大中小型水库约 4.6 万座,总库容逾 2307 亿 m^3,其中大型水库 163 座,总库容 1738 亿 m^3,在削减洪峰和减轻水库下游地区防洪压力等方面发挥了重要作用;分蓄洪区建设自 1952 年以来,已在中下游不同河段先后建成 40 个,总面积 130 万 hm^2,可蓄滞洪水 500 亿 m^3;河道整治从 20 世纪 60 年代起,干流先后实施了中洲子裁弯、上车湾裁弯、沙滩子河势控制以及多个夹江和支汊堵汊等重大河道整治工程,在控制和改善长江河势、稳定岸线和扩大泄洪能力等方面发挥了重要作用和效益。

这些工程在发挥各自作用和效益的同时,还通过工程联合运用和与非工程措施结合,战胜了包括 1998 年流域性特大洪灾在内的一系列洪涝灾害,发挥出巨大综合防洪效益。

2. 分蓄洪区内人口和经济发展水平不断提高,湖泊围垦和控制导致调蓄能力减弱,分蓄洪区与河湖工程建设效益评估有待加强

随着经济社会的快速发展以及分蓄洪区众多的人口迅速增长,使得大量分蓄洪区的分洪难度和经济损失愈来愈大,形成了欲分不能的艰难境地。1998 年长江特大洪水期间,中游关键江段堤防全线告急,而多年建设的分蓄洪区却难以启用,长江防洪减灾缓解阀成了摆设,分蓄洪区建设管理面临两难境地。多年来,湖泊湿地被大量围垦,中下游干

流通江湖泊除洞庭湖、鄱阳湖和石臼湖外均实施了闸坝控制工程,破坏了原有江湖自然联系格局和系统完整性,进一步加剧分蓄洪区启用的困难。新中国成立以来,中下游通江湖泊面积已减少 10593km²,损失湖泊容积 567 亿 m³,相当于三峡水库防洪库容的 2.5 倍,加重防洪压力,1998 年长江大水,洪峰流量、洪水总量均小于 1954 年,但江湖洪水水位却普遍高于 1954 年就是最典型的例证。目前,洞庭湖三口建闸控制工程、鄱阳湖湖口控制工程、螺山扩卡工程、簰洲湾裁弯取直工程等重大工程正在拟议中,这些工程实施无疑将有利于水资源合理利用和河道泄洪能力提高,但也明显改变长江水文情势,割裂江湖天然水力和生态联系,生态与环境不利影响不容忽视,从生态系统健康和完整性角度全面、长远考虑工程规划和建设的可行性十分必要,应当更加审慎对待。

3. 重大水利水电工程的生态环境累积影响日益显现,水库联合调度和生态调度以及水库建设的生态环境影响必须得到充分重视

流域大型水利水电工程建设大都综合考虑了防洪、发电、供水、航运等功能和效益的发挥,但生态环境影响和生态效益发挥普遍没有得到足够重视,尤其是在工程运行过程中,多种功能发挥难以兼顾情况下,往往自觉不自觉强调局部的经济利益,而忽略全局性的公共利益。同时,由于投资的多元化和地方、部门和企业局部利益的过度考虑,流域不同类型或规模的水库工程建设和运行缺乏行之有效的统一规划和管理,造成流域上中下游和不同部门之间的利益冲突和生态效益的忽视,随着大型水库工程的不断增加,水库联合调度和生态调度运用显得十分重要。

在三峡水库建成前,丹江口水库、清江隔河岩水利枢纽、澧水江垭及皂市水利枢纽等一批具有重要防洪效益的综合水利枢纽在加紧推进中,流域已建、在建和近期拟建大型防洪水库达 24 座,远期还将进一步开发上游金沙江流域梯级水库和主要支流的其他水库。

大规模河流梯级水库建设,显著改变了长江天然水文过程,导致上中游干流和相当多的支流自然河流转变为半天然或人工控制河流,生物生境片断化和破碎化,对流域生态环境的长期影响已经成为社会各界普遍关注的焦点。

五、加大长江水环境与生态保护力度,加强气候变化的影响和适应性研究,恰当应对气候变化对流域造成的可能影响,进一步推进长江保护与发展的协调

1. 转变发展理念和发展方式,将水环境与生态保护摆在长江保护与发展的优先地位

长江沿江地区以其南北适中、承东启西的独特区位,丰富的水资源和通江达海的水运优势,与沿海地区共同承担着国家生产力布局主轴线的重任,以重化工业为重点的沿江产业快速集聚,以三峡工程为标志的一系列重大工程建设,导致长江水环境质量与生

态保护面临着越来越大的压力。

实施科学的政绩分类考核体系,将环境与生态保护作为重要的考核指标,改变过分强调经济增长和过度资源环境消耗的经济发展方式,切实强化科学发展、和谐发展、可持续发展;科学划定流域生态—经济功能区和长江水环境与生态功能区,明确不同分区的主导生态—经济功能,实施严格的空间管制,通过分类考核、财政转移支付、生态补偿等措施,统筹协调流域发展与保护以及上下游各区段之间的关系;强化流域水环境执法,从流域水质目标管理入手,加快推进流域综合管理,通过跨界断面水质自动监测系统建设,准确获取实时跨界水质变化信息,以此作为区域污染补偿和实施区域限批的依据。

改变重大水工程建设、尤其是水利水电工程建设过度注重经济效益而忽视生态效益的理念,将重大水工程建设的生态与环境效益摆在突出重要的位置;改变各类水工程建设分散审批与监管体制,严格工程建设生态环境影响评价,最大限度减轻工程对生态环境造成的负面影响;改变长期以来水工程单独调度运行和调度运行管理主要服务于防洪、灌溉和发电的传统做法,加大生态调度的力度,将相关联的水工程联合调度运行和改善水环境、保护水生态纳入水工程调度的总体目标,切实保护长江水环境与水生态。

2. 加强长江流域气候变化影响和适应性研究,提升流域应对气候变化的能力,恰当应对气候变化对流域可能造成的影响

气候变暖已是不争的事实,但长江流域水资源和生态系统对气候变化的响应十分复杂,并存在很大的不确定性。我国开展水资源和生态系统对气候变化的响应与适应性研究起步较晚,研究数据序列不长,长江流域有15个典型生态系统研究观测研究站开展长期定位观测与试验,数据最长也仅30年左右,针对气候变化适应性的观测与试验也不多,迫切需要在长期观测试验和数据积累的基础上,开展针对气候变化影响与适应性评估的跨学科综合模拟研究,重点关注极端气候事件以及长江源头区等重要敏感区,客观、系统地评价气候变化对流域造成的有利和不利影响,从而为适应性管理提供科学依据。

在流域尺度上,充分利用生态系统调节功能,通过跨部门与跨行政区的协调管理,合理利用和保护流域水、土、生物等资源,最大限度地适应自然规律,实现流域的经济、社会和环境福利的最大化以及流域的可持续发展;在流域综合规划工作中充分考虑气候变化因素对流域水资源、生态系统、生物多样性等的可能影响;利用现代信息传播技术和手段,加强气候变化及其影响的宣传、教育和培训,鼓励公众参与,为有效应对气候变化创造良好的社会氛围;通过完善多部门参与的决策协调机制,鼓励企业、公众广泛参与应对气候变化的行动,逐步形成与应对气候变化工作相适应的高效组织机构和管理体系。

3. 建立流域重大工程建设效益评估制度,加强重大工程生态环境影响的跟踪监测与评估,切实提高流域重大工程建设综合效益

流域重大工程建设周期长、投资大、涉及面广、影响深远。在加强重大工程建设统一规划和规范管理、环境影响评价基础上,加大工程建设监理与环境保护监督力度,建立流域重大工程建设效益中期评估和后评估制度。通过评估,一方面及时发现建设后期和运行初期阶段可能存在的问题,进一步调整和完善工程建设与运行方案;另一方面评估工程建设效益发挥程度和运行管理中的不足及其与其他工程的关系,提出工程多目标条件下的运行管理优化调整方案和减少不利影响的措施。

应加大工程建设运行的生态环境影响跟踪监测与评估,制订和实施重大水工程建设的生态成本核算和生态补偿制度,根据各类工程建设区域生态服务功能价值大小和生态环境影响程度,收取资源公开出让金,并提取足够比例的工程年经济收益作为生态补偿专用资金,发挥经济手段对水工程建设的调节作用。同时,建立流域立体监测网络,加强重大工程建设生态环境影响跟踪监测与专题研究,揭示工程生态环境影响的方式、程度及其变化规律,提出切实可行的科学应对策略。

Executive Summary

(English)

1. The past two years have seen remarkable improvement in the conservation and development of the Yangtze River from applied technological and scientific principles. The stability of the water environment in the Yangtze River has been maintained while the river basin's economy continues to achieve double-digit growth.

(1) Applying scientific and technological principles and coordinating conservation and development of the Yangtze River.

The past two years have seen the release of important laws and regulations by the state, e. g. , "Implementing the Scientific Development Concept to Strengthen the Decision of Environmental Protection," "Circular on Economic Promotion Law of the People's Republic of China," and the "Water Pollution Control Act of the People's Republic of China" (newly amended).

In August of 2008, a conference was held in Beijing to draft the Lake Taihu Management Ordinance. This groundbreaking legislation ushered in the beginning of the cross-administrative division of the Yangtze River Basin. The Yangtze River Law and Yangtze River Estuary Management Measures are now being prepared for final legislation. In 2008, a pilot project was formally implemented at Lake Taihu which required paid use of sewage drainage for water pollutants. This project was later applied to all key lakes nationwide. Taihu Lake pollution treatment and protection of the Yangtze River environment entered a new stage.

Although government water management departments had limited influence on the reform of government agencies, the concept of river basin management has been reinforced. This has strengthened the coordination between conservation and future development of the Yangtze River. A series of new environmental-protection policies such as an accountability system for environmental protection, an emission trading, and a basin (regional) management system have been implemented in the Yangtze River Basin, further increasing awareness for managing and protecting the river basin environment.

In April 2007, the Hunan Provincial Government, relevant ministries, provincial and municipal governments, and autonomous regions hosted in Changsha the Second Yangtze Forum with the theme "The Yangtze River and Dongting Lake." Following the success of this forum, in September of the same year, the Shanghai Municipal Government and the Ministry of Agriculture hosted the Yangtze River Forum for Organism Resources Conservation entitled "Conserving biological resources and maintaining a harmonious Yangtze." These two forums played a positive role in reinforcing the importance of ecological conservation of the Yangtze River and promoting integrated river basin management (IRBM).

In June of 2008, the State Council issued the "Guiding Opinion on Further Promotion of Economic and Social Development and Reform and Opening-up in the Yangtze River Delta Region." The document stipulated maintaining sound and rapid economic growth of the Yangtze River Basin, using a scientific and technological approach, and fostering a harmonious, integrated development of the delta region. Using these guidelines, the relevant ministries took the lead in preparing a plan for the Yangtze River Delta Region development. This plan will have great strategic significance. It will be presented and monitored by the State Council. In addition, the relevant ministries prepared regional plans for: Chengdu – Chongqing metropolitan circle, the Wuhan metropolitan circle, Changsha – Zhuzhou – Xiangtan megacity, Anhui – Jiangsu city belt, etc. This coordinated regional development strategy is being implemented at a rapid pace.

Currently, revisions to the Yangtze River master plan are being made according to scientific and technical guidelines in support of the basic principle – "Maintain a Healthy Yangtze River; Promote Harmony between Man and Water."

According to national needs and requirements, the following work has been done to provide strong support for coordinating the conservation and development of the Yangtze River: a) Completing the first survey of pollution sources in the river basin; b) launching special research on water pollution treatment with focus on the "3 lakes, 1 river and 1 reservoir" in the Yangtze River Basin; c) initiating the work of "Survey of China's lake water quality, quantity and biological resources" with focus on the main lakes in the area larger than 10 square kilometers of the central and lower Yangtze; d) making a systematic ecological assessment of important lakes and reservoirs that play a decisive role in influencing China's water environment safety and social economic development—these include Taihu Lake, Chaohu Lake, Dianchi Lake, Dongting Lake, Poyang Lake, Hongze Lake, Three Gorges Reservoir and Danjiangkou Reservoir, etc.

（2）The economy along the Yangtze River region continues to maintain a sustainable and rapid development while rising in status in the country.

The year 2007, witnessed sustained and rapid development of the economy throughout the Yangtze River region thus increasing its rising status in the country. A fortuitous development of a modern manufacturing base relying on the Yangtze River region took shape dominated by increasingly large-scale port-base industry clusters, namely, equipment manufacturing, chemicals, and metallurgy. Hi-tech industries, shipping, and logistics have seen high-speed growth back by advanced clusters made up of small, medium, and large-scale ports including Chongqing, Yichang, Chenglingji, Wuhan, Jiujiang, Wuhu, Nanjing, Zhenjiang, Suzhou, Nantong and Shanghai all interconnected via railways, waterways, highways and the open seas.

The cargo throughput of the Yangtze River ports increased from 400 million tons in 2000 to nearly 1.2 billion tons in 2008, surpassing the Rhine in Europe and Mississippi in USA placing it number one in ranking for four consecutively four years in terms of the world-wide inland freight haulage. The throughput of foreign trade cargos reached 94 million tons and that of container-based cargo reached almost 4 million TEU. The formation of clusters of cities and towns connected by the channel along the Yangtze River became a natural occurrence along the Yangtze River.

Six city clusters were gradually formed, namely, the Yangtze River Delta Cluster, Anhui – Jiangsu City Belt, Poyang Lake City Cluster, Wuhan Metropolitan Circle, Changsha – Zhuzhou – Xiangtan City Cluster and Sichuan – Chongqing City Cluster. To promote the coordinated development of the Yangtze River region, the state government has approved in succession the establishing of the Wuhan Metropolitan Circle, Changsha – Zhuzhou – Xiangtan Metropolitan Circle in the central and lower Yangtze as well as pilot project areas for comprehensive supplementary reform in Chengdu and Chongqing.

These measures have lead to an accelerated development of the region. However, in terms of comprehensive economic and social development, Shanghai, Suzhou, Wuhan, Nanjing, Wuxi, Hangzhou and Ningbo are far above average, other cities of the Yangtze River Delta, including Changzhou, Nantong, Tongling, Jiaxing, Zhenjiang, Shaoxing, Yangzhou, Ma'anshan, Huzhou, Chongqing and Taizhou also boast competitive strengths.

Wuhan and Chongqing, two cities in the central and upper Yangtze region, reflect the growing strength of the economy. Wuhan is ranked among the top while Chongqing is rated above some areas in the Yangtze River Delta. Tongling and Ma'anshan of Anhui Province also ranked among above the average in comprehensive strength. It indicates the apparent improvement in the coordination of the development of the Yangtze River region and a favorable trend of sound and rapid development in the economy of the Yangtze River Basin.

(3) **The overall status of the Yangtze River water environment remains stable but there are still severe dangers of lake eutrophication and water supply contamination.**

In the past two years, the economy of the Yangtze River Basin continues to maintain a trend of steady growth. However, the strategy of accelerated development of chemical and heavy industries has dramatically increased the volume of water consumption and sewage drainage along the river.

The total water consumption volume in 2007 increased by 20 billion m^3 compared with that in 2000 while the drainage volume of effluent sewage reached 30.6 billion tons, up by 10.3 billion tons than in 1999. The protection of the Yangtze River water environment is confronted with a great challenge.

Using modern technical management practices, a series of measures to control water pollution have been taken. Water pollution treatment facilities have been built while energy-saving and emission-reduction projects have been introduced in many parts of the river basin. This has increased the overall stability of the water quality of the river.

In the past two years, the water quality of the main stream and tributaries on the Yangtze River has been relatively good; however, the main stream has a better water quality than the tributaries. In the 103 state-controlled surface water sections monitored in 2007, those with water quality at grade I ~ III, IV, V and worse than V accounted for 81.5%, 3.9%, 7.8% and 6.8% respectively. The proportion of the river length of main stream of the Yangtze River with water quality worse than grade III was kept under 25% while that of the tributaries under 35%.

However, we should clearly notice that there has been no fundamental improvement in the water environment quality of the Yangtze River even though it remains stable as whole in the past two years. Therefore, we still have a long way to go to complete the mission of protecting the ecology of the river basin and safeguarding the Yangtze. At the present stage, the water quality of lakes in the river basin is generally poor and there is an aggravating tendency of eutrophication.

In 2007, we saw the outbreak of a large area of algae bloom in Taihu Lake, Dianchi Lake and Chaohu Lake. The overall water quality of Taihu Lake and Dianchi Lake are both at grade V and both lakes are at medium level of eutrophication. The overall water quality of Chaohu

Lake is at grade V and the lake is at light-medium level of eutrophication. Since the Three Gorges reservoir started to store water in 2003, there has been "water bloom" in part of its bay and tributaries for years and the situation has been growing year by year.

The outbreak of water bloom was significantly ahead of schedule in 2007 and was even worse than years before. Water bloom began to emerge in tributaries such as Ruxi River, Huangjin River, Pengxi River, Modao Stream, Meixi River, Daning River and Xiangxi River about on February 22 and lasted longer than before. In addition, periodic instances have occurred where the drinking water supply resources have been contaminated because of the pollution of the river basin's water environment.

In the first six months, provincial departments in charge of water administration in the Yangtze River Basin informed the Changjiang Water Resources Commission (CWRC) that there had been 17 cases of serious water contamination. In 2007, the world was shocked by the incident that drinking water source of Taihu Lake was polluted, which affected more than 2 million people in Wuxi.

2. Pros and cons on the effect of climate change on water resources and the ecosystem of the Yangtze River Basin still being debated.

(1) **Recent years have seen an obvious trend in rising temperatures in the Yangtze River Basin; along with extreme changes in precipitation and its spatial and temporal distribution, this has produced increase incidences of extreme weather and climate events. These effects of climate change are now receiving more public attention.**

The field data showed that there had been a trend of significantly increasing annual average temperature in the whole Yangtze River Basin from 1961 to 2005, with temperature increases being the most conspicuous since 1991. Compared with the years from 1961 to 1990, the average temperature in 1990s increased by 0.33℃ while during 2001—2005 it went up by 0.71℃.

During 1961—2005, there had been a slight but not notable increase in the amount of annual precipitation but there had been a distinct change in the spatial distribution of precipitation. During the years from 1991 to 2005, the annual average amount of precipitation in the central and lower Yangtze was higher than that in 1961—1990 while lower in other areas, especially in Jialingjiang River Basin and Sichuan Basin. During 1961—2005, there were no big changes in the amount of precipitation during the springs, and only minor increases during the summers especially in the 1990s with the average anomaly value of 61.9mm, and a drop in autumns but a slight increase in winters.

According to relevant studies concerning water resources in the Yangtze River Basin and rivers in Southwest China, the average precipitation in the Yangtze River Basin was 974.5mm and 1011.1mm respectively in 2006 and 2007—a reduction of 10.3% and 6.9% against an average year.

There was also a corresponding reduction in the volume of surface water and underground water resources. The total volume of water resources in 2006 declined by 19.1% more than an average year. This low water level has rarely been seen in the same period of past years at the main control stations in the main steam of the Yangtze River even during flood season. The total volume of water resources in 2007 was 881.13 billion cubic meters, a decrease of 11.5% more than the average year.

During 2006—2008, the Yangtze River Basin experienced a series of rarely-seen cases of extreme weather and climate events. In the summer of 2006, Chongqing suffered an unusual and extraordinary heat wave in late summer while Sichuan Province suffered the most serious dry season since 1951. At the same time, a low water level during flood season rarely seen in the past century occurred on the Yangtze River. The years 2007 and 2008 also witness the ultra-low water level during a draught period.

The sustained low-water cases were found successively in Dongting Lake and Poyang Lake. In January of 2008, a majority of the areas in the south of China including the central and lower Yangtze, were hit by an exceptionally severe freezing rain and snow while August of the same year saw the river basin suffer sustained strong rainstorms. More and more studies indicates that the frequent extreme weather or climate events have caused great damage and had a severe impact on social economic development and people's daily lives.

These examples show that in the river basin the climate change and water supply resources correlates with the extreme weather or climate events.

(2) The future climate warming affects the water resources in the Yangtze River mainly in the area of change in precipitation and at the source of water supply.

The natural and human factors affecting the change of water resources in the Yangtze River are very complex; there still exist questions on how this will impact future climate warming and influence the water resources in the Yangtze River.

The comprehensive analysis on the predicated result of IPCC relative climate model shows that there will still be a tendency of notable rise in the annual average temperature in the Yangtze River Basin in the coming 50 years and the rate of temperature rise may reach 1.5 - 2.0℃ by the year 2050.

There will be no evident increase or decrease in the annual amount of precipitation from now until 2050, but there could be greater inter-annual and decadal fluctuation. There will be a notable reduction trend before 2030 with the climate appearing relatively dry. The rainy season may be more concentrated. There will be an increase in rainfall with heavy rain expected during July and August—the summer flood season may be reduced by the autumn but will still cause flood disasters in the river basin and affect the reasonable utilization of water resources.

In addition, climate warming not only has a direct impact on the change in the amount of precipitation and the pattern of spatial and temporal distribution but also produces changes in the water supply resources including the glaciers—the source of the Yangtze River and thus affects the water resources of the Yangtze River indirectly. Since 1971, at the glaciers—source of the Yangtze River, there has been an obvious rise in temperature. The average annual temperature increased by 0.8℃ in the last 40 years.

The abnormal warming of the plateau area resulted in the shrinking of most of the glaciers and permafrost at the origin of the Yangtze River—a key water supply resource, and the obvious drying of wetlands. It is estimated that by 2030 and 2060 at the latest, the climate warming may result in the reduction of the glaciers by 6.9% and 11.6% on average compared with 1970. The glacier melt runoff recharge will grow by 26% and 28.5% while the zero-balance line of glaciers will go up by about 30m and 50m respectively. The aggravated shrinking of glaciers may cause the increase of run-off of tributaries of the Yangtze River in a short term but will lead to the gradual reduction in water supply resources of glaciers in a long run. This will result in the decline of of the Yangtze River source area, known as "China's Water Tower," and will probably change the water distribution system pattern of the river source.

（3）**The climate change may change vegetation phenology, productivity and distribution pattern of species and system etc. , with favorable and unfavorable impact on the key ecosystems such as the farmlands in the Yangtze River Basin, the forests in the upper reaches, grasslands in the source area of river and wetlands in the central and lower Yangtze.**

There is a complicated corresponding relation between the structure and functions of the ecosystem in the river basin and climate change. The accurate quantitative assessment should be supported by long-term monitoring, experimental data and general simulation technology.

The impact of climate change on the ecosystem of farmlands in the Yangtze River Basin is mainly reflected in such aspects as the layout and structure of agricultural production, crop output, and agricultural pests and diseases. The climate change and the increased CO_2 concentration will also influence the cropping systems and farming methods of crops.

It is estimated that if the average temperature rises by 1℃ and CO_2 concentration multiplies, a triple-cropping system in the Yangtze River Basin will be available in the Yellow River Basin. Under the premise that species and production level remain the same, the area with applicable triple-cropping system across the country will increase to 35.0% from 13.5%. While speeding up the growth of crops, the climate warming will improve the respiration of crops and lead to the reduction of dry matter accumulation and shortening of reproductive period.

Most of crops will have low production efficiency under high temperature and crop damage will be caused. Meanwhile, the warm and humid climate is suitable for some bacteria and agricultural pests and diseases will increase, reproduce and spread, and thus lowering the stability of farmland ecosystem.

Climate change will possibly affect the structure, function and productivity of the forest ecosystems in the Yangtze River Basin and increase the frequency and expand the area of forest pests and diseases.

The slight climate change may alter the overall distribution pattern of the forest primary productivity in the Yangtze River Basin; however, a temperature rise will lead to a northward expansion of many animals and vegetation. Consequently, the northern boundary of the semitropical belt will move from Qinling Mountain—Huaihe River to the Yellow River Basin.

The distribution area and habitats for different species may move accordingly. This may result in the reduction of forest biodiversity because some species will not be able to adjust to the change in climate. The model simulation shows that when the temperature rises and CO_2 concentration multiplies, the growth period of vegetation is prolonged and forest productivity increases 12% ~ 35%. In addition, climate warming is likely to cause a proliferation of forest pests and transmission of diseases.

The ecosystem at the source of the Yangtze River is a sensitive and fragile area. With any change in the climate, it puts the grassland and alpine meadows with their low-temperature, cold-resistant plant species under serious ecological threat.

If this happens, this would change the spatial distribution of the alpine meadow ecosystem. Warmer climate would result in the shrinking of lakes, lead to the melting of the permafrost and the swamping of the meadowland. This would eventually lead to widespread meadow steppification and grassland desertification.

The change in temperature and permafrost will lead to the decrease of primary productivity of alpine meadows and the reduction in the size of high-coverage meadows and alpine grasslands as well as the increase in the size of low-coverage meadows and alpine grasslands. Consequently, the meadow size in the source areas will diminish as a whole with adverse effect on the highland animal husbandry and resulting in the increase of CO_2 discharged by the ecosystems.

Then the original balance between carbon source and sink in alpine meadows will be broken as the weak carbon sink will be transformed to weak carbon source. The climate change may also lead to the change in the type of plateau wetlands. The swamping wetlands at the source will be further dried and the wetland environment will evolve into meadows and even grasslands in a reverse way. Besides, it is possible that the pattern of carbon source and sink will be changed to make the plateau wetland a net carbon source.

The impact of climate change on the ecosystem of wetlands in the central and lower Yangtze is mainly reflected in changing the pattern of carbon source / sink on the wetland ecosystem, the water cycle, and the biodiversity distribution, etc. Under the combined effects of climate change and land use pattern, the carbon sources stored in the wetlands are likely to continuously release a great deal of CO_2 and other greenhouse gases to the atmosphere and thus result in the change in the pattern of carbon source and sink.

Changes in atmospheric circulation will affect the hydrological cycle of wetlands and thus have an impact on the growth, decline, and succession of vegetation in the wetlands. This will lead to the change in the ecological structure and functions of wetlands. For example, in 2007, Poyang Lake experienced draught for three seasons, which brought serious damage to the lake's wetland.

The rise and fall of the water level caused by climate change has had a great impact on the living habitat of various wildlife. The reduction of runoff of the Yangtze River in the future may lead to the shrinking of living space for endangered species and rare aquatic creatures like Baiji dolphins and finless porpoises to move and forage.

Some endangered species like Chinese suckers will have no shoal to spawn. At the same time, climate warming may cause many birds change their migration routes and gradually move northward. The number of wild goose and ducks inhabiting in the central and lower Yangtze accounted for 80% of that in the world before 1980s, but dropping to less than 75% now. Before 1980, the central and lower Yangtze accounted for 80% of the world's wild geese and ducks, today the number is less than 75%.

3. The ecological environment of the Three Gorges Project is facing new problems and challenges. Reduction of the water quality of the reservoir bay and backwater areas of the main tributaries into the reservoir has drawn great attention. Changes in the relationship between the downstream hydrological conditions of rivers & lakes on the central Yangtze, is also of concern.

(1) The water storage operation of the Three Gorges Project has led to a reduction

in quality in the water environment of the reservoir and the main tributaries and also increased the occurrence of water bloom. The failure to effectively control the quantity of the reservoir's pollutants and the dilution capacity of the water in the reservoir are two main reasons.

The water environment problem at the Three Gorges reservoir is related to the protection of the water supply in the central and lower Yangtze and the South-North Water Diversion Project.

The monitoring results indicated that when the Three Gorges Reservoir stored water for the first time in 2003, the water quality of sections of the main streams in the reservoir mostly conform to grade II and III. Although there had been no obvious changes in the water quality of the main stream of the Yangtze River in the reservoir in recent years, the water quality of sections around urban areas was generally poor.

A visible pollution zone has emerged around the cities including Chongqing, Fuling, Zhongxian, Wanzhou, Yunyang, Fengjie, Wushan and Badong. It even includes part of the reservoir bay. The pollution zone, about 1. 0 ~ 15. 0km long and 50 ~ 150m wide, is much larger than before the completion of the water storage project.

There is also evidence of water quality reduction in the main tributaries of the reservoir. There are fewer water zones at level II while those at level IV are increasing at an alarming rate. Water quality of some water zones are even grade V or worst. The nitrogen and phosphorus content in the reservoir bay and tributaries have increased. As a result, eutrophication has occurred. The range and frequency of water bloom outbreaks have expanded and they often appear earlier than expected and lasts longer.

The Three Gorges Reservoir is an important water source for the riparian towns and cities. The monitoring results show that the water quality of concentrated water source areas in each town or city was basically at grade II levels and some at grade III before water storage project. However, after the project, the water quality worsened.

In 2004, the water quality at grade II in the drinking water sources decreased by 17. 2% over the previous year while that at grade III increased by 15. 3%.

Since 2005, there has been a notable increase in the number of areas reporting a water quality at grade III.

Because of the unique construction of the Three Gorges Reservoir, the flow of water during a drought period is slow. If a pollution incident occurs, the pollutants are difficult to disperse and degrade. This poses a serious safety threat to the water supply. In the recent years, the state has implemented a number of pollution prevention and treatment measures for the Three Gorges Reservoir and the upper Yangtze. However, there has been no fundamental change in the water quality of the reservoir and its tributaries. One of the main reasons is the difficulty to effectively control the total amount of the pollutants discharged in the reservoir. This is because the reservoir remains a convenient drainage for industrial wastewater and domestic sewage.

Firstly, after water storage, the original torrents of mountains and rivers disappeared while there has been an important change in the hydrological and hydraulic conditions as well as the river topography. Consequently, the water flow moves slowly, and the turbulence, diffusion, and self-purification capacity is weakened and the capacity of water environment is reduced significantly, resulting in the worse water quality with the same pollutants in the reservoir.

Second, after the water storage was completed, mountains and rivers disappeared and these changes had important effects on the hydrological and hydraulic conditions as well as the river topography. Consequently, as the water would flow more slowly, turbulence, diffusion, and self-purification capacity were weakened. The capacity of the water environment was reduced significantly, and with the same pollutants in the reservoir this intensifies the degradation of the water quality.

The reduced speed of the water flow is favorable for the growth of phytoplankton. This promotes the growth of algae and the formation of water blooms. In addition, the uncoordinated development of resources, e. g. , level-fluctuating zones, reservoir area fisheries, tourism, etc. also contributed to an increase in water pollution.

(2) **The Three Gorges Reservoir water storage operation created little annual runoff in the main stream of the river. However, serious erosion, caused by substantial reduction of sediment discharge, on the low-water river channel at Yichang—Wuhan, affected the stability of that part of the river regime and increased the danger of collapse.**

Since the completion of Three Gorges Reservoir water storage operation, there has been no change in the runoff at the Yichang, Luoshan and Hankou stations compared to the Datong station, which remained at the average level compared to that before the water storage. Under the double influence of substantial reduction of sand in the reservoir at the upper Yangtze and the silting in the Three Gorges Reservoir, the sediment discharge along the river channel of the downstream in the mainstream of the Yangtze River has been reduced at a rate of 63% ~ 86%.

According to the calculations and analysis on a fixed typological section, the channel of the mainstream, on the central Yangtze River, from October 2003 to October 2007, had been eroded with a total volume of 547 million cubic meters erosion from Yichang to Hukou.

The eroded parts were mainly low-water river channel, the erosion volume accounting for 78.9% of the total volume. In view of the changes of on-way deposited volume, the river channel erosion at the downstream in the mainstream mainly took place at the part from Yichang to Chenglingji, with the erosion volume totaled 330 million cubic meters, accounting for 61.4% of the total volume. The upper part from Chenglingji to Wuhan has been eroded as a whole with partial silting while erosion is the main reflection in the lower part including Jiayu, Paizhou and Wuhan, and erosion and silting are both available at the part from Wuhan to Hukou, with the former as the main reflection.

Since the water storing operation of the Three Gorges Reservoir, there has been no obvious change in the sections of riverbeds at the part from Yichang to Chenglingji. The sediment erosion and deposition mainly concentrate on the deep-water riverbed. But with the erosion of the riverbed, there is some change in the thalweg and beach of some river parts and an evident trend of steep offshore slope.

The survey information indicates that the swing of thalweg at the Shishou part of Xiajingjiang River is somewhat frequent with the largest swing amplitude at the upper main riverbed being 750m. The head of Tianxing Beach retreats and forms a new core beach after being eroded and the beach continuously advances toward the gate of Ouchikou, resulting in the further deterioration of the entry conditions at Ouchikou of Dongting Lake. The sections of the offshore slope at the most dangerous part of Jingjiang River with gradient over 1 : 2 accounted for 82% in 2006, while in 2002 it was 7%. This created significant erosion of the shore bed with the largest erosion reaching 13m. As a result, the collapses are frequent and the intensity and danger increases. With the continuous operation of the Three Gorges Project, erosion will continue in the downstream of the dam for a relatively long period.

But the shore protection work is designed under the current dangerous conditions, without taking the impact of riverbed erosion on the shore stability after the establishment of Three Gorges Project. Meanwhile, due to the changes of the water and sediment process and riverbed erosion, there will be a certain change in the top red site of the downstream river channel and in the river regime of local section. Therefore, it is urgent to enhance the monitoring and treatment studies on the evolution of downstream riverbeds after the water storage operation of Three Gorges Project, reinforce the existing shore protection project and safeguard the newly happened bank sliding sections in a timely manner.

(3) **The downstream hydrological situation changes caused by the water storage operation of Three Gorges Project have a great impact on the balance between water and sediments in the Dongting Lake. This is helpful in slowing down the deposition and shrinking of Dongting Lake, however, it needs further reinforced monitoring and special studies as to the impact on the Poyang Lake.**

The impact of the water storage operation of the Three Gorges Project on the Dongting Lake is mainly reflected by the changes in the flow and sediments of three diversions in the Jingjiang River into Dongting Lake and the setup of the Yangtze River at the exit of

Chenglingji. Before the water storage operation of the Three Gorges Project, the flow and sediments of three diversions in the Jingjiang River were greatly reduced because of natural evolution and human activities.

Compared with the average rate from 1956—1966, the flow rate of three diversions from 1999—2002 was reduced from 29% to 14% and the sediment rate from 35% to 16%. Compared with the rate in 1999—2002, the flow rate was further reduced from 14% to 12% while the sediment rate was increased from 16% to 18%. However, due to the great reduction in the sediments at Yichang Station of the main stream of the Yangtze River, the absolute value of sediment of three diversions was still dropping, only 26% of that in 1999—2002.

The reduction in the flow and sediments of three diversions was due to several reasons: the reduction of sediments in water especially the sediment discharge of the main stream of the Yangtze River directly caused by the water storage operation of the Three Gorges Project; the reservoir water storage operation brought about the erosion of riverbeds at the Jingjiang River, which led to the drop of water level in the channel of Jingjiang River under the conditions of the same flow.

Since 1950s, the Dongting Lake has been in a deposition but the deposit rate decreased with the reduction of the sediments into the lake. Since the water storage operation of the Three Gorges Project, the average volume of sediments into the lake in 2003—2007 was reduced by 251 million tons on average compared with that in 1991—2002.

Accordingly, the deposition rate in the lake decreased from 72.2% during 1991—2002 to 41.0% during 2003—2007. The reduction in the volume of sediments into Dongting Lake is favorable for flood prevention in the central Yangtze region and the Lake area as well. Slowing down the deposition, shrinking, and withering in Dongting Lake channels the runoff volume into the Lake while reducing it at the same time. This will increase of days when Dongting Lake beach is exposed, especially in autumn. It will also result in the change in vegetation in lake wetlands as well as the evolution of wetland ecology.

The impact of the water storage operation of the Three Gorges Project on the Poyang Lake is mainly reflected by changing the incoming water and sediment conditions in the Yangtze River and the outflow conditions of water and sediments in the Poyang Lake. The initial analysis shows that since 2003, the volume of runoff and sediments from five rivers into the Poyang Lake has been decreasing. The reduction in the sediment discharge into the lake is more conspicuous. The average volume during 2003—2007 was just 34.3% of that before 2000. There was a distinct reduction in the annual runoff from the Lake into the Yangtze River but an obvious increase in the volume of sediment discharge into the River.

The average runoff volume in 2003—2007 was 0.78 that before 2000 while the average volume of sediment discharge was 149. 9% that before 2000. The process of the changes is very complicated so there are huge uncertainties when assessing the impact of the water storage operation of the Three Gorges Project on the Poyang Lake. Further monitoring and special studies are required.

4. The key flood prevention projects that include dikes, reservoirs, flood diversion & retention zones and river channels have played a major role in safeguarding the economic and social development and people's stable life in the river basin. However, it is still an arduous task to coordinate and deal with the relations between the project construction and operation and ecological protection.

(1) **The integrated flood prevention system of key flood prevention projects with the focus on dikes, reservoirs, flood diversion and retention zones, and river channels have played a major role in safeguarding the economic and social development and people's stable life in the river basin.**

With 60-year efforts, an integrated flood prevention system with dikes, reservoirs, flood diversion and retention zones and river channels as focus has been formed for the Yangtze River.

As one of the most traditional and basic flood prevention facilities, dikes have been the key and focus of the flood treatment in the river basin for a long time. By 2006, the built dikes have reached 73348km in length, protecting a population of 120 million and farmlands of 6. 46 million hm^2. By 2006, approximately 46 thousand small, medium and large reservoirs have been built with the total capacity exceeding 230. 7 billion cubic meters, of which 163 large reservoirs have a total capacity of 173. 8 billion cubic meters.

This plays an important role in reducing the flood peak and providing flood protection at the lower reaches of the reservoirs. More than 40 flood diversion and retention zones have been built for different sections of the central and lower Yangtze, covering a total area of 1. 3 million hm^2 with capacity of 50 billion cubic meters since 1952.

Since 1960s, some key river channel regulating projects have been implemented to control the river regime at Zhongzhouzi cutoff, Shangchewan cutoff and Shatanzi as well as at Jiajiang and its branches or blocks. This series of works play an important role in controlling and improving the river regime of the Yangtze River, stabilizing the shoreline, and increasing the flood discharge capacity. Moreover, we have overcome a series of flood disasters including a major one in 1998 by combining the works with some non-engineering measures. This has brought us huge integrated benefits in flood prevention.

（2）**With the growth of the population and the economy in the flood diversion and retention zones, the reclaiming and control of lakes lead to the weakening of flood regulation and storage capacity. The assessment on the cost-effectiveness of flood diversion and retention zones and construction of rivers and lakes needs to be strengthened.**

The rapid development of social economy and the large population in the flood diversion and retention zones resulted in the more and more difficulty in flood diversion and greater economic loss, which further placed us in a dilemma.

During the period of devastating flood along the Yangtze River in 1998, there occurred an emergency in the dikes for some key sections at the middle reaches but it was hard to make use of the flood diversion and retention zones which turned out to be an empty shell. A dilemma was confronting the construction and management of the flood diversion and retention zones. For years, owing to the substantial reclamation of lake wetlands, gate control engineering works have been conducted in nearly all the lakes connected to the River at the mainstream of the central and lower reaches except for the Dongting Lake, the Poyang Lake and the Shijiu Lake, which devastated the original natural layout and completeness of the system and further aggravating the use of the flood diversion and retention zones.

Since the founding of the People's Republic of China, the size of the lakes connected to the River at the central and lower reaches have decreased by 10,593 km^3 and the capacity has been reduced by 56.7 billion m^3, about 2.5 times the flood prevention capacity of the Three Gorges Reservoir, which increased the flood prevention pressure.

It is a case in point that during the period of devastating flood along the Yangtze River in 1998, the flow at flood peak and the total volume of flood were less than that in 1954 but the flood level in rivers and lakes were generally higher than that in 1954.

Currently, there are gate control project at the three diversions of the Dongting Lake, the outlet control project at the Poyang Lake, expansion project at Luoshan, and a cutoff straightening project at Paizhouwan is under discussion. Undoubtedly the implementation of these projects will help the reasonable use of water resources and the improvement of flood discharge capacity of river channels, but it will have adverse effects on ecology and environment and will change the hydrological situations in the Yangtze River, cutting off the natural hydraulic and ecological contact.

It is very necessary to scrupulously take the feasibility of project planning and construction into consideration with a long-term view of the health and completeness of ecosystems.

（3）**The accumulated impact of key hydraulic and hydropower projects on**

ecological environment emerges increasingly. Importance should be attached to the impact of the reservoir united operation and ecological operation plus the impact of reservoir construction on ecological environment.

In the construction of the large-scale hydraulic and hydropower projects in the river basin, the functions and benefits in flood prevention, electricity generation, water supply and shipping have been taken into consideration as a whole but the impact on ecological environment and the benefits of ecology receive little attention. In particular, during the process of operating the project, the local economic benefits are emphasized while the public benefits are neglected. In addition, because of investment diversification and excessive consideration to local, departmental, and corporate benefits, there is no effective unified planning and management on the construction and operation of reservoirs of different types and scales in the river basin.

This leads to conflicts among the upper, central and lower reaches of the river and different departments in the river basin to the neglect of environmental benefit. With large-scale reservoir projects increasing, it is very important to make full use of the reservoir united operation and ecological operation.

Before the Three Gorges Reservoir was completed, a number of key comprehensive hydro projects with important flood prevention benefit including Danjiangkou Reservoir, Qingjiang Geheyan hydro project, Lishui Jiangya and Zaoshi hydro project were being considered.

There were 24 large-scale flood prevention reservoirs at various stages of completion. The future will see the further development of cascade reservoir in Jinshajiang River Basin in the upper Yangtze and other reservoirs in the main tributaries. The construction of large-scale river cascade reservoirs distinctly changed the natural hydrological process of the Yangtze River, transforming the main streams in the upper and central reaches and a number of tributary natural rivers into semi-natural or artificially controlled rivers. The long-term influence of biological habitat fragmentation on the ecological environment in the river basin has received general attention from all segments of society.

5. We must strengthen the protection of the water environment and ecology in the Yangtze River, increase research on the impact of climate change and adaptability, prepare responses to the possible effects of climate change on the river basin, and further promote the coordination between the conservation and development of the Yangtze River.

(1) **To transform the development concept and means and give priority to the protection of water environment and ecology in the Yangtze River**

With its unique position in the country, abundant water resources and advantages of passage way between the river and sea, the areas along the Yangtze River share the mission with the coastal regions as the main axis for the distribution of productive forces. The rapid concentration of riparian industries with focus on heavy and chemical industry and the construction of a series of key projects symbolized with the Three Gorges Project will bring increasingly greater pressure to the water environment quality and ecological protection in the Yangtze River.

We should combine a scientific classification performance evaluation system with environmental and ecological protection as an important evaluation index. We must change the old economic development mode that emphasized economic growth and excessive resource environment consumption and strengthen a scientific, harmonious and sustainable development.

We will build a river basin ecological-economic functional zone and water environment in a scientific way, determine the leading ecology-economic functions of different zones, conduct strict spatial control, and coordination of the relationship between the conservation and development of river basin. This will apply to each section in the upper and lower reaches of the Yangtze River through classification examination, financial transfer payment, payment ecological services and other measures.

Next, we should enforce environmental laws in the river basin, accelerate the comprehensive management of the basin by starting from the water quality management by objectives, and obtain real-time information on water quality change as the basis for regional pollution compensation. Establish the construction of cross-section water quality automatic monitoring system.

Moreover, we will change our concept stressing economic benefits but ignore the ecological benefits in the construction of key water projects especially the hydrological and hydropower projects. Instead, we will give priority to the ecological and environmental benefits.

We will also change the decentralized approval and supervision system for the construction of various water projects, be strict on the evaluation of the impact of project construction on ecological environment, reducing the adverse effects of projects on the ecological environment. Finally, we need to change the traditional practices to have the separate scheduling and operation and its management mainly to serve flood prevention, irrigation and electricity generation; to reinforce ecological operations by including joint scheduling and operation of water projects, water environment improvement, and water ecology protection in the overall objectives for water project scheduling so as to truly protect the water environment and ecology in the Yangtze River.

(2) **To advance the studies on the impact of climate change and adaptability in the Yangtze River Basin, upgrade the adapting capacity of the basin to climate change, and properly respond to the possible impact of climate change on the river basin**

Climate change facts are self-evident. However, there are many questions as how to protect the water resources and ecological system in the Yangtze River Basin from climate change. The studies on the response and adaptability of water resources and ecosystems to climate change started fairly late in our country. As a result, we have a short research data sequence.

There are 15 typical ecosystem research and observation stations in the Yangtze River Basin conducting long-term positioning observation and tests. The longest data are only about 30 years old and lack many observations and tests on the adaptability to climate change. It is urgent for us to make cross-discipline, simulation research focused on the influence of climate change and adaptability assessment based long-term observations, tests, and data accumulation.

We should pay special attention to the extreme climatic cases and sensitive zones like the Yangtze source, making objective and systematic assessment on the positive and negative effects of climate change on the river basin, thus providing scientific evidence for adaptive management.

Regarding the question of the river basin, we should rationally utilize and protect the resources of water, soil, and biology in the river basin by making full use of the regulating function of ecosystems and through the coordination of cross-department and cross-administrative region management so that we can conform to the nature in a harmonious way and realize the sustainable development as well as the economic, social and environmental welfare of the river basin. In the comprehensive management planning of the river basin, we should anticipate the possible impact of climate change on water resources, ecosystems, and biodiversity. We need to strengthen the public awareness, education and training on climate change and its impact via information technology and encourage the public's participation to create a sound social atmosphere for effective response to climate change.

We can encourage enterprises and the public to participate in the activity of responding to climate change by improving the decision-making coordination mechanism involving various departments, so as to gradually form a highly-efficient organization and management system.

(3) **To set up a benefit analysis system for key project construction in the river basin, strengthen the follow-up monitoring and evaluation on the impact of key projects on ecological environment, and truly increase the comprehensive benefits of key project construction in the river basin.**

Key project construction in the river basin is characterized by a long cycle and large investment. While placing importance on unified planning, standardized management, and evaluating the impact of project construction on the environment, we should reinforce the monitoring and supervision of environmental protection and require a mid-term and after action report (AAR) to judge the benefits of key project construction in the river basin.

Through the assessment, we may discover problems in the late phase of project construction and initial stage of project operation and be able to make timely adjustments and improve the construction and operation plans. In addition, we can determine the benefits from the project construction and note the shortcomings in operational management. In this way we can offer suggestions on improving operational management and reduce construction challenges. We can reinforce the monitoring and assessment of project construction and operation on ecological environment and make and implement ecological cost accounting and payment for ecological services system for key project construction.

Depending on the cost of the ecological services and the level of the impact of ecological environment in various project construction zones, we will levy a fee for public resource transfer and set aside a certain proportion of the economic benefits from the projects in a special fund for ecological compensation.

While regulating the water project construction through economic means, we will establish a dimensional monitoring network in the river basin, advance follow-up monitoring, and provide special research on the impact of key project construction on the ecological environment. In this way, we will provide a means, to monitor and change the impact of construction projects on the environment, and offer a feasible technical strategy to protect the environment.

目　录

第一篇　进展与态势

第二篇　热点与分析

第三篇 长江口与长江三角洲专论

Content

Part Ⅲ Monograph of Yangtze River Estuary and Delta

第一篇 进展与态势

列，曾为世界第三，中国第一大江河，不

1/5，哺养了全国1/3的人口，生产了全国1/3的粮食，创造了全国1/3的GDP。长江经济带是中国最宽广、最有发展潜力的经

流域的淡水资源总量、可开发水能资源、内河通航里程分别占全国的36.5%、48%和52.5%，是中国水电开发的主要基地。由水北

善的战略水源地。连接东中西部的"黄金水道"。重要经济鱼类资源和珍稀濒危水生野生动物的天然宝库。长江的保护、治理与开

流域几亿多人民的福祉，而且关系全国经济社会发展的大局。

第一章

长江保护与发展现状

第一节　长江保护与发展面临的新形势

进入 21 世纪以来,能源安全、粮食安全、气候变暖、生态恶化等一系列的问题越来越引起国内外的广泛关注,可持续发展已经成为全人类共同面临的紧迫课题,也是我国推进现代化建设、实现全面建设小康社会目标必须面对的重大问题。长江是我国重要的经济走廊、水电开发的主要基地、水资源配置的战略水源地、连接东中西部的"黄金水道"、珍稀水生生物的天然宝库,在我国供水安全、生态安全以及经济社会的持续发展等方面占有极其重要的战略地位。处理好长江保护与发展之间的关系,维护长江健康,直接关系到中华民族的生存与发展,迫切需要得到社会各个层面的参与、支持与共同努力。2005 年由水利部长江水利委员会、国家环境保护总局、以及长江干流 11 个省(自治区、直辖市)等 27 家单位共同发起的设立以"保护与发展"为主题的长江论坛,旨在构筑不同利益相关方之间高层对话、协调合作机制与学术交流平台,推动长江保护与开发、协调生态与发展,维护健康长江,实现长江流域社会、经济、环境的可持续发展。近两年来,长江保护与发展面临着新的形势和热点问题,突出表现在 4 个方面。

一、落实科学发展观成为长江保护与发展的指导思想与原则

近 20 年来,中国经济以年均 10% 左右的速度增长,但由于粗放型的经济增长方式没有根本转变,资源和环境压力越来越大。随着经济快速增长和人口增加,能源和资源供给不足、环境容量有限的矛盾越来越突出,能源与环境已经成为经济社会健康发展的制

约因素。国家和政府为应对当前经济和社会发展面临的能源和环境问题,在发展目标和战略方面进行了适时的调整。2007 年 4 月,国务院召开常务会议,决定成立国务院节能减排工作领导小组,由温家宝总理任组长,全面部署节能减排工作,国务院印发了《节能减排综合性工作方案》,提出了 45 条具体工作安排。2007 年 8 月,十届全国人大常委会第二十九次会议分组审议了循环经济法草案。2007 年 10 月,党的十七大报告将科学发展观定位为发展中国特色社会主义的重大战略思想,强调了坚持生产发展、生活富裕、生态良好的文明发展道路,建设以资源环境承载力为基础、以自然规律为准则、以可持续发展为目标的资源节约型、环境友好型社会。

"十一五"时期是落实科学发展观,贯彻国民经济持续快速协调健康发展和社会全面进步发展思路的重要阶段,发展目标中明确提出,在优化结构、提高效益和降低消耗的基础上,实现 2010 年人均国内生产总值比 2000 年翻一番;资源利用效率显著提高,单位国内生产总值能源消耗比"十五"期末降低 20% 左右,生态环境恶化趋势基本遏制,耕地减少过多状况得到有效控制。国家发布的《国民经济和社会发展第十一个五年规划纲要》将资源环境、基础建设等列入了"十一五"期间中央政府投资支持的 5 个重点领域之中。

国务院印发《国家环境保护"十一五"规划》(简称《规划》),进一步阐明"十一五"期间国家在环境保护领域的目标、任务、投资重点和政策措施,重点明确各级人民政府及环境保护部门的责任和任务,同时引导企业、动员社会共同参与,努力建设环境友好型社会,要加快淮河、海河、辽河、太湖、巢湖、滇池、松花江等重点流域污染治理,加快城市污水和垃圾处理,保障群众饮用水水源安全。国务院要求各有关部门,要建立评估考核机制,每半年公布一次各地区主要污染物排放情况、重点工程项目进展情况、重点流域与重点城市的环境质量变化情况。在 2008 年底和 2010 年底,分别对《规划》执行情况进行中期评估和终期考核,评估和考核结果要作为考核地方各级人民政府政绩的重要内容。

依据《水利发展"十一五"规划》、《节水型社会建设"十一五"规划》等有关规划,我国将进一步加强城市供水和污水处理设施建设,扩大再生水使用范围,对运行超过 50 年以及严重漏损的供水管网进行更新改造,新增城市污水日处理能力 4500 万 t,全国所有省(自治区、直辖市)城市污水处理率不低于 70%,北方缺水城市再生水利用率达到 20%。2008 年 3 月,"两会"在北京胜利召开,与会代表针对节能减排、建设资源节约型环境友好型社会、环境保护、饮水安全、流域发展等纷纷进言,面对长江现状,提出建设"和谐长江",为流域统筹管理、流域及湖库生态建设等提出了宝贵建议。

二、国务院机构改革,加强国民经济发展与环境保护的协调能力

2008 年 3 月 15 日,十一届全国人大一次会议第五次全体会议表决通过了国务院机构改革方案,本次机构改革围绕转变政府职能和理顺部门职责关系,探索实行职能有机统一的大部门体制,合理配置宏观调控部门职能,加强能源环境管理机构,整合完善工业和信息化、交通运输行业管理体制。依据国务院机构改革方案,组建环境保护部,加大环

境政策、规划和重大问题的统筹协调力度。

2008 年 7 月,国务院审议批复了环境保护部的"三定"方案。按照"三定"方案,环境保护部设 14 个内设机构,增加了 3 个司局,分别为污染物排放总量控制司、环境监测司、宣传教育司。国家环保部主要职责包括组织、实施环境保护规划、政策和标准,组织编制环境功能区划,监督管理环境污染防治,协调解决重大环境问题等(1998 年设立国家环保总局时,职能领域包括污染防治、生态保护、核安全监管)。新组建的国家环境保护部进一步理顺了部门职责分工,强化了环境政策、规划和重大问题的统筹协调,明确了"统筹协调重大环境问题"、"指导、协调、监督生态保护"等职责;突出了从源头上预防环境污染和生态破坏,明确了规划、环评、区域限批等职责;提升了环境监测和预测、预警,以及应对突发环境事件能力,明确了环境质量调查评估、环境信息统一发布等职责;加强了国家减排目标落实和环境监管,强化了总量控制、目标责任制、减排考核等职责;初步划分了部门间职责界限,在一定程度上解决了长期困扰环保工作中监测、信息发布等职责交叉的问题。

此次环境保护部"三定"方案中对"治水"方面的职责分工也作出明确规定,环境保护部对水环境质量和水污染防治负责,水利部对水资源保护负责。两部门要进一步加强协调与配合,建立部际协商机制,定期通报水污染防治与水资源保护有关情况,协商解决有关重大问题。此外,明确水环境信息由环境保护部发布,并对信息的准确性、及时性负责。水利部发布水文水资源信息中涉及水环境质量的内容,应与环境保护部协商一致。本次机构改革中,环境保护部的职责、机构、编制的增加和调整进一步解决了环保工作在推进历史性转变中的机制体制障碍,有助于我国政府更好地应对能源与环境领域问题,必将加快环保事业发展步伐。

专栏 1-1

国家环保机构历史沿革

1971 年,成立国家计委环境保护办公室,在我国政府机构名称中第一次出现了环境保护。

1973 年,成立了国务院环境保护领导小组办公室,是我国最早的专门环境保护机构。

1982 年,国务院环境保护领导小组办公室并入了新成立的城乡建设环境保护部。同年 5 月,为了加强对环境保护工作的领导,恢复了国务院环境保护委员会,负责全国环境保护的规划、协调、监督和指导工作。

> 1987年,将城乡建设环境保护部中的环境保护局改为"国家局"。从那时起,环境保护工作开始逐渐被社会关注。
>
> 1988年5月,国务院机构改革撤销城乡建设环境保护部,国家环境保护局从中分出,改为国务院直属机构。成为了国务院综合管理环境保护的职能部门和国务院环境保护委员会的办事机构。
>
> 1998年3月,根据第九届全国人大第一次会议批准的《国务院机构改革方案》和《国务院关于机构设置的通知》,国家环境保护局改为国家环境保护总局。与此相应的是国家环境保护总局的职能也作出了新的调整。开始尝试建立符合新时代要求的环境保护政策体系。
>
> 2008年3月15日,十一届全国人大一次会议第五次全体会议表决通过国务院机构改革方案,组建环境保护部。

三、气候变化与极端气候事件频发,成为国家关注的重要领域

最近100年以来,全球正在经历一场以变暖为特征的显著气候变化,这个变化使维持地球生命系统的基本条件发生着前所未有的改变,包括水资源、生态系统、土壤侵蚀、生物减少等,已经对全球经济社会可持续发展构成了挑战。2007年世界气象组织和联合国环境署组织的政府间气候变化专门委员会(IPCC)发布了第四次评估报告。报告指出,气候变暖的客观事实是毋庸置疑的,观测结果显示1906—2005年全球的地表平均温度升高了0.74℃。所有大陆和多数海洋的观测数据表明,许多自然系统正在受到区域气候变化,特别是受到温度升高的影响。过去30年的人为变暖可能已在全球尺度上对许多自然和生物系统产生影响。报告结果证明,到2050年,亚洲大部分地区的淡水供应趋于紧张,这种紧张在一些大河流域会更为明显。对于沿海地区而言,特别是对南亚、东亚和东南亚人口密集地区来说,发生洪涝的风险将显著增加。

伴随气候变化,极端气候事件发生频率和强度也有明显增加的趋势。1995—2006年的12年,是过去150多年当中最暖的时期;20世纪70年代,我国强台风出现的频率从20世纪70年代初的不到20%,增加到21世纪初的35%左右,2006年8月,超强台风"桑美"在浙江苍南沿海登陆,登陆时中心附近最大风力达17级,为百年一遇,是新中国成立以来登陆我国大陆最强的一个台风。2006年夏季,重庆遭遇了百年一遇特大伏旱,四川出现1951年以来最严重伏旱,6月1日至8月21日,重庆、四川平均降水量为345.9mm,是1951年以来历史同期最小值。2007年我国气温继续攀升,为近57年来最暖的一年,南方地区发生1951年来罕见的秋旱。2008年1月10日至2月2日,我国南方地区连续四次遭受低温雨雪冰冻天气袭击,影响范围之广、强度之大、持续时间之长,总体上达百年一遇。2008年,共有22个台风生成,其中10个台风在我国登陆,登陆比例为有观测资

料以来最高。2008 年 7 月 20—24 日,四川盆地、黄淮、江淮、江汉等地普降暴雨到大暴雨,四川盆地、陕西西南部、湖北西部和北部、湖南西北部、河南大部、山东东部和南部、江苏北部、安徽北部等地累计降水量一般有 100~200mm,部分地区超过 200mm。2008 年 8 月 25 日,上海市徐汇区 1 小时降水量高达 117.5mm,为 1872 年有气象记录以来最大值。2008 年 10 月下旬至 11 月上旬,我国南方出现秋季罕见的持续性强降水天气。10 月 21 日至 11 月 8 日,南方平均降水量为 94.9mm,比常年同期(36.9mm)偏多 1.6 倍,为 1951 年以来最大值。2008 年 11 月以来,我国北方降水持续偏少,部分地区降水量的偏少程度已接近或突破历史极值。华北大部、黄淮、江淮、江汉等北方冬麦区降水量较常年同期偏少 5~9 成,山西中部、河北中南部、河南东北部、安徽西北部等地降水量偏少 9 成以上。灾害已经让全国近 43% 的小麦产区受旱,370 万人、185 万头大牲畜饮水吃紧。

气候变化将深刻改变全球和区域自然环境,进而影响人类的生存与发展,现已经成为国际社会普遍关心的重大问题,气候变化领域的国际谈判已经成为继世界贸易组织后,各主要国家及利益集团在政治、经济、科技、环保领域综合较量的又一个主要平台。我国对气候变化问题给予了高度重视,早在 1990 年就成立了应对气候变化相关机构,1992 年签署了《联合国气候变化框架公约》,1993 年全国人大常委会批准了这一公约。1998 年,我国政府签署了《京都议定书》。为进一步加强应对气候变化工作的组织和领导,2007 年成立了国家应对气候变化领导小组,由国务院总理担任组长,负责制定国家应对气候变化的重大战略、方针和对策,协调解决应对气候变化工作中的重大问题。

2007 年 6 月 4 日,我国正式发布《中国应对气候变化国家方案》,2008 年 10 月 29 日,发布了《中国应对气候变化的政策与行动》白皮书,全面介绍了气候变化对我国的影响、我国减缓和适应气候变化的政策与行动以及我国对此进行的体制机制建设,提出应对气候变化的六项原则,即:①在可持续发展框架下应对气候变化;②努力实现发展经济和应对气候变化的双赢;遵循《气候公约》规定的"共同但有区别的责任"原则,③减缓与适应并重,统筹兼顾、协调平衡,同举并重;④《气候公约》和《京都议定书》是应对气候变化的主渠道,是应对气候变化国际合作的法律基础;⑤依靠科技进步和科技创新;⑥全民参与、广泛国际合作的原则。《中国应对气候变化的政策与行动》明确提出:到 2010 年,我国将努力实现控制温室气体排放和增强适应气候变化能力两大目标,其中包括实现单位国内生产总值能源消耗比 2005 年降低 20% 左右,相应减缓 CO_2 排放。努力实现森林覆盖率达到 20%,自然保护区面积占国土总面积的比重达到 16% 等量化指标。

四、重大工程的累积影响日益显现,引起政府和社会公众的广泛关注

长江流域具有丰富的水资源和水能资源,近年来长江流域相继实施了三峡工程、南水北调工程以及上游大规模的水电开发等,目前流域已建和在建的水电站装机容量约 1 亿 kW,约占理论蕴藏量的 36%。全流域已建水库 4.6 万座,总库容 2307 亿 m^3;建成蓄、引、提、调水工程 522 万座。这些水利工程在防洪、发电等方面带来了巨大的经济效

益和社会效益,同时一系列的重大水利工程实施后必然导致长江水文条件发生变化,对长江流域的生态环境产生累积影响,带来的问题具有全局性、复杂性和不确定性,引起政府和社会公众的广泛关注。

受上游水电梯级开发、三峡工程等水库拦蓄、气候变化以及上游水土流失防治工程综合影响,受长江水沙条件产生较大变化,2007年宜昌、汉口和大通站输沙量与2003年三峡蓄水前相比,减幅分别为86%、68%和63%。清水下泄,导致坝下长江河道强烈冲刷,据2003年10月至2007年10月固定断面资料计算分析,长江中游干流河道总体表现为冲刷,宜昌至湖口段冲刷总量约$5.47 \times 10^8 m^3$,冲刷的部位主要在枯水河槽,冲刷总量约$4.31 \times 10^8 m^3$。中下游水文情势的变化,对大堤的安全构成威胁,同时不可避免地导致下游湖泊与长江的水、沙、营养盐等交换关系和格局发生改变,并对湿地生态产生影响。水库建设使河流向湖泊水库型转变,特别是流态发生了较大变化,近年来的监测资料表明,目前三峡水库水质良好,但支流库湾自三峡工程蓄水以来每年出现"水华"现象,且有逐年加重趋势。此外,长江的水文情势以及水域环境变化对鱼类产卵场与种群结构、珍稀水生动物的影响、河口生物种群等也会产生影响,目前尚缺乏足够的跟踪观测数据和深入系统的研究。

重大工程不仅规模大、投资大、效益大,而且也具有生态环境影响大和多变复杂等特点,如何最大程度地发挥工程的综合效益,降低负面影响,促进长江流域的可持续发展和社会稳定是摆在我们面前的重大问题。因此,目前迫切需要加强大型工程运行的生态环境影响跟踪监测与评估,及时发现相关工程运行中存在或新出现的生态环境问题,揭示相关工程对生态与环境的影响规律,提出减缓生态环境负面影响的对策和措施,保证工程效益的有效发挥和最大限度地减轻负面影响,这对合理开发长江资源,协调保护与发展的矛盾具有重要意义。

第二节　重大问题和事件

2007年以来,长江在开发方面取得了令人瞩目的新成绩:三峡水库试验性蓄水至172.4m,标志着三峡工程主体工程基本完工;南水北调工程正在抓紧实施,丹江口大坝加高工程54个混凝土坝段已有47个加高到顶,丹江口库区移民试点工作全面启动;长江上游水电开发进入高峰期,向家坝、溪洛渡、锦屏等一大批水电站正在建设之中;2008年长江干线货运量已超过12亿t,为密西西比河的2倍、莱茵河的3倍,已连续4年为世界内河货运量第一。2008年底,在国际金融危机的大背景下,国家作出了投资4万亿元拉动内需的重大决策,加强水利基础设施建设是主要措施之一。但与此同时,长江水污染等传统问题仍未得到根本改善,气候变暖与极端气候事件频发带来的负面影响加大,国家应对极端事件的能力建设需要进一步加强。近年来,长江流域的重大问题和事件主要包括以下几个方面。

一、长江水环境与太湖蓝藻

长江水质的好坏直接关系到长江流域4亿多人口和南水北调供水区人民的生产和生活的好坏,一直是长江保护与发展关注的重要问题之一。根据《2007中国环境公报》淡水环境部分显示,2007年长江水系水质总体良好,103个地表水国控监测断面中,Ⅰ~Ⅲ类、Ⅳ类、Ⅴ类和劣Ⅴ类水质的断面比例分别为81.5%、3.9%、7.8%和6.8%,与上年相比虽总体保持稳定,无明显变化,但局部江段和支流污染非常严重。尤其是湖泊水体富营养化呈现进一步加剧的趋势,2007年列入长江流域水资源评价的淀山湖、太湖、西湖、巢湖、甘棠湖、鄱阳湖、邛海、滇池、泸沽湖、程海等湖泊中,仅有泸沽湖整体水质优于Ⅲ类,其他湖泊都出现部分水体劣于Ⅲ类水质的情况,特别是太湖、巢湖和滇池,2007年再次出现大规模的蓝藻暴发事件,严重影响饮用水安全。

太湖流域地处长江三角洲核心区域,土地面积和人口不足全国的0.4%和3%,却创造了13%左右的国内生产总值和20%左右的财政收入,是我国举足轻重的经济核心区和城市密集区。流域的人口密集、经济发展和城市化过程导致污染物排放持续增加,大量的污染物和N、P等营养盐排放进入河湖水体,自20世纪60年代以来,太湖水质平均每10年下降一个级别,尤其是90年代以来,富营养化趋势不断加强,蓝藻几乎年年不同程度暴发,导致水污染恶性事件时有发生。2007年4月底,太湖梅梁湖蓝藻"水华"大规模集中暴发,5月6日,梅梁湖小湾里水厂水源地叶绿素a含量高达259μg/L,位于贡湖湾和梅梁湖交界的贡湖水厂水源地达到139μg/L,贡湖湾锡东水厂水源地达到53μg/L,全部超过40μg/L的蓝藻暴发临界值。到5月中旬,梅梁湖等湖湾的蓝藻进一步聚集,分布范围扩大,程度加重。5月29日,贡湖水厂水源恶臭、水质发黑,氨氮指标上升到12.7mg/L以上,溶解氧下降到接近零,导致自来水恶臭,直接影响了人口达280万的无锡市区近7成供水。研究结果显示,2007年太湖蓝藻暴发引起的生态灾害,既有2007年气温偏高、光照充足、降雨偏少等易暴发蓝藻的气候因素,也有出现严重缺氧的污水团因素,最终导致水体黑臭,形成供水危机。但从根本来看,太湖长期以来工业污染增加、农业面源污染扩大、城市生活污水增加、渔业养殖规模急速扩张是造成本次事件的主要原因。

太湖蓝藻事件再次敲响了生态环境恶化的警钟,引发各级政府和公众重新审视环境保护与发展的关系,认识到协调好经济发展与环境保护、走生态文明道路对可持续发展的重要意义。2007年7月,时任江苏省委书记李源潮在江苏省太湖水污染治理工作会议上表示:"无论经济怎样繁荣发达,如果不能让老百姓饮用干净的水,人民群众就不会认可我们的全面小康模式,江苏全面小康的成果就会被颠覆。"李源潮指出,彻底治理太湖,治水是治标,治污是治本,要以最严格的环境保护制度整治太湖污染,而转变增长方式、实现发展转型,是必定要付出代价的。一些成为污染源的工厂必须关闭,一些高污染的产业必须淘汰，一些富营养化的养殖必须压缩。中共中央政治局委员、国务院副总理曾培炎出席太湖水污染防治座谈会并讲话。他指出，太湖水环境关系太湖流域和长江三角洲地区经济社会发展全局，关系人民群众切身利益。应全面贯彻落实科学发展观，按照构建社会主义和谐社会的要求，正确处理经济发展与环境保护的关系，把环境保护放在现代化建设的重要位置，远近结合、标本兼治，进一步加强应急处置和事故防范工作，切实防止太湖流域水源地受到污染，确保城乡居民饮水用水安全，实行更高水平更加严格的环境保护标准，坚持不懈地推进全面、系统、科学的污染治理，努力从根本上解决太湖污染问题。

二、旱涝灾害与重庆高温大旱

长江流域降雨时空分布不均，历来是洪涝和干旱多发区。近50年来的气象资料分析，气候变化引起的灾害性天气发生频率呈增加趋势，尤其是造成洪旱交替灾害的程度加剧。2006年夏季，重庆遭遇了百年一遇特大伏旱，四川出现1951年以来最严重伏旱。2007年7月，四川东部持续强降雨，嘉陵江支流渠江发生超保证水位洪水，导致渠江沿岸的广安、渠县、达州、平昌等4个县(市)的部分城区进水受淹。7月16日，重庆市发生百年一遇特大暴雨，平均降水量达200多mm，引发了严重的山洪、滑坡和泥石流灾害。2008年7月31日至8月2日，安徽中东部、江苏西南部等地出现了暴雨或特大暴雨。部分台站24小时降雨量创历史极值，安徽全椒423mm、滁州429mm。2008年7月20—24日，四川盆地、黄淮、江淮、江汉等地普降暴雨到大暴雨，降水量达到100～200mm，部分地区超过200mm。2008年8月25日，上海市出现入汛后最强暴雨天气，徐汇区1小时最大降水量117.5mm，为1872年有气象记录以来最大值。2008年10月下旬至11月上旬，长江上中游地区出现罕见秋汛。

2006年，四川、重庆高温大旱是百年一遇的特大灾害，6月1日至8月21日，四川、重庆平均降水量仅为345.9mm，是1951年以来历史同期最小值，7月初重庆连续近50天没有明显降雨，这是重庆气象有史以来从未出现过的特大天旱。同时，四川、重庆两省(直辖市)7月中旬至8月下旬遭受罕见的持续高温热浪袭击，其中重庆市高于或等于38℃的高温日数达21天，创历史新高。本次灾害事件创下5项历史记录：①温度达历史最高。重庆大部分地区气温在7月、8月都达到了40多℃，最高的达到44.5℃，突破了全市有气象记录以来的最高气温极值。②干旱持续时间最长。部分地区持续了100天以上，这个时间之长是重庆50年甚至更长的时间没有遇见过的。③长江水位之低。经水文测试，长江流量要比往年少了40%。④干旱覆盖面积之大。重庆市40个区(县)都遭受干旱，扩大到湖北、湖南、四川等地区。⑤灾害状况严重。重庆市范围内133.3万hm²(2000万亩)耕地受灾，其中33.3万hm²是干枯，66.7万hm²(1000万亩)是重旱，33.3万hm²(500万亩)是中度的干旱。重庆市40个区(县)2/3的乡镇(街道)出现供水困难，有765.8万人、709.7万头牲畜出现饮水困难。灾害造成的直接经济损失达80.4亿元，其中农业经济损失 59.5 亿元。

研究表明,四川、重庆高温干旱事件并不是孤立的,而可能是全球气候变暖大背景下极端气候事件增多、增强的具体体现。2006 年以来四川、重庆的气温变化情况与全国基本一致,而我国气温变化与全球平均变化趋势基本一致,近百年增暖的幅度也达到了0.74℃,这说明四川天气气候变化和全球气候变暖大背景密切相关。2007 年高温干旱的主要原因是太平洋海温比往年高了 0.5℃,使强对流天气活跃,副热带高气压的位置较往年偏北、偏西,尤其是进入 2006 年 8 月,副高脊线每日均维持在 27°N 以北,而 8 月多年平均副高脊线位置为 26°N,同时西太平洋副高位置也比常年略偏西。副热带高气压的这种形态,不利于将南方的暖湿气流带到西南地区东部。另一方面,受大陆高压稳定控制,川东、重庆上空盛行下沉气流,对流活动受到抑制,致使该地区降水偏少,气温偏高,旱情严重。四川、重庆高温大旱还引发了社会公众对干旱与三峡工程关系的争论,但目前缺乏具有说服力的依据证实两者之间存在直接联系。

三、长江百年罕见枯水与两湖水位超低

进入 21 世纪以来,长江中下游流量呈现显著减少趋势,2006 年 8 月,寸滩、宜昌、枝城、沙市、大通等站水位均降至历史同期最低,出现百年罕见的汛期枯水。2007—2008 年又出现了枯水期超低水位,2008 年 1 月 8 日,汉口水文站监测水位仅为 13.98m,是有水文记录 142 年以来罕见的低水位。据长江航道局统计,2007 年 10 月以来长江水位持续下降导致"黄金水道"告急,长江主干线发生了 40 余起船舶搁浅事故。长江航务管理局在 2007 年 12 月 5 日发出紧急通知,宣布长江中游因枯水形势严峻进入二级橙色预警状态。枯水引发中下游供水危机,甚至滨江的监利县都面临吃水困难。此外,超低水位有可能影响到长江水生生态系统,这个问题尚需要进一步研究。

长江枯水对沿线水域产生较大影响,导致 2006—2007 年洞庭湖、鄱阳湖出现持续的枯水事件。2006 年 10 月 9 日,洞庭湖城陵矶水位为 21.48m,是新中国成立以来历史同期最低水位。超低的水位使洞庭湖生态与环境受到严重影响,东洞庭湖由于水位低导致鱼类采食场遭到破坏,鱼的密度极小,捕捞量急剧减少;水位长期过低,还导致湿地退化、鸟类食物减少,影响到候鸟越冬等问题。2007 年 6 月开始,洞庭湖区突然暴发了 10 年来最大的一场鼠灾,6 月下旬以来,栖息在洞庭湖区 26.7 万 hm^2(400 多万亩)湖洲中的东方田鼠,随着水位上涨部分内迁。它们四处打洞,啃食庄稼,严重威胁湖南省沅江市、大通湖区等 22 个县(市、区)沿湖防洪大堤和近 53.31 万 hm^2(800 多万亩)稻田。研究显示,鼠害暴发可能与近年来洞庭湖水位下降导致适宜东方田鼠栖息的沼泽和湖滩面积扩大有关。

鄱阳湖是我国第一大淡水湖泊,出湖平均水量约占长江流域的 15%,是我国重要的淡水资源库,也是我国和国际的重要湿地。2007 年 12 月,都昌水文站的水位曾连续 20多天低于历史最低水位,鄱阳湖几近枯竭,对湖区上千万居民的用水产生了巨大的威胁,

同时导致了湖区大面积水草和芦苇枯死,严重危及鄱阳湖湿地的生态安全。持续枯水导致湖泊水环境容量下降,可能会危及鄱阳湖的供水功能,据2007年资料,湖泊Ⅲ类水下降到26%,劣于Ⅲ类水上升到27%,而2003年劣于Ⅲ类水仅占0.3%。近年来鄱阳湖的水环境问题已引起中央和地方的高度重视,2007年4月,国务院总理温家宝在江西考察时要求:"一定要搞好生态环境保护和建设,永远保持鄱阳湖一湖清水。"

长江百年枯水、两湖水位超低可能是区域气候变化、流域下垫面条件变化、大型工程运行、水资源开发强度增加以及江湖关系改变等众多因素共同影响的结果。由于历史上长江洪涝灾害的频率远远高于旱灾,长期以来对长江流域洪涝灾害研究更为充分,而对枯水研究较少;大型工程运行的生态效应与环境效应尚缺乏长期的监测数据,难以界定影响程度。因此,对如何应对长江枯水和两湖水位超低引发的生态与环境问题,尚缺乏系统全面的研究,难以制订有效的应对措施,这也导致了近来针对鄱阳湖建闸以及三峡工程影响的关注进一步升级。

四、南方低温、雨雪、冰冻灾害

2008年1月中、下旬,我国南方大部分地区遭受了历史罕见的低温、雨雪、冰冻灾害,河南、湖北、安徽、江苏、湖南和江西西北部、浙江北部出现大到暴雨雪;湖南、贵州、安徽南部和江西等地出现冰冻天气。本次灾害事件主要由4次明显的雨雪天气过程造成的,出现的时间段分别为:1月10—16日,18—22日,25—29日和1月31日至2月2日,过程频繁集中,间隔时间短。4次天气过程导致降雨(雪)主要集中在长江中下游、华南大部及云南西北部等地,这些区域的累积降水量达50~100mm,其中苏皖南部、江南大部、华南部分地区超过100mm,很多地区出现大到暴雪,造成雪灾。并且,贵州、湖南、江西、湖北等地还出现了持续的冻雨天气,导致严重的冰冻灾害。同时,西北和中东部地区平均气温普遍较常年同期偏低1~4℃,部分地区偏低4℃以上,全国大部分地区低温持续。

总体而言,2008年1月10日至2月2日的低温、雨雪、冰冻灾害性天气过程主要具有以下特点:①影响范围广、强度大。2008年1月10日至2月2日,我国大部分地区出现了显著的大幅度降温,除黑龙江北部和云南西南部,全国其余地区的降温幅度均在5℃以上,长江以南大部分地区的降温幅度达10℃以上,局部地区甚至超过20℃,单就降温幅度而言已经达到了寒潮甚至强寒潮标准。长江中下游至江南一带的雨雪强度最大,达到79.9mm,较气候平均值偏多1倍左右,为1951年以来的第三大值。②持续时间长。长时间持续低温、降雨、降雪、冻雨天气是此次灾害性天气过程中一个非常显著的特征,就整个天气过程而言历时近1个月,长江中下游一带偏多10天以上,南方低温、雨雪、冰冻天气连续出现,创下历史纪录。

本次灾害事件造成的损失极为严重,冰冻灾害对电力运行造成灾难性影响,我国中东部输电线路覆冰设计标准为30年一遇,可承受15~30mm的覆冰,而这次灾害电网受损严重地区覆冰厚度普遍超过30mm,很多地区达到50mm以上。湖南电网积冰70mm,

超过历史最高纪录（40mm），江西抚州、井冈山和南城电线积冰分别为 35mm、45mm 和 52mm，导致电力设备掉闸、杆塔折倒断线和拉闸限电情况，破坏极为严重。此次灾害正值春运高峰，严重影响了公路、铁路、民航等交通部门的运营，1 月 26—30 日，京珠高速公路封闭，连续 5 天京珠高速公路湖北南端滞留车辆超过 2 万台，滞留司乘人员超过 6 万人。1 月 28 日，湖南、湖北、江苏、江西、安徽等省因雨雪天气共计 21 个机场关闭。1 月 30 日，由于冰冻灾害导致供电设备出现故障，京广铁路南段和沪昆铁路分区段受阻，运输中断。灾害对农业生产影响重大，导致油菜、蔬菜、甘蔗等越冬作物遭受冻害，经济林果普遍受灾，林业生产也受严重危害，大量毛竹、杉木等被积雪压断。此外，通信和居民饮水等也受到严重影响。湖南有 745 万用户通信受到影响，湖北武汉、荆州、宜昌等地水管冻裂导致 280 万人饮水困难。据民政部统计，全国受灾人口达 1 亿多，直接经济损失达 1500 多亿元。

这场以长江流域为中心，席卷大半个中国的低温、雨雪、冰冻灾害也给生态环境带来了严重破坏，灾害使 847 万 hm^2（12703 万亩）公益林受灾，造成未成林造林地受灾 158.4 万 hm^2（2376 万亩），其中退耕还林工程损失近 85.5 万 hm^2（1282 万亩），相当于退耕造林任务量的 26%，严重影响了退耕还林成果的巩固，因灾需要重新造林面积相当于 2006 年全国的造林任务，直接影响生态工程的推进速度。灾害直接降低了森林健康能力、林下卫生条件和野生动物生存条件，为发生次生生态灾害留下了巨大的隐患。大面积森林植被丧失，削弱了森林对降水的阻拦作用，增加了洪水流量与洪峰流量，将增加山洪、泥石流、山体滑坡等严重地质灾害发生的可能。同时，灾害还使林农分到的山林受到损失，投入的资金也化为乌有，林农造林营林的积极性严重受挫。

灾情发生后，党中央、国务院统一部署，采取了一系列卓有成效的举措，最大程度地降低了灾害造成的不利影响和损失，灾后重建也取得了显著成效，但此次灾害暴露出突发灾害事件的预警预报和应急处置机制不健全，生产生活等基础设施建设灾害防范意识差，各地方、各部门协调能力弱等问题需要引起足够的重视。在生态建设方面，此次灾害显示，不同森林类型、群落结构和物种组成对冰雪灾害的抵抗能力不同。一般针叶林比阔叶林、外来树种比乡土树种、人工林比天然林、结构单一林比结构复杂林更容易遭受冰冻灾害的影响和破坏，这些都值得深思。灾害恢复不是一朝一夕可以完成的，必须建立抗击灾害和风险的长效机制，切实提高抗灾免疫能力。

五、汶川大地震及其灾后恢复重建

2008 年 5 月 12 日 14 时 28 分，北纬 31°，东经 103.4°，我国四川汶川发生里氏 8.0 级大地震，波及十几个省（直辖市），之后地震灾区发生了数千次余震，引发大面积山体滑坡、泥石流崩塌和堰塞湖。这是新中国成立以来的一次巨大灾难，堪为国殇。截至 2008 年 9 月 25 日 12 时，汶川地震灾区确认 69227 人遇难，374643 人受伤，17923 人失踪，倒塌和损毁房屋达 1500 万间。成都市、德阳市、绵阳市、广元市、阿坝州、雅安市所属的 30 个县级市属于这次地震的重灾区,受灾人口达1544.79万。地震破坏耕地达5.8万hm^2,其中不可复垦耕地1.1万hm^2,四川有1996座水库出现险情,有溃坝险情的69座。地震还造成交通、通信、电力等基础设施严重毁损。初步评估,地震直接经济损失8541亿元,灾后恢复重建需要12000亿~15000亿元。

地震在给人民生命财产造成巨大损失的同时,也给生态环境带来了重大破坏,而且由于此次特大地震发生在长江上游重要的生态屏障和水源涵养区,对生态的破坏和导致的生态服务功能降低影响更为长远。一是地震引发严重的山体滑坡、泥石流和水土流失等次生灾害,极大地改变了重灾区的地表覆盖,造成大量岩土裸露,大量的林地、草地、耕地遭到破坏,四川共有43.1万hm^2森林遭到破坏,苗木损失8.5亿株,损毁耕地近11.3万hm^2,新增水土流失面积12374km^2,年均土壤侵蚀量将较震前增加16880万t,土壤侵蚀模数由3954$t/(km^2 \cdot a)$增加至6082$t/(km^2 \cdot a)$。二是动植物栖息地严重破坏、生态功能受损。地震灾区地处我国岷山—邛崃山生物多样性保护关键区域,区内建有65个自然保护区,其中国家级自然保护区18个,省级自然保护区41个,市县级自然保护区6个。仅四川灾区就有受国家重点保护的野生动物116种,重点保护植物50种,是大熊猫和多种国家珍稀动物的分布地。地震造成植被大量破坏、地貌分割,生态系统景观的连通性显著降低,景观破碎程度显著增加,形成大量"岛屿式"斑块、"孤岛效应",对灾区内的各类生物造成重大威胁,仅四川灾区野生动物栖息地毁损面积就达9.21万hm^2,10种国家一级保护动物和23种国家二级保护动物受到较大影响,49个大熊猫自然保护区不同程度受损,初步估计大熊猫栖息地毁坏面积为3.7万hm^2,占栖息地面积的3.8%。三是河流水体生态系统退化特别严重,生态功能衰退。河流承接着地震地质灾害活动中的泥沙与砾石输入,河道、水库淤塞,河床抬高,不仅破坏了水体与水库容量,严重削弱了区域防洪能力,加剧了本区及周边、下游区域洪灾的威胁性,也在一定程度上加剧了中下游河流、水库的富营养化过程,一些河流水生特有物种的种群数量可能大量减少,部分珍稀保护鱼类,如裂腹鱼在重灾区有灭绝危险,使河流水生生态环境遭到极大破坏,原有生物物种及群落都受到极大冲击。四是土壤污染及水污染风险加大。倒塌的厂矿、工地废渣、工业原料、生产的产品、机油等均可能存在环境隐患。灾害防疫过程中,3000t以上各种消毒剂、杀虫剂、灭菌剂等在短时间内集中施用,生活垃圾、生活污水、腐蚀动物尸体等加重了土壤和水体的污染风险。

灾后生态环境恢复与重建得到党中央、国务院的高度重视,国家环保部等部门及相关研究机构对生态与环境破坏开展了快速评估,并提出了应对措施。短期内灾后重建及其生态恢复必须充分考虑山地灾害的影响,系统开展灾区生态环境调查和资源环境承载力评价,划分生态功能区,针对不同生态功能区确定生态恢复区域与方式;将生态恢复与次生灾害防治相结合,避免在次生灾害中度危险区以上区域率先开展生态修复工作,做好次生山地灾害预警报及防治工作,尽可能降低次生灾害对生态恢复与重建工作的二次破坏;同时将生态恢复与灾后重建相结合,在城镇、居民点重建及重大工程恢复与建设过程中注重生态环境保护,以灾区土地整理和恢复为突破,优先恢复城镇、居民点附近的生态环境,以自然保护区、风景旅游区、历史遗迹的恢复建设为契机,带动周边生态环境的恢复工作;坚持做好污染物、有毒物、垃圾、消毒物质及矿渣、废弃物的使用、监测与处置工作,确保灾区的水资源与饮用水安全;逐步建立灾区生态恢复的多元投资机制与生态补偿机制,调动灾区居民进行生态保护的积极性,提高生态保护意识,形成生态保护的良性循环,促进灾区生态修复。

长期内首先要着重解决次生灾害高危险区及其难恢复区的植被恢复、群落重构,要以自然恢复与人工措施相结合,进行生态恢复与重建,为动植物创造生态走廊,逐步实现生物多样性、生态系统主体功能的全方位恢复;其次要通过小流域综合治理、山地灾害综合防治、生态工程建设,逐步控制和减少水土流失,逐步恢复山区河流生态环境与河流生态系统,解决水资源与水环境退化问题;再次要逐步完善生态建设的多元投资机制与生态补偿机制,提高当地居民的生态意识与积极性,持续实施生态工程,确保生态恢复的长期和持续效应;最后要深入研究山区工程建设,尤其是水电工程开发和道路建设与生态环境的作用机制,探索高山峡谷区工程建设与防灾、减灾及环境保护的新技术、新方法与模式,构建水资源与生态资源可持续利用与开发的调控体制,促进灾区及我国西南诸河重要水电工程区的生态环境保护。

第三节　重要行动与进展

长江保护与发展是我国经济社会可持续发展、实现全面建设小康社会目标的重要支撑和保障。然而,随着开发强度不断增加,传统开发模式暴露出来的生态与环境问题日趋严重,一系列的重大水利工程建成和运行后,工程的累积影响日渐显露,工程影响与气候影响相互交织更加复杂,协调保护与开发两者之间的难度进一步加大。为应对长江保护与发展面临的新形势,国家相关部门和流域管理机构在流域综合规划、污染治理、环境立法、科学研究等众多方面均取得了显著的成绩,并在长江的保护中发挥了重要作用,主要行动和进展包括以下几个方面。

一、流域综合规划修编取得阶段性进展

长江流域涉及 19 个省(自治区、直辖市),在长江治理与开发的长期实践中,党和国家非常重视流域尺度的综合规划,并根据不同时期发展形势与任务变化,适时地对长江流域综合规划进行调整和修编。进入新世纪以来,长江流域经济社会和水利发展等发生了深刻的变化,长江开发与保护正在面临新的形势和任务,迫切需要对长江流域综合规划再次进行修编。2003 年,作为长江流域综合规划修编的前期准备,长江水利委员会(简称长江委)组织完成了《长江流域综合利用规划评价报告》,并于 2004 年提出了尽快修订

长江流域综合规划（下称长流规）的倡议，温家宝总理对此作了重要批示，2005年初水利部在全国水利规划计划工作会议上提出了启动长流规修订工作，同年长江委开始部署长流规修编工作，并在长流规修编思路和前期准备方面开展了大量工作。2006年11月，长江委组织流域内各省（自治区、直辖市）召开长流规修编工作会议，重点讨论了修编任务和大纲，并基本达成了一致的意见。

2007年，长江委成立了长流规修编专班，建立了长流规修编协商会议制度，编制完成《长江流域综合规划修编任务书》《长江流域综合规划工作大纲》。2008年，在流域内各省（自治区、直辖市）和委内参编单位的密切配合下，通过广泛的协商，长流规修编取得突破性进展，完成了《长江流域生态环境敏感区保护研究》《长江干流河段功能区划研究》、《长江流域控制指标研究》《长江上游干支流控制性水库联合调度初步研究》4个专题研究工作，基本完成了总体规划和防洪、治涝、水资源评价及配置、供水、灌溉、跨流域调水、水力发电、航运、水土保持、水利血防、河道与河口治理、水资源保护、水生态保护与修复、流域综合管理等10多个专业规划，完成了干流规划、主要支流（湖泊）规划、规划实施意见等主要规划工作以及长江流域（片）地下水利用与保护规划、长江干流及主要支流（湖泊）岸线利用管理规划等两项专项规划。此外，长江委编制完成了《长江流域防洪规划》、《长江口综合整治开发规划》，并获得国务院批复；《长江流域（片）水资源综合规划》《嘉陵江流域综合规划》《长江中下游干流河道采砂规划（2008年修订）》《长江上游宜宾至宜昌河段采砂规划》《南方崩岗防治规划》通过水利部审查；《长江流域水土保持规划》、《水利行业血防2009—2015年规划》初步完成，洞庭湖、鄱阳湖、赤水河等流域重要区域规划工作如期启动，流域规划工作全面加强。

本次长流规对生态与环境保护给予了前所未有的关注，更加注重长江开发与保护的协调发展。整个规划以"维护健康长江、促进人水和谐"为基本宗旨，全面贯彻以人为本，树立全面、协调、可持续的科学发展观，以新时期水利工作方针和新时期治水思路为指导，以为全面建设小康社会、构建和谐社会提供可靠的防洪安全、水资源、水环境保障为核心，按照建设资源节约型、环境友好型社会的要求，统筹考虑经济社会的发展要求与水资源、水环境的承载能力，处理好需要与可能、发展与保护等关系；充分利用已有规划和研究成果，认真研究防洪、灌溉与供水、维系优良生态与环境等社会公共利益和经济社会可持续发展的重点问题；协调好水资源开发、利用、治理、配置、节约、保护各部门的利益和矛盾；按照水资源和水环境承载能力，对经济社会发展布局提出合理的建议意见；努力减轻洪涝、干旱等灾害损失，进一步完善防洪减灾体系建设；切实保障城乡供水安全，合理开发、综合利用水资源，提升水利服务与经济社会发展的综合能力，进一步完善水资源综合利用体系建设；大力加强水土流失治理、水资源保护、水利血防建设，进一步完善水生态与环境保护体系建设；通过加强社会管理和公共服务管理规划，进一步提高水资源社会管理和公共服务能力和水平；推进流域水利政策法规建设、流域治理开发保护非工程措施建设，进一步完善流域水利管理体系。以水安全和水资源的可持续利用支撑经济社会的可持续发展。

二、污染源普查工作基本完成,水污染控制得到强化

为全面落实科学发展观,切实加强环境监督管理,提高科学决策水平,实现《国民经济和社会发展第十一个五年规划纲要》确定的主要污染物排放总量减少 10% 的目标,国务院决定开展第一次全国污染源普查,其目的是掌握各类污染源的数量、行业和地区分布情况,了解主要污染物的产生、排放和处理情况,建立健全重点污染源档案、污染源信息数据库和环境统计平台,为制定经济社会发展和环境保护政策、规划提供依据。

污染普查对象包括我国境内各排放污染物的工业源、农业源、生活源单位。普查内容包括:①全部工业污染源(《国民经济行业分类(GB/T 4754—2002)》中的采矿业、制造业、电力、燃气及水的生产和供应业)排放的污染物,包括污染源的基本情况、污染物的种类、数量和浓度、污染治理设施及其运行情况等指标。②以规模化养殖场和农业面源为主的农业污染源排放的污染物,包括污染物来源、主要污染物排放量、排放规律、污染治理设施及其运行情况等指标。③城镇生活污染源排放的以污水、垃圾和医疗废物等为主的污染物,包括污染物排放量、污染治理设施及其运行情况等指标。污染普查分 3 个阶段进行:2006 年 10 月至 2007 年 12 月为准备试点阶段,2007 年 10 月 9 日,国务院公布《全国污染源普查条例》,组建了各级普查机构,制订普查方案,落实普查经费,开展污染源监测;2008 年 1—12 月为全面普查阶段,上半年将完成普查数据的分析及汇总,下半年总的数据报出;2009 年 1—7 月为总结发布阶段。本次污染普查是一项重大的国情调查,有助于准确了解污染物的排放情况,全面掌握我国环境状况,有利于正确判断环境形势,科学制订环境保护政策和规划;有利于有效实施主要污染物排放总量控制计划,切实改善环境质量;有利于提高环境监管和执法水平,保障国家环境安全;有利于加强和改善宏观调控,促进经济结构调整,推进资源节约型、环境友好型社会建设。

为了加强水体污染的控制,实现我国经济社会又好又快发展,调整经济结构,转变经济增长方式,缓解我国能源、资源和环境的瓶颈制约,《国家中长期科学和技术发展规划纲要(2006—2020 年)》将水污染治理作为 16 个重大科技专项之一。2007 年 9 月 18 日,科技部、发改委、财政部在北京组织召开水体污染控制与治理科技重大专项论证会,启动对实施方案的论证工作。2007 年 12 月 26 日国务院总理温家宝主持召开国务院常务会议,审议并原则通过水体污染控制与治理(以下简称"水专项")等 3 个国家科技重大专项实施方案,这标志着"水专项"的正式启动。

"水专项"是新中国成立以来,我国首次推出以科技创新为先导,重点围绕主要位于长江流域的"三河、三湖、一江、一库",集中攻克一批节能减排迫切需要解决的水污染防治关键技术,将为国家水体污染控制与治理提供全面技术支撑。"水专项"实施过程从 2008 年至 2020 年,历时 13 年。项目研究内容主要涉及湖泊、河流、饮用水、城市、监控预警、战略政策等 6 大方面。"水专项"突出 3 个重点,一是饮用水安全,二是流域性环境治

理,三是城市水污染治理。"水专项"围绕国家环保目标,研究并提出解决我国水环境问题的战略思路和技术措施,为改善我国水环境质量、确保饮用水安全提供技术支撑。通过实施重大专项,实现科技发展的局部跃升和突破,将带动相关领域技术水平的整体提升和环境治理的跨越式发展。在此基础上找出水污染对经济、社会发展的主要制约因素,基本阐明我国区域性、流域性重大水环境问题形成的机理和机制,攻克一批具有全局性、带动性的饮用水安全保障技术及水污染治理关键共性技术,并通过开展工业废水治理技术研发与示范,开展区域、流域水污染治理技术集成与示范,全面推进水污染的防治工作。

近年来,国家在污染控制的实践中也取得重要进展,尤其是三峡库区及上游流域。随着《三峡库区及其上游水污染防治规划(2001—2010年)》及其修订的观测与实施,截至2007年底,搬迁安置移民122万人,搬迁、破产、关闭工矿企业1599家,全国对口支援三峡库区的资金累计达421亿元。三峡地区已建成126座生活污水处理厂(库区33座,影响区23座,上游区70座),污水处理能力达到595.3万t/d(21.7亿t/a),库区城镇已建成41座垃圾处理场,处理能力约1.1万t/d,治污设施数量高于全国平均水平,治污能力大为改善,为削减污染物排放量,保持长江干流水质稳定在Ⅱ、Ⅲ类作出了重要贡献。

三、湖泊调查全面启动,湖泊治理受到重视

湖泊作为与人类生存和发展密切相关的重要自然资源,在维系区域供水安全、生态平衡以及保持经济社会可持续发展中发挥着重要的作用。湖泊是流域水与污染物质输移的汇集地,是区域自然环境变化和人与自然相互作用最为敏感、影响最为深刻的地理单元,也是水环境问题最为突出的地区。自20世纪80年代以来,随着流域经济的快速发展,长江流域大部分湖泊水质持续恶化,均出现不同程度的富营养化,尤其是巢湖、滇池、太湖等,藻类"水华"连年暴发,引起国家、地方和公众的广泛关注。

党中央、国务院对湖泊、水库水环境综合整治工作高度重视。国发〔2005〕39号《国务院关于落实科学发展观加强环境保护的决定》要求:"把淮河、海河、辽河、松花江、三峡水库库区及上游,黄河小浪底水库库区及上游,南水北调水源地及沿线,太湖、滇池、巢湖作为流域水污染治理的重点"。2007年5—6月,针对无锡贡湖蓝藻暴发事件,温家宝总理先后三次就湖泊污染防治问题作出重要批示:"对我国几大湖泊的生态安全问题,要逐一进行评价,并提出综合治理措施。此项工作要会同地方政府、发改委、水利部一起进行。工作部署要区分轻重缓急,有步骤有计划地进行。"2007年6月30日,温家宝总理在江苏无锡召开的太湖、巢湖、滇池治理工作座谈会上再次指出:"要科学论证,制订各个湖泊的综合治理措施和技术解决方案"。

由于我国针对湖泊的常规监测体系多以水质和水量为主,近年来一直未针对全国湖泊整体功能变化开展水质、水量与生物方面的综合监测,导致对湖泊环境演变过程及原因认识不够全面,从而不可避免地给湖泊资源开发与保护带来盲目性。国家科技部2007

年 9 月正式启动科技基础性工作专项重点项目"中国湖泊水质、水量和生物资源调查"，这标志着对我国湖泊资源的第二次调查进入了系统实施的新阶段。项目调查的重点是与人民生活关系密切的长江中下游、淮河流域和东北地区面积大于 $10km^2$ 的主要湖泊，对其开展湖泊水量、水质和生物资源监测调查，以期全面、系统地掌握我国湖泊现状及其变化。项目完成后将建成我国湖泊数据库，从而为我国湖泊环境治理、资源合理利用以及防灾减灾等提供科学的数据支持。这次调查分为江淮、东北、云贵、西北和青藏 5 个片区以及湖泊遥感普查和数据整编分析"5＋2"7 个课题，制订了详细的实施方案和数十万字的湖泊水质、水量与生物资源调查以及湖泊遥感普查与数据整编规程。

2007 年，国家环保部牵头，会同地方政府、发改委、水利部共同组织国内相关研究机构，启动了全国重点湖泊水库生态安全调查及评估项目。该项目针对影响我国水环境安全和对经济社会发展有决定性作用的 9 大湖泊水库（太湖、巢湖、滇池、洞庭湖、鄱阳湖、洪泽湖、三峡水库、丹江口水库和小浪底水库），开展系统的生态调查工作，模拟测定藻类"水华"暴发潜力，并结合其他实验与野外研究数据评估藻类暴发趋势，提出各重点湖泊水库生态安全监控与预警方案，对各重点湖泊水库进行生态安全评估，分别制订生态安全保障综合方案。项目将形成《全国重点湖泊水库总体生态安全评估报告》、《全国重点湖泊水库总体生态安全保障综合方案》和《全国湖泊水库生态安全与环境综合治理》报告，并提出立法和政策建议，为湖泊水库生态保护立法和管理工作提供科技支撑。

2008 年，全国重点湖泊主要水污染物排污权有偿使用试点率先在太湖正式实施。2008 年 8 月 14 日，财政部、环保部和江苏省政府联合在无锡市举行太湖流域主要水污染物排污权有偿使用和交易试点启动仪式，这标志着太湖治污工作步入新阶段。2008 年 12 月，江苏省推出太湖流域排污权使用和交易细则，为全面开展排污指标有偿使用和交易创造了条件。从 2009 年 1 月 1 日起，苏州市对太湖流域所有城镇污水处理单位征收氨氮、总磷超标排污费，在试点的基础上，全面实行建筑工地扬尘排污收费。

四、湿地与生物多样性保护力度进一步加大

湿地作为全球三大生态系统之一，不仅具有保持水源、净化水质、蓄洪防旱、调节气候和保护海岸等巨大的生态功能，也是生物多样性的富集地区，保护着许多珍稀濒危野生动植物物种。长江中下游湿地是我国最大的人工和自然复合的湿地生态系统，同时也是我国湿地资源最丰富的地区之一，湿地面积 5.8 万 km^2，占全国湿地面积的 15%。我国著名的 5 大淡水湖，即鄱阳湖、洞庭湖、太湖、巢湖和洪泽湖全部位于长江中下游区域。长江中下游湿地是扬子鳄、白鳍豚等特有物种的故乡，也是百余种、百万余只国际迁徙水鸟的中途停歇地和重要越冬地，还是世界湿地和生物多样性保护的热点地区。目前，该区域已建有省级以上湿地保护区 60 多个，其中湖南东洞庭湖、湖南汉寿西洞庭湖（目平湖）、湖南南洞庭湖湿地和水禽自然保护区、江西鄱阳湖、上海崇明东滩、上海长江口中华鲟湿地、湖北洪湖湿地、四川若尔盖国家级自然保护区列入国际重要湿地名录。

近年来,面对长江中下游地区巨大的人口压力和经济迅猛发展,该区域面临生态系统功能下降、生物多样性急剧丧失、水环境持续恶化等诸多问题。面对全球气候变暖的新挑战,这些问题将变得更为严峻。2007年9月16日,主题为"养护生物资源,共建和谐长江"的长江生物资源养护论坛在上海隆重举行,国家有关部门、管理机构,长江流域10省(直辖市)人民政府和国内外有关组织等17家发起单位共同发表了《长江生物资源养护论坛上海宣言》。倡导以"养护生物资源,促进人与自然和谐发展"为基本理念,继续采取有效措施保护长江生物资源。具体措施包括:全面开展长江生物资源调查,实时掌握资源状况和变动趋势;建立健全符合长江生物资源养护特点的法律法规,为依法养护长江生物资源提供法律支撑;研究制订统一的长江流域生物资源养护规划,推进珍稀、特有物种的保护;加强长江工程建设项目生物资源与生态环境影响评价,建立资源与生态补偿机制,保护和修复长江生物资源与生态环境;优化水资源配置,全面发挥防洪、航运和生态效益等。《宣言》还提出要坚持并贯彻"保护与开发并举"的基本原则,在保护的过程中,有限度地合理开发,满足经济社会发展的需要。推进构建国家相关部门、管理机构、地方政府之间沟通和协作的长效机制,认真贯彻落实《中国水生生物资源养护行动纲要》,建立各司其职、密切配合、优势互补、整体推进的工作机制。

2007年11月,由上海市林业局、湖北省林业局、湖南省林业厅、江西省林业厅、安徽省林业厅、江苏省林业局、世界自然基金会共同发起并组建我国首个流域层面上的湿地保护网络——长江中下游湿地保护网络,搭建了一个由管理机构、研究单位、社会团体和公众广泛参与的区域性战略合作平台,目的是从长江流域尺度,协调沿江6省(直辖市),相互合作,相互沟通,共同行动,共同携手,推动长江中下游湿地的科学保护、有效管理与可持续利用,共同提高应对全球气候变化的能力,促进长江中下游生态文明和生态体系建设。湿地保护网络涵盖了长江干流、长江故道、大型通江湖泊、中小型洪泛平原阻隔湖泊、河口、滨海湿地等不同类型的湿地。来自湖北、湖南、安徽、江西、江苏、上海等5省1市的20个湿地保护区成为首批成员。

五、环境立法与流域管理得到加强

重视立法与制度建设,依法治水是促进人水和谐的重要途径。随着国家对环境保护的重视程度不断提高,近年来相继出台了一系列的环境保护制度、政策与法规,加重了地方政府的环境责任,促进了公众对各类环境保护公共事物的深度参与,加大了污染排放的监管力度,强化了流域尺度的环境保护与协调管理。

国务院2005年发布的《关于落实科学发展观加强环境保护的决定》提出,我国要建立"问责制",切实解决地方保护主义干扰环境执法的问题,对严重干扰正常环境执法的领导干部和公职人员,要依法追究责任。监察部和环保总局2006年公布《环境保护违法违纪行为处分暂行规定》,规定中明显地加大了对国家行政机关及其工作人员、企业中由国家行政机关任命的人员有环境保护违法违纪行为的惩处力度,加重了他们在环境保护中的责任。《关于落实科学发展观加强环境保护的决定》还首次明确了环保部门"区域限批"的权力。2007年,国家环保总局把"区域限批"这项被称做"连坐"的处罚制度用在了长江、黄河、淮河、海河4大流域水污染严重、环境违法问题突出的6市、2县和5个工业园区,其中包括长江安徽段的巢湖市和芜湖经济技术开发区。按照相关法律法规,被限批的市、县、工业园区在3个月内对本辖区存在的环境问题进行7个方面的整改,包括:要对流域内所有排污口进行清理;保证城市污水处理厂的运转;辖区内未经环评审批擅自开工建设项目必须立即停止建设或生产;全面清理取缔本地区违反国家环保法律法规、庇护污染企业的"土政策";所有限批城市必须立即启动城市发展和流域开发的规划环评;多次发生重大水环境污染事故、环境风险隐患突出、对下游饮用水源构成威胁的城市,必须立即制订相应的流域水环境事故防范应急预案;限批地区对超标排放的企业要立即进行处罚和整治。

《环境信息公开办法(试行)》从2008年5月1日起正式施行。这是继国务院颁布《政府信息公开条例》之后,政府部门发布的第一部有关信息公开的规范性文件,也是第一部有关环境信息公开的综合性部门规章。《办法》要求建立政府环境信息公开工作考核制度、社会评议制度和责任追究制度。对于不按照规定公开环境信息的行为,环保部门将被追究责任,企业将被罚款;公众认为环保部门在政府环境信息公开工作中的具体行政行为侵犯其合法权益的,可以依法申请行政复议或者提起行政诉讼。

2008年2月28日,第十届全国人民代表大会常务委员会第三十二次会议修订通过《中华人民共和国水污染防治法》。新修订的《水污染防治法》为国家提出的"让江河湖泊休养生息"的战略思想实施提供了强有力的法律保障。这一战略下的5大对策,即严格环境准入、淘汰落后产能、全面防治污染、强化综合手段、鼓励公众参与,通过新修订的《水污染防治法》均上升为法律意志。修订后的《水污染防治法》有诸多重大进展,在监管制度方面体现了10项创新:更加突出饮用水安全;强化地方政府的环境责任;生态补偿机制写进法律;明确规定禁止超标排污;总量控制的适用范围扩大;"区域限批"手段法制化;公众参与有保障;排污许可制度进入法律;创设排污单位的自我监测义务;事故应急处置规范得到加强。

2008年8月29日,《中华人民共和国循环经济促进法》经过三审在十一届全国人大常委会第四次会议上表决通过,胡锦涛签署第4号主席令予以公布。该法规定,从事工艺、设备、产品及包装物设计,应当按照减少资源消耗和废物产生的要求,优先选择采用易回收、易拆解、易降解、无毒无害或者低毒低害的材料和设计方案,并应符合有关国家标准的强制性要求;工业企业应当采用先进或者适用的节水技术、工艺和设备,制订并实施节水计划,加强节水管理,对生产用水进行全过程控制;国家鼓励和支持企业使用高效节油产品。根据该法,企业应当按照国家规定对生产过程中工业废物进行综合利用;应当发展串联用水系统和循环用水系统,提高水的重复利用率,并采用先进技术、工艺和设备,对生产过程中产生的废水进行再生利用;应当采用先进或者适用的回收技术、工艺和设备,对生产过程中产生的余热、余压等进行综合利用。

为应对太湖流域长期以来不断加剧的水污染问题,2008 年 8 月,在北京召开了水利部、环保部《太湖管理条例》联合起草工作会议,揭开了我国跨行政区域的流域性立法的序幕。会议对《太湖管理条例》涉及的有关管理体制与管理机制、规划与总体方案、水功能区划、水域限制排污总量意见与水污染物排放总量控制指标、入河排污口与污染源管理、饮用水水源保护区管理、水污染事件应急管理、水资源与水环境监测、政府目标责任制与考核、监督检查等方面问题进行了充分讨论,并对相关条文进行了修改。国务院近日印发了《国务院 2009 年立法工作计划》也将《太湖管理条例》作为该年度的重要工作。此外,长江委在《长江法》、《长江河口管理办法》、《长江流域省际重大水事纠纷应急处理规定》等一批流域法律法规和规范性文件方面也取得了阶段性成果。

长江沿江地区发展态势评估

长江流域幅员辽阔,涉及 19 个省(自治区、直辖市),面积达 180 万 km^2,其中与长江保护关系最直接的为拥有长江岸线的相关地、市、州。考虑到经济区的完整性,本报告沿江地区发展态势评估的范围以 1992 年国务院在上海召开的关于浦东开发开放与长江产业带建设座谈会界定的范围为基础,并考虑最新开展的长江三角洲地区区域规划确定的长江三角洲核心区范围,确定为 39 个市,即上海市、重庆市及江苏的南京、无锡、常州、苏州、南通、扬州、泰州和镇江 8 市,浙江的杭州、宁波、嘉兴、湖州、绍兴、舟山和台州 7 市,安徽的芜湖、马鞍山、铜陵、安庆、巢湖和池州 6 地市,江西的九江市,湖南的岳阳、常德和益阳 3 地市,湖北的武汉、黄石、荆州、荆门、宜昌、鄂州、黄冈、咸宁和恩施 9 地市,四川的攀枝花、泸州、宜宾 3 地市。江苏、浙江、安徽、江西、湖北、湖南、四川省与上海市、重庆市7 省 2 市称为长江产业带。

第一节 改革开放 30 年发展回顾

一、改革开放 30 年发展历程

长江沿江地区开发历史悠久,但在改革开放以前,该地区的区位与资源优势并没有得到充分发挥,工业化和城市化速度缓慢。改革开放以后,长江沿江地区蓄积的经济能量得以释放,经济面貌发生了巨大改变,从传统的经济区域转变成发达的国际制造业基地。改革开放以来长江开发建设大体可以划分为如下 3 个阶段。

1. 20世纪80年代，以长江三角洲沿海重要城市开放为标志的改革起步发展时期

十一届三中全会以后，我国经济发展出现了重大转折，贯彻以经济建设为中心与改革开放的政策。这一阶段，国家把南通、上海、宁波等城市辟为（列入沿海14个）开放城市，但由于国家开放的重心在珠江三角洲，因此，长江沿江地区的经济发展速度并不突出。20世纪80年代中期，《全国国土总体规划纲要》提出了以沿江和沿海T字形为主轴线的开发模式，但该概念主要停留于理论层面，还未正式上升为国家战略。80年代，沿江地区一方面从增强综合国力和提高宏观经济效益出发，加大了对下游地区产业投资力度，通过引进国外先进技术，改造传统产业，发展新型产业。苏南、湖北等地大力发展乡镇工业与外向型经济，上海等市对原有部分工业企业进行大规模的设备更新和技术改造，电子、家用电器、机械、纺织、食品等工业有了很大的发展。另一方面加强了能源和原材料工业项目建设，宝钢和仪征化纤等一批大型企业投产，以长江干流为主的水电建设得到加强，葛洲坝电站部分投产，开始对三峡工程和金沙江的梯级开发建设进行论证，上中游原有的工业基地，包括攀钢、武钢、湖北汽车制造、四川重型机械和电子工业等得到了提高和扩建，加强了上中游地区工业生产能力。

2. 20世纪90年代，以浦东开发开放和长江产业带建设为动力的全面发展时期

1990年中央正式提出"长江发展战略"，重点是以上海浦东的开放开发为"龙头"，带动长江三角洲及沿江地区的发展。1992年10月，中共十四大决定"以上海浦东开发开放为龙头，进一步开放长江沿岸城市，尽快把上海建成国际经济、金融、贸易中心之一，带动长江三角洲和长江流域地区经济的新飞跃"。同年，全国人大批准通过兴建三峡水利枢纽工程，为上中游、三峡库区的建设提供了机遇。这一时期，在浦东和长江三角洲的带动下，长江产业带的开发开放全面展开。开发模式从以水电开发、防治洪涝和重点产业建设，转向以港口发展和产业园区建设为主，从以沿岸主要中心城市为主，转向沿江多级开发、区域整治为主的模式。随着浦东的开放开发，长江沿岸各省（自治区、直辖市）产生了强烈的开放开发意识，各地逐步把发展战略的重点转向长江沿岸地带，与浦东毗邻的长江三角洲地区纷纷与浦东开放开发政策接轨，利用优惠政策与优越的投资环境，取得突破进展。长江上中游地区的武汉、宜昌、芜湖、九江、岳阳、重庆等先后开辟为对外开放城市，三峡库区包括宜昌、秭归、巴东等湖北、四川2省17个县（市）确定为长江三峡经济开放区。至此，以浦东开放和三峡工程为契机，长江产业带建设进入全面开发的新时期。

3. 进入21世纪以来，以沿江发展战略全面实施为抓手的快速发展时期

沿江产业带建设从点到面拓展，自长江三角洲向上中游快速推进，初步形成从重庆以下至上海的产业密集带。2000年以来，国家继续加强长江沿江地区的政策扶持力度,在沿江地区先后设立了武汉城市圈、长株潭城市群、成渝经济区3个综合改革配套试验区。同时,沿江开发战略逐步从国家层面落实到地方层面。在这个背景下,沿江各省(直辖市)纷纷将其经济发展重点转向临江城市或地区,并确定了各自的战略开发区域,如"江苏沿江经济带"、"安徽皖江城市群"、"江西鄱阳湖经济区""湖北武汉城市圈"、"湖南长株潭城市群""成渝经济区"等,逐步把沿江各重点开发区段联结为长江产业带轴线。

沿江高等级公路、铁路等基础设施建设与之相呼应,已经初步形成了以重庆至上海的长江产业密集带,成为国际工业制成品基地和世界级的城市带。江苏省第二阶段沿江开发于2001年下半年提上议事日程,2002年7月着手规划,2003年全面启动。2003年6月江苏省省委、省政府在泰州市召开沿江开发工作会议,提出要加快沿江地区发展,把沿江地区建设成为国际性制造业基地,使沿江地区成为江苏率先全面建成小康社会、率先基本实现现代化的新的动力源和增长极;安徽省则提出以加速融入长江三角洲为核心的"东向开发战略",提出要以重化工业和先进制造业为主导,以岸线资源开发利用为重点,以招商引资为突破口,做大做强优势企业和优势产业,使沿江城市群成为全省跨越式发展的龙头、对外开放的门户、长江流域重要的新型工业化基地;江西省委、省政府作出"大力实施九江沿江开发,努力把九江建成为长江沿岸和中部地区重要经济中心城市"的战略决策,并确立了把九江沿江地区建成"江西省发达的临港产业基地、长江中下游地区新兴的经济中心和重要港口城市、我国中部崛起的重要战略支点"的战略定位。2008年以来,江西省委、省政府又按照科学发展观的要求,提出了建设鄱阳湖生态经济区的构想,提出把鄱阳湖生态经济区建设成为"全省生态文明示范区、新型产业集聚区、改革开放前沿区、城乡协调先行区和江西崛起带动区"的目标;湖北省则提出充分利用西部大开发和南水北调中线工程的机遇,在构建综合交通大通道的基础上,加快沿江地区资源开发、产业发展、城镇建设,尽快形成汽车、钢铁、电力、建筑建材产业经济带和高技术产业经济带,建设武汉城市圈;湖南提出以沿江、沿路产业经济带为支撑,建设长株潭城市群,打造新的全国性经济增长极;重庆提出建设长江上游航运中心,吸纳更多的资金流、信息流、货物流,推动重庆成为长江上游商贸物流中心、金融中心、信息中心的建设。

专 栏 2-1

国家批准武汉城市圈和长株潭城市群
为综合配套改革试验区

新华网北京12月16日电(记者张毅)　记者16日从国家发展和改革委员会获

悉,经国家发展改革委报请国务院同意,批准武汉城市圈和长沙、株洲、湘潭城市群为全国资源节约型和环境友好型社会建设综合配套改革试验区。

《国家发展改革委关于批准武汉城市圈和长株潭城市群为全国资源节约型和环境友好型社会建设综合配套改革试验区的通知》,12月14日下发湖北省人民政府和湖南省人民政府。

《通知》指出,推进武汉城市圈和长株潭城市圈综合配套改革,要深入贯彻落实科学发展观,从各自实际出发,根据资源节约型和环境友好型社会建设的要求,全面推进各个领域的改革,在重点领域和关键环节率先突破,大胆创新,尽快形成有利于能源节约和生态环境保护的体制机制,加快转变经济发展方式,推进经济又好又快发展,促进经济社会发展与人口、资源、环境相协调,切实走出一条有别于传统模式的工业化、城市化发展新路,为推动全国体制改革、实现科学发展与社会和谐发挥示范和带动作用。

国家发展改革委要求湖北省人民政府和湖南省人民政府,抓紧组织研究制订实施方案。尽快将方案报送国家发展改革委,经国务院批准后实施。

武汉城市圈

武汉城市圈是指以武汉为圆心,周边100km范围内的黄石、鄂州、黄冈、孝感、咸宁、仙桃、潜江、天门等8个城市构成的区域经济联合体。面积不到全省1/3的武汉城市圈,集中了湖北省一半的人口、6成以上的GDP总量,不仅是湖北经济发展的核心区域,也是中部崛起的重要战略支点。

自2004年湖北省委、省政府发布《关于加快推进武汉城市圈建设的若干意见》以来,经过几年的理论和实践探索,武汉城市圈建设"五个一体化",即基础设施、产业布局、区域市场、城乡建设、生态建设与环境保护一体化的发展思路逐渐清晰,《武汉城市圈总体规划》已初步形成。

长株潭城市群

长株潭城市群位于湖南省东北部,包括长沙、株洲、湘潭3市。面积2.8万km^2,2006年人口1300万,经济总量2818亿元,分别占湖南全省的13.3%、19.2%、37.6%,是湖南省经济发展的核心增长极。

长沙、株洲、湘潭3市沿湘江呈品字形分布,两两相距不足40km,结构紧凑。人均水资源拥有量2069m^3,森林覆盖率达54.7%,具备较强的环境承载能力。

资料来源:新华网 2007 – 12 – 16

专　栏　2-2

成都重庆获准设全国统筹城乡综合配套改革试验区

（记者杨杰）记者今天获悉，国务院已正式批准重庆市和成都市设立全国统筹城乡综合配套改革试验区，这是中国在新的历史时期加快中西部发展，推动区域协调发展的重大战略部署。

6月7日，国家发展和改革委员会下发《国家发展改革委关于批准重庆市和成都市设立全国统筹城乡综合配套改革试验区的通知》，通知要求成都市和重庆市从实际出发，根据统筹城乡综合配套改革试验的要求，全面推进各个领域的体制改革，并在重点领域和关键环节率先突破，大胆创新，尽快形成统筹城乡发展的体制机制，促进城乡经济社会协调发展，为推动全国深化改革，实现科学发展与和谐发展，发挥示范和带动作用。

有关人士认为，国务院批准在成渝两市设立全国统筹城乡综合配套改革试验区，这是国家推动中西部发展的重大战略部署，是国家落实科学发展观、推进和谐社会建设的重要举措，意义重大。

改革开放以来，中国广东深圳、上海浦东、天津滨海三大经济改革试验区都在东部沿海地区，以此带动了东部沿海地区的快速发展。中西部地区是中国相对不发达地区，在中西部选择具有重大影响和带动作用的特大中心城市设立国家统筹城乡发展综合配套改革试验区，对重大政策措施先行试点，凸显了国家在新的历史时期加快中西部发展、推动区域协调发展的决心。

成都市政府秘书长、市政府新闻发言人毛志雄今天下午在新闻发布会上说，从2003年开始，成都市实施了以推进城乡一体化为核心、以规范化服务型政府建设和基层民主政治建设为保障的城乡统筹、"四位一体"科学发展总体战略，实施了一系列重大改革，开创了城乡同发展共繁荣的可喜局面。此次设立成都市配套改革试验区，根本目的在于逐步建立较为成熟的社会主义市场经济体制，基本形成强化经济发展动力、缩小城乡区域差距、实现社会公平正义、确保资源环境永续利用以及建设社会主义新农村的理论架构、政策设计、体制改革及经济发展、社会和谐的综合模式，走出一条适合中西部地区的发展道路。

资料来源：中国新闻网 2007－06－09

二、改革开放 30 年发展成就

经过改革开放 30 年的开发建设,长江产业带 7 省 2 市经济社会发展取得的巨大的成就,主要包括以下几个方面。

1. 经济地位大幅提升

改革开放 30 年来,长江产业带 7 省 2 市经济总量从 1329.3 亿元(1978 年当年价,下文均为当年价)增长到 102633.4 亿元(2007 年),增长了 76.2 倍(年平均增长 16.2%),占全国比重由 36.7% 增长到 2007 年的 41.1%,增长了 4.5 个百分点,产业带经济总量在全国的地位明显提升。与国际比较来看,2007 年,长江产业带 7 省 2 市 GDP 总量超过世界排名第八的西班牙(汇率按 1 USD = 6.83630RMB),为世界排名第一的美国的 10.7%,产业带经济规模在国际上也具有了突出的地位。

2. 经济实力显著增强

长江产业带 7 省 2 市地方财政收入从 1978 年的 390.1 亿元增长到 2007 年的 9385.7 亿元,增长了 23.1 倍,2007 年占全国地方财政收入总量比重达到 39.8%。各项税收收入从 1978 年的 187.1 亿元增长到 2007 年的 5857.4 亿元,增长了 30.3 倍,财政支出由 1978 年的 196.4 亿元增长到 13853.0 亿元,增长了 69.5 倍。固定资产投资从 1978 年的 157.2 亿元增长到 2007 年的 50751.0 亿元,非国有和集体固定资产投资从 1978 年的 27.9 亿元增长到 2007 年的 36201.2 亿元,占固定资产投资比重从 1978 年的 17.7% 增长到 2007 年的 71.3%。2007 年长江产业带 7 省 2 市人均 GDP 迈上了 2 万元台阶(21370 元,3126 美元),跨入人均 GDP3000~5000 美元的黄金发展期,产业带经济发展进入了一个新的历史阶段。

3. 经济全球化特征日益彰显

改革开放以来,长江产业带进出口总额(按经营所在地分)从 54.9 亿美元(1978 年),增长到 8809.2 亿美元(2007 年);出口总额(按经营所在地分)从 51.5 亿美元,增长到 5177.8 亿美元。吸纳外资从零增长到 5781.1 亿元,国际投资开放度(实际利用外资占固定资产投资比重)达到 11.4%。其中,长江产业带的经济核心区——长江三角洲地区外贸出口总额达到 4000 亿美元以上,外贸依存度达到 100% 以上。代表国际服务能力的国际服务贸易大幅度增长,上海、南京、杭州成为"中国服务外包基地城市",苏州成为"中国服务外包示范基地",无锡成为"中国服务外包示范区"。上海市各类外资和中外合资金融机构达到 300 家以上,在沪外资银行资产总额及其贷款在上海的市场占有率已超过 10%。通过上海的门户作用,长江产业带已经成长为境外资金流、技术流、信息流进入中国的主要廊道,成为在国际与国内之间承接与转移物流、要素流与人员流的主要区域。

4. 经济结构显著优化

长江产业带 7 省 2 市三次产业结构实现了从"二、一、三"向"二、三、一"模式的转变。三次产业比例由 1978 年的 31.6∶49.5∶18.9 转变为 10.2∶49.4∶40.4,第一产业比重下降

21.4个百分点,第三产业比重上升了21.5个百分点,经济结构从过去主要依靠第二产业转向依靠第二、第三产业共同推动经济发展的新格局。在工业内部,重工业化趋势明显,重工业产值占工业总产值比重由1978年的44.8%增长到2007年60%以上,工业结构由1978年轻重工业平分天下变为以重工业为主的结构,显示出典型的工业化中期阶段特征;民营工业企业从无到有发展迅速,2007年增加值占整个工业增加值比重达到25%以上。

5.区域协调发展成效显著

改革开放以来,国家实施了以上海浦东开放开发为"龙头"的长江开发战略,并以长江三角洲地区为重点,实施了一系列倾斜政策,这些政策在促进下游地区经济快速增长的同时,也通过下游地区的辐射,带动了上中游地区的发展。近年来,长江三角洲地区经济向上中游外溢现象日趋明显,尤其船舶、石化等资源高消耗或环境污染较大的企业,向上中游转移势头甚猛,如由浙江企业投资建立了江西九江翔升造船有限公司,年造船总吨位达16万t,年销售收入达10亿元;上海华谊集团投资建设安徽无为焦化项目,总投资达300亿元,目前已有1.5亿元资金到位。另外,上海港已分别于2005年和2007年收购了武汉港和九江港,并在2006年与重庆港共同投资组建了重庆集海航运有限责任公司,长江上中下游港口一体化发展态势明显。从产业带历年增长速度来看(见图2-1),下游与上中游经济增长速度时序变化有较强的一致性,上中游增长速度曲线相对于下游地区增长速度曲线向右平移1~2年,反映了上中游地区经济发展速度变化的滞后性以及上中游地区经济发展与下游地区的联动性。从经济发展相对差距变化来看(见图2-2),下游与上中游地区经济总量之比保持在1:1.5上下,下游与上中游地区人均GDP之比保持在1:2上下,且近几年来两项指标都呈现下降趋势。

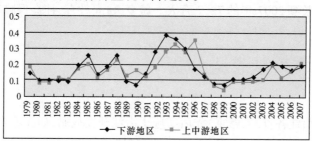

图2-1　改革开放以来长江产业带下游与上中游地区经济增长速度变化

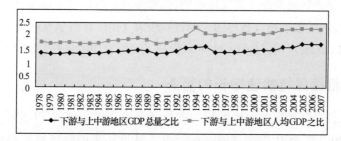

图2-2　改革开放以来长江产业带下游与上中游地区经济发展相对差距变化

6.农业生产条件得到改善，农业产出快速增长

农业机械总动力从 1978 年的 3741.8 万 kW 增长到 2007 年的 22482.2 万 kW,灌溉面积从 1978 年的 17083.2 千 hm²,增长到 2007 年的 18641.3 千 hm²,农村用电量从 1978 年的 83.3 亿 kWh,增长到 2007 年的 2461.7 亿 kWh。农林牧渔业生产总值由 1978 年的 487.4 亿元增长到 2007 年的 17441.6 亿元,增长了 34.8 倍。其中农、林、牧、渔业生产总值分别从 1978 年的 382.1、16.9、77.1、87.9 亿元增长到 8193.8、690.5、5994.4、1950.1 亿元,分别增长了 20.4、39.9、76.7、21.2 倍。粮食产量由 1978 年的 12932.5 万 t 增长到 2007 年的 17768.1 万 t,增长了 37.4%,棉花产量由 140.1 万 t 增长到 169.6 万 t,增长了 21.0%,油料产量由 213.4 万 t 增长到 1063.4 万 t,增长了近 4 倍;猪牛羊肉产量从 274.4 万 t 增长到 1981.4 万 t,增长了 6.2 倍;水产品产量由 186 万 t 增长到 1780.9 万 t,增长了 8.6 倍。农业的基础地位得以加强,粮油等农副产品供应充足。

7.生活水平明显提高，社会事业快速发展

2007 年长江产业带 7 省 2 市总人口 48026 万,其中城镇人口 22055 万,城镇化率达到 46%,比 1978 年增长了 32.5 个百分点。人均工资从 1978 年的 573.0 元增长到 2007 年的 26003.3 元,增长了 44.4 倍,农民纯收入从 1981 年的 500 元以下(上海最高,为 444 元)增长到 2007 年的 3500 元以上(上海最高,达到 10144.6 元),城镇人均纯收入从 1981 年的 700 元以下(上海最高,为 637 元)增长到 2007 年的 10000 元以上(上海最高,达到 26101.5 元)。城乡居民存款从 204.2 亿元增长到 62261.9 亿元,增长了 300 多倍。卫生机构个数从 2.8 万个增长到 10.9 万个,医院床位数从 73.9 万张增长到 121.6 万张,医生数从 40.6 万人增长到 2007 年的 72.7 万人。城乡医疗、教育、社会保障等事业迅速发展。

第二节　发展现状态势分析

近年来,长江沿江各省(直辖市)先后实施了沿江开发战略,如江苏实施了沿江开发战略,安徽实施了东向发展战略,江西实施了江西鄱阳湖生态经济区建设规划等。2007 年,国家又在沿江上中游地区批准设立武汉城市圈、长株潭城市群以及成都重庆综合配套改革试验区等,使这些地区的发展得以获得国家的特殊政策支持。在科学发展观的指导下,作为长江产业带经济核心的长江沿江地区(39 市),保持了又好有快的良好发展态势。

一、经济继续保持快速增长的势头

2007 年,长江沿江地区的土地面积约占长江干流 7 省 2 市的 29.8%,人口占长江干流 7 省 2 市的 40.2%,国内生产总值占 62.5%。从近年来的经济增长趋势来看,长江沿江地区经济总量继续保持快速增长的势头。近两年长江沿江 39 市的平均经济增长速度

仍然保持在 15% 以上(16.2%,不考虑价格因素),高于同期全国经济增长速度。长江沿江地区人均 GDP 比长江流域 7 省 2 市高 11887.4 元,比全国平均水平高 14323.8 元。从各区段来看,上海段、浙江段和江苏段人均 GDP 远远高于其他区段,且增长速度也最快。因世界金融危机的影响,2008—2009 年长江沿江地区的经济增长速度会有所下降,但仍会保持一定的增速。

长江沿江地区(39 市)各区段经济发展水平如表 2-1 所示。

表 2-1　　　　　　　　　　**长江沿江地区(39 市)各区段经济发展水平**

地区	1997 年人均 GDP(元)	所在省份 1997 年人均 GDP(元)	2007 年人均 GDP(元)	所在省份 2007 年人均 GDP(元)
上海段	25740	25740	66367	66367
江苏段	12788	9307	44867	33928
浙江段	13779	11660	42652	37411
安徽段	5519	4744	16607	12045
江西段	4409	3872	12590	12633
湖北段	4827	6245	17361	16206
湖南段	4745	4627	14901	14492
重庆段	4437	4437	14660	14660
四川段	3727	4084	12963	12893
沿江地区	9031	6643	33368	21370

二、以沿江开发区为依托的集团式开发特征明显

20 世纪 90 年代以来,长江沿江地区先后兴办了南京、昆山、南通、杭州、萧山、宁波、芜湖、武汉、重庆等 9 个国家级经济技术开发区,兴办了武汉、南京、重庆、杭州、上海、苏州、无锡、常州等 8 个高新技术产业开发区,设立了张家港、上海外高桥和宁波 3 个保税区,另外还建设了一大批省级经济技术开发区。这些园区作为沿江地区开发开放的前沿阵地,吸引了生产要素向沿江地区的转移、集聚。在大规模沿江开发区建设的带动下,长江沿江地区经济产出水平快速提高。以江苏为例,2002 年江苏沿江开发区业务总收入为 3369.0 亿元,在江苏实施新一轮沿江大开发战略以后,近 3 年时间,开发区业务总收入猛增到 15130.7 亿元,翻了近 5 倍(见图 2-3)。2005 年江苏省沿江 37 个开发区总建成面积约 400km²,平均建成面积为 11km²,以沿江地区 1.5% 的土地,生产沿江地区约 58% 的工业增加值。

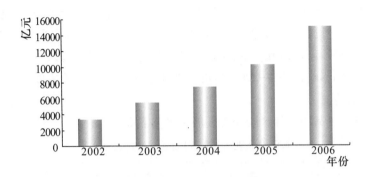

图2-3　江苏沿江省级以上开发区业务总收入增长态势

三、以临港型产业为主导的现代制造业基地逐步形成

近年来,依托沿江开发区,长江沿江地区充分发挥"黄金岸线"和"黄金水道"的优势,着眼于吸纳国际制造业向沿江转移,重点发展装备制造、化工和冶金等三大临港型产业集群。以汽车、船舶、机床和成套设备等为重点,形成机械基础件、关键零部件→先进重大技术装备的装备制造业产业链,以石油化工为龙头,形成基础石化原料→精细化工、合成材料的化工产业链,以特种钢为重点,形成钢冶炼→特种钢材→金属制品的冶金产业链。目前,沿江地区钢铁、石化、能源、建材等产业已经集中了一批优势企业,形成了以宝钢、武钢、攀钢为首的钢铁工业基地,以金山、扬子、镇海为首的石化工业基地,以中远川崎、扬子江船业、新世纪造船等为首的船舶工业基地,以上海大众、武汉神龙、重庆嘉陵、南京长安福特、芜湖奇瑞、宁波吉利为首的汽车工业基地,以海螺水泥为首的建材工业基地。数据显示,长江流域钢铁产量占全国的36%,石化工业年生产能力占全国的50%以上,汽车工业集中了全国47%的汽车产量。另外,长江沿江地区高新技术产业发展迅速,上海、杭州、南京、苏州、无锡、武汉、重庆等城市的生物工程、航天技术、激光技术、信息技术、新材料工程、自动化技术等领域已经集中了相当数量的优势企业和技术研发机构,并拥有许多有自主知识产权的产品。正在建设中的"武汉光谷"、兴建中的"浦东高科技药谷"和正在规划中的"上海中国硅谷",都将成为沿江地区经济的亮点。

四、长江岸线资源利用与管理得到加强

长江岸线资源是处于水、陆交接地带的一种特殊资源,可以开发为港口、大运量大耗水工业以及物流仓储等,具有重要的经济价值。从长江沿江地区岸线开发状况来看,下游开发速度较快,利用率高,而上中游地区开发相对缓慢,利用率也比较低。如江苏段岸线1997年利用135.8km,利用率为16.1%,2002年已利用240km,利用率达到28.5%,2006年已利用320km以上,利用率达到37.9%以上,其中,宜港岸线利用率已达到70%以上;安徽段岸线1997年利用63.1km,利用率仅8.2%,2005年已利用86.9km,利用率增长到11.3%;江西段岸线1997年利用7.7km,利用率为5.1%,2006年利用14.55km,

利用率为9.6％。从利用方式来看,长江岸线工业、仓储利用增长较快,工业仓储占用岸线在已利用岸线中的比例大大提高,江苏段从1997年的46.1%提高到2006年的60%以上,安徽段从1997年的21.9%提高到2005年的34.4%,江西段岸线从1997年的26.0%增长到2006年的36.53%。在岸线利用率不断提高的同时,沿江各地岸线产出效率也大大提高,2005年江苏沿江地区钢铁、化工、船舶、电力、建材等产业单位岸线最大投资额分别达到1590.0、1654.3、298.5、583.3、812.4万元/m,最大产值分别达到4362.6、909.1、215.8、169.3、296.3万元/m,最大利税额分别达到877.7、169.3、20.9、70.5、64.8万元/m。

　　近年来,长江沿江地区通过法制化途径,加强了岸线使用管理,使岸线使用逐步趋于合理。如2005年江苏出台了《江苏省长江岸线开发利用管理办法》,统一扎口管理长江岸线资源的开发利用,有效解决了岸线管理薄弱的问题;2008年安徽省制定了《安徽省长江岸线资源管理暂行办法》,加强了长江岸线资源开发利用管理,促进了长江岸线资源配置优化;江西制定了《江西省港口岸线使用管理规定》,使岸线管理工作向规范化、法制化方向发展。在沿江地级市中,目前,很多临江开发区都制定了岸线使用准入门槛,如扬州提出了新上船舶产业项目投资原则上不低于200万元/m,岸线产出不低于300万元/m;南通市提出深水、中深水岸线项目投资强度需达到298.2万元/m和371.6万元/m;泰州市则规定凡占用500m岸线,项目的投资额不得低于1亿美元,泰州高港提出新建化工项目总投资不得低于5000万元(不含土地费用),靖江沿江各地决定不再新上投资2000万元以下的化工项目等。

专栏 2-3

江苏省首次以立法形式保护长江岸线

　　为加强长江岸线资源使用管理,江苏省2005年制定了《江苏省长江岸线开发利用管理办法》,首次以立法的形式保护长江岸线。该管理办法规定,开发利用长江岸线应当服从长江防洪和生态环境保护总体要求;省人民政府对长江岸线资源的开发利用实行统一管理;港口、工业、仓储、过江通道、取水口、生活旅游以及生态保护等各类开发利用长江岸线的建设项目的选址和布局,应当符合《江苏省沿江开发总体规划》中岸线功能区划的要求,不得乱占乱用;任何单位和个人不得非法侵占、买卖、出租以及以其他形式转让长江岸线。同时规定了禁止使用长江岸线的项目:危害堤防安全、影响河势稳定和行洪通畅的项目;"三废"难以达标处理的项目;影响饮用水源安全的项目;国家禁止的其他项目。

五、以发达的港口群体为支撑的航运物流高速增长

目前,长江干线初步形成以重庆、宜昌、城陵矶、武汉、九江、芜湖、南京、镇江、苏州、南通、上海等主要港口为依托,大中小型港口相结合,铁水、公水、江海河联运的港口群体。截至2006年,长江干线已建成万吨级泊位225个,具备作业能力的集装箱港口27个,主要港口都在扩建和新建集装箱专用码头泊位,如泸州港国际集装箱专用泊位、重庆港寸滩港区集装箱专用泊位、涪陵港集装箱专用泊位、宜昌港云池港区集装箱专用泊位、武汉港阳逻港区集装箱专用泊位以及九江、芜湖、南京、镇江、扬州、苏州、南通等港区的专用泊位。伴随港口的开发建设,长江干流货运量持续快速增长,2000年,长江干线货运量仅4亿t,2006年增至9.9亿t,年均增幅达到21.1%,2008年达12亿t,远远超过了欧洲的莱茵河和美国的密西西比河,连续4年位居世界内河货运量第一。其中,外贸货物吞吐量达到9400万t,集装箱吞吐量达到380万标准箱以上。长江干线港口货物吞吐量主要集中在南京、南通、苏州、镇江、杭州、武汉、重庆等港口,外贸吞吐量主要集中在长江干线南京以下苏州、南通、镇江、南京等港口,其中,南京、苏州、南通三港吞吐量超过亿吨,三港吞吐量合计占全线总吞吐量的46%。在货种方面,主要为金属矿石、煤炭、矿建材料、石油及制品等大宗散货,分别占总吞吐量的19.9%、18.9%、14.0%、9.4%,合计占长江航运总量的62.2%。上海港年吞吐量已超过3亿t,成为世界最大的海港。

六、沿江快速大通道初步形成,城镇集群化趋势明显

近年来,沿江地区先后建成了苏南地区沿江高速公路、苏中沿江高等级公路、安徽沿江高速公路(马鞍山—芜湖—铜陵—池州)。目前,正在建设江西九江至安徽池州的赣北沿江高速公路,以及重庆万州经云阳、巫山至湖北巴东的重庆沿江高速公路。在沿江铁路大通道建设方面,建成了连接南京与启东的宁启铁路,形成江苏江北铁路通道;刚刚建成铜九铁路,东与宁芜铜铁路连接,西与武九铁路连接,打通了沪宁汉渝沿江铁路大通道。目前,长江沿江地区正在建设(或建成)宜万(湖北宜昌—长阳—巴东—建始—恩施—利川—重庆万州区)高速铁路、合宁(合肥—南京)高速铁路、合武(合肥—武汉)高速铁路、汉宜(武汉—宜昌)高速铁路,将形成沿江高速铁路通道。已经建成的沪宁汉渝铁路与沿江高速铁路、高速公路形成贯穿长江上中下游地区的综合性大通道。

以沿江大通道为衔接,逐步形成长江三角洲城市群、皖江城市带、环鄱阳湖城市群、武汉城市圈、长株潭城市群、川渝城市群等6个城市群。其中,长江三角洲城市群目前发展水平最高,已经发展成有100万以上人口城市7个,50万~100万人口城市7个,5万~50万人口城市50多个,5万人口以下小城镇近千个的世界级城镇群,城市化水平达到45%以上。皖江城市带由8个市及所辖29个县(市)组成,2006年末人口2360万,占安徽全省的35.8%,GDP为2781亿元,占安徽全省的45.2%。环鄱阳湖城市群由6个城市构成,人口2210万,GDP为2823亿元,分别占全省的50.9%和60.4%,人均GDP为

13339 元,是全省率先进入人均 1000 美元的区域。武汉城市圈由武汉等 9 市构成,该城市群已列为国家综合配套改革实验区。2006 年武汉城市圈人口达到 3113 万,GDP 为 4600 亿元,分别占湖北全省的 51.5% 和 60.7%。长株潭城市群为国家"两型社会"试验区,由 8 个城市构成,2006 年人口 4050 万,GDP 为 5651 万元,分别占湖南全省的 59.8% 和 74.7%。川渝城市群由刚刚批准的成都、重庆全国统筹城乡综合配套改革试验区内的 37 个城市构成,城市发展水平相对较低,每万平方公里有 1.73 座城市,比西部平均水平多 1.49 座,比全国平均水平多 1.03 座。人口 7737 万、9956 亿元,分别占整个川渝地区的 65% 和 82%。(见表 2-2)

表 2-2　　　　　　　　　长江产业带 6 大城市群地域范围及发展状况

城市群	地域范围	土地面积 (km²)	人口 (万)	GDP (亿元)	人均 GDP (元)
长江三角洲城市群	上海、南京、镇江、扬州、苏州、无锡、常州、南通、泰州、杭州、嘉兴、湖州、宁波、绍兴、舟山、台州	109654	8769	39613	46647
皖江城市带	马鞍山、芜湖、铜陵、安庆、池州、滁州、巢湖、宣城	65026	2360	2781	17031.8
环鄱阳湖城市群	南昌、九江、鹰潭、景德镇、上饶、抚州	76657	2210	2823	13339
长株潭城市群	长沙、株洲、湘潭、岳阳、常德、益阳、娄底、衡阳市	96944	4050	5651	14387.6
武汉城市圈	武汉、黄石、鄂州、孝感、黄冈、咸宁、仙桃、潜江、天门	58052	3113	4600	13158.3
川渝城市群	成都、德阳、绵阳、资阳、眉山、乐山、宜宾、泸州、自贡、内江、遂宁、南充、达州、广安和潼南、合川、铜梁、大足、荣昌、永川、江津、綦江、万盛、南川、璧山、涪陵、长寿、双桥以及重庆主城区	160886	7737	9956	14203

第三节　发展实力评估

　　总体上,长江沿江开发建设快速推进,沿江地区经济社会快速发展,并且在长江产业带 7 省 2 市乃至全国范围内已经处于较高水平。但是,区域各市之间的发展并不平衡,尤其经济发展水平、活力及能力等方面的空间差异更为明显,这在某种程度上也影响了长江沿江地区经济功能的充分发挥。建立科学的评价指标体系,从发展水平、发展活力、发展能力及综合实力多方面对长江沿江地区 39 个地市州发展实力进行评估,有助于各地找准位置,扬长避短,实现又好又快发展。

长江沿江地区发展实力评估指标体系

区域发展评估非常复杂,评估侧重不同,所选择的指标也不一样。《1997 中国区域发展报告》课题组在评估区域发展状态及差异过程中,利用人均 GDP、非农产业比重、经济外向度评估经济发展水平,利用社会保障和社会服务设施、教育条件、医疗条件、人口素质等评估社会发展水平,利用经济增长速度、相对投资效果、经济运行质量、外资占投资比重等评估经济发展活力;《2008 中国可持续发展战略报告—政策回顾与展望》研究组在评估区域可持续发展能力时,指标体系涉及资源禀赋、区域发展质量(经济发展效率效益)、交通条件、区域教育能力等指标;《中国城市竞争力报告》课题组在评价全国城市竞争力时,指标体系采用增长、规模、效率、效益、结构等指标。参照上述报告建立的区域发展评估指标体系,根据本报告对沿江地区发展评估的要求,建立长江沿江地区发展实力评估指标体系,具体包括以下 3 个方面。

发展水平:包括经济发展水平和社会发展水平两个方面,经济发展水平是区域在某一时期创造财富或获取财富的综合能力,评价指标设计为经济规模(GDP)、经济水平(人均 GDP)和经济结构(二、三产业比重);社会发展水平是区域财富存量和积累的一种体现,是持续发展的必要条件,评价指标设计为富裕程度(农村居民人均年纯收入、在岗职工年平均工资)、医疗水平(万人拥有医生数、万人拥有医院床位数)、人口素质(文盲率、大专以上受教育人口比例)。

发展活力:美国著名的城市规划和建筑专家凯文·林奇认为:"城市的经济活力主要表现为城市的成长性,而且更多地表现为经济的成长性、对外来资本和各种生产要素的吸引力方面。"一个具有经济活力的城市,应该具有较快的增长速度、较强的吸引力,特别是能吸引人力、资本等流动性很强的生产要素。评价指标设计为增长速度(投资增长速度、GDP 增长速度)、人口吸引力(非农人口比重、制造业和服务业就业区位熵)、外资吸引力(实际利用外资金额、国际投资开放度)。

发展能力:发展能力主要反映区域发展的潜力。包括区位及交通条件(到最近枢纽港的距离、到经济核心区距离、交通设施水平)、资源禀赋条件(人均耕地、供水保障、能源供应)、资本支撑能力(固定资产投资)、产出效率及效益(单位固定资产投资产出率、地均 GDP、单位工业废水、废气排放量第二产业产出)、教育条件(高校数目及水平、高校在校学生数)。

一、发展水平

1. 经济发展水平

采用 GDP 评估经济规模,利用人均 GDP 衡量经济水平,利用二、三产业比重评估经济结构,再根据经济规模、经济水平和经济结构综合评价沿江地区 39 市经济发展水平。各项指标均采用最大值标准化,综合评价利用特尔菲法。为了避免人为因素影响,各指标采用相同权重(均采用 100)。由于长江三角洲地区经济发展水平与产业带其他大多数地区相比差距悬殊,因此以长江三角洲地区平均水平为 100,对结果进行再次标准化,获得经济发展水平评价结果,见表 2-3。

表 2-3　　　　　　　　　　　长江沿江地区 39 市经济发展水平排序

地区	经济发展水平指数	排序	地区	经济发展水平指数	排序	地区	经济发展水平指数	排序
上海	158.3	1	台州	81.6	14	九江	60.2	27
苏州	142.2	2	重庆	79.9	15	常德	58.0	28
无锡	129.3	3	南通	79.5	16	安庆	56.5	29
杭州	113.2	4	湖州	79.4	17	宜宾	56.4	30
宁波	109.6	5	舟山	78.5	18	荆门	54.7	31
南京	106.1	6	扬州	77.3	19	池州	53.1	32
常州	97.7	7	攀枝花	76.2	20	巢湖	52.9	33
绍兴	92.8	8	芜湖	73.3	21	泸州	52.7	34
武汉	92.3	9	泰州	73.2	22	咸宁	52.1	35
嘉兴	91.8	10	黄石	67.7	23	益阳	50.8	36
镇江	89.8	11	宜昌	67.4	24	荆州	49.0	37
铜陵	83.4	12	鄂州	62.7	25	黄冈	46.5	38
马鞍山	83.3	13	岳阳	62.4	26	恩施	40.7	39

注:以长江三角洲地区平均水平为 100,依据 2006 年统计数据计算,增长速度指标采用 2001—2006 年的值,以下表格数据来源与此相同。

长江沿江地区 39 市的经济发展水平基本可以划分为 3 个梯队:第一梯队经济发展水平指数在 80 以上,包括上海、苏州、无锡、杭州、宁波、南京、常州、绍兴、武汉、嘉兴、镇江、铜陵、马鞍山、台州等 14 市;第二梯队经济发展水平指数介于 60~80,有重庆、南通、湖州、舟山、扬州、攀枝花、芜湖、泰州、黄石、宜昌、鄂州、岳阳、九江等 13 市;第三梯队经济发展水平指数在 60 以下,包括常德、安庆、宜宾、荆门、池州、巢湖、泸州、咸宁、益阳、荆州、黄冈、恩施等 12 市。总体上,下游区段的经济发展水平高于上中游区段,第一梯队地区主要分布在下游,第三梯队地区主要分布在上中游。

在长江沿江地区 39 市中,经济总量超过 1000 亿元的有上海、苏州、重庆、杭州、无锡、宁波、南京、武汉、南通、绍兴、常州、台州、嘉兴、扬州、镇江、泰州等 16 市,上海的经济总量遥遥领先,是位列第二的苏州的 2.2 倍。其余地区中,经济总量超过 400 亿元的有岳阳、常德、宜昌、九江、安庆、芜湖、荆州、马鞍山、宜宾和黄石。经济总量低于 400 亿元的有黄冈、荆门、巢湖、益阳、舟山、泸州、攀枝花、铜陵、咸宁、恩施、鄂州和池州。地区生产总值最高与最低的地区分别是上海和池州,相差 79 倍。人均 GDP 超过 4 万元的有苏州、无锡、上海、杭州、宁波、南京、常州和嘉兴,介于 1 万 ~4 万元的有绍兴、镇江、舟山、铜陵、马鞍山、武汉、湖州、台州、攀枝花、扬州、南通、芜湖、泰州、宜昌、鄂州、黄石、岳阳、常德、重庆、荆门、九江。人均 GDP 最高与最低分别是苏州和恩施,相差 15 倍。长江沿江各地区的二、三产业所占比重总体上也以长江三角洲地区最高,都在 90% 以上,最高为上海,达到 99.1%;其余城市中,马鞍山、芜湖、铜陵、武汉、黄石、攀枝花等市较高,其他市相对较低,在 90% 以下。

2. 社会发展水平

根据农村居民人均年纯收入和在岗职工年平均工资来衡量沿江地区 39 市的富裕程度,利用万人拥有医生数和万人拥有医院床位数来评估医疗服务水平,采用文盲率、大专以上受教育人口比例来评价人口素质,然后再综合富裕程度、医疗服务水平及人口素质评价结果对沿江地区 39 市社会发展水平进行评估,评估方法同上。由于文盲率是负向指标,所以在经过最大值标准化后,需转为正向指标。评估结果仍然采用长江三角洲地区平均水平(为 100)进行标准化(见表 2-4)。

表2-4　　　　　　　　　　长江沿江地区 39 市社会发展水平排序

地 区	社会发展水平指数	排序	地 区	社会发展水平指数	排序	地 区	社会发展水平指数	排序
上海	150.4	1	嘉兴	86.4	14	益阳	59.6	27
杭州	122.2	2	台州	79.3	15	重庆	56.9	28
南京	119.9	3	马鞍山	76.4	16	常德	55.9	29
苏州	111.6	4	铜陵	75.9	17	九江	54.7	30
无锡	111.4	5	扬州	75.4	18	宜宾	54.0	31
武汉	109.6	6	南通	74.6	19	泸州	50.4	32
宁波	104.2	7	芜湖	68.8	20	咸宁	50.1	33
常州	95.9	8	泰州	68.6	21	荆州	50.0	34
攀枝花	92.1	9	宜昌	67.3	22	巢湖	47.0	35
舟山	91.6	10	岳阳	64.4	23	池州	43.7	36
绍兴	91.6	11	荆门	64.1	24	安庆	43.6	37
镇江	91.0	12	黄石	64.0	25	黄冈	42.7	38
湖州	88.1	13	鄂州	63.0	26	恩施	40.6	39

注:以长江三角洲地区平均水平为 100。

在长江沿江地区 39 市中,上海、杭州、南京、苏州、无锡、武汉、宁波的社会发展处于较高水平,常州、攀枝花、舟山、绍兴、镇江、湖州、嘉兴次之,泸州、咸宁、荆州、巢湖、池州、安庆、黄冈、恩施社会发展水平较低。具体从城乡居民收入来看,有17市农村居民人均纯收入高于5000元,占沿江地区39市的43.6%,长江三角洲16市全部在内,另外一个是紧邻长江三角洲的马鞍山市;有18市农村居民人均纯收入介于3000~5000元,占沿江地区39市的46.2%,有4市农村居民人均纯收入低于3000元,分别为安庆、重庆、黄冈、恩施。苏州农村居民人均纯收入最高,为9281元,恩施最低,为1848元,最高值是最低值的5倍以上;有18市城镇职工平均工资高于2万元,其中14个市处于长江三角洲地区,其余地区城镇职工平均工资介于1万~2万元。上海城镇职工平均工资最高,超过4万元,黄冈最低,为10296元,最高值是最低值的4倍;上海城镇万人拥有医生数和医院床位数最多,分别为33人和68张,池州、常德、安庆、恩施、荆州、巢湖、益阳、咸宁、黄冈、泸州城镇万人拥有医生数和医院床位数相对较低,池州城镇万人拥有医生数最低,仅为9人,泸州城镇万人拥有医院床位数最低,仅为14张;岳阳、益阳、无锡、苏州、武汉、上海、杭州、宁波、荆门、绍兴、镇江、南京、常德等市文盲率相对较低(低于6%),铜陵、黄冈、池州、安庆文盲率相对较高(高于10%);南京、武汉、上海等市大专以上人口比例最高,达到10%以上,杭州次之,为7.2%,台州、黄冈、泸州、恩施、宜宾、巢湖地区较低,在2%以下。

二、发展活力

从增长速度、人口就业吸引力和外资吸引力3个方面评估长江沿江地区39市的经济发展活力,增长速度利用投资增长速度、GDP增长速度评价,人口就业吸引力利用非农人口比重、制造业和服务业就业区位熵评价,外资吸引力采用实际利用外资金额和国际投资开放度评价,采用特尔菲法进行综合,获得各市经济发展活力指数(见表2-5)。

表2-5　　　　　　　　　　长江沿江地区39市经济发展活力排序

地 区	经济发展活力指数	排序	地 区	经济发展活力指数	排序	地 区	经济发展活力指数	排序
苏州	165.3	1	铜陵	106.5	14	荆州	67.5	27
上海	155.5	2	镇江	103.0	15	安庆	67.2	28
武汉	132.2	3	泰州	100.2	16	台州	65.3	29
南通	130.6	4	鄂州	98.3	17	重庆	65.1	30
无锡	126.5	5	马鞍山	95.3	18	宜昌	64.9	31
南京	111.7	6	攀枝花	94.8	19	常德	64.4	32
黄石	110.9	7	湖州	94.4	20	池州	62.8	33
宁波	110.8	8	绍兴	91.4	21	益阳	61.8	34
杭州	110.6	9	舟山	90.3	22	黄冈	58.5	35
常州	108.6	10	九江	85.8	23	宜宾	58.1	36
嘉兴	108.5	11	咸宁	72.2	24	巢湖	57.0	37
芜湖	107.4	12	荆门	68.4	25	泸州	51.3	38
扬州	106.8	13	岳阳	68.0	26	恩施	51.0	39

注:以长江三角洲地区平均水平为100。

长江沿江地区 39 市中,苏州经济发展活力最大,上海次之,武汉、南通、无锡等市也相对较高。有 16 市经济发展活力高于长江三角洲平均水平,且主要分布在长江三角洲地区内。黄冈、宜宾、巢湖、泸州和恩施经济发展活力较低。从具体各指标来看,近两年沿江地区 39 市经济增长速度仍然保持较高水平,除恩施外,各市均高于全国平均水平,铜陵、泰州、常州、芜湖、苏州、舟山、南通、扬州等市经济增长速度达到 20% 左右;马鞍山、舟山、安庆、泰州、鄂州、攀枝花、扬州等市投资增长速度超过 30%。苏州、宁波、上海、无锡、杭州等发达地区的固定资产投资增长速度相对较低,与这些地区固定资产投资基数较大有关;南京、无锡、上海、武汉、铜陵、攀枝花、苏州等市非农人口比重较高,在 50% 以上,益阳、台州、宜宾、泸州、安庆、池州、巢湖、恩施等市非农人口比重较低,在 20% 以下。从反映地区对就业吸引力的二、三产业就业区位熵来看,上海市二、三产业就业区位熵最大,嘉兴、杭州、苏州、武汉等市次之;上海实际利用外资最高,达到 71.1 亿美元,苏州次之,为 61.0 亿美元,另外无锡、南通、宁波、杭州、武汉、南京、常州、嘉兴实际利用外资也都超过 10 亿美元。益阳、泸州、恩施、宜宾、攀枝花等市实际利用外资相对较少,低于 5000万美元;苏州国际投资开放度最高,达到 23.1%,南通次之,为 19.6%,无锡、上海、黄石、宁波、湖州、杭州、嘉兴、镇江、武汉、扬州、九江、常州、绍兴等市都在 10% 以上,宜宾和攀枝花最低,不到 1%。

三、发展能力

根据到最近枢纽港(重庆、武汉、南京、苏州、上海、宁波等港口)的距离、到经济核心区(上海)的距离、交通设施水平三项指标评价各市的区位及交通条件,利用人均耕地、地均水资源量、一次能源生产量三项指标来评价资源保障能力,利用固定资产投资规模来评价资本支撑能力,基于 GDP 对于固定资产投资增长弹性、地均 GDP 及单位工业废水、废气排放量等指标,评价各市的产出效率及效益,采用高校数目及水平、高校在校学生数两项指标评价各市的教育条件。依据区位及交通条件、资源保障、资本支撑、产出效率及效益、教育条件等评价结果,采用特尔菲法,综合评价各市的发展能力,评价结果见表 2-6。

在长江沿江地区 39 市中,上海、武汉、南京、重庆、杭州、苏州、宁波、无锡等市发展能力位居长江三角洲平均水平之上,包括所有的直辖市和省会城市,上海发展能力最高。从具体各指标来看,上海、南京、杭州、苏州、宁波等市的区位及交通条件优越,常德、宜宾、池州、益阳、攀枝花、巢湖、泸州资源保障能力最强(其中巢湖、池州、常德人均耕地面积超过 $0.067hm^2$(1 亩),攀枝花、宜宾、益阳地均水资源量都达到 70 万 m^3/km^2 左右),上海、重庆、苏州、南京、宁波、无锡、杭州、武汉、南通等市资本支撑能力最高(固定资产投资均超过 1000 亿元),上海、台州、苏州、无锡、宁波、杭州、武汉、铜陵、南京等市产出效率或效益最高(其中上海市 GDP 对于固定资产增长弹性最高);上海、无锡、苏州、南京等市地均 GDP 较高,上海市地均 GDP 达到 163.5 万元/hm^2;台州、上海、宁波等市单位工业废水排放量第二产业产出较高,杭州、无锡、苏州、上海等市单位工业二氧化硫排放量第二产业产出较高),武汉、上海、南京、重庆、杭州等市教育条件相对较好(上海市普通高校数最多,达到60所,武汉、南京、重庆、杭州分别有52、41、38和36所;武汉拥有普通高校在校生人数最多,总计747227人,南京、上海、重庆、杭州普通高校在校生分别为620779、466333、376118和349976人,均远高于其他市)。总体来看,武汉区位交通条件、教育条件、资本支撑能力和产出效率和效益等指标与南京、杭州接近,但资源保障能力明显高于南京和杭州两市;重庆虽然资源保障能力也比较高,但产出效率和效益偏低。攀枝花和恩施发展能力最低,攀枝花发展主要受区位和交通条件制约,恩施主要受教育条件和资本支撑能力不足的制约。

表 2-6　　　　　　　　　　长江沿江地区 39 市经济发展能力排序

地　区	发展能力指数	排序	地　区	发展能力指数	排序	地　区	发展能力指数	排序
上海	189.5	1	镇江	84.1	14	池州	74.1	27
武汉	143.1	2	绍兴	82.9	15	咸宁	73.6	28
南京	137.3	3	泰州	82.7	16	九江	73.5	29
重庆	127.7	4	宜昌	80.8	17	宜宾	69.9	30
杭州	121.2	5	嘉兴	80.0	18	益阳	68.6	31
苏州	115.4	6	马鞍山	79.4	19	鄂州	68.3	32
宁波	109.9	7	铜陵	79.0	20	黄冈	66.9	33
无锡	101.5	8	巢湖	78.4	21	黄石	66.9	34
芜湖	91.9	9	安庆	77.7	22	舟山	66.5	35
常州	90.6	10	荆州	77.6	23	泸州	64.2	36
南通	90.4	11	常德	77.5	24	荆门	62.6	37
台州	88.6	12	岳阳	77.2	25	攀枝花	53.2	38
扬州	85.1	13	湖州	74.5	26	恩施	47.5	39

注:以长江三角洲地区平均水平为100。

四、综合实力

在经济社会发展水平、发展活力和发展能力评估基础上,进一步评估了各市经济发展实力,评估结果见表2-7。沿江地区39市中,上海、苏州、南京、无锡、杭州、武汉、宁波发展实力高于长江三角洲平均水平,除武汉外,有6市处于长江三角洲地区。常州、南通、镇江、嘉兴、绍兴、扬州、芜湖、铜陵、湖州、马鞍山、重庆、舟山、泰州综合实力指数介于80~100,这些市也具有较强的经济竞争实力。益阳、宜宾、巢湖、池州、泸州、黄冈、恩施等市综合实力指数低于60,综合实力相对较弱。总体来看,长江沿江下游地区比上中游地区综合实力强,长江下游地区有9市综合实力排名前10位。另一方面,作为中游地区经济中心的武汉以及作为上游经济中心的重庆的经济实力明显增强,武汉经济实力排序已到第6位,重庆综合实力指数也已经达到80以上,高于长江三角洲部分地区。另外,安徽的芜湖、铜陵、马鞍山等市也进入综合实力排序的前列。这说明长江沿江地区的经济已经有逐步向上中游转移的迹象,武汉和重庆作为长江上中游地区的经济增长极,经济集聚和带动作用已经大大增强。

表 2-7　　　　　　　　　　　　　　长江沿江地区 39 市综合实力排序

地 区	综合实力指数	排序	地 区	综合实力指数	排序	地 区	综合实力指数	排序
上海	161.4	1	芜湖	85.1	13	岳阳	67.2	26
苏州	132.0	2	铜陵	84.3	14	常德	63.2	27
南京	117.8	3	湖州	83.1	15	荆门	61.7	28
无锡	117.3	4	马鞍山	82.6	16	咸宁	61.2	29
杭州	115.7	5	重庆	81.4	17	安庆	60.5	30
武汉	115.4	6	舟山	80.7	18	荆州	60.3	31
宁波	107.3	7	泰州	80.2	19	益阳	59.5	32
常州	97.0	8	攀枝花	78.1	20	宜宾	58.9	33
南通	92.6	9	台州	77.7	21	巢湖	58.1	34
镇江	90.8	10	黄石	76.4	22	池州	57.7	35
嘉兴	90.5	11	鄂州	72.2	23	泸州	54.0	36
绍兴	88.6	12	宜昌	69.2	24	黄冈	53.0	37
扬州	85.1	13	九江	67.7	25	恩施	44.4	38

注:以长江三角洲地区平均水平为100。

第三章

长江流域水资源与水环境状况评价

　　长江流域是我国水资源丰沛地区之一,长江流域丰富的淡水资源在我国经济社会发展中的地位举足轻重。近年来,受自然气候条件以及人类活动因素的影响,长江流域的水资源与水环境状况都在发生着深刻的变化。在长江流域经济社会高速发展以及南水北调工程实施的背景下,深入认识近年来长江流域水资源与水环境变化的特征,无论对于长江流域还是全国经济社会的可持续发展都具有重要意义。

第一节　水资源状况评价

　　长江水资源量约占全国的 36.5%,水资源总量居全国第一位。但流域内水资源时空分布不均,人均占有水资源量少。受季风气候影响,长江流域水资源量年际变化较大,且易出现连续丰水年或连续枯水年的情况。近年来受气候干旱的影响,水资源总量有所减少,而随着流域人口增长、工农业的迅速发展以及小城镇建设的加快,流域用水需求明显增长。保护好长江水资源已刻不容缓。

一、水资源特征及变化趋势

　　1. 水资源丰富,受气候影响明显,2000 年以后水资源总量有所减少

　　长江源远流长,流域面积约 180 万 km^2,蕴含着极丰富的淡水和水能资源。1956—2000 年多年平均降水深为 1086.6 mm,折合降水总量为 19370 亿 m^3,占全国降水量的31.3%,相应径流深为 552.9 mm;多年平均地表水资源量为 9857 亿 m^3,占全国地表水资

源量的 36%。单位土地面积占有的水资源量为全国的 2.1 倍。全流域水能蕴藏量 2.78 亿 kW,占全国的 40%,可开发量为 2.56 亿 kW,约占全国的 48%。

长江流域水资源量受气候影响明显。1980—2000 年的 20 年间,由于降水、蒸发以及下垫面条件的影响,长江地表水资源量有所增加,地下水资源量变化不大。对比 1956—1979 年与 1980—2000 年两个时段,平均年降水深增多了 26 mm,水面蒸发量减少 9.5%,地表水资源量增加 7.2%。其中,中下游地区降水量、地表水资源量和水资源总量均有所增加,尤以下游增加幅度最大,降水增加 8.1%,水面蒸发量减少 10.6%,地表水资源量增加了 20.7%;上游地区降水、地表水资源量和水资源总量变化均不大。

2000—2007 年间,受气候持续偏干影响,长江流域水资源量有所减少,长江流域水资源量变化见图 3-1。2000 年,长江流域降水量、地表水资源量和水资源总量分别为 19564.6 亿 m³、9923.2 亿 m³ 和 10037.2 亿 m³;2007 年,长江流域降水量、地表水资源量和水资源总量则分别减少为 18026.6 亿 m³、8701.2 亿 m³ 和 8811.3 亿 m³,降幅分别达 7.9%、12.3% 和 12.2%。据《长江流域及西南诸河水资源公报》显示,除 2000 年、2002 年和 2003 年外,长江流域其余年份水资源量均低于多年平均值。2007 年,长江流域平均降水量、地表水资源量和水资源总量比常年分别偏少 6.9%、11.7% 和 11.5%。2007 年 2 月和 12 月,长江上游嘉陵江和中下游的鄱阳湖区分别出现水位显著降低现象,导致严重的旱情和居民饮用水困难现象发生,严重影响周边居民的正常生产和生活。

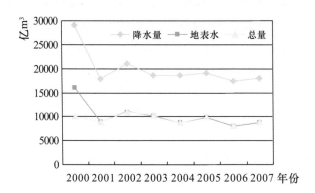

图 3-1 2000—2007 年长江流域水资源量变化

2007 年冬季干旱,鄱阳湖都昌水文站的水位曾连续 20 多天低于历史最低水位,鄱阳湖几近枯竭,对湖区上千万居民的用水产生了巨大的威胁,同时导致了湖区大面积水草和芦苇枯死,湖泊水质下降明显,2007 年全年平均,鄱阳湖湖泊劣于Ⅲ类水的比例达到 27%。

专栏 **3-1**

干旱导致鄱阳湖水量减少、水质下降

2007 年 9 月以来,江西晴多雨少,气温高,降水异常偏少,出现了 1960 年以来最明显的少雨天气,导致鄱阳湖水量急剧减少。据气象部门统计,2007 年 10 月和 11 月,江西全省平均降雨量仅分别为 8mm 和 10.4mm,较历史同期分别减少 88% 和 82%。受降水减少影响,10 月上旬至 11 月上旬,鄱阳湖周边的赣江、抚河和修水流域平均降雨量分别比多年同期均值偏少 95%、92% 和 91%。又由于长江上中游来水偏少,鄱阳湖出湖流量增大,湖体水量锐减,鄱阳湖水位持续降低。10 月 10—17 日,星子站平均水位 13.07m,相应鄱阳湖水面面积 1017km², 容积 16.4 亿 m³,与历史同期均值相比,水位偏低 1.78m,水面面积、容积分别偏小 1266km² 和 29.1 亿 m³,鄱阳湖的入湖水量和鄱阳湖水体水量锐减,分别比历史同期均值减少 35% 和 66%;11 月 9—16 日,星子站平均水位 9.53m,相应鄱阳湖水面面积 95.4km², 容积 2.56 亿 m³,与历史同期均值相比,水位偏低 3m,水面面积、容积分别偏小 651.5km² 和 9.45 亿 m³,入湖水量和湖体水量继续减少,分别比历史同期均值减少 63% 和 79%。

同期水质监测显示,入湖河流控制站水质较往年明显下降,Ⅳ~劣Ⅴ类受污染水量占入湖总水量的比例提高,鄱阳湖区污染范围扩大,水质较往年明显下降。10 月份,在湖区 21 个监测点(断面)中受到污染的占 66.7%;入长江的出湖水质为Ⅳ类水,轻度污染。11 月份,湖区 13 个监测点(断面)中受到污染的占 92.3%;注入长江的出湖水质为Ⅳ类水,属轻度污染。同期污染调查表明,入湖工业废水和生活污水的排放维持正常水平。因此,水质下降的主要原因是各入湖河流水量减少、水质下降,鄱阳湖盆水体容积急剧减小,湖水纳污净化能力下降等综合因素共同作用的结果。

此段时间鄱阳湖地区降水偏少不仅带来了严重的旱情,并使得河湖通航能力下降,同时因水量减少带来的水质下降,也给该地区工农业生产和城乡居民生活用水带来了极大影响。

2. 水资源空间分布不均,分区水资源量差异大

长江水资源地区分布不均。长江流域降水、径流总的趋势是由东南向西北递减,山区多于平原。长江干流及其以南地区降水、径流深大于支流以及干流北岸地区。水面蒸

发、陆面蒸发和干旱指数的地区分布则相反,呈现南部小于北部、东部小于西部、山区小于平原的特点。分区水资源量受气候、下垫面条件和分区面积的影响,降水量大、产流状况好、分区面积大的地区,水资源量大,反之则小。在长江流域 12 个水资源二级分区中,多年平均降水深最大为鄱阳湖水系 1647.6 mm,其次为洞庭湖水系 1430.9 mm,最小是金沙江石鼓以上,为 486.7 mm;分区年径流深最大是鄱阳湖水系 933.6 mm,其次为洞庭湖水系 792.1 mm,最小是金沙江石鼓以上,为 193.4mm;产水模数最大是鄱阳湖水系,为 94.56 万 m^3/km^2,其次为洞庭湖水系,为 79.53 万 m^3/km^2,最小也是金沙江石鼓以上,为 19.34 万 m^3/km^2,最大与最小相差 3.9 倍。

2006 年长江流域 12 个水资源二级区的水资源量见图 3-2,行政分区水资源量见图 3-3。按水资源二级分区统计,年径流深以鄱阳湖 964.1mm 为最大,金沙江石鼓以上157.0mm 为最小,地表水资源量以洞庭湖水系 2047.8 亿 m^3 为最大,太湖水系 131.2 亿 m^3 为最小。按省级行政分区统计,年径流深以福建 1276.2mm 为最大,青海 94.8mm 为最小。

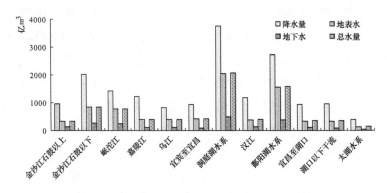

图 3-2 2006 年长江流域各水资源二级区水资源量

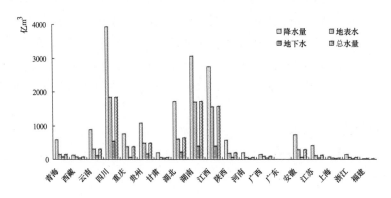

图 3-3 2006 年长江流域行政分区水资源量

3. 水资源量年际分布不均,且年内变化较大

受季风气候影响,长江水资源量年际变化较大。降水年际变幅达 1.3 ~ 2.5 倍,以湖

口以下干流最大;径流年际变幅达1.5～12.8倍,以太湖水系最大。长江流域径流丰枯变化频繁,1956—2000年间,45年中偏丰和丰水年有16年,占35.5%,偏枯和枯水年有17年,占37.8%,正常年份12年,占26.7%。且出现连续丰水或连续枯水年的情况,给水资源开发利用造成一定困难。同时,长江降水量和河川径流量的60%～80%集中在汛期,长江干流上游比下游、北岸比南岸集中程度更高,年内分配不均匀性显著。

4.人均占有水资源量逐年减少,地区分布不均衡

尽管长江水资源总量相对丰富,但由于流域内人口众多,经济发达,流域面积占全国的18.9%,而人口约占34.5%,人均、亩均水资源占有量均处于较低水平,人均占有水资源量仅为世界人均占有量的30%,耕地亩均占有水资源量约为世界平均水平的70%。并且,随着流域经济社会发展与人口的增加,人均水资源量呈减少之势。1980年长江流域人口为3.4亿多,2001年已增至4.2亿多,长江流域人均水资源量已由1980年的2760 m^3减少至2001年的2103 m^3,20年来减少了500多 m^3。同时,长江人均占有水资源量分布极不均匀,上游的金沙江石鼓以上地广、人少,人均占有当地水资源量达到60855 m^3,而下游的太湖水系人均占有当地水资源量仅为456m^3,仅有长江流域平均水平的1/5。

二、水资源供需变化及趋势

1.流域用水总量快速增长,用水结构明显变化

近年来,由于流域内工农业发展较快,用水总量也逐年增加。2000—2007年间,流域用水总量已由2000年1728亿 m^3,增加到2007年的1925.5亿 m^3,除2002年为1687亿 m^3略有下降外,总体增长趋势明显(图3-4)。

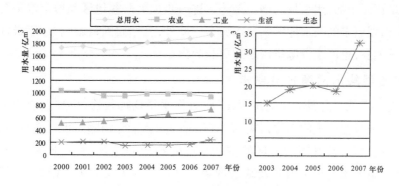

图3-4　长江流域近年用水状况变化

随着经济社会发展、产业结构调整和城市化进程的加快,以及生态环境的变化,长江流域的用水结构发生了较大改变:农业用水量逐步减少,在总用水量中的比重有所下降;工业用水量和生活用水量总的变化趋势是逐步增大,所占比重也有所上升;流域生态用水量增加明显。2000年和2007年长江流域农业用水总量分别为1022亿 m^3和932.7

亿 m^3，占总用水量的比重分别为59.1%和48.1%，在总用水量中的比重逐步降低。相比之下，工业用水和生活用水总体呈增长趋势。2000年和2007年长江流域工业用水总量分别为507亿 m^3 和728.6亿 m^3，占总用水量的比重分别为29.3%和37.6%；生活用水总量分别为199亿 m^3 和245.8亿 m^3，占总用水量的比重分别为11.5%和12.7%。

2007年，农业用水量比2006年减少40.9亿 m^3，减幅为4.4%，工业用水量和居民生活用水量比2006年分别增加60.4亿 m^3 和5.0亿 m^3，增幅分别为8.9%和3%。此外，由于近年来人类发展对生态环境的影响增大，流域生态修复和维护用水逐步增加，2003—2007年，流域生态用水由14.95亿 m^3 增至32.4亿 m^3。

2. 流域总供水量同步增长，地表水为主要供水水源，供求矛盾日益加剧

2007年，长江流域总供水量为1925.5亿 m^3，其中流域地表水源供水量为1939.6亿 m^3，占总供水量的95.5%，地下水源供水量81.5亿 m^3，占总供水量的4.2%，其他污水处理回用、雨水利用、海水淡化等水源供水量为5.8亿 m^3，仅占总供水量的0.3%。与2006年相比，长江流域总供水量增加71.51亿 m^3，增幅为3.8%。其中地表水源供水量增加71.8亿 m^3，地下水源供水量减少1亿 m^3，其他水源供水量增加0.7亿 m^3。2000—2007年间，总供水量增加211.6亿 m^3，增幅为12.2%，流域总供水增长趋势明显；但供水结构比例变化不大，地表水源为主要供水水源，一直保持在总供水量的95%左右，污水处理回用、雨水利用、海水淡化等二次利用水源所占比例一直较小，平均不足0.4%。

长江流域虽然水资源丰富，但由于水资源时空分布不均匀，局部地区在枯水季节、枯水年份常常会出现干旱缺水，仍然存在供需矛盾。目前流域内不同程度、不同性质的缺水城市近1/3。随着长江流域人口增长、城市化进程加快和经济持续发展，工业和生活用水等用水量逐渐增加，用水量的增长趋势将进一步加大一些地区和城市水资源的供需矛盾，也将会出现更多的缺水地区和缺水城市。此外，受气候因素影响，近年长江流域水资源总量持续偏少，也使水资源供需矛盾更趋突出。

3. 水质型缺水问题日益突出

随着近年来长江流域工业的迅猛发展，废污水量增加较快，再加上农业大量使用农药和化肥，造成日益严重的面源污染，有毒有害的固体废弃物随意堆放造成地下水污染，等等，使得部分城市及其周边地区的供水水源受到严重污染，水质下降，影响了正常取水，造成了日益突出的用水紧张及缺水现象。这在长江干支流中下游地区，特别是长江干流工业发达的大中城市尤为明显。长江流域大多数湖泊、长江干流沿城市岸边和相当多支流水体污染严重，水质日益恶化，致使许多城镇饮水水源受到水污染威胁，取水和处理水的成本越来越高，城市取水线路越来越长，例如武汉市，过去许多用水取自湖泊，现由于大多数湖泊已经污染，目前全部自来水厂水源都改为长江和汉江，一次取水和二次供水的成本都提高了。其他许多城市也有类似现象。目前，水质型缺水问题在长江流域水资源保护工作中已引起高度关注。

第二节　水环境状况评价

随着长江流域内工农业生产和城镇建设的迅速发展,人民生活水平不断提高,一方面污水排放量不断增加,另一方面人们对水环境质量的要求也愈来愈高,流域内水污染矛盾日渐突出,长江水环境质量问题备受关注。

一、水环境总体特征

1.长江干流及主要支流水质总体较好,干流水质优于支流

根据近年来长江水质监测资料,长江干支流总体水质良好。根据《2007 中国环境状况公报》,2007 年,在长江流域 103 个地表水国控监测断面中,Ⅰ~Ⅲ类、Ⅳ类、Ⅴ类和劣Ⅴ类水质的断面比例分别为 81.5%、3.9%、7.8% 和 6.8%(图 3-5)。主要污染指标为氨氮、石油类和五日生化需氧量。总体上,水质劣于Ⅲ类的河长占总评价河长的 33.3%。其中,长江干流劣于Ⅲ类水的河长比例为 25%,支流水系劣于Ⅲ类水的河长比例为34.9%。长江干流总体水质优于支流,与 2006 年相比,支流水质有所好转。雅砻江、大渡河、嘉陵江、乌江、沅江和汉江水质为优;岷江、沱江、湘江和赣江水质良好,但岷江在眉山市段为中度污染,沱江在自贡市段、赣江在南昌市段为中度污染,主要污染指标为氨氮。

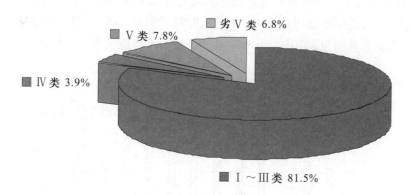

图 3-5　2007 年长江流域水质类别比例图

根据《2007 年长江流域及西南诸河水资源公报》,2007 年全年评价水功能区 200 个,达标的水功能区有 134 个,占水功能区评价总数的 67.0%,其中保护区 25 个,达标率为64.0%;保留区 28 个,达标率为 78.6%;缓冲区 19 个,达标率为 73.7%;饮用水源区 86个,达标率为 67.4%;工业用水区 17 个,达标率为 58.8%;农业用水区 3 个、渔业用水区3 个,各有 1 个达标;景观娱乐用水区 10 个,达标率为 40.0%;过渡区 9 个,达标率为88.9%。水功能区评价河长 8033.4km,达标河长 5766.3km,占评价河长的 71.8%;湖

（库）评价面积3560.2km²，达标面积1116.0km²，占评价面积的31.3%。未达标水功能区的主要超标项目为氨氮、高锰酸盐指数、五日生化需氧量、溶解氧和石油类。

按照长江上中下游江段功能区水质达标率统计结果，宜昌以上上游江段为93.4%，宜昌至湖口中游江段为89.7%，湖口以下下游江段为76.4%。表明长江干流从上游至下游水质越来越差，污染负荷逐渐趋重。但金沙江、岷沱江等支流功能区水质较差，其中金沙江石鼓以上江段功能区水质达标率为0。长江干、支流各水资源二级区年度水质达标状况详见图3-6。

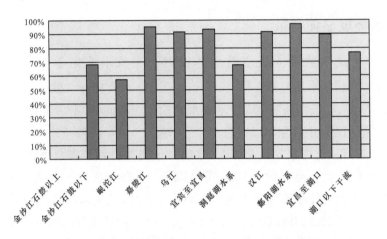

图3-6　长江流域各水资源二级区水功能区达标情况

按照长江流域水功能区省界分布的水质达标率统计结果，甘肃、广西与江西3省水功能区水质为优，达标率分别为100%、100%及97.7%。云南、上海及湖南地区水功能区水质较差，达标率分别为33.3%、50.0%和59.5%。水功能区省界达标状况详见图3-7。

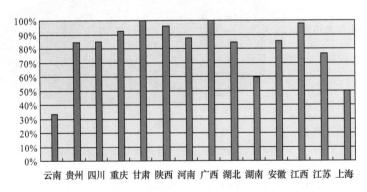

图3-7　长江流域省级行政区水功能区达标情况

长江流域水功能区总评价河长为8033.4km，4个季度中水质达标河长分别占总河长的81.2%、86.1%、73.8%和85.2%，4个季度中水功能区水质劣于Ⅲ类的比例分别为13.0%、8.5%、15.5%和8.5%。长江流域第2、第4季度水质优于第1、第3季度。分季节水质类别分布见图3-8。

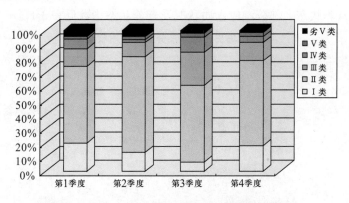

图3-8 2007年长江流域不同季节水质类别分布图

三峡水库、丹江口水库等重点区域总体水质依然较好,三峡水库水质为优,库区6个国控断面水质均为Ⅰ~Ⅲ类,其中长江寸滩、晒网坝和培石断面均为Ⅰ、Ⅱ类水质,长江清溪场、嘉陵江大溪沟和乌江麻柳嘴断面均为Ⅱ、Ⅲ类水质,与往年相比,水质较为稳定。丹江口水库水质一直稳定在Ⅱ~Ⅲ类,其中汉江入库断面白河水质为Ⅲ类,丹江入库断面湘河水质为Ⅱ类,库内的浪河口下、坝上和台子山断面水质均为Ⅱ类,陶岔断面水质为Ⅲ类,能满足南水北调中线工程的需要。

2. 湖泊水质较差,富营养化现象严重

根据《2007中国环境状况公报》,2007年长江流域评价的淀山湖、太湖、西湖、巢湖、甘棠湖、鄱阳湖、邛海、滇池、泸沽湖、程海等湖泊中,仅有泸沽湖整体水质优于Ⅲ类,其他湖泊都出现部分水体劣于Ⅲ类水质的情况。

近两年来,太湖、滇池、巢湖等都出现了大面积的蓝藻暴发。太湖总体为劣Ⅴ类水质。21个国控监测断面中,Ⅳ类、Ⅴ类和劣Ⅴ类水质的断面分别占23.8%、19%和57.2%。与2006年相比,2007年水质有所好转,劣Ⅴ类水质比例较2006年下降28个百分点。湖体处于中度富营养状态。主要污染指标为总氮。太湖环湖河流水质为中度污染,主要污染指标为氨氮、五日生化需氧量和石油类。滇池水质总体为劣Ⅴ类,其中,草海处于重度富营养状态,外海处于中度富营养状态,主要污染指标为总氮、总磷和高锰酸盐指数。滇池环湖河流水质总体为重度污染,8个地表水国控监测断面中,Ⅱ~Ⅲ类、Ⅳ类和劣Ⅴ类水质的断面比例分别为25%、12.5%和62.5%。巢湖水质总体为Ⅴ类,与2006年相比,水质无明显变化,西半湖处于中度富营养状态,东半湖处于轻度富营养状态,主要污染指标为总磷、总氮和五日生化需氧量。巢湖环湖河流总体为重度污染。12个地表水国控断面中(包括2个纳污控制断面),Ⅱ~Ⅲ类、Ⅳ类和劣Ⅴ类水质的断面比例分别为8.3%、41.7%和50%。主要污染指标为石油类、氨氮和五日生化需氧量。

东湖(武汉)、西湖(杭州)和玄武湖(南京)等一些城市内湖污染严重。东湖、西湖和

玄武湖水质均为劣 V 类,主要污染指标是总氮、总磷。玄武湖、西湖为轻度富营养状态,东湖为中度富营养状态。部分湖库水质状况及营养状态指数见表 3-1。

表 3-1   2007 年长江流域部分湖库水质状况

湖库名称	营养状态指数	营养状态	水质类别		主要污染指标
			2007 年	2006 年	
鄱阳湖	45	中营养	IV	V	总磷、总氮
太湖	62	中度富营养	劣 V	劣 V	总氮
巢湖	58	西半湖中度富营养、东半湖轻度富营养	V	V	总氮、总磷、五日生化需氧量
滇池	78	草海重度富营养、外海中度富营养	劣 V	劣 V	总氮、总磷、高锰酸盐指数
洞庭湖	45	中营养	IV	V	总磷、总氮
玄武湖	55	轻度富营养	劣 V	劣 V	总氮、总磷
西湖	55	轻度富营养	劣 V	劣 V	总氮、总磷
东湖	65	中度富营养	劣 V	劣 V	总磷、总氮
丹江口水库	47	中营养	III	III	

二、水环境变化趋势

近年来,随着对长江流域水环境保护的重视,采取了许多水污染控制措施,实施了一些重点治理工程,使得流域水质总体较为稳定。但随着地区人口增长和经济、城镇建设的快速发展,长江流域污染负荷逐年增加,流域水质进一步恶化的风险加大。

1. 污染排放量不断增长,水体污染未能得到有效控制

近年来,长江流域是我国经济快速发展地区,长江流域高强度的人类活动和集中开发建设使得流域水体污染日益严重,废污水排放总量逐年增长,增长趋势见图 3-9。1999年长江流域废污水排放量为 202.4 亿 t/a,至 2006 年底已增至 305.5 亿 t/a。据统计,长江流域年废污水排放量约占全国的 1/3,污水处理率仅为 30% 左右,低于全国平均水平,大量污水直排入江,成为长江近岸污染带形成的重要原因。近年来的调查表明,长江近600km 的岸边污染带,其污染物已发现有 300 余种有毒污染物,这不仅对长江水质产生严重影响,而且严重威胁沿江数千万人的饮水安全,影响人群健康。

2. 流域水质近年总体较为稳定,但恶化风险加大

近年水质监测资料表明,长江水系总体水质良好。根据《中国环境状况公报》,2005—2007 年,长江流域 103 个国控断面中,I ~ III 类水质断面分别占 80.0%、85.0% 和81.5%,劣 V 类水质断面分别为 5.0%、5.0% 和 6.8%,近年流域总体水质良好,总体较为稳定,但有恶化的趋势(图 3-10)。

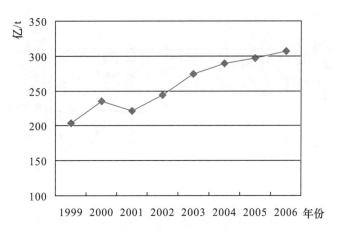

图 3-9 长江流域废污水排放总量增长趋势

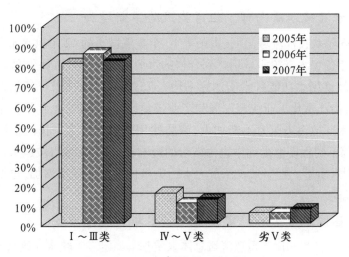

图 3-10　近年长江流域水质变化图

由于地区经济的快速增长和人口的递增,排污量不断增大,长江流域局部水域污染加重,水质恶化风险增加。近年的调查显示,长江干流 20 多个城市 700 多 km 长的江段,岸边污染带达 600 余 km。流域水污染总趋势是小支流及流经大中城市的较大支流常年遭受污染,大多数大中型支流呈间歇性污染,干流岸边污染带在延伸。水质城镇劣于非城镇,下游劣于上中游,支流劣于干流,岸边劣于中泓。主要超标水质因子为高锰酸盐指数、氨氮、五日生化需氧量、石油类等。

3. 湖泊富营养化趋势严重, "三湖" 治理还没有取得明显成效

湖泊水域污染严重,营养负荷日益增加,水体富营养化进程加剧,局部水域"水华"问题严重。2007 年太湖、巢湖、滇池(合称"三湖")均为 V 类或劣 V 类水体,2001—2007 年间"三湖"营养状态指数无明显下降趋势,表明国家重点开展的"三湖"治理,水质改善成

效还不明显(图 3-11)。

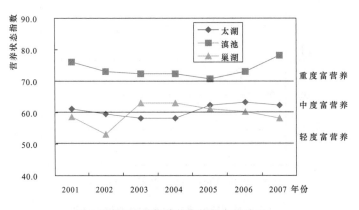

图 3-11 "三湖"营养状态指数年际变化

4. 饮用水源地水质尚可,但污染风险不断增加

根据 2006 年对长江流域昆明、贵阳等 16 个重点城市的 42 个供水水源地水资源质量评价结果,全年各旬水资源质量均达到合格的水源地有 37 个,占评价总数的 78.1%。近年来,长江流域饮用水功能区水质达标率均在 75% 以上,表明长江流域饮用水源地水质尚可。但随着沿江重化工业快速发展和产业带建设加速推进,尤其是大量化工企业的快速集聚,导致水环境污染压力不断加大,威胁饮用水水质安全。长江干流共有取水口近500 个,目前都不同程度地受到岸边污染带的影响,一些沿江城市被迫采用江心取水的方法以改善饮用水质量。近年来长江重大水污染事件发生的频率增加,也增加了饮用水水源地污染的风险。

5. 重点库区水质基本稳定,局部"水华"现象增多

三峡水库、丹江口水库等重点区域总体水质基本稳定。三峡水库维持在 I ~ III 类,丹江口水库稳定在 II ~ III 类,能满足南水北调中线工程的需要。东线水源地水质也较为稳定。

三峡水库 156m 蓄水后至今,干流断面水质较好,基本在 II ~ III 类,仅个别月份入库断面总磷和石油类超标,但与 135m 蓄水期相比,156m 蓄水后水质略差,影响水质的主要因子为总磷。三峡水库近年来的水质监测显示,II 类水质断面逐渐减少,III 类水质成为主要的水质类别。近年来库区长江干流的重庆、涪陵、忠县、万州、云阳、奉节、巫山、巴东等城市江段污染物已聚集形成明显的岸边污染带,使得库区局部城市江段干流甚至出现了一定比例的 IV 类和 V 类水质,自 2003 年蓄水以来,三峡库区部分支流库湾已连续多年出现"水华"现象,且呈不断加重趋势。

三、近期需重点关注的问题

1. 饮用水安全保障

地表水源水质易受周边环境人类活动的影响,近年来,随着长江流域工业的发展和

农用化学品的增加,水污染加重,使饮用水安全受到的威胁日益明显。水源地水质下降和富营养化对饮用水安全的负面影响是严重的。水源的污染不仅给人类的健康带来了危害,而且对传统净水工艺和出厂水质也造成很大影响,如净水混凝剂和消毒剂用量增加、藻类产生的致嗅物质导致自来水产生异嗅味,藻类产生的藻毒素对人体造成危害等。长江流域部分城市水厂已开始着手增设饮用水预处理和深度处理工艺,以应对源水水质下降的局面。饮用水净化工艺复杂化使得处理成本倍增,供水量减少。随着人民生活质量的不断提高,以及检测分析手段的进步,对自来水水质的要求将越来越高,相应供水水质标准也要不断提高。

2. 水污染突发事件

长江流域突发性水污染事故隐患多,情势严峻。位于长江沿岸的化工企业有近万家,约占全国总数的 45%;在全国总投资 10152 亿元的 7555 个化工石化建设项目中,45% 为重大风险源,大多在长江流域。同时,长江流域还有数量众多的危险品运输码头。这些企业、码头的任何一次安全事故都可能成为重大水污染事件。近年长江流域突发性水污染事件频发。如 2006 年 9 月 8 日,湖南省临湘市一化工厂废水池发生泄漏,大量高浓度含砷废水流入新墙河,致使下游岳阳县城饮用水源水质砷超标 10 倍左右。2007 年 5 月 29 日起,无锡自来水因太湖水源地受蓝藻暴发影响而产生严重异味,使得全市生活用水受到严重影响,饮用水紧缺。据统计,仅 2006 年上半年,长江委就收到流域各省级水行政主管部门报告的突发性重大水污染事件 17 起,参与监测、调查的突发性水污染事件有 6 起,参与调查的水污染事故 8 起,明显超过往年。长江流域水污染突发事件频率增加,污染危害程度日益加重,对群众生活和社会安定造成了严重影响。

3. 重点湖库"水华"防治

综合长江流域江河、湖泊、水库氮磷状况和流域水工程建设运行情况,在今后一个时期内,长江流域局部水域污染仍然严重,湖库水体富营养化仍呈加剧的趋势,在一定条件下,"水华"随时都可能暴发。目前,长江流域"水华"发生的典型区域主要是"三湖"、三峡库区部分支流库湾、汉江中下游河段等。"三湖"自 20 世纪 80 年代以来"水华"频发,虽经治理,但"水华"问题没有得到根本解决,2007 年"三湖"都出现了大面积的蓝藻暴发。三峡水库自 2003 年蓄水以来部分支流库湾已连续多年出现"水华"现象。2007 年"水华"暴发时间明显提前,库区部分支流如汝溪河、黄金河、澎溪河、磨刀溪、梅溪河、大宁河和香溪河等在 2 月 22 日前后开始出现"水华",持续时间明显比往年要长。目前三峡库区部分支流库湾中总磷、总氮等营养物质含量偏高,已具备"水华"暴发的营养基础,一旦温度、光照、流速、水深、微量元素等条件适宜,"水华"暴发就不可避免。这一现象值得引起关注和重视。

专栏 3-2

美国流域水质目标管理机制—TMDL计划

美国对水环境的保护经历了3个重要阶段,从早期的基于水质标准的管理,到后来基于技术适应性的管理。在20世纪70年代,由于多达40%的被评估地表水体没有达到州、领地和部族所规定的水质标准,美国EPA在多年的研究基础上颁布实施了《清洁水法》,制定了要在全美国范围内实现所有水体均可供人类进行捕捞作业和游泳的总目标,拟从根本上解决水质恶化问题,达到改善和保护水体环境的目的。根据《清洁水法》的具体要求,EPA提出了控制流域污染的综合地表水管理方法——最大日负荷限值(TMDL),并在管理制度上进行了有效的改革,建立一个科学的污染物控制策略。

TMDL的定义:在满足水质标准的条件下,水体能够接受的某种污染物的最大日负荷量,包括点源和非点源的污染负荷分配,同时要考虑安全临界值和季节性的变化,从而采取适当的污染控制措施来保证目标水体达到相应的水质标准。TMDL计划的总目标就是识别具体污染区和土地利用状况,并且考虑对这些具体区域点源和非点源污染物浓度和数量提出控制措施,从而引导整个流域执行最好的流域管理计划。

TMDL计划的制定及实施步骤主要包括:(1)依据水质标准(包括水体指定使用功能、用于保护水体指定功能的标准以及防止水体水质恶化的政策规定)评估目标水体水质状况,识别水质目标限制水体是否仍需要实施TMDL。(2)根据对所有污染控制措施的综合考虑,在有效利用现有资源且考虑水体的污染程度和水体的使用功能的条件下,运用具体的排序方法对目标水体进行优先控制排序。(3)确定TMDL计划,包括:①污染物的筛选;②水体同化容量的估算;③通过各种途径排入目标水体的污染物的总量的估算;④水体污染的预测性分析,确定水体允许的污染负荷总量;⑤在保证水体达到水质标准的前提下,同时考虑安全临界值,将水体允许的污染负荷分配到各个污染源。(4)由EPA及各州执行TMDL计划,包括更新水质管理计划,根据计划中制订的点源和非点源污染负荷分配目标执行两者的控制措施。(5)评价第4步骤的行动是否满足水质标准,包括获得TMDL计划实施过程中的实地监测数据,编写评估报告等。

其中,TMDL的制订应包括3个要素:污染负荷(上限或承受能力),这是由计算机数学模型导出的;安全余量(保险系数),考虑到可允许污染负荷的不确定性,TMDL中要求包含一定量的负荷作为安全余量;排放分配,将排放负荷分配到各个污染源。

在TMDL计划的实施和发展过程中,美国EPA根据该计划在实际操作过程中出现的问题以及各州执行的实际情况对该计划进行了多次的研究和修订。到目前为止,新的 TMDL 计划已于 2000 年 7 月颁布。在过去的 10 年间,批准和实施的 TMDL 计划数量已超过 20000 多个,特别是在 2004 年和 2005 年,被批准或实施的 TMDL 计划每年都超过 4000 个,且仍有稳步增长的趋势。多年的实践表明,TMDL 计划在恢复美国地表水体功能、改善水体水质方面起到了重要的作用,一些重点治理的水域通过实施 TMDL 计划,水环境状况已经得到根本好转。如今,TMDL 计划被认为是确保美国地表水达到水质目标的关键计划。

第三节　水资源与水环境保护对策与建议

长江不仅是中华文明的摇篮,也是中国经济社会可持续发展的重要命脉。随着三峡工程的兴建和南水北调工程的实施,长江水资源在我国经济建设中的地位更加重要。长江虽然水量丰富,但水资源及水环境质量并不容乐观,部分地区水污染仍然严重。加强流域水资源保护,改善水环境质量,不仅是长江流域 4 亿人民的福祉所系,而且关系着全国经济社会发展的大局。

一、加强废污水排放管理,深入开展污染源控制

污染源控制是开展长江流域水资源与水环境保护的基础。长江干流有些江段氮、磷、大肠菌群等污染指标超标,部分湖库水体富营养化污染严重,多与沿江城市污水排放有关。各地尤其是重点城市应加大城镇污水处理厂和污水收集管网建设,提高城市污水处理率。进一步加强监测站网建设和管理,深入开展污染物监测和监督检查,严格污染物排放总量监控,提高废污水达标排放率。深入推行清洁生产,实现工业污染源的全过程控制,综合采用法律、经济、管理和技术等多种手段减少废污水排放,尤其是加强重点库区、城市江段以及饮用水源保护区的水污染防治与环境保护力度。依法推进入河排污口和水功能区的规范管理,深入开展入河排污口核查,严格约束入河排污口设置审批。加强流域农业产业结构调整,引导农民调整农产品种植结构,加快生态农业建设,指导农民科学使用化肥,控制单位面积的化肥和农药的排放量,减少面源污染。

二、协调水资源开发与保护,优化水资源配置

流域水资源的开发必须根据人口、经济、资源、环境协调发展的原则,在区域上进行合理配置。应精心组织编制水资源保护规划,研究和处理好河流功能区划与水功能区划的关系,并进行长江流域生态环境敏感区保护研究与规划。适当加大供水工程投入的力

度,保障饮用水供给与安全。在保护和解决好城市居民生活用水的同时,逐步改善农村农民的生活用水。对于局部地区的缺水问题,需要进行科学的需水预测和节水潜力分析,慎重使用大规模的引调水工程。积极改造和完善现有水利设施,逐步实现流域范围内水利工程联合调度运行,针对近年频频出现的干旱季节和干旱年,流域和各地区应该积极制订应急水量分配方案和需求管理方案。合理安排流域生态环境用水,以维持生态系统平衡。加强流域尤其是重点区域水文、水资源和生态环境监测和科学研究,定期修改和完善流域水资源规划和水量分配方案。

三、加大水资源水环境流域管理与区域管理协调力度,完善流域综合管理机制

建立和健全高效的水资源管理机构是实施高效水资源管理的基本保障。要实现水资源的可持续利用,必须完善流域水资源综合管理体制。加强流域水资源和水环境流域管理与区域管理相结合的力度,使流域综合管理机构真正有责有权,统一管理流域。实现城市与农村、水量与水质、地表水和地下水、供水与需水等在内的水资源统一管理,结束"多龙管水"的模式,统筹协调各地区、各部门和不同用户对流域水资源开发利用及环境治理的要求,理顺各方利益关系。在此条件下完善流域综合管理规划与保护工作,如制订全流域的水资源、水环境和生态保护规划,以促进流域社会经济、水资源与水环境保护的协调发展。

四、注重节约用水,提高水资源利用率,推进节水型社会建设

注重节约用水,提高水资源利用率是长江流域水资源和水环境保护的重要措施。节约用水能有效地缓解长江流域局部干旱缺水的供需矛盾,同时也因减少了污水排放而有利于长江水环境保护。必须大力开展节水宣传,实行全面节水战略,提高全民节水意识和参与意识。完善节水法规建设,制订节约用水管理办法、水价管理办法等一系列规范性文件,实行以节水定产业、以节水调结构、以节水促发展,积极促进各级产业、城市和农村都采取有效的节水措施。完善中水回用制度,制订有效的、科学的节水规划,加强对流域各水功能区和行政区水资源利用,进行总量控制,加强用水定额管理。在长江上中游地区,推广科学的农业灌溉方式,提高水量利用效率,以达到农业节水增产;下游地区应侧重于加强供水总量和污水排放总量的控制,提高用水的重复利用率,减少排污量。建立多层次供水价格体系,各地区应结合本地实际情况,尽快出台适合本地区的水资源费和水价调整方案。大力加强城市和工业节水工作,对长江流域大型企业实施取水许可制度,严格取水许可申请的审批。推进流域节水监管体系建设,促进节水型社会的实现。

第二篇

热点与分析

……，作为世界第三、中国第一大江河，……，孕育了全国1/3的人口，生产了全国1/3的粮食，创造了全国1/3的GDP。长江经济带是中国最宽广、最有发展潜力的经……流域的淡水资源总量、可开发水能资源、内河通航里程分别占全国的36.5%、48%和52.5%，是中国水电开发的主要基地、南水北……的战略水源地，连接东中西部的"黄金水道"，重要经济鱼类资源和珍稀濒危水生野生动物的天然宝库。长江的保护、治理与……域亿多人民的福祉，而且关系全国经济社会发展的大局。

长江流域气候变化对水资源影响和适应性管理

气候变化是当今国际社会普遍关注的全球性问题。全球气候变化所导致的气温增高、海平面上升、极端天气和气候事件频发等,不仅影响自然生态系统和人类生存环境,而且也影响世界经济发展和社会进步。现有研究表明,20世纪中国气候变化趋势与全球变暖的总趋势基本一致,气候变化已经对我国产生了一定的影响,造成了沿海海平面上升、西北冰川面积减少、春季物候期提前等。

长江是我国的第一大河,其丰富的自然资源造就了世界上可开发规模最大、影响范围最广的经济带、资源带和产业带,在我国国土开发、生产力布局和社会经济方面,均具有极为重要的战略地位。特别是西部大开发、三峡工程及南水北调工程的建设,使长江在我国经济社会发展中的地位与重要性日益凸显。但是,由于地理位置、气候、地形等多种因素,特别是人类活动的影响,长江流域洪涝灾害和干旱缺水问题也十分突出。长江流域降水时空分布不均,旱涝灾害发生频繁,气候变暖对水资源分配,特别是对长江流域洪水和干旱的影响日益受到广泛关注。

第一节 长江流域气候变化的基本特征

一、过去50年气温变化特征

实测资料显示,1961—2005年长江全流域年平均气温呈明显升温趋势(见图4-1,其中直线为线性趋势),其中1991年以来,升温最显著。相对于1961—1990年年平均气温,20世纪90年代平均增加0.33℃,而2001—2005年就急剧平均升温0.71℃。(表4-1)。

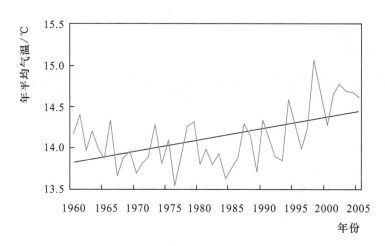

图4-1 长江流域 1961—2005 年年平均气温变化

表 4-1 各年代相对 1961—2005 年气温距平变化

年代	距平值（℃）
20 世纪 60 年代	0.02
20 世纪 70 年代	0.00
20 世纪 80 年代	−0.02
20 世纪 90 年代	0.33
2001—2005 年	0.71

图 4-2 为长江流域 1991—2005 年年平均气温值相对于 1961—1990 年年平均值的差值空间分布图,由图可知自 1991 年,长江流域源头、嘉陵江流域北部和长江流域中下游升温趋势最为明显。

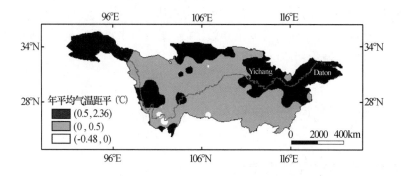

图 4-2 长江流域 1991—2005 年年平均气温距平空间分布图（相对于 1961—1990 年平均值）

就季节变化而言,长江流域 1961—2005 年间,冬季升温幅度最大,夏季增加幅度最小,但 4 个季节都在 2001—2005 年增温最快,见表 4-2。

表 4-2　　　　　　　　　　长江流域 1961—2005 年季节平均气温年代际变化　　　　　　　　　单位:℃

年代	春季	夏季	秋季	冬季
20 世纪 60 年代	0.1	0.1	0.0	-0.2
20 世纪 70 年代	0.0	0.0	-0.1	0.1
20 世纪 80 年代	-0.1	0.0	0.0	0.1
20 世纪 90 年代	0.3	0.0	0.3	0.7
2001—2005 年	0.9	0.3	0.7	0.9

二、过去 50 年降水变化特征

1961—2005 年,长江流域内 147 个气象站点降水量观测数据分析表明,年平均降水量呈增加趋势的站点数有 93 个,具有显著增加趋势的站点数有 19 个;呈现下降趋势的站点数有 54 个,具有显著下降趋势的站点数有 8 个,并全部分布在上游地区,因此,总体上,长江全流域年降水量变化趋势并不显著,呈微弱增加(见图 4-3,其中直线为线性趋势)。各年代年降水量变化幅度也不大,相对 1961—1990 年平均值,仅在 20 世纪 90 年代平均增加 33.4mm,2001—2005 年则平均减少 12.0mm(表 4-3)。

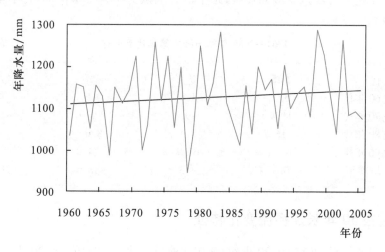

图 4-3　长江流域 1961—2005 年降水量变化

表 4-3　　　　　　　　　　各年代相对 1961—2005 年降水距平变化

年代	距平值(mm)
20 世纪 60 年代	3.3
20 世纪 70 年代	-7.5
20 世纪 80 年代	4.2
20 世纪 90 年代	33.4
2001—2005 年	-12.0

在空间分布上,源头、中下游地区降水量呈增加趋势,其中金沙江流域中部和鄱阳湖流域北部一小部分地区为显著上升趋势,其他地区则减少,尤其是上游嘉陵江流域和四川盆地减少趋势比较明显(见图4-4)。

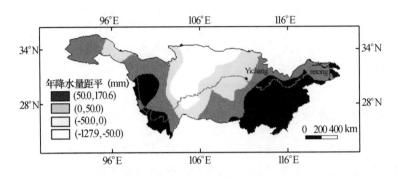

图4-4　长江流域1991—2005年年降水量距平空间分布图(相对于1961—1990年平均值)

长江流域1961—2005年间,春季降水量变化幅度不大;夏季降水量在20世纪90年代增加最大,距平值为61.9mm;秋季降水量呈减少趋势,尤其在20世纪90年代和2001—2005年两个时段减少最为显著,距平值分别减少34.0、40.6mm;冬季呈微弱增加趋势(表4-4)。

表4-4　　　　　　　　　　1961—2005年季节降水量年代际变化　　　　　　　　单位:mm

年代	春季	夏季	秋季	冬季
20世纪60年代	5.3	1.4	0.5	-4.9
20世纪70年代	11.4	-9.4	-9.0	-0.8
20世纪80年代	-16.7	8.1	8.6	5.7
20世纪90年代	-5.1	61.9	-34.0	8.6
2001—2005年	0.0	4.3	-40.6	21.1

三、过去50年长江径流变化特征

长江流域的年平均流量在20世纪60年代略低于多年平均值;在20世纪70年代初到80年代初,流域年平均流量出现了大幅波动;20世纪80年代中至90年代末,年平均流量波动幅度减小,并开始增加,在1998年达到最大。进入21世纪以来,长江流域整个汛期的流量较低,再加上水利工程的影响,长江中下游流量呈现显著减少趋势。长江中下游的大通站分别在2001年、2004年和2006年出现不足47000 m³/s的洪峰流量,甚至长江流域整个汛期出现了百年罕见的同期最低径流。

1961年以来长江流域上中下游年平均流量表现出不同的变化趋势,但变化的线性趋势都不显著(图4-5,其中直线为线性趋势)。上游宜昌站年平均流量呈减少趋势,平均每100年减少1440m³/s。中游汉口站和下游大通站的年平均流量则呈增加趋势,且增加量大于上游的减少量,平均每100年分别增加1650m³/s、4690m³/s。可以认为,1961—2005年中,长江流域年平均流量并无明显增多或减少趋势,只是下游大通站呈微弱增加,这可能与洞庭湖和鄱阳湖流域降水增多有关。

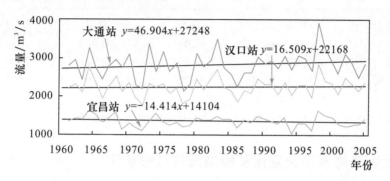

图 4-5 宜昌、汉口和大通站1961—2005年平均流量及线性回归趋势线

宜昌、汉口和大通站年平均流量的年代际变化也不明显(见表4-5)。宜昌站20世纪60年代年平均流量的平均值最大,自2001年微弱减少。汉口站除70年代略少外,其他各个年代相差不大。大通站与汉口站变化趋势基本一致,都是20世纪70年代年平均流量的平均值较小,90年代平均值较大。2001年以来,这3个站的年平均流量平均值并无明显增多或减少趋势。

表 4-5   宜昌、汉口和大通站年平均流量各年代均值   单位:m³/s

年代	宜昌站	汉口站	大通站
20世纪60年代	14400	23100	28400
20世纪70年代	13200	21300	26900
20世纪80年代	14000	22700	28000
20世纪90年代	13700	23000	30400
2001—2005年	13200	22900	28000

从3个站点季节径流量的线性趋势系数来看,长江流域春季和秋季3站径流量均呈现下降,春季大通水文站变化最明显,其次为宜昌和汉口,但均都没通过0.05的显著性检验,秋季径流量下降比较明显,宜昌站通过了0.05的显著性检验,汉口站通过了0.10的显著性检验,而大通站未通过0.10的显著性检验。夏季和冬季径流量出现增加,夏季,汉口和大通径流量增幅明显超过宜昌,但均未通过0.05的显著性检验;冬季,汉口和大通水文站径流量增加明显,汉口和大通均通过0.01的显著性检验,而宜昌站径流量尽管有很大增加,但未通过0.05的显著性检验(表4-6)。

近45年来,宜昌站和汉口站径流量的季节变化较为一致,而年径流量变化相反,冬季和夏季径流量都表现为增加,冬季比较显著,而春季和秋季径流量表现为减少,宜昌站年径流量表现为减少,而汉口站则增加。大通站与汉口站和宜昌站相比,除秋季径流量出现减少以外,其他季节及年径流量都出现增加,其中冬季径流量增加最为显著。

表4-6　　　　　　　　　　宜昌、汉口和大通3站季节径流量变化趋势

站点	春季	夏季	秋季	冬季
宜昌	−0.06	0.09	−0.34 *	0.19
汉口	−0.01	0.24	−0.25	0.51 * *
大通	−0.09	0.20	−0.07	0.49 * *

注：*表示通过0.05的显著性检验，* *表示通过0.01的显著性检验。

四、近两年降水径流变化及极端天气气候事件

据相关年份长江流域及西南诸河水资源公报,2006年和2007年,长江流域平均降水量分别为974.5mm和1011.1mm,比常年减少10.3%和6.9%。地表水资源量及地下水资源量也相应减少,全年水资源总量2006年较常年减少19.1%,汛期长江干流主要控制站均出现同期罕见低水位,2007年水资源总量为8811.3亿 m^3,比常年少11.5%。

在气候变暖的背景下,2006—2008年,长江流域经历了一些极端天气气候事件,如大旱、暴雨频繁、冻雨等。这些极端事件给长江流域带来了严重的社会经济损失。

1.2006年夏季重庆市地区大旱

2006年7月初至8月中旬,重庆市地区连续近50天没有明显降雨,造成重庆市40个区(县、市)全面遭遇旱灾,农作物受旱面积高达133.3万 hm^2,大部分乡镇(街道)出现供水困难,有765.8万人、709.7万头牲畜出现饮水困难。全市大部分区县(市)的伏旱日数达30天,潼南、大足、合川、北碚、涪陵、梁平、万州、巫山等地的伏旱日数接近50天,有些区域持续干旱天数超过80天。重庆市8.2万 km^2 的土地上,有2/3的溪河断流,265座水库水位降至死水位,471座水库干涸。雨量之少、高温持续时间之长和强度之大,均为历史同期的极值。这次旱灾创下了5项历史记录:①温度达历史最高,重庆大部分地区气温在7月、8月份都超过了40℃,最高的达到44.5℃;②干旱时间持续最长;③长江水位之低;④干旱覆盖面积之大,重庆市40个区(县)都遭受干旱,并扩大到湖北、湖南、四川等地;⑤灾害状况严重。由于降水量少,导致同期长江重庆段出现历史最低水位4.92m,而照常年情景,此时长江重庆段应该是洪峰高发期。

2.2007年夏季四川盆地频繁暴雨

2007年7月2日开始,四川东部持续强降雨,嘉陵江支流渠江发生了超保证水位的大洪水,导致渠江沿岸的广安、渠县、达州、平昌等4个县(市)的部分城区进水受淹。7月16—17日17时,重庆市有12个区(县)出现暴雨,个别地方甚至出现超过200mm

的特大暴雨,引发了严重的山洪、滑坡和泥石流等灾害。全市有 22 个区(县)、236 个乡镇(街道)受灾,全市受灾人口逾 100 万,因灾死亡牲畜 1000 多头,直接经济损失超过 8 亿元。

3.2008 年南方低温雨雪冰冻灾害

如前所述,2008 年 1—2 月,我国南方省份经历了一场特大低温、雨雪、冰冻灾害。这场灾害的主要特点是:降雪量比往年多很多;降雪范围比往年广;持续降雪时间比往年长;主要降雪影响地区比往年偏南;降雪带来的灾害性比往年严重。在这次灾害中,伴随出现的冻雨现象更是对南方地区的交通、运输和电力供应等造成了严重影响和损失。冻雨天气造成了电网线路覆冰,最严重的电网积冰高达 70mm,远远超过电线设计的承载标准,最终造成整个电网大面积损害。此次灾害正值春运高峰,严重影响了公路、铁路、民航等交通部门的运营,1 月 26—30 日,京珠高速公路封闭。1 月 28 日,湖南、湖北、江苏、江西、安徽等省因雨雪天气共计 21 个机场关闭。1 月 30 日,由于冰冻灾害导致供电设备出现故障,京广铁路南段和沪昆天铁路分区段受阻,运输中断。灾害对农业生产造成极大破坏,通信和居民饮水等也受到严重影响。这次如此范围广、强度大、时间长的冻雨天气在南方实属罕见,造成的灾害和影响非常严重。

4.2008 年暴雨频繁

2008 年夏季,长江流域暴雨天气频繁,部分地区出现大暴雨和特大暴雨天气过程。7 月 31 日—8 月 2 日,安徽中东部、江苏西南部等地出现了暴雨或特大暴雨。部分台站日降雨量创历史新的纪录,安徽全椒 423mm、滁州 429mm。此外,江苏南京也出现了 149mm 大暴雨,其中浦口区 260.1mm,仅次于 2003 年 7 月 5 日历史极值(301.4mm),安徽、江苏两省损失严重。8 月 13—17 日,湖北、湖南、重庆、安徽、江苏等省(市)的部分地区出现大到暴雨、局部大暴雨天气过程,湖北南部和东部、湖南西北部、安徽西部等地的降雨量达 100~200mm,部分地区超过 200mm。其中,湖南桑植、通道、平江,湖北天门,贵州贵阳等地日降雨量破历史同期纪录。湖北、湖南、重庆、安徽 5 省(直辖市)损失严重。8 月 25 日早晨,上海遭受暴雨袭击,其中徐汇区 1 小时最大降雨量为 117.5mm,创历史纪录。上海市部分交通主干道、地道被淹没,全市交通严重拥堵。

第二节 长江流域未来气候变化趋势及对径流的可能影响

一、未来气温变化趋势

根据 ECHAM5 气候模型的预估结果,长江流域年平均气温在未来 50 年仍呈显著升高的趋势,3 种排放情景下,长江流域年平均气温在 2001—2050 年均为持续增加趋势,至 21 世纪 40 年代达最大值(表4-7)。

表 4-7

长江流域 3 种排放情景下年平均气温年代际距平变化(℃)
(相对于 1961—1990 年的平均值)

年代	SRES – A2	SRES – A1B	SRES – B1
2000 年	0.46	0.39	0.40
21 世纪 10 年代	0.76	0.63	0.78
21 世纪 20 年代	0.98	0.95	0.92
21 世纪 30 年代	1.07	1.27	1.00
21 世纪 40 年代	1.57	1.85	1.47

利用 MK 趋势检验方法,对长江流域逐月气温进行趋势分析,结果表明,各月气温均呈上升趋势。其中,A2 情景和 A1B 情景下,7 月气温增加最显著;B1 情景下,8 月气温增加最显著(图 4-6)。就空间分布而言,长江流域上游地区气温增加趋势比中下游地区更加明显。

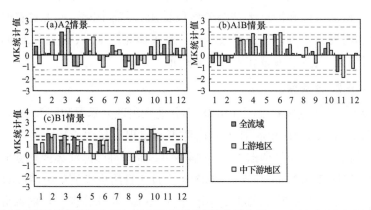

图 4-6　长江流域 3 种排放情景下各月气温 MK 趋势(虚线分别表示 $\alpha = 0.10, 0.05, 0.01$ 的显著性水平)

专栏 4-1

IPCC 排放情景特别报告
(Special Report on Emissions Scenarios,缩写为 SRES)

世界气象组织(World Meteorological Organization,缩写为 WMO)和联合国环境规划署(United Nations Environment Programme,缩写为 UNEP)于 1988 年建立了政府间气候变化专门委员会(IPCC)。1996 年,为了有效地更新和替代众所周知的 IS92 系列情景,IPCC 着手制订一套新的排放情景。IPCC 排放情景特别报告(SRES)对这些被批准的新排放情景进行了描述。分别拟定出 4 个不同的叙述性框架来一致地描述排放驱动因子及其演变之间的关系,并且为有关情景量化奠定了基础。最后确定的 40 个情景广泛涵盖了人口、经济、技术等方面未来温室气体和硫排放驱动因子(其中 35 个情景包含运行气候模式所需要的所有温室气体资料)。每一个情景都代表了 4 个框架中某一特定情景的量化描述。所有基于同一框架的情景组成一个情景系列。这些 SRES 情景没有考虑额外的气候行动计划,也就是说,SRES 中没有任何情景明确假定履行联合国气候框架公约或京都议定书中的排放目标。但是,温室气体的排放直接受到为其他目的而采取的非气候政策的影响(例如空气质量)。此外,政府的政策可以在不同程度上影响温室气体的排放,如人口的变化、社会和经济的发展、技术变化、资源利用、污染治理等。这些影响明确地体现在 SRES 的发展框架及相应的情景当中。

其中,4 个典型的 SRES 发展框架为:

A1 框架和情景系列描述的是一个这样的未来世界,即经济快速增长,全球人口峰值出现在 21 世纪中叶、随后开始减少,新的和更高效的技术迅速出现。其基本内容是强调地区间的趋同发展、能力建设、不断增强的文化和社会的相互作用、地区间人均收入差距的持续减少。A1 情景系列划分为 3 个群组,分别描述了能源系统技术变化的不同发展方向,以技术重点来区分这 3 个 A1 情景组:化石密集(A1F1)、非化石能源(A1T)、各种能源资源均衡(此处的均衡定义为,在假设各种能源供应和利用技术发展速度相当的条件下,不过分依赖于某一特定的能源资源)。

A2 框架和情景系列描述的是一个极其非均衡发展的世界。其基本点是自给自足和地方保护主义,地区间的人口出生率很不协调,导致持续的人口增长,经济发展主要以区域经济为主,人均经济增长与技术变化越来越分离,低于其他框架的发展速度。

B1 框架和情景系列描述的是一个均衡发展的世界,与 A1 描述具有相同的人口,人口峰值出现在 21 世纪中叶,随后开始减少。不同的是,经济结构向服务和信息经济方向快速调整,材料密度降低,引入清洁、能源效率高的技术。其基本点是在不采取气候行动计划的条件下,更加公平地在全球范围实现经济、社会和环境的可持续发展。

B2 框架和情景系列描述的是世界强调区域性的经济、社会和环境的可持续发展。全球人口以低于 A2 的增长率持续增长,经济发展处于中等水平,技术变化速率与 A1、B1 相比趋缓,发展方向多样。

二、未来降水变化趋势

根据 ECHAM5 气候模式预估数据,3 种排放情景下,长江流域降水量在 2001—2050

年,年代际距平变化率在 −4.78% ~2.79% 之间波动(表4-8),表明长江流域年降水量在21 世纪头 50 年变化趋势并不显著,总体上,前 30 年呈现相对减少的趋势,为相对偏干的气候状态,但 7 月和 8 月的降水却出现增加趋势,极端降水持续增加,不仅会增加洪涝灾害发生概率,也极有可能导致旱灾的发生。

表 4-8 长江流域 3 种排放情景下年降水量年代际距平变化率(%)

(相对于 1961 − 1990 年平均值)

年代	SRES − A2	SRES − A1B	SRES − B1
2000 年	−1.90	−1.14	−3.02
21 世纪 10 年代	−3.50	−1.21	−1.88
21 世纪 20 年代	−4.78	−2.81	−1.13
21 世纪 30 年代	−0.71	1.49	2.79
21 世纪 40 年代	−0.99	1.07	2.01

ECHAM5 模式预估的长江流域逐月降水变化趋势在 3 种情景下并不一致。A2 情景下,4 月、6 月、8—9 月降水减少,但减少趋势并不显著,没有通过置信度 90% 的趋势检验,其他月份降水增加,3 月降水增加趋势显著,通过了置信度 95% 检验;A1B 情景下,1—2 月、11 月减少,但都没有通过置信度 90% 检验,6 月降水增加趋势显著,通过置信度95% 检验;B1 情景下,8 月降水下降但趋势不显著,没有通过置信度 90% 的趋势检验,7月增加趋势最显著,通过置信度 99% 的趋势检验。长江流域中下游地区夏季 7 月降水增加趋势比上游地区更为明显。(图 4-7)。

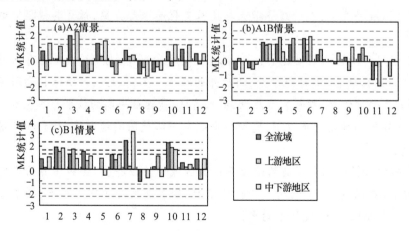

图 4-7 长江流域 3 种排放情景下各月降水 MK 趋势(虚线分别表示 α = 90%,95%,99% 的置信度)

专 栏 4-2

ECHAM5 – the fifth generation of ECHAM, ECHAM is a global climate model that has been developed at the Max Planck Institute for Meteorology (MPI) in Hamburg based on the ECMWF model

MPI – OM – The Max – Planck – Institute Ocean Model

为了 2007 年政府间气候变化专门委员会(IPCC)第 4 次报告,德国马普气象研究所 ECHAM5/ MPI – OM 模式在 ECHAM4 模式的基础上进行了大量的改进。ECHAM5 模式在水循环方面的改进包括:新增水分的半拉格朗日传输方程,新的云层参数,增加具有代表性的陆面过程,地表模型通过对 $1\text{km} \times 1\text{km}$ 的数字地形统计参数的提取使模型精度提高到 $0.5°$ 的分辨率。ECHAM5 模式的参数改变主要有:①从地表到地下 10m 采用 5 个土壤层温度数据,以及基于土壤图的属性数据。②各个格点的土壤水分含量根据土壤蓄水容量的概率分布计算。③局地径流量根据地表子格网比例参数采用复杂算法计算。

ECHAM5/ MPI – OM 模式,以 $1.875° \times 1.865°$ 为栅格(长江流域覆盖有 79 个栅格点),采用 IPCC 提出的 3 种排放情景,即 SRES – A2(高排放)、SRES – A1B(中等排放)、SRES – B1(低排放)计算了 21 世纪前 50 年逐日气候要素。

专 栏 4-3

Mann – Kendall (简称 MK)

MK 方法主要用于评估气候要素时间序列趋势。MK 方法以适用范围广、人为性少、定量化程度高而著称,其检验统计量公式是:

$$S = \sum_{i=2}^{n} \sum_{j=1}^{i-1} \text{sign}(X_i - X_j)$$

其中,sign( )为符号函数。当 $X_i - X_j$ 小于、等于或大于零时,$\text{sign}(X_i - X_j)$ 分别为 -1、0 或 1;MK 统计量公式 S 大于、等于、小于零时分别为:

$$Z = \begin{cases} (S-1)/\sqrt{n(n-1)(2n+5)/18} & S > 0 \\ 0 & S = 0 \\ (S+1)/\sqrt{n(n-1)(2n+5)/18} & S < 0 \end{cases}$$

三、长江径流量未来可能趋势

1. 降水量变化可能引起的长江径流变化

根据气候模式预估结果分析表明(见图 4-8),21 世纪前 50 年 3 种排放情景下长江流域多年平均径流深相差不大,但不同排放情景下年径流深年际变化特征较为明显,其变化趋势有所不同。就全流域 50 年整体趋势而言,A2 情景下年径流深呈波动且缓慢减小的趋势,但变化趋势不显著,线性倾向率为 −0.3 mm/10a;A1B 情景下年径流深变化趋势不明显;B1 情景下年径流深的增加趋势相对最为显著,MK 非参数趋势检验的统计量为 2.18,置信水平 >99%,线性倾向率为 2.14 mm/10a(见图 4-8 中直线)。

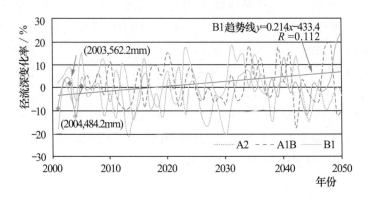

图 4-8 ECHAM5 模式预估 2001—2050 年长江流域年径流深变化(相对于 1961—1990 年)

21 世纪前 50 年长江流域年径流深年代际变化(见表 4-9)分析结果表明,3 种排放情景下年径流深年代际变化波动幅度较大。21 世纪前 30 年,3 种情景下流域平均年径流深总体呈现一定的下降特征,但在 21 世纪 30 年代,3 种情景下预估的年径流深均表现出不同程度的增加,其中 B1 情景径流深增加幅度最大,达到 7.47%;21 世纪 40 年代仍以 B1 情景下地表水资源量增加最多,达到3.16%。

总的来说,气候模式预估结果表明,在 2001—2050 年长江流域地表水资源量年际及年代际的波动均较为显著,各情景预估结果不尽一致,反映出降水变化对径流影响的不确定性和复杂性。

表 4-9 ECHAM5 模式预估 2001—2050 年长江流域年径流深年代际变化率(%)
(相对于 1961—1990 年)

年代	2000 年	21 世纪 10 年代	21 世纪 20 年代	21 世纪 30 年代	21 世纪 40 年代
A2	0.41	−4.23	−6.75	0.50	−2.40
A1B	2.83	1.22	−1.86	4.74	0.33
B1	−2.84	−1.27	1.66	7.47	3.16

进一步利用 MK 非参数检验方法,对模式预估 21 世纪长江流域水资源变化趋势的进

一步分析可见,尽管 3 种情景下多年平均水资源量的空间分布非常一致,但各情景预估的水资源量变化趋势却表现出不同的特征。

A2 排放情景下(见图 4-9(b)),长江流域上游源头以及中下游大部分地区,年地表水资源量呈现出增加的趋势,局部地区增加趋势显著;而上中游大部地区年径流深呈不同程度的减小趋势,横断山脉南缘及云贵高原西部地区,径流深减小的趋势通过了 99% 的置信度检验。A1B 排放情景下(见图 4-9(c)),长江源头及中下游大部分地区,地表水资源量呈减小趋势,长江三角洲地区减小趋势非常显著;而青藏高原东侧一带年径流深增加趋势显著,且通过了 90% 的置信度检验。B1 情景下(见图 4-9(d)),模式预估全流域接近 90% 的地区地表水资源量呈现增加趋势,其中,长江下游干流、洞庭湖及鄱阳湖流域北部地区,年径流深增加的趋势通过了 99% 置信度检验。与另两种情景相比,B1 情景下长江流域年径流深线性增加趋势最为显著。

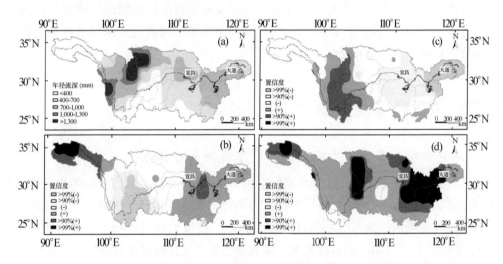

图 4-9 ECHAM5 模式预估 2001—2050 年长江流域平均年径流深空间分布(a) 及 A2(b),A1B(c),B1(d)情景下年径流深变化 MK 趋势

2. 气候变化对长江源头区冰川冻土的影响及长江径流量可能的响应

在全球气候变暖背景下,长江流域气温逐步升高趋势,对长江源区产生了很大的影响,主要表现在冰川后退和冻土退化等,从而改变长江径流补给条件,进而影响长江水资源。

长江上游聂恰曲与通天河交汇口以上为长江源区,流域面积 $12.24 \times 10^4 km^2$,共发育冰川 753 条,冰川总面积 $1276.02 km^2$,冰储量 $104.409 km^3$。冰川主要分布于唐古拉山北坡、昆仑山南坡、色的日峰等 3 个相对集中区。长江源区从 1971 年就开始明显变暖,近 40 年,年平均气温增加约 0.8℃,为高原异常变暖区。长江源冰川是青藏高原自然环境演变的晴雨表,近年来全球气候持续变暖的趋势在冰川分布区引起的变化尤为敏感,表现为长江源冰川大部分处于退缩状态。根据近年来的野外考察和航片、卫片研究对比,自 1969 年至 1986 年的 17 年间,姜古迪如南冰川和北冰川分别退后了 154m 和 125m,近

20 年来冰川退缩现象还在继续,冰川冰舌端已完全解体为冰塔林。长江源区冰川呈显著的退缩状态。

采用有关对长江源区未来 50 年内的气温和降水预测数据,基于冰川编目资料,应用冰川系统对气候响应的模型,对该区未来 50 年内冰川变化趋势进行预测,结果表明:长江源区冰川对气候变化的响应,到 2010 年、2030 年、2060 年,较 1970 年,大致是冰川面积平均将减少 3.2 %、6.9 % 和 11.6 %;径流量将增加 20.4 %、26% 和 28.5 %;零平衡线分别将上升 14m、30m 和 50m 左右。

同时,在昆仑山以南、唐古拉山以北、巴颜喀拉山以西、乌兰多拉山、祖尔肯乌拉山以东的广袤长江源区,除局部有大河融区和构造地热融区外,多年冻土基本呈大片连续分布。在气候显著变暖背景下,监测结果表明,长江源区多年冻土正在广泛退缩,这可由年均地温升高、活动层加深、冻土不衔接化等证实。

长江源冰川的加剧退缩和冻土融化短时期内虽可能造成长江径流量增加,但长期随着冰川冻土的逐步消亡,补给水量将逐渐减少,甚至使源区河流失去冰川水源补给条件,并可能导致江源水系的分布格局的改变。

第三节　气候变化背景下水资源管理的适应性策略

1. 深化体制改革,建立高效统一的水资源管理体系

长江流域长期以来受传统计划经济影响而形成的条块分割、部门分割的水资源管理体制,使得供水、排水、污水处理回用等难以协调统一和良性运行。流域内不同地区和部门往往更加注重本地区或部门利益,缺乏全局观念,在很大程度上制约了水资源的合理开发利用、保护和工程功能的有效发挥。因此必须建立长江流域水资源统一管理体制。

目前,长江流域水资源管理体制正在深化改革,旨在加强流域综合规划和管理,协调好各方利益,引导市场和合理配置资源,实现水资源可持续利用。但怎样实现这个目标,还需付出巨大的努力。并且随着经济社会的发展,人们对水资源管理不断提出新的要求,特别是在防洪减灾、水资源配置、水资源保护方面要求更高,应逐步建立高效统一的长江流域水资源管理体系。

2. 高度重视气候变化背景下极端天气气候事件频发对水资源利用可能带来的影响

21 世纪长江流域升温的结果,将可能造成降水的极值事件增加,2001—2050 年,在排放情景 B1 与 A1B 条件下,过去 50 年一遇的逐年日降水最大值(Annual Maximum,缩写 AM)事件在长江中下游与上游金沙江流域发生频率加快,1951—2000 年的 50 年一遇 AM 将成为不足 25 年一遇事件。尽管未来强降水预估结果有很多不确定性,但实验期和情景模拟数据的对比分析表明未来长江流域遭遇极端强降水事件的面积将会扩大。

1951—2000 年的 50 年一遇的 Munger Index(缩写 MI)干旱事件,在长江中下游持续期将长于上游地区。长江流域东北部过去 50 年一遇 MI 事件重现期在 3 种排放情景下均有增长。因而这一地区未来旱灾将有所缓解。但 MI 事件重现期在流域的东南部(情景 B1 和 A2 下)、北部和西北部(情景 A1B 下)以及西南部(情景 A1B 和 A2 下) 呈现明显的缩短。干旱强度较强(10 ~ 15 d/a)的长江流域北部与东南部是未来干旱事件相对高频发生地区,旱灾将加剧。

专 栏 4-3

Munger Index

1916 年,Munger 用 24 h 降水量小于 1.27 mm 的连续天数作为干旱指数。他假设干旱的强度与干旱持续时间的平方成正比,设计了表示干旱强度的图示技术。该技术采用直角三角形的面积,它的高和底均与干旱时间成正比,数学表达如下:

$$干旱强度 = 1/2L^2$$

其中 L 是干旱时间(以天为单位),指 24h 降水量 < 1.27mm 的连续天数。

因此,流域水资源管理部门在进行水资源配置时,必须充分考虑到极端事件可能发生的地区和强度,增强危机意识,强化极端天气气候事件对长江流域水资源的影响,从而提前做好应对措施。并且要建立和完善危机预警系统,努力探讨极端天气气候事件发生发展的规律,及时捕捉极端事件出现的征兆,并加以分析、处理和预告。总体来说,加强危机管理能力建设,主要表现在以下几个方面:一是提高对极端天气气候事件的预测监测能力;二是及时启动预警系统、启动应急预案的快速反应能力;三是增强应对极端天气气候突发事件的指挥协调能力;四是提高极端天气气候事件复杂条件下防汛抗旱、水量调度的应变处置能力、防灾抗灾能力等。

3. 加强流域生态保护和建设,提高水资源系统对气候变化的适应性

长江源区应加大生态环境保护的力度,加强森林和植被保护,深入进行退牧还草工作,以增加该地区降水量和水源涵养力,并可避免破坏源区的水源补给条件。同时,加快流域水土流失治理,水土流失的发展与植被的破坏和演替有着密切的关系。通常茂密森林具有林、灌、草、枯枝落叶层等多层性,其流失量仅为农地的千分之一,甚至万分之一。良好的植被条件可通过林冠层对雨水进行截留,枯枝落叶层能渗透、储存地表径流,增加可利用水量。同时加强水资源涵养林和水土保持林建设规划,保护上游山区植被,提高森林覆盖率,防止水土流失。

气候自然变化加之人类活动导致的区域气候变化及其可能导致的洪涝、干旱加剧,对于长江流域水资源系统和流域内水利工程无疑是一个重要的胁迫因素。因此,需要加强气候变化及其影响评估研究,特别是对流域水资源影响的研究,增强流域水资源系统应对气候变化的能力,保证流域内重大水利工程的安全运行,为流域经济可持续发展提供保障。

气候变化对长江流域典型生态系统的影响

长江流域生态系统类型多样,如长江源头区草地、亚热带森林、中下游平原的湖泊与湿地、河口与三角洲湿地等,具有供给食物和淡水、涵养水源、净化水质、调节气候、固碳、保持水土、维持生物多样性、提供航运条件、发展渔业等多种功能,对长江流域的可持续发展具有重要的支撑作用。而强烈的年际和年代际气候变化对长江流域生态系统的平衡和演变产生重要的影响。

第一节　流域生态系统对气候变化响应的基本事实

近40年来,长江流域年平均气温呈上升趋势,20世纪80年代之后上升趋势更为显著。1991—2005年的平均气温比1961—1990年高出0.46℃,2001—2005年的平均气温比1961—1990年高出0.71℃。在季节变化上,除夏季气温略有下降外,其他各季节均呈现显著上升趋势,且冬季上升趋势最为显著,与全国气温变化趋势一致,但变化幅度低于全国平均水平。长江流域平均降水略有增加,夏季降水量增加显著。

观测证据表明,长江流域生态系统正在受到区域气候变化,特别是气温升高的影响。虽然由于非气候驱动因子的作用和生态系统的自适应性,许多影响还难以辨别,但大量的证据表明,区域气候变化对长江流域生态系统已经产生了影响。

一、植被物候及生产力对气候变化的响应

1. 生长季延长

近年来大量的观测事实和研究结果表明,随着气候变暖,春季提前而秋季延迟,植被

物候发生了明显的变化。20 世纪后半叶北半球中高纬度的生长季延长了 2 个星期左右；1982—1999 年，欧亚大陆植被生长季延长了 18±4 天，其中春季提早了 1 个星期，秋季滞后 10 天，北美洲生长季延长了 12±5 天，且北半球北部地区(40~70°N)的植被生长季及生长的年际变化与气温的年际变化有很强的相关性。植被生长季对气候变化的响应在中国也很明显，但是同欧洲和北美相比，我国的气候变化植物响应信号和生态证据表现出更强的空间异质性和复杂性。春季物候期大致以 33°N 为界，北方大部分地区有显著提前的趋势，而南方地区增温不明显，甚至在过去几十年有降温的趋势，春季物候推迟。1982—1993 年我国东部地区生长季平均每年延长 1.4 天，比欧亚大陆(1 天/年)和北美(0.7 天/年) 的变化幅度大，可能主要是由于生长季结束期的推迟，与春末和夏季气温的降低有关。

就长江流域来说，我国春季物候可分为提前和推迟两种变化，分别对应春季平均温度上升和下降两种温度变化趋势。其中 20 世纪 80 年代以来，我国长江下游地区春季平均温度上升，物候期提前；长江中游地区春季平均温度下降，物候期推迟，物候期与地理位置的关系模式因气候变化而呈现不稳定特点，北方物候期的变化幅度较南方大。但是，物候期的提前与推迟对温度的上升与下降的响应又是非线性的：与 20 世纪 80 年代前相比，80 年代以后春季平均气温上升 0.5℃，物候期平均提前 2 天；春季平均温度上升 1℃，物候期平均提前 3.5 天；反之，春季平均温度下降 0.5℃，物候期平均推迟 4 天；春季平均温度下降 1.0℃，物候期则推迟 8.8 天。而且，物候变化显示的部分气候信息是过去若干季节的总和，这在一定程度上影响了运用物候证据反映气候变化的精确度。

目前植被物候对气候变化的响应研究主要基于 3 种方法，即地面站点观测、遥感以及大气 CO_2 信号。然而，物候期的估计有很强的不确定性，地面观测与遥感的时间、空间尺度不一致，难以互相验证，造成不同方法估计的结果有量的差距。

2. 陆地生态系统生产力增加

1982—1999 年，我国主要植被类型的净初级生产力(NPP)呈波动中增加的趋势，且 NPP 与降水有极大的相关性，其中高寒植被、常绿阔叶林、常绿针叶林的增加幅度比其他自然植被类型大。近 20 年来，长江中下游地区陆地生态系统平均净生产力(NEP)增加趋势比较明显(图 5-1a)，但由于土壤呼吸水平较高，该地区仍表现为向大气中释放碳，但碳释放量呈逐渐减少的趋势。20 世纪 80 年代末至 90 年代初，长江以南地区 NEP 增加，而长江以北地区(除了长江源区)NEP 减少(图 5-1b、c)，但是到 90 年代中后期，大部分地区 NEP 呈增加趋势(图 5-1d)。NEP 的空间变化同降水量的空间格局关系密切，其年代际增减区域与降水量增减区域大致相对应。

区域 NDVI 响应气候变暖的长期变化证明，长江流域植被盖度增加，生产力增加。1982—1999 年，长江流域陆地生态系统 NPP 年均总量为 $0.46gC \cdot a^{-1}$，占全国总量的 27.22%，单位面积的年均 NPP 为 $262gC \cdot m^{-2} \cdot a^{-1}$，是全国平均水平的 1.5 倍。长江流域年平均增加速率为 6.7×10^{12} g C·a^{-1}，为流域年均 NPP 总量的1.5%。这在很大程度上可能是生长季延长的结果。另外，植物在生长季内生长率加快也起了一定作用。

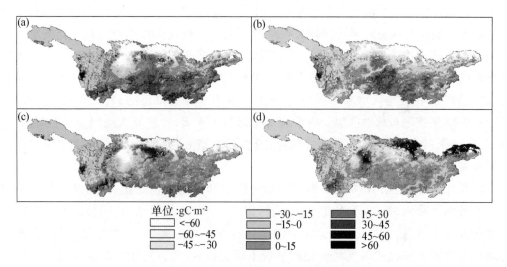

图5-1 NEP 每5年和年代际空间变化图（数据来源：陶波等，2006）

基于潜在植被的中国陆地生态系统对气候变化的脆弱性定量评价研究表明，在当前气候条件下，长江流域自然生态系统主要属于轻度脆弱地区。长江流域中下游多数地区多年平均脆弱度为不脆弱和轻度脆弱（图 5-2a），占区域总面积的 65% 以上；中度脆弱的区域分布较为零散，约占区域面积的 10%；脆弱度较高的区域，如重度脆弱和极度脆弱的区域分布比较集中，主要集中在汉江流域，分别占 16.5% 和 3.3%。

长江流域中下游降水变化率变动比较大，生态系统受水分制约较为明显，系统的脆弱性相应比较高。相对于多年平均的脆弱度，降水异常偏少年份，长江中下游不脆弱的生态系统所占比例有所下降，但轻度脆弱的增加了 6%，中度脆弱的增加了近 1%，重度脆弱所占比例稍有下降，而极度脆弱的有所增加（图 5-2b）；降水异常偏多年份，长江流域中下游的不脆弱生态系统减少了 13%，而轻度脆弱区则增加了 15%，其他脆弱度地区面积变化不大（图 5-2c）。以上结果表明，降水异常偏多对长江流域中下游生态系统脆弱性的影响要大于降水偏少的影响，脆弱度增加的区域多数为多年平均状况下不脆弱的生态系统。总的来说，异常降水年份脆弱度分布格局和多年平均相比差别不大，表明降水异常对区域脆弱性的格局改变并不大。总体上，长江流域中下游北部的脆弱性高于南部，中部的脆弱性低于其他地区。

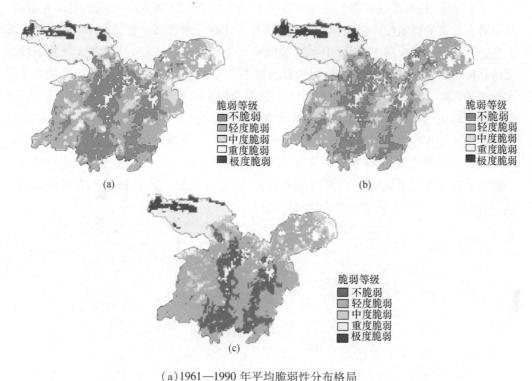

（a）1961—1990 年平均脆弱性分布格局

（b）降水异常偏少年份脆弱度分布格局 （c）降水异常偏多年份脆弱度分布格局

图 5-2 长江中下游生态系统脆弱性分布格局（数据来源：於琍，2008）

二、气候变暖使长江源区多数冰川退缩

长江源区是青藏高原内部山地冰川集中分布的地区之一，其冰川储量占长江流域冰川总量的一半以上。近几十年以来，由于受气候变化的影响，长江源区气候呈暖干化的趋势，气温上升幅度为 0.2℃/10 年，降水量减少幅度为 6.7mm/10 年，从而导致大多数冰川呈退缩状态。1969—1986 年的 17 年间，各拉丹冬的姜古迪如南支冰川和北支冰川分别后退了 154m 和 125m，其速率分别为 9.1m/年和 7.4m/年；各拉丹冬的岗加曲巴冰川从 1970 年到 1990 年的 20 年间，冰舌末端至少后退了 500m，年平均后退速率为 25m 左右；乌兰乌拉山多索岗日峰北坡，1970 年有 6 条冰川，面积为 5.9km²，1990 年仅剩下 3 条冰川，冰川面积缩小到 2.4 km²。然而高原内部的唐古拉山、昆仑山中西段、祁连山中西段的一些冰川自 20 世纪 80 年代中期至今，仍有相当多数量的冰川处于前进或趋于稳定状态。未来全球变暖将导致我国西北高寒山区冰川加速萎缩，可能极大影响区域气候过程和大气环流运动。冰川融雪补给水量大，使发源于青藏高原的河流在短时间内流量增大，造成中下游的洪水频繁发生；而冰川的持续退缩使以冰川补给为主的河川径流随之逐渐减少，特别是对我国西北内陆河流域的影响最大，直接威胁到干旱区绿洲的可持续发展。

综上所述,长江流域生态系统对气候变化的响应在我国表现出更强的空间复杂性。基于潜在植被的脆弱性评估表明,长江流域大部分地区主要属于轻度脆弱区,长江流域中下游北部的脆弱性高于南部,中部的脆弱性低于其他地区;降水异常对区域脆弱性的格局总体改变不大,降水异常偏多对长江流域中下游生态系统脆弱性的影响要稍大于降水偏少的影响。长江流域陆地生态系统NPP是全国平均水平的1.5倍,下游地区生长季延长幅度较大,近20年生产力的增加率也相对较高。近20年来长江中下游地区陆地生态系统平均净生产力(NEP)增加趋势比较明显,但由于土壤呼吸水平较高,该地区仍表现为向大气中释放碳,但碳释放量呈逐渐减少的趋势。目前观测到的气候变化对长江中下游地区陆地生态系统的负面影响还不明显,但是由于源区冰川和冻土的退化较为严重,可能极大地影响源区生态系统与河川径流。

专栏 5-1

IPCC 评估报告中气候变化对全球生态系统
影响的几个重要定义和要点

IPCC 报告中有关"影响、响应和适应"的定义

(气候变化)影响:气候变化对自然系统和人类系统的影响,可分为潜在影响和剩余影响,这取决于是否考虑适应。潜在影响是不考虑适应,是某一预估的气候变化所产生的全部影响。剩余影响是采取适应措施后,气候变化仍将产生的影响。

响应:气候系统与生态系统之间各种物理过程间的一种相互作用机制。当一个初始物理过程触发了另一个过程中的变化,后者的变化被称为对前者的响应。

适应:为降低自然系统和人类系统对实际的或预计的气候变化影响的脆弱性而提出的倡议和采取的措施。存在各种类型的适应,如提前适应和被动适应、私人适应和公共适应、自发适应和有计划地适应,例如:加高河堤或海堤、用耐温和抗热性强的植物取代对温度敏感的植物等。

无悔政策:无论是否发生人为气候变化,都可以产生净社会和/或经济效益的政策。

IPCC 报告中气候变化对生态系统的影响的几个要点

生物圈的非线性响应可能通过正反馈引发各种异常状态。许多生态系统的适应弹性可能在21世纪内被气候变化、相关扰动(如洪涝、干旱、野火、虫害、海水酸化)和其他全球变化驱动因子(如土地利用变化、污染、对自然系统的分割、资源过度开采)的空前叠加所超过。

在 21 世纪内,陆地生态系统的碳净吸收在 21 世纪中叶之前可能达到高峰,随后减弱甚至出现逆转,进而对气候变化起到放大作用。

生态系统对气候变化响应的滞后效应需要进一步认识,例如大尺度的生物圈的响应以及物种地理范围的迁移。许多生态系统可能需要几个世纪甚至几千年的时间才能表现出对气候变化的响应。

如果未来全球平均温度增幅超过 1.5～2.5℃,目前所评估的 20%～30% 的动植物物种可能面临增大的灭绝风险(中等可信度)。若伴随着大气 CO_2 浓度增加,在生态系统结构和功能、物种的生态相互作用、物种的地理范围等方面,预估会出现重大变化,并在生物多样性、生态系统的产品和服务(如水和粮食供应)方面产生不利的后果。

第二节　未来气候变化对典型生态系统的可能影响

第四次 IPCC 评估报告表明,未来气候将持续变暖,整个气候系统变化显著;而且在当前气候变化减缓政策和相关可持续发展措施下,未来几十年温室气体排放还将持续增加,将导致气候进一步变暖,某些变化会比 20 世纪更显著。预估长江流域于 2050 年升温幅度可能达到 2℃ 左右(相对于 1961—2000 年平均气温),上游地区平均气温变暖幅度大于中下游地区,在不考虑气溶胶作用的几种情景下,降水也有所增加。

一、对农田生态系统的影响

长江流域覆盖了我国人口较密集、水土资源较丰富的亚热带湿润地区。流域内有成都平原、江汉平原、洞庭湖平原、鄱阳湖平原及长江三角洲平原等,耕地集中,土地肥沃,是我国重要的农产品生产基地。气候变化对长江流域农田生态系统的影响体现在以下几个方面。

1. 改变农作物种植制度和格局

气候变化与 CO_2 浓度倍增将影响农作物的种植制度和耕作方式。秦岭和淮河是我国目前作物种植的南北分界线,在气候变化条件下,长江流域的种植格局将产生变化。

到 2030 年,如果全球 CO_2 浓度倍增,平均气温上升 1℃,预计中国三熟制的北界将从目前的长江流域移至黄河流域,二熟制北界从秦淮地区北移至内蒙古和东北地区南部(陶战等,1994)。在品种和生产水平不变前提下,仅考虑热量条件,气候变化后我国一熟制面积将由当前的 63% 下降为 34%,两熟制面积由 24.2% 变为 24.9%,三熟制面积由 13.5% 提高到 35%。在气候变化和 CO_2 浓度倍增的情景下,西南和中南地区水稻生长季的降雨量将明显减少,水稻灌溉需要量将比目前增加2~6倍。

2.可能导致主要农作物产量下降

气候变暖在加速农作物生长的同时,也会使农作物的呼吸作用增强,干物质积累减少,生育期缩短,大多数作物在高温下表现较低的生产效率,从而影响到农作物的产量。

1994年,我国南方大部分地区在早稻和中稻的抽穗期均遇到历史上少见的连续35℃以上的高温干旱,致使秕谷率比常年增加,千粒重比常年低。对长江流域30个研究站多年观测数据的分析发现,温度增加导致生物生育周期缩短,可能导致作物减产。包括长江流域在内的生长于6~31°N的水稻结实期在温度上升1~2℃时,产量将下降10%~20%。纬度越高,影响越严重。温度每增加1℃,玉米平均产量将减少3%,小麦也因水分条件恶化而减产。此外,气候变暖导致土壤有机质的微生物分解加快,造成土壤肥力下降,农田生产潜力降低。

大气CO_2浓度增加不仅会引起气温升高,同时CO_2本身就是光合作用的原料,因此CO_2浓度的增加也会直接影响植物的生长。大气CO_2浓度倍增与气候变化的协同作用对长江流域主要农作物产量的影响将因地区而异。西南和西北地区由于有效积温提高和CO_2浓度增加,农业将增产;洞庭湖区与鄱阳湖区可能因春季低温潮湿天气的改善而使农业增产;由于生育期,特别是灌浆期的缩短,将造成水稻、小麦、大豆和玉米等作物的单产下降。相关研究利用3种大气环流模式预测气候情景,推测出在不考虑水分的影响下,早稻、晚稻、单季稻均呈现不同幅度的减产,其中,早稻减产幅度较小,晚稻和单季稻减产幅度较大。在CO_2加倍情景下,长江中下游的水稻也将有不同程度的下降,早稻平均减产幅度为3.7%,中稻为10.5%,晚稻为10.4%。总体上,CO_2倍增和气候变化将使得长江中下游地区水稻的产量下降。

CO_2浓度倍增还将引起农作物品质的变化,如CO_2浓度增加将使玉米蛋白质、赖氨酸和脂肪含量减少,淀粉含量略有增高,品质有所下降。与此同时,CO_2浓度增加将使小麦籽粒的蛋白质、赖氨酸、脂肪含量增高,淀粉含量下降,品质得到提高。

气候变暖在全球呈不均匀性,使得极端天气事件的发生频率、出现、延续时间和分布发生变化,导致气象灾害的频率和强度加大。温度升高将导致一些作物不同程度地受到高温热害的影响,尤以长江中下游的水稻和北方小麦为甚。

CO_2浓度倍增、气候变暖,海平面上升还会淹没沿海重要的粮食生产基地。长江下游地区受洪水肆虐的程度和频率将可能提高,加上长江三角洲地区海水倒灌,大片良田将盐渍化。一旦遭遇洪水、涨潮、台风等侵袭,造成的危害会很大。2006年重庆发生的旱灾、2008年南方地区发生的冰雪灾害都给农业生产带来了重大损失。

3.使农业病虫害加剧

暖湿气候将有利于一些病菌的发生、繁殖和蔓延,从而使农田生态系统的稳定性降低。

我国黏虫越冬北界将从 33°N 北移到 36°N 附近地区;冬季繁殖气候带,也从 27°N 北移至 30°N 附近地区,造成黏虫越冬和冬季繁殖面积扩大上亿亩之多。褐飞虱安全越冬北界将移至 25°N 附近,常年可在 26~27°N 附近越冬;稻纵卷叶螟冬季越冬界线将由 1 月份 4℃等温线以南地区,扩展到 2℃等温线以南地区。

按照气候变化的数值模拟结果,气候变暖的幅度将随纬度增加,这将导致南北温差减小,使夏季风较当前相对加强,秋季副热带高压减弱东撤的速度将相对缓慢。在这种环流影响下,黏虫、稻飞虱等迁飞性害虫,春季向北迁入始盛期将提前到 2 月中下旬至 3 月,迁入的地区将由当前的 33~36°N 扩展至 34~39°N;秋季冷空气出现迟,造成黏虫向南回迁的时间推迟到 9 月至 10 月上旬左右,使危害的时间延长。

今后若双季稻种植区的东部向北扩展到 35~36°N 的地区时,将使早、晚稻孕穗末期至抽穗期容易处于温度较低、雨水较多的时期,遇低温的概率加大,而低温和寒露风对穗颈稻瘟病的流行十分有利。因此,双季稻种植区北移后,易造成稻瘟病北上,有利于稻瘟病的发生和加重。另外,水稻纹枯病属高温高湿型病害,当气温为 23~35℃,并在伴有降雨或在湿度大的情况下,病情将扩展,有可能发展成为发病最广、危害最大的病害。

二、对森林生态系统的影响

长江流域森林覆盖面积为 5490 万 hm^2,覆盖率达 30.5%,流域植被除高寒江源区属荒漠植被外,主要处于中亚热带和北亚热带两个植被区。植被种类丰富,多达 14600 种,呈亚热带常绿阔叶林景观,并兼有南方热带和北方温带性植被类型。在气候变化背景下,森林生态系统的结构、功能、生产力以及森林生态系统碳源碳汇格局等,都将面临着严峻的挑战。

1. 气候变化和 CO_2 浓度倍增的协同作用将使森林生产力增加,碳汇逐渐变成碳源

气候变化将影响到森林生态系统的各项生产力指标。CO_2 浓度倍增,气候变化后植物生长期延长,加上大气 CO_2 浓度上升形成的"施肥效应",将使森林生产力有所增加。按已知的全球变化预测结果,CO_2 浓度倍增后,我国森林生产力将有所增加,增加的幅度因地区不同而异,变化幅度为 12%~35%。在未来气候变化情景下,温带针阔混交林、温带落叶阔叶林、亚热带常绿阔叶林和热带雨林及季雨林地带的北部在气温增加 2℃ 和 4℃时,NPP 均有所增加。而这 3 种植被类型在长江流域分布广泛,由此推知长江流域的 NPP 将呈现增长趋势。

森林生态系统是陆地生态系统中最大的碳库,过去几十年,大气 CO_2 浓度和气温升高导致森林生长期延长,加上氮沉降和营林措施的改变等因素,使森林年均固碳能力呈

稳定增长趋势。基于 SRES 的 B2 情景①,考虑 CO_2 变化与否两种情形,预测我国 21 世纪陆地生态系统和大气间的碳交换,结果表明,NPP 在 CO_2 浓度变化情形下逐渐增加,在 CO_2 浓度不变情形下逐渐降低,陆地生态系统也由碳汇逐渐变成了碳源;我国陆地生态系统的 NEP 整体呈波动状态,2050 年之前增加,随后开始下降(图 5-3)。

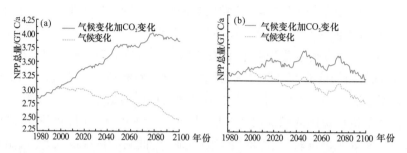

图 5-3　SRES - B2 情景下,1981—2100 年中国 NPP(a)和 NEP(b)分别在 CO_2 浓度变化和不变情形下的模拟结果(引自 Ji Jinjun, Huang Mei & Li Kerang 2008)

研究还表明,不同地区对气候变化和 CO_2 浓度变化的响应是不同的。在 SRES - B2 情景下,21 世纪后期长江流域 NPP 将明显增加,中下游地区的碳汇将逐渐转化为碳源(图 5-4)。SRES - B2 是 CO_2 排放较低的情景,气温升高也相对较低。B2 情景下,21 世纪末我国平均气温大约升高 3℃。因此,若在高排放情景下(例如 SRES - A2),长江流域碳储量和碳通量将急剧增加,碳汇将会更快地转变为碳源。

对 SRES - A2②气候情景下,基于潜在植被的我国陆地生态系统对气候变化的脆弱性定量评价,模拟表明,气候变化将会增加系统的脆弱性。长江中下游部分地区(如四川东部、湖北、江西南部)的生态系统脆弱性将随气候变化而有所增加。到 21 世纪末,我国不脆弱的生态系统比例将减少 22% 左右,但高度脆弱和极度脆弱的生态系统比例也会有所减少,分别减少 3% 和 0.4%。

2. 将进一步改变物候期

气候变化将会进一步影响物候。研究我国东部生长季与气候因子的关系,结果表明,冬末春初的平均气温,高于 5℃的天数及秋季降水是影响生长季开始和结束期的最重要因素;而年平均气温、高于 5℃的总天数、冬末春初的平均气温,以及生长季内累积 ND-

---

① B2 框架和情景系列描述的世界强调区域性的经济、社会和环境的可持续发展。全球人口以低于 A2 的增长率持续增长,经济发展处于中等水平,技术变化速率与 A1 和 B1 相比趋缓,发展方向多样。同时,该情景所描述的世界也朝着环境保护和社会公平的方向发展,但所考虑的重点仅仅局限于地方和区域一级(《气候变化国家评估报告》2007)。

② A2 框架和情景系列描述的是一个极其非均衡发展的世界。其基本点是自给自足和地方保护主义,地区间的人口出生率很不协调,导致持续的人口增长,经济发展主要以区域经济为主,人均经济增长与技术变化越来越分离,低于其他框架的发展速度(《气候变化国家评估报告》2007)。

VI 是影响生长季长度的最重要因素。平均来说,如果冬末春初的平均气温升高 1℃,生长季将提前 5～6 天,结束期延迟 5 天;如果秋季降水增加 100mm,结束期将提前 6～8 天。

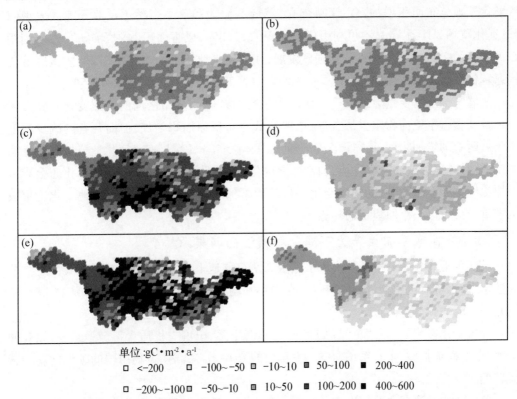

单位:gC·m⁻²·a⁻¹

| □ | <-200 | □ | -100～-50 | □ | -10～10 | ■ | 50～100 | ■ | 200～400 |
| □ | -200～-100 | □ | -50～-10 | | 10～50 | ■ | 100～200 | ■ | 400～600 |

(a)2001—2020 年的 NPP 距平;(b) 2001—2020 年的 NEP 距平;(c) 2041—2060 年的 NPP 距平;
(d)2041—2060 年的 NEP 距平;(e)2081—2100 年的 NPP 距平;
(f)2081—2100 年的 NEP 距平(数据来源:黄玫等,2008)

**图 5-4　SRES－B2 情景下,长江流域 NPP(gC·m⁻²·a⁻¹)和 NEP(gC·m⁻²·a⁻¹)距平分布
(相对于 1981—2000 年的平均值)**

三、对长江源区草原生态系统的影响

　　长江流域地带性天然草地主要分布在长江源地区,以高寒草甸和高寒草原为主,许多草地与高原湿地范围重叠(吕新苗,郑度,2006)。在全球气候变化影响下,以耐低温寒冷的植物为建群种的高寒草甸将面临更严重的生态胁迫,高寒草地生态系统空间格局也将发生明显变化。

1.导致草地退化

　　江河源区的草地系统极其脆弱,该地区自 20 世纪 60 年代以来,气温呈上升趋势,降水量下降,草地和湿地区域减退,草甸演化为荒漠,高寒沼泽化草甸草场演变为高寒草原和高寒草甸化草场。

气候变暖引发了冰川退缩和以降水径流补给的湖泊的萎缩,多年冻土层逐渐消失,沙漠化土地分布面积增加。沼泽草甸化、草甸草原化和草原荒漠化在部分地区表现明显,退化草场2.5万 km^2,占可利用草场面积的37.8%,鼠害面积1.94万 km^2,占可利用草场面积的25.3%。土地沙漠化强烈发展,沙漠化土地年扩展速度为2.2%。重度退化高寒草甸和高寒草原面积分别占总高寒草甸和高寒草原面积的39%和47.5%。

气温与冻土层变化导致长江源区高寒生态系统空间分布格局的剧烈变化。高覆盖草甸及高覆盖草原面积减少,低覆盖草甸和低覆盖草原面积增加;但前两者的减少幅度大于后两者的增加幅度,使得源区草地面积总体减少。气候与冻土变化造成了高寒生态系统退化,并显著改变土壤环境,加剧冻土退化,形成恶性循环机制。气候变化还会导致高原湿地类型发生改变,受气候变化等自然因素的影响,长江源头沼泽湿地干化现象较为严重,有向草甸、草原演变的趋势。

2. 导致高寒草甸生产力下降,弱碳汇向弱碳源转变

长江源地区高寒环境条件形成了该区高寒草甸地上生物量相对较低、土壤微生物分解速率慢、土壤有机质含量高的特点。在多年平均生态系统碳源/汇分析研究中,高寒草甸是一个弱的碳汇。

气候变化影响下,高寒草甸初级生产力显著下降,土壤有机质含量微量减少,原有的碳源/汇平衡被打破,生态系统向空气中排放的 CO_2 增多,高寒草甸由弱的碳汇向弱的碳源转变。

气候变化导致高寒草甸生态系统的生产力和土壤有机质含量下降,将对青藏高原的畜牧业带来不利影响。据观测,20世纪80年代以来,青海南部牧区气温普遍升高,径流量逐年减少,牧草产量下降;四川省近15年来全省草产量产由4140kg/hm² 下降到3600kg/hm²。

3. 气候变化导致高原湿地退化,碳汇向碳源转化

根据第三次IPCC报告的估计,由于湿地的退化导致土壤碳库损失而直接贡献于陆地温室气体 CO_2 的排放量已经相当于全球总排放量的1/10。

长江上游的高寒湿地生态系统对气候变化的响应尤为强烈。近40年以来,江河源区的若尔盖高原湿地在气候变化各因子的交互影响下,区域气候呈暖干化趋势,造成地表水资源减少,湿地萎缩,加速了草地退化和沙化。伴随湿地退化,出现湿地环境逆向演变的趋势,即沼泽→沼泽化草甸→草甸→沙漠化地→荒漠化的演化趋势,对长江源头湿地资源的可持续利用构成威胁。

对高寒湿地生态系统的研究表明:湿地既是碳的储存库,同时也是碳的释放"源"。不断攀升的气温,永久冻结带融化,将释放储藏的化石 CH_4,使湿地由 CH_4 的汇向 CH_4 的

源转变。

气候变化的直接和间接影响,使天然湿地破坏,打破原有的碳平衡,导致碳源/汇格局的改变。湿地被排干后,温度、水分状况和植被类型发生变化,CO_2 和 N_2O 的排放量大大增加,CH_4 的排放量减少,在气候干旱条件下,湿地将最终变为净碳源。

四、对中下游湿地生态系统的影响

长江流域是我国乃至全球最重要的湿地生态系统之一,几乎包含了除红树林以外所有的湿地类型,以湖泊湿地和河流湿地面积最大。其中长江中下游湿地是我国最大的江河湖复合型湿地生态系统,也是我国及世界同纬度地带水网密度最高的地区,承担着长江分蓄洪的重要功能。长江中下游湿地也是世界生物多样性保护的热点地区,有9块国际重要湿地,是亚洲最重要的候鸟越冬地。气候变化对长江中下游湿地生态系统的影响主要表现在以下几个方面。

1. 气候变暖将使湿地生态系统向净碳源转变

湿地土壤和泥炭是陆地上重要的有机碳库,同时湿地是多种温室气体的源和汇。尽管全球湿地面积仅占陆地面积的4%～6%,但是湿地的碳储量为300～600Gt,占陆地生态系统碳储存总量的12%～24%。目前,我国湿地生态系统及其土壤都表现为大气的碳汇。对我国湿地土壤碳储量的统计表明:三江源区的若尔盖湿地是碳储量最高的泥炭地,地下100m储碳量可达876t/hm²,在长江中下游河流和湖泊湿地发育的草甸土,在深达50～100cm的土壤有机碳含量仍可保持在5g/kg以上。

气候变化或土地利用方式改变引起湿地土壤变化后,储存于湿地的这些碳就会源源不断地向大气层释放大量的 CO_2 和其他温室气体,加快全球变暖的速度,从而导致碳源/汇格局的改变。IPCC 第四次评估报告也指出,气候变暖将使陆地生态系统向净碳源转变。

2. 引起未来海平面升高,将使长江三角洲湿地生态安全受到威胁

受全球变暖以及人类活动的影响,过去100年全球海平面上升了10～25cm,海平面上升使海岸淹没和侵蚀范围进一步扩大。

据海平面上升对长江三角洲附近沿海潮滩和湿地的影响相关研究表明,当海平面上升0.5～1.0m时,全区潮滩侵蚀和淹没损失可达24%～56%。潮滩湿地缺乏适应海平面上升的缓冲空间,未来海平面上升导致的盐水入侵和湿地盐渍化将威胁潮滩湿地的生态安全。海面上升,潮位抬高,不仅减缓淤涨和加剧侵蚀会引起湿地生态演替速度的减慢,而且其淹没效应引起的潮浸频率增加以及潜水水位和矿化度的抬高,又将导致表土含盐量的增加,植被生长则由好变差,在长江三角洲北部湿地生态类型将可能出现茅草草甸→盐蒿草甸→(大米草沼泽)→光滩的逆向演替。逆向演替的速度在上部茅草草甸主要取决于海面上升引起的潜水水位和矿化度增加程度;在下部大米草沼泽则主要取决于

海面上升的直接淹没、淤涨减缓和侵蚀加剧效应决定的潮浸频率增加值;中部盐蒿滩的退化由于得到上部茅草滩退化的补偿和下部大米草沼泽退化的缓冲,演替最慢。

受到海平面上升的威胁,预计地表径流增加和淤积物的减少将改变长江三角洲的形成,而海平面的上升和强烈的风暴活动能进一步侵蚀低洼的海岸线。地表径流的增加,海平面的升高和风暴活动引发的洪水将淹没一些地势低洼的长江三角洲平原。

3.可能使湿地生物多样性减少

湿地作为一种独特的生态系统,具有保护生物多样性的重要作用。在气候变化背景下,湿地生态系统类型、分布和栖息地等将会发生一系列变化。同陆生生物相比,湿地生物转移生境的能力较弱,自适应能力也较弱。对湿度变化敏感的两栖类和蛙类将面临更大的威胁。

温度上升导致溶解氧下降,适于鱼类生存的空间缩小,加上湿地面积萎缩,鱼类的栖息地减少。一些冷水性鱼类的生长速度也受到气候变化的影响。全球变暖引起长江鱼类越冬期间栖息地向北迁移,洄游距离增长,能耗增加,发育缓慢,导致鱼类死亡率增加是气候变化对鱼类可能影响的主要假说。

气候变化引起的水位涨落对生物的栖息环境也产生影响。2006年长江上中游发生干旱,上游及整个长江流域的水位下降,从而引起生物多样性减少与植被退化。水位过低致使白鳍豚、江豚等珍稀水生物的活动和觅食空间随之减少,持续近半年的罕见低水位,使得胭脂鱼等濒危物种失去了产卵的浅滩。

湿地作为迁徙禽的重要停歇地,海平面上升和其他与气候相关因素引起湿地的变化,会威胁长江三角洲水鸟和其他野生动物的存在。湿地生物用于取食、停留、繁殖的生境消失,迁徙模式被破坏,生殖周期被改变,从而物种灭绝的风险增加。

随着水温升高,长江重要保护生物江豚的繁殖周期可能发生改变,水温升高也将对江豚的栖息地产生影响。2008年春季的南方冰雪灾害等极端气候事件,造成了位于天鹅洲故道的江豚死亡6只(其中有2只已经怀孕)。

鸟类对温度变化较为敏感。1月份的平均温度在0℃以上是鸟类选择越冬栖息地的重要条件。温度升高使很多鸟类迁飞路线发生改变,逐渐北移。鸟类调查表明:雁鸭类在长江中下游地区栖息数量占世界总数的80%,但是自1983年以来的25年里,观测到的雁鸭类数量下降了近75%。除了猎杀以及栖息地破坏的人为因素外,气候变化也是主要的影响因素。

综上所述,未来气候变化与大气 CO_2 浓度倍增的协同作用将导致长江中下游地区水稻产量的下降,病菌的发生、繁殖和蔓延,将使农田生态系统的稳定性降低。森林生态系统生产力有所增加,但21世纪后期,长江中下游地区的碳汇将有可能逐渐转化为碳源。

气候变暖引发冰川退缩和多年冻土层逐渐消失,沙漠化土地分布面积增加。沼泽草甸化、草甸草原化和草原荒漠化表现得更为明显。高寒草甸初级生产力将显著下降,土壤有机质含量微量减少,原有的碳源/汇平衡被打破,生态系统向空气中排放的 CO_2 增多,高寒草甸、湿地由弱的碳汇向弱的碳源转变。

未来气候变化还将使海平面上升,导致盐水入侵和湿地盐渍化,将威胁潮滩湿地的生态安全。此外,长江中下游的生物将面临更大的威胁,生物多样性减小。

第三节　流域生态系统对气候变化的适应性对策

与黄河流域和西北干旱区相比,长江流域典型生态系统对气候变化的脆弱性较低,长江中下游地区气候变化的相对幅度较小,且水热条件较好,所以大部分农田和森林生态系统对气候变化的适应性较强。但长江源头区草地与湿地生态系统适应性较差,未来受气候变化的影响较大,是该流域中最脆弱的地区。长江河口区对气候变化及其引起的海平面上升也比较敏感,但该地区经济比较发达,基础设施也比较完善,对气候变化的适应能力较强。

一、加强流域生态系统变化的适应性研究

流域生态系统对气候变化的适应性研究是制订适应性对策的基础,而应对气候变化的生态、经济、社会的适应性对策都应在此基础上展开。目前,自然生态系统对气候变化脆弱性评估仍存在许多问题和不确定性,迫切需要自主开发新一代气候变化对生态系统影响综合评估模型(特别是双向耦合模型),开展适应性与可持续发展示范工程的研究。

我国生态系统对气候变化的响应与适应性研究起步较晚,研究数据序列不长,尚难以支撑全面系统的评估和预测。值得关注的是,长江流域有 15 个典型生态系统观测研究生态站(图 5-5)开展生态系统的观测与试验,是开展生态系统对气候变化的脆弱性评估与适应性研究的理想基地,这种长期的观测与试验对流域生态系统变化的适应性研究尤为重要。

气候变暖问题正由一个科学问题转向政策问题,在目前如此繁多的复杂问题和不确定性尚未得到清晰的认识和把握之前,应对某些尚在讨论中的问题持审慎态度,其结论不能贸然用于作适应性决策。

二、完善流域生态系统对气候变化的适应性管理

长江流域生态系统对气候变化的适应性管理应以人工管理的农田和人工林等生态系统为主。目前对自然生态系统的干预和管理水平是有限的,应将长江流域作为一个完整的生态系统来综合考虑。在流域尺度上,通过跨部门与跨行政区的协调管理,综合开发、利用和保护流域水、土、生物等资源,最大限度地适应自然规律,充分利用生态系统功能,实现流域的经济、社会和环境福利的最大化以及流域的可持续发展。

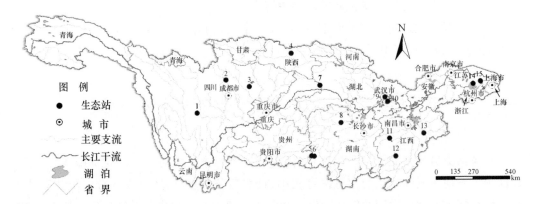

1 贡嘎山高山生态系统观测试验站；2 茂县山地生态系统定位研究站；3 盐亭紫色土农业生态试验站；
4 秦岭森林生态系统观测研究站；5 会同森林生态实验站；6 会同杉木林生态系统观测研究站；
7 神农架生物多样性定位研究站；8 桃源农业生态试验站；9 东湖湖泊生态系统试验站；
10 梁子湖湖泊生态系统观测研究站；11 大岗山森林生态系统观测研究站；
12 千烟洲红壤丘陵综合试验站；13 鹰潭红壤生态试验站；14 太湖湖泊生态系统试验站；
15 常熟农业生态试验站

图5-5　长江流域内的典型生态系统网络观测研究站分布

1.加强流域生态系统的能力建设

伴随未来气候变暖的是气候的波动和极端气候事件的增加,因此,应对气候变化的适应性对策首先是加强流域生态系统管理的能力建设。长江流域中下游近年来一直把防洪作为重点,根据多个气候模型的预测结果,未来该地区遭受旱灾的可能性也在增加,因此既要做好防洪的准备,又要有抗旱的应对措施,同时也需要加强对极端气象灾害的监测预报能力。这就需要合理开发和优化配置水资源,完善农田水利基本建设,强化节水和水文监测等措施。在加强水库、河道等防洪工程的同时,也要重视蓄水灌溉工程的建设。建成大江大河综合防洪除涝减灾体系,提高农田抗旱标准。

做好极端气候对流域生态、经济、社会等方面影响的预测,兼顾发电、工业和城市生活用水需要的同时,还要照顾到下游湿地和河口地区的生态需水。在水利工程运行和调度中充分考虑气候变化因素,确保受到水利工程影响的生物栖息地的环境需求,充分考虑下泄水流的水量、水质、水温及其时空格局,满足生物生存与繁衍的需要,保证极端天气事件下的生物多样性和栖息地的相对稳定性,维护健康生物群落。合理确定和划分生态功能区,加强对禁止开发区、限制开发区的管理,搞好优先开发区的规划,统筹安排各种人类活动,力争减少水资源系统对气候变化的脆弱性。

2.有目的地逐渐调整农作物种植制度和品种格局

选育生长期较长且耐旱的品种,充分利用气候变暖所带来的热量资源,开发新的生物技术。加强病虫害的预防,尤其是稻瘟病和水稻纹枯病等。在未来水资源缺乏的地区,以旱田取代水田,提高农业灌溉用水效率。

3. 在南种北移的过程中采取逐步推进、逐渐驯化的策略

在气候变暖的背景下,不仅农作物逐渐北移,林种分布也向北扩展。在造林树种选择和引种时,应充分考虑气候变化带来的这一影响,在营造人工林时,既要充分发挥南方种速生的特点,又要充分考虑气候波动可能带来的风险。在南种北移的过程中采取逐步推进,逐渐驯化的策略。

因地制宜地进行林业规划工作,"宜林则林,宜草则草,宜荒则荒",植树造林时切实做到"适地适树适品种适类型",注重混交林培育。现在"适地"的树种在未来变化的气候下可能会不适宜,因此要根据未来的气候变化情景做到动态的"适地适树"。

4. 加强长江源头草地和中下游湿地生态系统的保护

气候变化将使长江源头草地、湿地以及长江中下游湿地更加脆弱,生态系统功能将受到严重影响。应采取积极的措施减少气候变化和人类活动对源头草场带来的双重压力,防止过度放牧,减少草场退化。未来气候变化可能会使长江流域大部分湿地趋于干旱,而对湿地生态系统功能影响最大的莫过于水文因素,因此长江中下游湿地的保护应与长江水位的调节和水库的运行管理相结合。

5. 加强海岸带及河口地区的基础设施建设

未来的气候变暖将导致海平面上升,从而引起海水倒灌,加重海岸带及河口地区的盐渍化。因此需要加强海岸堤防和河口基础设施建设,同时也要保护滨海湿地,建设沿海防护林体系,加强海岸综合生态屏障建设,提高沿海地区抵御海洋灾害的能力。

6. 增强公众意识与管理水平

通过现代信息传播技术和手段,加强气候变化方面的宣传、教育和培训,鼓励公众参与等措施,在全社会传播气候变化方面的知识,为有效应对气候变化创造良好的社会氛围。

通过完善多部门参与的决策协调机制,建立企业、公众广泛参与应对气候变化的行动机制等措施,逐步形成与应对气候变化工作相适应的、高效的组织机构和管理体系,促进个人、家庭、社区和当地政府采取应对气候变化的有效行动。

第六章

三峡库区水环境保护

三峡工程是一项举世瞩目的特大型水利枢纽工程,工程兴建产生了巨大的防洪、发电、航运和供水等方面的综合效益,但是由于三峡水库调蓄引起的水文情势变化,以及随之产生的库区土地淹没和移民等问题,将对库区和长江流域的生态与环境产生长期、深远的影响。在三峡工程论证过程中,生态环境问题一直是争议的焦点之一。

三峡工程于1993年开工,1997年顺利实现了大江截流,2003年5月26日至6月10日蓄水至135m,水库水位较天然河流水位抬升了60多m。2006年三峡水库水位进一步抬升至156m,蓄水自2006年9月20日启动,至10月27日水位停止,前后共历时37天,总蓄水量为111.0亿 m^3。第三次试验性蓄水自2008年9月28日开始,起蓄水位为145.27m,至11月4日水位达到172.47m,共蓄水193.1亿 m^3。

自2003年蓄水以来,三峡水库监测的26条入库支流中,已有12条出现不同程度的富营养化及"水华"现象,香溪河、大宁河、小江等支流回水库湾尤为严重,并且有逐年加重趋势。保证三峡工程效益有效发挥,确保库区水安全,已经成为当前和今后三峡水库管理的重要任务之一。本章主要讨论三峡库区水环境问题,特别是水库蓄水后的水质变化状况。资料和数据主要取自近年《三峡工程生态环境监测公报》以及有关单位的工作成果。

第一节　库区水质变化与"水华"动态

一、三峡水库概况

三峡水库属河道型水库(图6-1),在蓄水位175m时,库长667km。水库干流水面宽在700～1700m,平均为1100m;库区河道平均水深约70m,坝前最大水深170m左右;相应水库水面面积为1084km²。水库总库容为393亿m³,为坝址年均径流量4510亿m³的8.7%,因此三峡水库属于径流调节能力较小的季调节水库。

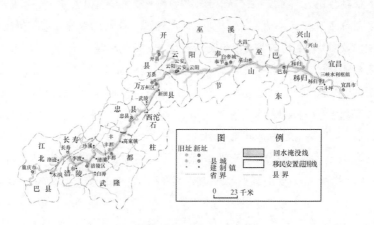

图6-1 三峡库区示意图

1.库区干流水文情势变化

三峡水库形成前后,库区河道水文情势发生了重大变化。成库前,三峡库区为天然河道,夏季水位最高,冬季水位最低;河段水位变幅较大,汛期一昼夜可上涨10m以上,下落可达6～7m,年内水位最大变幅可达50m左右;水流湍急,重庆至宜昌660km库区河道流速一般为2～3m/s,表面流速洪水期可达4～5 m/s,最大达6～7 m/s,枯水期为3～4 m/s。而成库后,水库水位在夏季最低,汛末蓄水后秋冬季至次年春季水位较高;水位变幅一般不超过30m,小于天然情况,而且变化过程缓慢;蓄水后过水断面增大,滩险消失,水面比降减小,在相同流量情况下,自库尾至坝前流速逐渐减缓,在枯水期(1—4月)水库高水位运行时,流速一般不超过0.1～0.5 m/s,汛期低水位(6—9月)运行时,库内流速随流量增大而增大,但坝前流速一般小于0.5 m/s。

专栏 6-1

三峡工程生态环境影响评价的主要结论

为了全面评价三峡工程的生态环境影响,自1979年起,长江流域水资源保护局、中国科学院就组织开展了有关三峡工程生态环境影响的研究工作。1992年中国科学院环境影响评价部和长江水资源保护科研所共同编制了《长江三峡水利枢纽环境影响报告书》，对三峡工程兴建后对生态环境可能产生的影响进行了全面的分析和评价，经水利部和原国家环保总局先后审查通过。综合评价结论是：

三峡工程对生态与环境产生广泛而深远的影响，涉及的因素众多，地域广阔，时间长久。所涉及的问题相互渗透，关系复杂，利弊交织。在空间分布上，其有利影响主要在中游地区，不利影响主要在库区；在众多因素中，移民环境容量是较敏感的因素，由于库区环境容量有限，生态系统脆弱，水库淹没将进一步加剧这一矛盾，因此，妥善处理移民安置，保护好库区的生态环境，将成为影响三峡工程成败的关键因素之一。

三峡工程对生态与环境影响的时空分布不均匀。有些影响只在一定时期内存在，有些影响则长期存在，并具有累积性。

三峡工程引起的生态与环境问题若能给予足够重视，采取切实有效措施认真落实，大多数不利影响可以减小到最低限度。否则将影响三峡工程的有效运行和效益的发挥。

总之，三峡工程对长江流域生态环境的影响广泛而深远，对引起的不利影响必须予以高度重视，应本着对人民负责、对后代负责，采取得力措施，并认真落实，妥善解决。

《报告书》同时指出：三峡水库形成后，由于流速变缓，自净能力下降，局部库湾营养物质聚集，有可能出现水质恶化现象。

2. 库区支流水文情势变化

水库蓄水后，库段内共有回水长度 1km 以上的支流 171 条，其中 20km 以上的 16 条，主要支流有香溪河、大宁河、梅溪河、汤溪河、小江、磨刀溪、龙河、渠溪河、芒溪河与草堂河等。详见表 6-1。

表 6-1　　　　　　　　　不同蓄水位下三峡库区主要支流的回水范围及水库库容

蓄水位	回水范围	水库库容（亿 m³）
135m	三峡水库 135m 蓄水位运行时，汛期 20 年一遇的回水末端在涪陵区李渡，距坝址的距离为 493.9km；库区主要支流回水末端距河口的距离：香溪河 23.9km、大宁河 36.5km、梅溪河 18.8km、汤溪河 13.7km、小江 32.5km、磨刀溪 24.2km、龙河 4.3km、渠溪河 14.3km。	124
156m	三峡水库 156m 蓄水位运行时，汛期 20 年一遇的回水末端在涪陵区李渡，距坝址的距离为 493.9km；库区主要支流回水末端距河口的距离：香溪河 32.3km、大宁河 43.6km、梅溪河 22.5km、汤溪河 20.0km、小江 49.5km、磨刀溪 28.8km、龙河 4.3km、渠溪河 14.3km。	234.8
175m	三峡水库 175m 蓄水位运行时，20 年一遇汛后回水末端在江津市花红堡，距坝址的距离为 667km；库区主要支流回水末端距河口的距离：香溪河 40.0km、大宁河 55km、梅溪河 28.5km、汤溪河 34.8km、小江 99.9km、磨刀溪 32.6km、龙河 10.0km、渠溪河 19.0km、御临河 21.2km。	393

库区部分主要支流的基本特征如下：

香溪河：多年平均流量47.4 m^3/s，正常蓄水位175m时，水库回水末端距香溪河口约40km。

大宁河：多年平均流量98.0 m^3/s，正常蓄水位175m时，水库回水末端距大宁河口约55km；回水区具有湖泊水文特征。

小江：多年平均径流量116.0 m^3/s，正常蓄水位175m时，回水末端距河口约99.9km；其中开县境内面积约62km^2，呈典型的湖泊水文特征。

水库蓄水后，库区河流水文、水动力条件及河道地形等发生改变，流速减缓，紊动扩散能力减弱，水体自净能力降低。据测算，香溪河峡口至江口段、小江开县段枯水期平均流速分别由建库前的0.73m/s和0.65 m/s降至0.009m/s和0.006 m/s，均已接近湖泊型水库的流速。横向扩散系数由0.121 m/s降至0.0446 m/s。污染物在水域（尤其是支流库湾回水区）停滞时间增加，导致部分水体水质恶化。

二、库区干支流水质变化

鉴于三峡工程对生态环境的影响长期而深远，为了掌握工程对生态环境的影响，国务院三峡工程建设委员会办公室组建了三峡工程生态环境监测系统，1996年起对长江上游到河口地区的生态与环境进行了系统全面的监测。为掌握蓄水过程中水质变化情况，在2003年、2006年、2008年三峡水库三次蓄水过程中，三峡工程生态环境监测系统有关成员单位对蓄水前后的三峡水库水环境变化情况进行了全过程的监测。

1.库区干流水质总体较好，蓄水后无显著下降

多年监测结果表明，在三峡水库蓄水前，尽管库区污染比较严重，治理相对滞后，水体中营养物含量偏高，但因河流处于天然状态，水流湍急，自净降解能力强，主要水质指标总体尚处于良好状态，干支流河段历史上从未发生过"水华"，除个别年份部分断面出现劣于Ⅲ类水质外，多为Ⅱ～Ⅲ类水质，各断面年度水质为Ⅱ～Ⅲ类的比例达到80%以上。此外，监测结果显示，库区水体水质具有明显的季节变化特点，即第1、4季度水质较好，以Ⅰ～Ⅲ类为主，仅少数断面为Ⅳ类；第2、3季度水质较差，特别是第3季度，Ⅳ～劣Ⅴ类断面水质比例达72%，显示汛期面源污染影响较大，超标项目主要为高锰酸盐指数、铅和氨氮；丰、平、枯水期总磷、高锰酸盐指数由上游至下游呈由高到低的变化趋势；库区主要城市江段存在长度不等的岸边污染带。

水库蓄水后，水的流态、流速等水文情势显著改变，影响了污染物在水体中的稀释、扩散和降解能力。此外，淹没后地表中各种废弃物及土壤中部分污染物和氮、磷等的溶出，也在一定时段内对水库水质产生显著影响。对2003—2007年的水库干流的全年平均水质资料分析表明，库区干流水质没有出现显著下降，总体情况基本稳定，但面临水质下降的较大压力。现状各断面水质以Ⅲ类水质为主，原先以Ⅱ类水质为主的状况已经改变，个别年份出现Ⅳ类水；受流态变化、水期及库区淹没物浸出等综合因素的影响，重庆

寸滩至奉节河段总磷和高锰酸盐指数含量有升高趋势,奉节至巴东河段总磷和高锰酸盐指数含量则呈降低趋势,奉节以下河段水质优于奉节以上河段水质。

蓄水后三峡库区长江干流断面水质变化如图6-2所示。

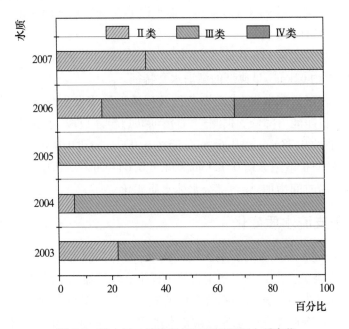

图6-2　蓄水后三峡库区长江干流断面水质变化

库区干流水质具有明显的季节变化特征,尽管全年平均水质以Ⅲ类为主,但部分季节水质较差,以第3季度最为突出,据三峡工程生态与环境监测公报资料(表6-2、表6-3、表6-4),2005年至2007年7—9月Ⅳ～劣Ⅴ类断面水质比例分别占77.8%、50%和83.3%,除粪大肠菌群指标外,总磷、高锰酸盐指数、石油类和铅等是也是干流水质主要超标项目,库区干流水环境问题也不容忽视。

表6-2　　　　　　　　　　　2007年三峡库区长江干流断面各月水质类别

月份 断面	1	2	3	4	5	6	7	8	9	10	11	12	全年
朱沱	Ⅳ	Ⅲ	Ⅲ	Ⅲ	Ⅲ	Ⅴ	Ⅳ	Ⅴ	Ⅳ	Ⅲ	Ⅲ	Ⅲ	Ⅲ
铜罐驿	Ⅲ	Ⅱ	Ⅲ	Ⅲ	Ⅲ	Ⅴ	Ⅲ	Ⅴ	Ⅳ	Ⅲ	Ⅲ	Ⅳ	Ⅲ
寸滩	Ⅲ	Ⅲ	Ⅲ	Ⅲ	Ⅲ	Ⅲ	Ⅳ	Ⅴ	Ⅳ	Ⅲ	Ⅳ	Ⅲ	Ⅲ
清溪场	Ⅱ	Ⅲ	Ⅲ	Ⅲ	Ⅲ	Ⅲ	Ⅳ	Ⅴ	Ⅲ	Ⅲ	Ⅲ	Ⅲ	Ⅲ
沱口	Ⅲ	Ⅲ	Ⅲ	Ⅲ	Ⅲ	Ⅲ	Ⅴ	Ⅳ	Ⅲ	Ⅲ	Ⅲ	Ⅲ	Ⅲ
官渡口	Ⅱ	Ⅱ	Ⅲ	Ⅲ	Ⅱ	Ⅱ	Ⅲ	Ⅴ	Ⅲ	Ⅱ	Ⅱ	Ⅱ	Ⅱ

表 6-3　　　　　　　　　　　　2006 年三峡库区长江干流断面各月水质类别

月份 断面	1	2	3	4	5	6	7	8	9	10	11	12	全年
朱沱	Ⅲ	Ⅲ	Ⅲ	Ⅲ	Ⅲ	Ⅴ	劣Ⅴ	Ⅲ	Ⅴ	Ⅳ	Ⅳ	Ⅳ	Ⅳ
铜罐驿	Ⅲ	Ⅲ	Ⅲ	Ⅲ	Ⅲ	Ⅴ	劣Ⅴ	Ⅲ	Ⅴ	Ⅴ	Ⅱ	Ⅲ	Ⅲ
寸滩	Ⅲ	Ⅲ	Ⅲ	Ⅳ	Ⅲ	Ⅴ	劣Ⅴ	Ⅲ	Ⅴ	Ⅳ	Ⅳ	Ⅳ	Ⅳ
清溪场	Ⅲ	Ⅲ	Ⅲ	Ⅲ	Ⅲ	Ⅴ	劣Ⅴ	Ⅲ	Ⅲ	Ⅲ	Ⅲ	Ⅲ	Ⅲ
沱口	Ⅲ	Ⅲ	Ⅲ	Ⅲ	Ⅲ	Ⅲ	Ⅲ	Ⅲ	Ⅲ	Ⅲ	Ⅲ	Ⅲ	Ⅲ
官渡口	Ⅲ	Ⅲ	Ⅲ	Ⅲ	Ⅲ	Ⅲ	Ⅲ	Ⅲ	Ⅲ	Ⅲ	Ⅱ	Ⅱ	Ⅱ

表 6-4　　　　　　　　　　　　2005 年三峡库区长江干流断面各月水质类别

月份 断面	1	2	3	4	5	6	7	8	9	10	11	12	全年
朱沱	Ⅲ	Ⅲ	Ⅲ	Ⅲ	Ⅲ	Ⅲ	Ⅴ	Ⅳ	Ⅳ	Ⅲ	Ⅲ	Ⅲ	Ⅲ
铜罐驿	Ⅲ	Ⅲ	Ⅲ	Ⅲ	Ⅲ	Ⅲ	Ⅴ	Ⅳ	Ⅳ	Ⅲ	Ⅲ	Ⅲ	Ⅲ
寸滩	Ⅲ	Ⅲ	Ⅲ	Ⅲ	Ⅳ	Ⅳ	Ⅴ	Ⅳ	Ⅳ	Ⅲ	Ⅲ	Ⅲ	Ⅲ
清溪场	Ⅲ	Ⅲ	Ⅲ	Ⅲ	Ⅳ	Ⅳ	Ⅴ	Ⅳ	Ⅳ	Ⅲ	Ⅲ	Ⅲ	Ⅲ
沱口	Ⅲ	Ⅲ	Ⅲ	Ⅲ	Ⅲ	Ⅲ	Ⅴ	Ⅳ	Ⅳ	Ⅲ	Ⅲ	Ⅲ	Ⅲ
官渡口	Ⅲ	Ⅱ	Ⅲ	Ⅲ	Ⅲ	Ⅲ	Ⅲ	Ⅲ	Ⅲ	Ⅲ	Ⅲ	Ⅲ	Ⅲ

2. 库区支流水质总体下降趋势明显，富营养化问题突出

2003 年蓄水前对乌江、龙河、小江、汤溪河、磨刀溪、长滩河、梅溪河、大宁河和香溪河等 9 条支流监测结果表明,库区支流主要水质类别为Ⅱ类和Ⅲ类,55.6% 的支流水质类别为Ⅱ类,33.3% 的支流水质类别为Ⅲ类,11.1% 的支流水质为 V 类。主要支流水质影响因子分别为:香溪河为总磷(V 类),小江为氨氮(Ⅲ类)、高锰酸盐指数(Ⅲ类),乌江为汞(Ⅳ类)、总磷(Ⅲ类)。

图 6-3 显示的是自 2003 年蓄水以来库区主要支流入长江口(北碚、临江门、御临河口、武隆、小江河口、大宁河口、香溪河口)监测断面的水质类别情况,这些断面的水质变化在一定程度上反映了近年来库区支流水环境的基本状况。全面分析库区流域面积大于 $100 km^2$ 的 40 条一级支流近年来的水环境数据,可以获得以下基本结论:蓄水以来库区支流水质明显下降,Ⅱ类水质断面日趋减少,Ⅳ类水质断面增加迅速,局部水域某些时段甚至出现 V 类和劣 V 类水质,超标指标主要是总氮、总磷和高锰酸盐指数;同一支流不

同河段水质差别明显,存在显著的空间异质性特性,回水区营养负荷高,水质明显比非回水区差。此外,支流水质的季节差异明显(图6-4),同一水域不同月份的水质状况迥然不同,总体上冬季水质最好,秋季次之,春夏季水质最差。

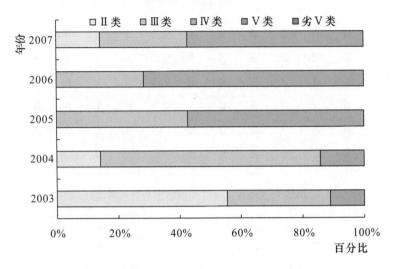

图6-3 蓄水以来库区主要一级支流断面水质状况

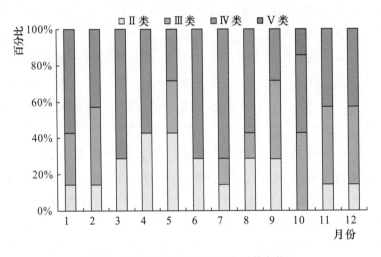

图6-4 2007年库区支流逐月水质基本状况

在湖泊水体富营养化评价中,叶绿素a是一项重要的评价指标。结合库区支流水体叶绿素a的监测情况,参考美国环保局规定,在叶绿素a与富营养化之间存在着如下对应关系:<4.0mg/m³,贫营养;4～10mg/m³,中营养;>10mg/m³,富营养。一般认为叶绿素a为10μg/L是"水华"的下限值。国际上公认的发生富营养化的TP控制标准为0.02mg/L,磷是控制富营养化发生的主要因素。采用叶绿素a、总磷、总氮、透明度和高锰酸盐指数等指标进行水体综合营养状况评价,2004—2006年库区支流水域营养状况变化如图 6-5 所示。

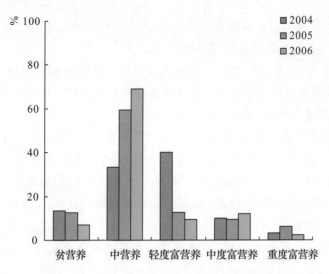

图 6-5　　2004—2006 年 6 月份库区主要一级支流营养状况示意图

目前库区支流水体氮、磷含量偏高,总体已处于中营养—富营养水平,同时有向富营养化过渡的趋势,中富营养断面逐渐增多;局部水域部分时段富营养化水平较高。"水华"区域 pH 值范围为 8.4 ~ 9.4,叶绿素 a 浓度为 42.4 ~ 291.7 μg/L,藻类密度范围为 $2.1 \times 10^6 ~ 1.3 \times 10^8$ 个/L。现场调查发现,香溪河、大宁河、小江等支流富营养化严重,局部水域在春夏季呈重度富营养状态,如香溪河吴家湾水域、大宁河大昌水域等。

专栏 6-2

三峡水库消落区

三峡工程建成后,正常蓄水位为 175m,汛期防洪限制水位 145m,年内水库坝前水位在 175 ~ 145m 变化,届时水库将形成 30m 宽的消落带。因消落区水位涨落季节逆反自然枯洪规律,出露成陆时气候炎热潮湿,消落区原有的陆生生态系统消失,仅能适应新生境的动植物方能生存和繁衍。

三峡库区消落区总面积 348.93km²,岸线长度 5578km。长江干流消落区面积占 45.9%。其中最大的是开县消落区,面积为 42.78km²。

消落区的生态环境变化特征是:

(1)消落区的面积和水位变化幅度巨大,特别是其消长规律与自然状况相反,出露成陆期在夏季炎热时期,淹没期在秋、冬季,且淹没期长,远长于自然洪水。

(2)消落区与库区人口密集区临近,受人类活动影响显著。

消落区可能引发的生态环境问题:

(1)蓄水时,消落区残留污染物和土壤中有害物质会被水溶出,导致水库水质下降,影响饮用水源地水质安全。水库消落区有可能被用于进行季节性耕作。残留的化肥和农药进入水体,造成水质污染。

(2)三峡水库消落区的形成,给自然疫源性疾病、虫媒与介水传染病的传染源扩散、病媒生物孳生和疫源地创造了适宜的条件,易成为细菌、病毒、蚊蝇衍生源,诱发疾病暴发或产生新的流行性疾病。有利于蚊虫等孳生,增加疟疾、乙脑等流行。

(3)水库蓄水后,宽达30m消落区将出现植被稀疏散布,呈现似"荒漠化"景观,影响库区整体景观。

(4)消落区水位反复消涨,易造成部分岛屿或半岛景区的边坡不稳,产生安全隐患。

为保障三峡水库生态与环境安全,有关部门正在制订消落区生态建设与保护规划,开展消落区生态建设,保护库区水质。

水库孤岛:因人为筑坝蓄水在水库中形成的四面环水与其他陆地不相连接的陆地称水库孤岛,这些岛屿在蓄水前一般为海拔高于蓄水水位的高山、高地等,蓄水后低于蓄水位的陆地被水淹没,高出蓄水位的区域出露在水面上成为岛屿,由于与其他陆地不相连接,因此称为孤岛。三峡成库后,由于水位上升,一些原有的岛屿如丰都丰稳坝等被淹没,同时许多江边的小山被水围困,变成大小不等的孤岛。据统计,新产生的半岛或全岛约有152个。这些岛屿主要集中在重庆库区,尤其在忠县洑井、云阳澎溪河一带。152个岛屿中,面积最大的是忠县顺溪岛,达7.38km²。

三峡水库孤岛目前存在的主要生态问题包括孤岛消落区问题、孤岛生物多样性减少问题、物种缺少与外界交流而发生退化问题、孤岛生态系统稳定性问题等。

三、库湾与支流回水区"水华"

自2003年6月首次在三峡库湾与支流回水区发现"水华"以来,"水华"问题已经成为三峡水库水环境的突出问题和公众关注的焦点,"水华"频繁出现,预示着水库库湾和支流回水区富营养化程度逐渐加重,显示了库区水环境问题的严峻性。

1.典型"水华"事件

2003年5月26日至6月10日,三峡水库蓄水至135m。在蓄水位抬高过程中,距坝址较近的香溪河等因首先受到长江干流的顶托影响,流速变缓,出现回水区,在气象条件、营养盐水平等因素的共同作用下,6月6日,香溪河口至峡口镇约17 km的河段水域首度出现

"水华",水体呈淡棕黄色,之后6月7日大宁河龙门大桥水域也出现"水华"。6月10日,水位蓄至135m,水库下泄量加大,流速加快,加上出现阴雨天气,气温下降,"水华"消退。

系列监测结果表明,继2003年6月首次在三峡水库发现"水华"后,支流库湾"水华"发生频率呈增加趋势,范围也有所扩大。据不完全统计,2003年累计发生"水华"3起,2004年发生6起,2005年为19起,而2006年仅2—3月就发生10余起。其中以小江、汤溪河、磨刀溪、长滩河、梅溪河、大宁河和香溪河最为严重。

监测显示,2004年春夏季,部分支流"水华"暴发时段集中于2—6月,暴发水域范围基本固定。其中坝前凤凰山库湾3月上旬发生"水华",水体呈酱油色,优势种为硅藻门的星杆藻和甲藻门的拟多甲藻,持续时间1周左右。香溪河于2月下旬、3月中旬至4月上旬和6月上旬发生"水华",持续时间分别为5天、1个月和10天左右,发生范围主要集中在峡口镇以下至香溪河渡口约20km回水顶托河段,水体浑浊,水色呈酱油色或微带黄绿色,优势种为硅藻门的小环藻和星杆藻。大宁河于3月下旬至4月上旬、5月下旬、6月上旬和6月下旬发生"水华",各时间段"水华"持续时间分别在10天左右,发生水域分别为巴雾峡口至大宁河口河段、双龙—银窝滩—龙门河段、马渡河至大宁河口河段,水体呈浅黄绿色或浅酱油色,有较重鱼腥味,优势种为绿藻门的小球藻、硅藻门的星杆藻、甲藻门的拟多甲藻、绿藻门的实球藻。神女溪、抱龙河发生"水华"时间段为5月下旬至6月上旬、6月下旬,持续时间10天左右,发生范围为红岩河至葡萄坝约2.5 km长河段,主要优势种为甲藻门的拟多甲藻、绿藻门的小球藻和实球藻。神女溪发生水域为倒车坝6号航标附近约1.5 km长的河段。

2005年支流回水区依然多次出现"水华",时间集中在3—7月。3月上旬抱龙河、大溪河出现"水华",河段长度分别约3.0km和5.0km;3月中旬抱龙河、大溪河、大宁河、童庄河、叱溪河、坝前木鱼岛均出现"水华",抱龙河、大宁河、大溪河的"水华"河段长度分别约5.0km、7.0km和5.0km,其他支流暴发水域范围稍小;3月下旬抱龙河、神女溪,磨刀溪、汤溪河、澎溪河、长滩河、长江八角处出现"水华",河段长度分别约4.0km、2.5km、3.0km、2.5km、3.0km、1.5km和1.0km;4月梅溪河出现甲藻"水华",水体呈酱油色,优势种为甲藻门的拟多甲藻,藻类密度高达3.0×10^7个/L;4月下旬和5月上旬万州区瀼渡河出现"水华";5月上旬奉节县梅溪河、朱衣河、草堂河出现"水华";5月下旬梅溪河水体再次暴发"水华";7月香溪河出现短期"水华",水体呈蓝绿色且伴有浓烈的腥臭味,藻类细胞密度高达1.1×10^8个/L。

2006年2—3月,库区香溪河、青干河、大宁河、抱龙河、神女溪、澎溪河、汤溪河、磨刀溪、长滩河、草堂河、梅溪河、朱衣河、苎溪河、黄金河、汝溪河等15条长江一级支流出现"水华",发生"水华"水域的pH为8.1～9.2,叶绿素a含量为10.6～98.1μg/L,藻类细胞密度为3.2×10^6～7.3×10^7个/L,藻类优势种为硅藻门的小环藻、甲藻门的拟多甲藻、绿藻门的衣藻和隐藻等。不同支流或同一支流不同水域和时段出现了不同类型"水华"。另外发现小江在夏季出现了蓝藻束丝藻"水华",秋季在香溪河高阳镇下游水域也发现了有毒甲藻。

2006 年水库蓄水至 156m 后，小江回水淹没了云阳境内 100 余处小型堰塘、16 个支流库汊以及高阳镇高阳坝、李家坝和养鹿乡的铜陵坝等，在高阳至养鹿段长约 20km 的河段出现了大面积水葫芦和浮萍等水生植物。

2007 年，三峡库区有 7 条支流出现了"水华"，分别为汝溪河、黄金河、澎溪河、磨刀溪、梅溪河、大宁河和香溪河等，藻类优势种主要为硅藻门的小环藻、甲藻门的拟多甲藻、绿藻门的空球藻、隐藻门的隐藻以及蓝藻门微囊藻等。同时，库区部分支流的"水华"藻类优势种总体上呈现出由河流型（硅藻、甲藻等）向湖泊型（绿藻、隐藻、蓝藻等）演变的趋势。

2008 年"水华"暴发时间相对延迟，水库各主要一级支流如香溪河、童庄河、青干河、神龙溪、大宁河、草堂河、梅溪河等均在 3 月中下旬开始出现甲藻"水华"，到 4 月底以硅藻"水华"为主；"水华"暴发程度较 2007 年有所减缓，持续时间缩短，但频率增加，且除以往的"水华"高发水域外，还出现在一些新的水域。此外，2008 年度 1 月在大宁河，6 月在香溪河、神龙溪等支流出现了以铜绿微囊藻为优势种的大面积蓝藻"水华"。其中 6 月"水华"暴发持续了 10 ~ 15 天，发生河段长度神龙溪约为 10 km，香溪河约 25 km，水体中藻类密度高达 4.65×10^8 个/L，叶绿素 a 含量最高达到了 98.20μg/L。6 月 16 日起，香溪河出现大面积"水华"，最严重时"水华"河段长度超过了 25km，部分河段藻类布满整个河面。藻类密度超过"水华"发生的临界值 3 ~ 4 倍。此次"水华"暴发历时 1 月有余，直至 7 月 20 日后才有所减轻。

专栏 6-3

库湾与支流回水区"水华"形成条件

"水华"是湖泊富营养化的典型特征之一，是在一定的营养、气候、水文条件和生物非生物环境条件下形成的藻类过度繁殖和聚集现象，在种类组成、发生时间及水平分布上具有一定的规律性。"水华"发生表现为特定藻类的瞬时疯长，目前对于"水华"发生的诱导因素和机理还不是十分清楚。研究认为"水华"暴发与水体化学物理性状（主要是营养状况）、湖泊形态和底质等众多因素有关。它包含着一系列生物、化学和物理变化的过程。

营养物质

水体的氮、磷等营养盐是藻类生长的物质基础。监测结果显示，蓄水后库区 28 条支流总磷范围为 0.02 ~ 0.49mg/L，总氮为 0.72 ~ 3.59mg/L，远高于湖库水体标准的临界浓度 0.02 mg/L、0.20mg/L，并且均处于中—富营养状态，因此客观上已经具备了藻类生长的营养基础，即发生"水华"的物质条件，这是库区支流水体"水华"

发生的内因。对库区支流"水华"的时空分布特点进行分析后,显示出了与富营养化评价结果高度的时空一致性。一般而言,支流水体春、夏季富营养化程度相对较高;支流越靠近坝址,其富营养化程度也相对越高,"水华"发生也相对频繁;对同一河流而言,富营养化程度相对较高的河段往往亦是"水华"的高敏感区。

水流态

蓄水前库区支流平均流速在 1.0m/s 以上,而蓄水后流速大大减缓。135m 蓄水位支流断面平均流速仅 0.04m/s,156m 蓄水位支流断面平均流速仅 0.01m/s。水库蓄水引起的水力条件剧变,使支流回水区停留时间延长,不利于污染物的扩散,引起营养盐的富集,成为诱发库区支流水体"水华"发生的直接原因。钟成华等认为回水段水流减缓,有利于浮游藻类的生长繁殖,使得水体更有利于富营养化的发生。从蓄水后支流"水华"发生区段的特点来看,"水华"主要发生在受干流回水顶托影响河流的滞水河段,因此受回水顶托影响形成的滞水水域是"水华"高发区。

光照条件

浮游植物的光合作用离不开对光的吸收,光照是影响浮游植物季节性变化的重要因素,它同时决定浮游生物在水中的垂直分布。在一定的光照范围内,光照增强促进浮游植物生长,不同的藻种对光照的反应也不同,因此对光的竞争能力也决定了群落的物种组成和数量分布。在营养盐充足的条件下,光照是浮游植物生长和演替的影响因子。三峡蓄水运行后,回水区水流减缓,泥沙沉降,水体浊度变小、透明度增大、光线的穿透率升高,有利于浮游藻类的光合作用。

水温条件

一定的温度条件是"水华"暴发的必要条件;不同藻类生长在不同的温度范围内,超过这个范围则藻类难以快速生长繁殖。水温升高使水体溶解氧较大幅度地下降,加快了有机物的氮、磷分解速度,使藻类生长繁殖有更多的营养物质,促进藻类大量生长,积累到一定程度,就会使"水华"暴发。三峡库区各支流水域水温季节性变化明显,冬季水温较低,春季水温回升,夏季最高,秋后水温逐步下降。3—7 月的平均水温是 $11.8 \sim 25.8℃$,适合藻类的繁殖生长,同时充足的阳光,十分有利于藻类进行光合作用,促使藻类的生长繁殖,使暴发"水华"成为可能。因此,从蓄水后支流"水华"发生时段来看,每年春、夏季是"水华"高发季节。

2. "水华"暴发的特征

蓄水以来的监测结果表明,三峡水库"水华"具有以下特征:

(1)自三峡水库蓄水以来,支流库湾"水华"发生频率呈增加趋势。"水华"发生的区段相对固定,集中在受干流回水顶托影响的回水水域,但范围有所扩大。据不完全统计,自 2003 年首次发现"水华"后,2004 年共发生"水华"6 起,2005 年为 19 起,2006 年仅

2—3月就发生10余起。其中以小江、汤溪河、磨刀溪、长滩河、梅溪河、大宁河和香溪河最为严重。在一些一级支流库湾藻类密度达到相当高的程度（10^8以上）。春、夏季为"水华"高发期，主要集中在3—7月。

（2）"水华"优势种群主要包括有隐藻、硅藻、甲藻、绿藻和蓝藻等。受区域地理特性、水动力等条件的不同影响，不同支流或同一支流在不同区段和时段出现的"水华"类型不完全相同，主要有"甲藻型—硅藻型—蓝藻型"，以香溪河为代表；"甲藻型—硅藻型—绿藻型"，以大宁河为代表；"甲藻型—硅藻型"，以小江为代表。迄今为止，库区"水华"藻类优势种分别有：硅藻门的小环藻、甲藻门的拟多甲藻、绿藻门的衣藻、隐藻门的隐藻以及蓝藻门的铜绿微囊藻等。一些原来并不占据优势的藻类，甚至一些以前不为人知的新种和新记录种、稀有种迅速生长，已先后多次出现了以甲藻门的拟多甲藻、硅藻门的里海小环藻、美丽星杆藻和隐藻门的湖沼红胞藻等为代表种的"水华"。总体上"水华"优势种显示出由硅—甲藻（春季）向蓝—绿藻（夏季）转变的年内变化和由河流型向湖泊型转变的年际变化特点。以2005年香溪河藻类优势种年度变化趋势为例，春季以硅藻、甲藻为主要优势种；夏季出现蓝、绿藻并逐步取代硅藻、甲藻，成为主要优势种，其中7月以蓝藻为优势种，8月以绿藻为优势种；秋、冬季藻密度均小于1.0×10^6个/L，无明显优势种。

（3）"水华"暴发的时间有提前的趋势。2007年2月下旬，库区各主要支流，如汝溪河、黄金河、澎溪河、磨刀溪、梅溪河、大宁河和香溪河等就开始出现"水华"，且持续时间明显延长，最长达30天左右，藻类优势种主要为：硅藻门的小环藻、甲藻门的拟多甲藻、绿藻门的空球藻、隐藻门的隐藻以及蓝藻门的铜绿微囊藻等。"水华"水域pH值为8.4～9.4，叶绿素a浓度范围为42.4～291.7 μg/L，藻类密度范围为2.1×10^6～1.3×10^8个/L。香溪河"水华"自2月开始发生后，一直持续到4月中旬。童庄河、青干河等支流"水华"生物量显著增加，持续时间延长，水面呈现酱油色，绵延2～3km。值得注意的是大宁河在该年12月出现以铜绿微囊藻为优势种的蓝藻"水华"现象，"水华"持续时间40天以上，绵延3km左右，该类"水华"藻类的毒性较高。

（4）"水华"发生期pH变化规律明显。一般在水库"水华"发生初期pH为7.5，增长期为8.5，最高可达9.0，消失期pH降低。156m蓄水位三峡库区支流藻类优势种的组成与分布见表6-5。至今"水华"暴发主要发生在香溪河、童庄河、青干河、神龙溪、大宁河、磨刀溪、长滩河、梅溪河、汤溪河和小江等受回水顶托影响的河流，而在香溪河、大宁河等支流的上游非回水区，以及御临河、龙溪河和龙河等尚未受回水影响或影响较小的河流均未发生"水华"，由此可见，水库蓄水后回水顶托作用对支流"水华"现象产生的显著影响。

3. "水华"趋势分析

（1）"水华"发生的范围扩大。受库区及上游点源和非点源污染的影响，目前库区干流与支流水体的营养状况均已具备发生"水华"的条件，若入库污染负荷不发生根本性改变，在合适的气温下，水流流态状况成为制约"水华"发生的主要因子。随着水库蓄水的进一步实施,回水区域将进一步加大,已受回水影响的河流其回水水域将进一步延伸,目前尚未受到回水影响的库区上游段河流将会受到回水的影响,以御临河为例,当水位抬升至175m后,将形成20km的回水河段。因此,随着水库的进一步蓄水运行,预计将会有更多的支流水域可能发生"水华","水华"发生的范围将有所扩大。

表6-5　　　　　　　**156m蓄水位三峡库区支流藻类优势种的组成与分布**

河流名称	藻类优势种群	河流名称	藻类优势种群
乌 江	硅藻、甲藻	长滩河	硅藻、甲藻
珍溪河	硅藻、甲藻、隐藻	梅溪河	硅藻、甲藻、隐藻
渠溪河	硅藻、甲藻、隐藻、绿藻	草塘河	绿藻、隐藻
碧溪河	硅藻、甲藻	大溪河	硅藻、绿藻、甲藻
龙 河	硅藻、甲藻、隐藻、绿藻	大宁河	硅藻、甲藻、隐藻
池溪河	硅藻、甲藻、隐藻	官渡河	硅藻、隐藻
东溪河	硅藻、甲藻	抱龙河	硅藻、甲藻
黄金河	硅藻、甲藻、裸藻	神农溪	硅藻、甲藻、隐藻
汝溪河	硅藻、甲藻、裸藻	青干河	硅藻、甲藻
穰渡河	硅藻、甲藻、裸藻	童庄河	硅藻、裸藻
苎溪河	硅藻、绿藻、甲藻	叱溪河	硅藻、甲藻
小 江	硅藻、甲藻、隐藻、绿藻	香溪河	硅藻、甲藻
汤溪河	硅藻、甲藻、隐藻	九畹溪	硅藻
磨刀溪	硅藻、甲藻、隐藻	茅坪溪	硅藻

（2）"水华"发生时间趋于集中。在135m蓄水位下,"水华"频发时段主要集中在3—7月,这是因为此时水库的水位变动不大,水体滞留时间较长,有利于"水华"暴发。

蓄水至175m后,尽管回水面更大、流速更缓、水体滞留时间更长,但根据水库运行要求,每年5月初起需在汛前降低水位达到防洪库容,因此水位变动幅度加大,这将不利于藻类的生长,因此,预计"水华"发生时段将主要集中在条件相对适宜的3—4月。

（3）"水华"优势种趋于多样化。库区支流水体藻类丰富,其中有相当一部分在条件适宜的情况下可以形成"水华",主要包括硅藻、甲藻、隐藻、绿藻、蓝藻等5大类及其组合型。随着水库的蓄水,库区会形成更多类型的回水水域,未来"水华"的优势藻种将更加多样化。

第二节　库区水污染现状与水环境变化原因

三峡水库位于长江上中游结合处,与一般大型水库不同,库区城镇众多,人口密集,总人口超过 2000 万,经济相对落后,属我国连片欠发达地区,面临较大的发展压力和环境压力。水库接纳了上游 100 万 km^2 集水区的汇水,水污染问题非常复杂,既要考虑上游及库周点源与非点源的污染物排放影响,又要考虑三峡蓄水运行以来的水文情势变化。

一、三峡库区水污染防治进展

国家对三峡工程的环境保护给予了高度重视,从 1993 年以来,采取了一系列保护政策和措施,各有关部门和地方各级政府也为保护三峡水环境付出了巨大努力。

"九五"以来,国家实施了《长江上游水污染整治规划》、《三峡库区及其上游水污染防治规划(2001—2010 年)》、《三峡水库库周绿化带建设规划》等;建立了"长江三峡工程生态与环境监测系统";先后安排了"三峡移民区水环境变化预测及污染防治对策研究"、"三峡库区生态环境建设研究"、"三峡移民工程中的生态环境保护研究"、"长江三峡工程库区移民搬迁安置环境保护行动计划"、"三峡水库水体中氮、磷的影响研究"等科研项目;设立了由 14 个部门和单位组成的三峡库区及其上游水污染防治部际联席会议制度等。这一系列政策措施的逐步落实,在保护三峡地区水环境方面发挥了重要作用。

在《三峡库区及其上游水污染防治规划(2001—2010 年)》中,国家共安排了 392.2 亿元资金用于库区及上游地区污水处理厂和垃圾处理厂等设施的建设。2002—2005 年间,累计完成治理投资 181.7 亿元(其中国家投资 129.2 亿元),完成治理项目 227 个(包括 78 个污水处理项目,80 个垃圾处理项目,3 个生态保护项目,142 个重点污染源治理项目,6 个次级河流整治项目)。

截至 2007 年底,三峡库区累计完成移民项目投资 376.40 亿元(静态),搬迁安置移民 122 万人,搬迁、破产、关闭工矿企业 1599 家,全国对口支援三峡库区的资金累计达 421 亿元。三峡地区已建成 126 座生活污水处理厂(库区 33 座,影响区 23 座,上游区 70 座),污水处理能力达到 595.3 万 t/d(21.7 亿 t/a),库区城镇已建成 41 座垃圾处理场,处理能力约 1.1 万 t/d,治污能力大为改善,为削减污染物排放量,保持长江干流水质稳定在 Ⅱ、Ⅲ类作出了重要贡献。

长江上中游水土保持重点防治工程、长江上游防护林工程、退耕还林还草工程、天然林保护工程等生态保护和建设项目的实施,在一定程度上控制了水土流失,减少了库区上游地区的土壤侵蚀量和入库泥沙量,对面源污染控制发挥了重要作用。2003—2007 年,入库泥沙量年均值为 2.03 亿 t,比多年均值减少了 54%。

2008 年 1 月,《三峡库区及其上游水污染防治规划》(修订本)经国务院批准实施,拟在"十一五"期间再投资 228.24 亿元,用于三峡库区污水处理厂和垃圾处理场建设、工业污染和船舶流动源污染治理以及小流域综合整治,这必将进一步提升三峡库区的治污和控污能力,促进库区的节能减排工作,有利于更好地保护水库水环境。

二、三峡库区主要污染来源

影响三峡水库水质的污染物主要来自库区及上游地区排放的工业废水、生活污水、垃圾,以及面源污染和船舶等流动污染源。据2004年统计资料,重庆市排放的COD、NH_3－N和TP中,农业占51.6%,城镇占21.7%,工业占16.1%。

1. 点污染源

2007年环境统计结果显示,三峡库区工业废水排放量为4.74亿t,其中重庆库区4.58亿t,湖北库区0.17亿t,分别占96.5%和3.5%。在排放的工业废水中,化学需氧量和氨氮排放量分别为7.48万t和0.67万t。同期,库区城镇生活污水排放量为4.78亿t,其中重庆库区4.63亿t,湖北库区0.15亿t,分别占96.9%和3.1%。在排放的城镇生活污水中,化学需氧量和氨氮排放量分别为9.26万t和0.93万t。

2007年,三峡库区城镇已建成一批污水处理厂和垃圾处理场,形成了一定的处理能力,2007年库区工业废水与城镇生活污水排放量较2006年有所下降,说明这些设施对削减入库污染负荷发挥了重要作用。

2. 非点源污染

库区非点源污染主要来自农业化肥、农药流失,畜禽养殖污染和城市地表径流,是水库中氮、磷的重要来源。此外,水库蓄水后,淹没区地表的各种废弃物,土壤中部分污染物和氮、磷等营养元素的溶出,也会在一定时段内对水库水质产生显著影响。

近年来,由于长江流域化肥、农药大量使用,面源污染日益严重。随着产业结构的调整,农业,特别是畜禽养殖和化肥农药将成为主要的污染物来源,成为影响水质的重要因素。三峡库区化肥使用量大,1996—2004年调查显示,库区农业化肥使用量达481.7kg/hm^2,为2003年全国平均值的1.93倍,这在客观上为控制氮、磷的排放增加了难度。2007年,库区共施用化肥(折纯量)16.6万t,比上年增加7.4%。库区化肥流失总量为1.38万t,比上年增加14.0%。使用农药(折纯量)654.12t,较上年减少0.2%。

3. 流动污染源

三峡水库蓄水后,通航条件得到较大改善。库区客货运船舶数量增加,使船舶流动污染源影响更为突出。2007年监测结果显示:航行于库区并产生油污水的船舶约6753艘,由此估算库区船舶油污水年产生量为50.93万t;处理量为48.31万t,处理率为94.8%。处理后排放达标量为40.72万t,排放达标率为84.3%。与2006年相比,船舶油污水产生和处理排放情况变化不大。各类船舶机舱油污水产生量大小顺序与上年相同,依次为货船26.93万t,客船18.06万t,拖轮3.25万t,其他船2.06万t,旅游船0.63万t,分别占油污水产生总量的52.9%、35.5%、6.4%、4.0%和1.2%。在排放的油污水中,石油类排放量为39.54t,比上年增加41.1%。货船依然是造成库区水域石油类污染的最主要船舶类型,其次为客船,控制货船石油类排放量是库区防治船舶污染的关键。

此外,库区水质除了受库区污染源影响,更多地受上游的污染物排放的影响,据有关研究结果,水库上游污染排放量占75%,COD、氨氮等达80%以上。

三、三峡水库纳污能力分析

纳污能力又称水环境容量,是指在一定水域功能对水质的要求能够得到满足,水域功能不受破坏的条件下,水体所能受纳污染物的最大量。水域纳污能力核算可以为水库污染物总量控制提供依据,是水库水质保护管理的基础。为此,长江流域水资源保护局开展了三峡库区水域纳污能力核定工作,成果经审查后,由水利部于2004年8月以"关于三峡库区水域限制排污总量的意见"正式报送原国家环境保护总局。

通常城镇污水多为沿岸边排放,污染物进入水体后不可能达到充分混合,因此对岸边水质影响明显,而岸边水域又与城镇生活、生产取用水关系密切。为此针对岸边水域水体功能及用途划分了水功能区,其宽度根据污水影响范围确定,然后以水功能区为基本单元计算纳污能力,相关功能区的纳污能力之和为该河段水域的纳污能力。

三峡水库蓄水后,水体容积增大,在175m时达到393亿m³,理论上水库总体纳污能力应随蓄水位的抬高而相应增大,但因实际上污染物进入水库水体后不可能完全混合,而且蓄水后因大坝的顶托作用,流速降低,水体紊动自净能力降低,岸边水功能区的纳污能力将随蓄水位抬高而减小,因此,在相同污染负荷条件下,库区干流城镇江段近岸水域的污染将会有所加重,污染带有所扩大。

在对三峡水库蓄水前后的水体纳污能力进行核算时,选用了COD和NH_3-N作为水质控制指标,对干流、支流分别进行了核算,并对不同蓄水位水体纳污能力变化进行了分析。计算时,综合考虑了库区及其上游的污染物排放情况、入库流量、区间来水量、水库下泄水量和水库水位以及水库调度方案的影响等。按水库水功能区为单元进行不同蓄水位下纳污能力比较。结果见表6-7。

表6-7 不同蓄水位下三峡水库纳污能力(t/月)

蓄水位(m)	COD	NH_3-N
蓄水前	14146.0	1164.0
135	12793.7	1074.2
156	12499.7	1044.1
175	7283.2	588.2

由上表可见,三峡水库蓄水后,当污染负荷不变时,受水库回水影响,水体自净扩散能力下降,干流水功能区水体纳污能力(以COD和NH_3-N为代表)随水位升高较蓄水前有明显下降,至175m为最小,届时干流城镇江段的水污染将有所加重。

支流水功能区对蓄水后香溪河、大宁河、小江的纳污能力进行了核算,结果如表6-8所示。

表 6-8 典型库湾总磷、总氮纳污能力计算成果表

库湾名称	蓄水位(m)	纳污能力（t/月）	
		总磷	总氮
小江	135	3.23	4.97
	156	2.07	3.51
	175	1.4	2.33
大宁河	135	4.85	2.56
	156	3.54	1.77
	175	2.8	1.33
香溪河	135	0.64	2.85
	156	0.42	2.06
	175	0.22	1.64

资料来源：长江流域水资源保护局"三峡水库纳污能力核算报告"。

支流库湾由于枯水期的来水量小，加上水库蓄水后回水的顶托影响，在回水区末端形成水流相对静止的库湾，自净扩散能力很差，纳污能力很小。研究表明，随着三峡水库水位的抬升，水库纳污能力将相应降低，因此水库的水质保护任务将更加繁重。必须采取有效措施控制总磷、总氮等的排入量。其中一些支流库湾，如小江开县段、香溪河与大宁河的回水区等是水库水质保护的重点，应予以特别关注。

专栏 6-4

三峡库区水环境容量计算的不确定性

水环境容量，是指在一定水域功能对水质的要求能够得到满足，水域功能不受破坏的条件下，水体所能受纳污染物的最大量。自原国家环保总局"八五"期间提出了"一控双达标"的环境管理目标以来，水环境容量已经成为我国实施水体污染物总量控制的重要依据，在实际污染控制、环境规划与管理过程中得到了广泛的应用。

由于污染物质在水体中存在的复杂物理、化学及生物过程，水环境容量计算往往存在较大的不确定性。主要源于计算模型或方法的不确定性、滞留与降解等关键参数的不确定性、获取信息的不足与不精确性。

三峡库区自 2003 年开始蓄水运行以来，目前尚缺乏长系列的数据积累，尤其是针对不同蓄水水位的库区污染物迁移、转化过程的数据积累和研究还非常薄弱。水环境容量计算中多借助不同水位的情景分析和模拟来评估，必然增加水环境容量计

算的不确定性。不同方法、不同的系列很可能得到不同的结果。

据黄真理、李玉梁等完成的《三峡水库水质预测和环境容量计算》研究结果：①在现状(1998年)排污口位置下三峡水库建库前COD_{Cr}和NH_3-N的总体水环境容量分别为16.20万t/年及1.19万t/年，建库后分别为22.20万t/年及1.66万t/年，建库后总体水环境容量有所增大。②重庆主城区、涪陵和万州等3个主要城市江段在三峡水库建库前COD_{Cr}和NH_3-N的岸边水环境容量分别为26.7万t/年和0.27万t/年，建库后(175m水位)分别为8.3万t/年和0.13万t/年，建库后岸边水环境容量减少。③从水质偏于安全考虑，建库后三峡水库的3个重点城区城镇江段水环境容量按照175m水位岸边环境容量控制，其他江段则按175m水位总体环境容量控制，三峡工程建成后三峡水库水环境容量综合方案，COD_{Cr}为16.08万t/年，NH_3-N为0.90万t/年。

与前文长江流域水资源保护局的评估结果比较可以看出，库区水容量及蓄水运行造成水环境容量变化方面均有一定差异。考虑到确定三峡库区水环境容量在三峡水污染控制和管理的重要意义以及库区水环境容量计算的不确定性，目前亟待有针对性地开展深入研究。

四、水环境变化原因分析

1. 污染物入库状况未得到根本改善

三峡地区属我国西部，经济整体欠发达，面临着较大的发展压力。近年来，船舶、石化等资源高消耗或环境污染较大的企业，向上中游转移势头甚猛；同时随着库区城镇化的加速，迅速增加的污水排放量必然对库区水环境产生巨大压力。统计结果显示，2000年以来，库区工业废水和生活污水排放量及污染负荷仍呈上升趋势。尽管国家投入巨额经费进行三峡库区水污染防治，但由于三峡水库除了受库区的污染物排放影响外，还承接长江上游的巨大污染来源，在短期内入库污染负荷难以得到遏制，这是库区水污染形势未得到根本改善的重要原因。

(1)粗放的工业扩张模式导致工业污染居高不下。2002年以来，三峡地区重庆市、四川省工业产值年增长率一直稳定在13%以上，高于全国平均水平。然而，由于历史、地理等多方面的原因，三峡地区的工业经济发展还只是以规模扩张型的工业经济增长为主，比我国目前仍较为粗放的经济发展模式更加粗放，工业结构性污染问题，行业企业高投入、高消耗、高污染、低效益现象还很普遍，工业污染排放量居高不下。一些大中型工业企业多沿江集中分布，如重庆市两江工业密度带聚集了全市约60%的大中型企业，污水直排库区长江干流的工业企业有200多家，对库区干流水环境影响尤为突出。

按照《三峡库区及其上游水污染防治规划(2001—2010年)》的要求，三峡地区COD、氨氮排放量（包括工业和生活污染）到 2005 年应在 2000 年基础上（COD135.6t，氨氮 8.3 万 t）分别控制在 102.8 万 t，氨氮 8.3 万 t，但实际上并没有减少。2007 年三峡地区 COD 和氨氮排放量与 2005 年相比，又有一定的上涨。

（2）**城镇生活污染逐年加剧，污染负荷已超过工业。**据统计，2005 年三峡地区城镇生活污水、COD、氨氮排放量分别比 2000 年增加 22.1%、14.9% 和 7.9%，分别占工业和城镇生活相应排污总量的 53.8%、66.3% 和 71.5%（2000 年为 46.9%，49.6% 和 57.9%），已经超过工业污染负荷。随着城市化率和生活水平的提高，城镇生活污染将进一步加剧。

（3）**农业面源污染尚缺乏有效的控制。**三峡库区农业生产仍然是最主要的谋生手段，农业人口高达 1.1 亿，占总人口的 70% 以上。农业面源污染分散，防治难度大，治理资金投入严重不足。库区大量农村人口居住在没有任何环保设施的农村，每年产生生活垃圾超过 2500 万 t，产生生活污水超过 20 亿 t，这些绝大多数没有经过任何处理便经雨水或直排进入各类水体。2007 年，三峡库区化肥施用量达 1.0 t/km²，是全国平均水平的近 2.5 倍，而且施肥以氮肥为主，利用率不足 35%；农药施用量 2007 年达 3.4 kg/km²，且以高毒有机磷、有机氮等为主，对水环境危害很大；库区大量畜禽养殖场位于河边和城郊，污染物直接向水体中排放，也成为库区水污染的重要来源。

（4）**船舶流域污染源加重，防治工作仍未启动。**三峡库区 2003 年蓄水后航道条件改善，通航船舶大幅增加，客货运量上升导致船舶污染日益加重。尽管与工业污染源、城镇生活污染、农业污染源相比，船舶排污量较少，但因船舶排放污染物集中且直接进入水体，对水环境的影响更为直接，不可忽视。

（5）**污水处理设施建设滞后，污水实际处理率低。**从"九五"到"十一五"期间，国家针对三峡水库水环境保护实施了一系列环境政策，出台了相关法律法规和环境标准，并成立了三峡库区水污染防治领导小组和由 14 个部门和单位组成的三峡库区及其上游水污染防治部际联席会议制度，仅 2002—2005 年，落实《三峡库区及其上游水污染防治规划》就累计完成环境治理投资 182 亿元。这一系列政策措施和投资的逐步落实，在保护三峡水库水环境方面虽发挥了重要作用，也取得了明显成效，但由于经济发展压力大和污染治理设施建设欠账过多，库区及上游地区污水处理设施建设落后，污水管网不配套，无法正常运行，致使污水实际处理率很低。2007 年，三峡库区生活污水实际处理率仅 53.4%，上游影响区污水处理率仅 39.0%。

2. 蓄水运行改变水文情势对水环境的影响

三峡大坝蓄水后，"高峡出平湖"，原有的川江急流消失，水文水动力条件以及河道地形等发生重大改变。水体流速减缓，紊动、扩散、自净能力减弱，对库区水环境产生多方面的不利影响：①建库后，水体流速明显降低，紊动扩散能力减弱，近岸水域污染物浓度增加；②建坝后水库对氮、磷、钾营养物质有一定拦蓄作用，将促进藻类的生长，水库流速减缓也有利于浮游植物生长；③库区水体流速减小，可降解有机污染物在水库中的滞留时间增加,生化需氧量的消减比天然河流状况下可能有所增加,但其复氧能力减弱;④库湾和支流回水区呈现湖泊的水力学特征,不利于污染物的扩散,引起营养盐的富集,是诱发库区支流水体"水华"发生的直接原因。

3.移民后靠导致库区土地开发强度加大的影响

三峡水库农村后靠移民人均耕地面积($0.043\ hm^2$)(0.65亩),耕地面积比蓄水前减少,且耕地质量下降,土壤肥力和生产力低下。由于库区水位上升,作为移民主要收入来源的大片农田和果园被淹,农产品大幅度减产。在此情况下后靠移民有可能开拓更多的土地来满足生存和发展的需要,频繁的农业经济活动所造成的面源污染和水土流失势必对三峡支流库湾的水体生态安全构成威胁。

4.三峡地区特有的自然条件对水环境的影响

三峡地区本身属于生态脆弱区,生态环境形势严峻。土壤类型主要为紫色土、石灰土、黄壤、水稻土(母质主要为紫色砂、泥岩)等,土壤重金属背景值(单位:mg/kg)分别为:As5.84、Cd 0.134、Cr 78.0、Cu 25.0、Hg 0.046、Ni 29.5、Pb 23.9、Zn 69.9。海拔500 m 以下的丘陵区主要为农耕区,森林植被破坏殆尽,土壤侵蚀严重。海拔 500 ~1500 m 的低山和中山下部,主要为自然林被及次生林被,同时,有成片的人工林果地、蔬菜地、耕地分布。总体上库区森林覆盖率不到30%,水土流失面积占库区面积的63%。此外三峡地区水系发达,次级支流多发源于山区,是库区城市和农村的主要水源,也是库区的水量补给源,而耕地多分布在长江及其支流两侧河岸,多为坡耕地和梯田。汛期暴雨次数多、时间短、强度大,且上游地区偏多,每到汛期,强降雨引起的地表径流挟带枯枝败叶、泥沙、农药化肥等进入水体,导致大量的营养物质和重金属元素释放到水体中,长江干支流中悬浮物含量急剧增高、污染物含量增加。在某种意义上,库区的自然条件和目前三峡水库的污染现状、环境质量具有密切的关系。

第三节　三峡库区水污染防治对策

三峡库区的水环境安全问题涉及库区与长江中下游地区的用水安全、南水北调工程的顺利实施、长江流域的生态安全以及三峡工程的成败,更与我国能否实现可持续发展密切相关。三峡工程蓄水后,水库污染的风险加大,富营养化进程加快,部分支流出现了"水华"现象。库区一些地区饮用水存在安全隐患,消落区及渔业、旅游、孤岛等资源开发存在无序现象,库区水质污染、危险品运输、重大自然灾害等尚缺乏有效的应急处置机制。三峡水库水环境状况已经成为国内外关注的焦点。因此,加大库区水环境保护力度,协调三峡库区及其上游经济发展和水质保护的矛盾,合理控制城镇发展规模,调整产业结构,严格控制污染排放,控制畜禽养殖和网箱养鱼污染,研究"水华"发生机理与治理对策,探索建立库区生态补偿机制等,已成为三峡水库水环境保护的紧迫工作。

一、实施库区人口有序转移战略,大力促进三峡地区经济社会发展战略转型

人口压力过大是影响三峡库区经济社会发展与稳定的最突出、最根本的问题,也是水污染防治的最大瓶颈和难点。因此,制订发展规划时必须首先考虑人口与环境承载能力相协调。为此,建议实施库区人口下降的长期发展战略,主要包括:①继续严格执行计划生育政策,控制人口增长;②加强就业技能培训,提高劳动者素质,使劳动力能有序输出转移;③制订长期的鼓励与扶持政策,推动外出务工人员的户籍、住房、养老、医疗和子女教育等社会保障措施的体制改革,缓解库区人口压力;④对重庆市的将库区人口有序向渝西经济圈和成渝线转移战略给予支持。

国家实施西部大开发战略,极大地推动了西部地区经济的快速发展,投资环境的大为改善。特别是国务院决定在成渝两市设立全国统筹城乡综合配套改革试验区,是全面实现科学发展与和谐发展的极好机遇。因此,要将三峡水库作为特殊水域,科学定位,重点保护。要真正落实科学发展观,妥善处理经济发展与环境保护的关系,探索以保护求发展,构建资源节约型、环境友好型社会的新型发展模式。在项目、资金、技术、人才方面给予扶持,将劳动密集型、污染少的项目放到库区,而不能投放高污染、高风险的项目。

二、加大三峡地区的污染综合防治力度,削减污染排放量

实施工业结构和布局调整、源头控制、末端治理、大环境治理与生态修复等各方面的综合防控,实现工业增产减污。从法规和政策上促使企业技术升级、减轻污染负荷。积极开拓农村面源污染防治工作,制订农业面源污染防治管理条例,大力发展绿色农业,继续大力推广以沼气为纽带的生态农业模式。依据《畜禽养殖污染防治管理办法》及《畜禽养殖污染防治技术规范》,对规模化畜禽养殖场重新规划,并进行环境影响评价,调整其布局,划出宜养区、限养区和禁养区。加快城镇生活污染治理,切实提高污水处理率。严禁网箱养鱼,实行科学水产养殖。依法严管,有效控制船舶流动污染源。

将总氮、总磷纳入总量减排指标,严加控制。在三峡地区率先开展绿色税收、绿色外贸、绿色信贷和排污权交易等环境经济新政策的试点工作。

借鉴相关地区在水电站等周边建设绿化带的成功经验,建议在三峡水库周边划出一定范围建设国家林场,作为禁止开发区予以保护,以缓冲周边污染物对水库环境的影响,防治水土流失对水库环境影响。在库区上游,要继续推行退耕还林还草、天然林资源保护、封山育林、长江防护林工程建设。全面启动小流域综合整治,控制水土流失,遏制水体富营养化趋势。

三、加强库区水环境监测研究,提高水环境污染治理水平和应急能力

为进一步追踪库区水质演变状况,以及定量化库区水质管理措施实施的效果,继续

开展库区富营养化监测,并有针对性地研究相应的水质控制技术非常必要。对库区"水华"暴发及演变机理、"水华"防治与水环境改善的综合技术研究,以及水库生态系统对175m蓄水的响应及发展趋势等的研究,为建立库区水体"水华"预警预报系统,优化水库调度方案,控制或减缓三峡水库"水华"暴发提供技术支撑。应结合次级河流综合整治工程,保护好库区的水源地。

大量的重工业及化学工业在三峡地区长江沿线集聚,必然导致突发污染事件发生的风险加大。国家各有关部门应根据《国家突发公共事件总体应急预案》,抓紧建立三峡地区污染事故应急预警和应急反应机制,制订《三峡库区及其上游突发性环境污染事件预案》,加强应急能力建设。各级政府应该加强对重点污染源的日常监管,对两岸现有石油、化工类所有企业,应逐一排查高危工段,定期对危险部位进行安全检查及消防演练,提高应急能力建设。船舶运输危险品时应采用标箱方式,避免一旦发生事故时造成水体污染。

四、建立生态补偿和统一的环境监管机制,提高库区环境保护管理水平

现行的行政管理体制是制约三峡库区水环境有效监管的瓶颈。应按照党的十七大提出的要求,在三峡地区寻求建立协调统一有效的管理模式,完善水环境保护管理体制与机制,进一步加强法制建设。进一步加强环保部门的监督管理能力建设,依法提升监管力度,制订《三峡库区及其上游水污染防治条例》和适应不同功能区的环境质量标准、水质标准及与之配套的排放标准,使这一特殊水域的保护管理有法可依。

对三峡库区而言,建立和完善生态补偿机制,通过经济杠杆的有效调节作用,增加上下游联合治污的动力,建立水环境保护长效机制,是三峡水库水质保护的重要保障。因此,需制定三峡地区生态补偿与污染赔偿的政策法规,尽快出台《三峡地区生态补偿与污染赔偿管理办法》,采取行之有效的补偿与赔偿方式,由下游受益方向上游进行直接经济补偿。因排污或污染事故,上游的污染者和事故责任者应承担赔偿责任,以补偿受害者的损失;或通过税收,间接地由国家财政转移支付,对上游、禁止开发区和限制开发区等进行统一补偿;或者从三峡电费中提取一定比例用做生态补偿。

第七章

三峡工程蓄水运行前后长江坝下江湖水沙情势变化

　　长江三峡工程是世界上最大的水利工程,工程的修建,将改变下泄流量、沙量等原有过程的特征,进而对大坝下游地区长江干流、通江湖泊等产生影响。根据三峡水库现行建设方案,其总库容为三峡工程建坝坝址处年径流量的1/10,它不是多年调节水库,建库后也不改变全年入海水量。按照计划调度方案,一年中5—9月和11—12月基本不改坝下长江干流的天然流量过程。三峡水库在每年的10月份蓄水,水库下泄流量将比天然情况减少3000~7000m³/s;枯水期1—4月比天然情况增加600~4000m³/s。除了水量分配上发生的变化外,坝下泄流沙量或输沙率等也随之变化。这些变化除了直接影响三峡水库坝下长江干流河床演变和水文情势外,还通过江湖关系与洞庭湖、鄱阳湖等湖泊发生地表水和沙量的直接交换影响。

　　三峡工程对生态环境的的影响面广、关系复杂且深远,本章仅就三峡工程蓄水后对坝下江湖关系中的水沙情势影响作初步分析。分析表明,三峡水库蓄水运用后,下泄水流的含沙量明显减少,粒径变细,已引起坝下游河道沿程发生不同程度的冲刷,进而可能对河势、江湖关系及河岸稳定、堤防安全、涉水工程的正常运用及航道安全等产生影响。

第一节　长江坝下干流水文和泥沙过程变化

一、三峡水库流量与径流量过程变化

　　三峡水库2003年6月蓄水位至135m运行后,其间蓄水位经过多次调整变化,从水库出入库流量过程看(图7-1),三峡水库蓄水运行总体上照顾了出入库流量的平衡,出入

库流量过程基本对应,但 2006 年枯水年份的 10 月和 2007 年的 10 月,三峡水库明显拦截了上游入库流量,造成下泄流量减少。

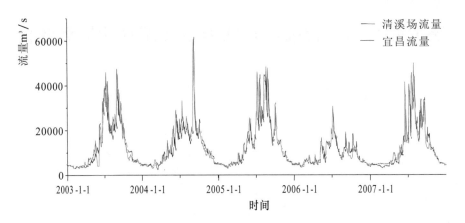

图 7-1　三峡水库蓄水运行后出入库流量过程比较

　　比较分析三峡水库蓄水运行前后长江中下游干流的年径流量变化特征,三峡水库蓄水运行前,长江中下游干流河道的多年平均径流量在荆江河段因三口分流的存在表现为沿程递减,至监利站,多年平均径流量为宜昌站的 0.82 倍;城陵矶以下,因沿程湖泊与支流的入汇,年均径流量沿程递增,至大通站(距宜昌 1125km),多年平均径流量相当于宜昌站的 2.07 倍(表 7-1)。三峡水库蓄水运行以来(2003—2007 年),大坝下游干流河道各控制站年均径流量,较蓄水前多年平均(2002 年以前)值有所下降,变化幅度为0.5% ～10%,但沿程变化与蓄水前基本一致。

表 7-1　　　　　　　　　三峡水库蓄水后长江中下游干流各控制站径流量变化

项目	时段	宜昌	枝城	沙市	监利	螺山	汉口	大通
径流量 (×10^8 m^3)	蓄水前多年平均值	4368	4450	3942	3576	6460	7111	9052
	蓄水后 2003—2007 年平均值	3937	4021	3720	3560	5823	6677	8148

　　三峡水库蓄水运行以来宜昌、螺山、汉口站年径流量占大通站的百分数与其蓄水前相比没有明显的趋势性变化,多年平均径流量占大通站的百分数分别为48.3%、71.4%、78.6%(图 7-2);监利站受三口分流逐渐减少的影响,年径流量占大通站的百分数随时间呈增加趋势,由 1953—1960 年平均的 33.7% 增至 2003—2007 年的 43.7%。

二、坝下干流悬移质泥沙变化

　　在三峡水库上游大规模开展水土保持等工作的背景下,长江上游水土流失现象得到了明显遏制,三峡水库入库输沙量显著减少,多年平均由三峡水库蓄水运行前的 4.47

亿 t，下降到蓄水运行后 2003—2007 年多年平均的 1.89 亿 t，减少了约 58%（不包括三峡水库库区区间入库沙量）。尽管如此，由于三峡水库蓄水造成入库水流在库中流速减缓，水流的挟沙能力下降，仍引发水库淤积。据统计分析，三峡水库 2003 年 6 月蓄水至 135m 运行后，至 2007 年 12 月，水库总泥沙淤积量约为 6.4 亿 t（图 7-3），多年平均泥沙淤积量为 1.42 亿 t（包括三峡水库库区区间入库沙量），水库的排沙比多年平均为 32.7%。

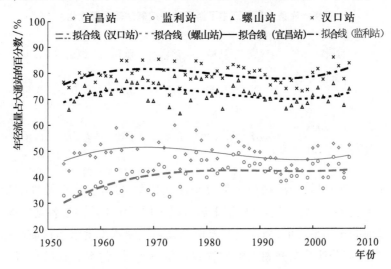

图 7-2　三峡水库坝下长江干流主要测站年径流量占大通站百分比（%）

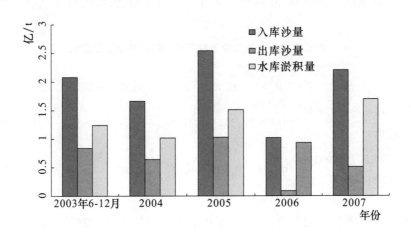

图 7-3　三峡水库入、出库泥沙与水库淤积量（×10^{8}t）

在长江上游入库泥沙大量减少和三峡水库淤积的双重影响下，三峡水库坝下输沙量呈现显著下降的特征，坝下宜昌测站输沙量由三峡水库蓄水运行前多年平均的 4.92 亿 t，下降到蓄水运行后多年平均的 0.667 亿 t，减少了 4.253 亿 t。三峡水库蓄水运用前，长江中下游干流河道的多年平均输沙量在沿程分配上，多年平均输沙量在荆江河段表现为沿程递减，监利站为宜昌站的 0.73 倍，螺山至大通站多年平均输沙量相差不大，大通站年均输沙量为宜昌站的 0.87 倍(表7-2)。三峡水库蓄水运行以来(2003—2007 年),坝下多年平均输沙量呈大幅度减少特征,减少幅度为 63% ~ 86%,沿程变化与三峡水库蓄水运行前相比呈现不同的特点,年输沙量总体上表现为沿程增加,主要是因为三峡水库蓄水运行后下泄的沙量大幅度减少,导致坝下游河道发生沿程冲刷而输沙量得到逐步恢复或增加。

表 7-2　　　　　　　　　　三峡水库蓄水后长江中下游干流各控制站输沙量变化

项目	时段	宜昌	枝城	沙市	监利	螺山	汉口	大通
输沙量 (亿 t)	蓄水前多年平均值	4.92	5.00	4.34	3.58	4.09	3.98	4.27
	蓄水后 2003—2007 年平均值	0.667	0.817	0.93	1.02	1.142	1.292	1.58

三峡水库蓄水运行后,上游相当一部分来沙被拦蓄在库内,出库及坝下游水流含沙量大幅减小。由表7-3可见,三峡工程蓄水运行以来坝下游干流河道各站年均含沙量,明显小于蓄水以前的多年平均值,越往上游差值越大。三峡水库蓄水运行前沿程各站年均含沙量,因三口分流分沙及洞庭湖入汇的存在而沿程递减,蓄水后宜昌至城陵矶河段表现为沿程增加,城陵矶以下河段含沙量沿程变化不大。三峡水库蓄水运用以来含沙量沿程变化幅度较蓄水前明显减小,说明大坝下游河道发生沿程冲刷,江水含沙量恢复较为明显。

表 7-3　　　　　　　　　　三峡水库蓄水后长江中下游干流各控制站含沙量变化

项目	时段	宜昌	枝城	沙市	监利	螺山	汉口	大通
含沙量 (kg/m³)	蓄水前多年平均值	1.126	1.124	1.101	1.001	0.633	0.560	0.472
	蓄水后 2003—2007 年平均值	0.169	0.203	0.250	0.287	0.196	0.194	0.194

对悬移质泥沙颗粒粗细而言,三峡水库蓄水运行前长江中下游干流主要控制站悬移质泥沙中值粒径变化范围为 0.009 ~ 0.012mm,总体变幅不大,沿程也没有趋势性变化(表7-4)。三峡水库蓄水运行以来,由于河床冲刷,悬沙中粗颗粒与床面细颗粒泥沙的交换,坝下宜昌至螺山各站悬沙中值粒径均有所变粗,尤以监利站变粗最为明显,由蓄水前多年平均的 0.009mm 变为 2006 年的 0.150mm。从泥沙颗粒级配的沿程变化看,以监利站为界,宜昌至监利河段悬沙沿程变粗明显,粗颗粒泥沙含量沿程增加;监利以下河段悬沙则有所变细,粗颗粒泥沙含量也沿程减少,表明长江河道冲淤变化频繁复杂。

表 7-4　　　　　　三峡水库蓄水后坝下主要控制站中值粒径对比表　　　　　　单位:mm

年份	黄陵庙	宜昌	枝城	沙市	监利	螺山	汉口	大通
多年平均		0.009	0.009	0.012	0.009	0.012	0.010	0.009
2003 年	0.007	0.007	0.011	0.018	0.021	0.014	0.012	0.010
2004 年	0.006	0.005	0.009	0.022	0.061	0.023	0.019	0.006
2005 年	0.005	0.005	0.007	0.013	0.025	0.010	0.011	0.008
2006 年	0.003	0.003	0.006	0.099	0.150	0.026	0.011	0.008
2007 年	0.003	0.003	0.009	0.017	0.056	0.018	0.012	0.013

注:统计年份:宜昌、监利为 1986—2002 年;枝城为 1992—2002 年;沙市为 1991—2002 年;螺山、汉口、大通为 1987—2002 年。

三、坝下干流含沙量和泥沙级配变化

三峡水库蓄水运行后,上游相当一部分来沙被拦蓄在库内,出库及坝下游水流含沙量大幅减小。由表 7-5 可见,三峡工程蓄水运行以来坝下游干流河道各站年均含沙量,明显小于蓄水以前的多年平均值,越往上游差值越大。三峡水库蓄水运行前沿程各站年均含沙量,因三口分流分沙及洞庭湖入汇的存在而沿程递减,蓄水后宜昌至城陵矶河段表现为沿程增加,城陵矶以下河段含沙量沿程变化不大。三峡水库蓄水运行以来含沙量沿程变化幅度较蓄水前明显减小,说明大坝下游河道发生沿程冲刷,江水含沙量恢复较为明显。

表 7-5　　　　　　三峡水库蓄水后长江中下游干流各控制站含沙量变化

项目	时段	宜昌	枝城	沙市	监利	螺山	汉口	大通
含沙量 (kg/m³)	蓄水前多年平均值	1.126	1.124	1.101	1.001	0.633	0.560	0.472
	蓄水后 2003—2007 年平均值	0.169	0.203	0.250	0.287	0.196	0.194	0.194

根据 2003 年 6 月—2007 年 12 月宜昌、沙市和汉口测站与 2002 年 1 月—2003 年 5 月对比分析,上述 3 站同流量条件下江水含沙量明显减少,减少幅度具有上游向沿程递减的趋势,上述变化说明坝下游含沙量沿程恢复较为明显。

第二节　对长江坝下干流河床河势和护岸工程的影响

一、坝下干流泥沙变化引起的干流河床演变

由于输沙量和含沙量的变化,引发三峡工程坝下干流河床冲淤演变。根据 2003 年 10 月—2007 年 10 月长江中游干流固定断面地形资料计算分析(表 7-6),三峡水库蓄水

运行以来,长江中游干流河道总体表现为冲刷,宜昌至湖口段冲刷总量约为 5.5 亿 m^3,冲刷的部位主要在枯水河槽,冲刷总量约为 4.3 亿 m^3,枯水河槽冲刷量占总冲刷量的78.9%;枯水河槽以上的洲滩部分也有所冲刷。从冲淤量沿时程变化来看,三峡工程蓄水运行以来,坝下长江干流河道冲刷主要发生在宜昌至城陵矶河段,冲刷总量约 3.4亿 m^3,占总冲刷量的 61.4%。城陵矶至武汉河段的上段总体表现为冲刷,但白螺矶、界牌和陆溪口河段河床分别淤积泥沙 0.211 亿 m^3、0.107 亿 m^3 和 0.05 亿 m^3,而下段则以冲刷为主,嘉鱼、簰洲、武汉河段(上)冲刷量分别为 0.247 亿 m^3、0.331 亿 m^3 和 0.275亿 m^3,且均以枯水河槽冲刷为主。武汉至湖口河段沿程冲淤相间,但总体表现为冲刷,其中武汉至九江河段总体冲淤基本平衡;河道冲刷主要集中在张家洲河段,其冲刷量为1.17 亿 m^3,这主要与局部航道整治工程有关。

表 7-6 　　　　　三峡水库蓄水后长江中游干流河道不同河段冲淤量变化

起止地点	长度（km）	时段（年.月）	冲淤量（万 m^3）			
			枯水河槽	基本河槽	平滩河槽	洪水河槽
宜昌至城陵矶	408	2003.10—2004.10	−10641	−12454	−15033	−14855
		2004.10—2005.10	−8553	−8879	−9678	−9656
		2005.10—2006.10	−1912	−1924	−2672	−2506
		2006.10—2007.10	−7098	−6985	−5656	−6563
		2003.10—2007.10	−28204	−30242	−33039	−33580
城陵矶至武汉	251	2003.10—2004.10	1033	2033	2445	1664
		2004.10—2005.10	−4742	−4713	−4789	−5295
		2005.10—2006.10	2071	1265	1152	907
		2006.10—2007.10	−3443	−3261	−3370	−4742
		2003.10—2007.10	−5081	−4676	−4562	−7466
武汉至湖口	295	2003.10—2004.10	1638	908	1191	923
		2004.10—2005.10	−13705	−15150	−14995	−14761
		2005.10—2006.10	889	117	−16	−1584
		2006.10—2007.10	1343	1723	1780	1783
		2003.10—2007.10	−9835	−12402	−12040	−13639
宜昌至湖口	954	2003.10—2004.10	−7970	−9513	−11397	−12268
		2004.10—2005.10	−27000	−28742	−29462	−29712
		2005.10—2006.10	1048	−542	−1536	−3183
		2006.10—2007.10	−9198	−8523	−7246	−9522
		2003.10—2007.10	−43120	−47320	−49641	−54685

二、坝下干流河势变化

三峡水库蓄水运行以来,宜昌至城陵矶河段河床断面形态总体上未发生大的明显变化,泥沙冲淤主要集中在深水主河槽。长江荆江河段总体河势基本稳定,但随着河床冲刷,局部河段深泓有所摆动,洲滩发生冲淤变化,水流顶冲部位有所调整,尤其是顺直的过渡段和分汊段。如上荆江太平口至三八滩一带深泓左右摆动,太平口边滩下移、淤积扩大,新三八滩逐步形成、南汊淤积,金城洲洲体上提、冲刷萎缩,突起洲洲头和雷家洲边滩冲刷,突起洲洲体略有右移,蛟子渊心滩洲头右缘淤积明显;下荆江石首河段深泓摆动较为频繁,其上段主流河床最大摆幅达750m,天星洲头部冲刷后退并形成新心滩,不断向藕池口口门推进,藕池口进流条件进一步恶化,新生滩左汊进口淤长一个新心滩,枯水期流路散乱。

河型及边界条件不同,河床冲刷形式也有差别,有的河段以冲深为主,有的河段以展宽为主,相应地,河床形态也有所变化。根据2002 —2005 年宜昌至城陵矶河段实测断面资料,计算沙市流量30000m³/s时各河段的宽深比表明(表7-7),宜昌至城陵矶河段的宽深比以宜昌至枝城河段最小,下荆江最大,各河段宽深比总体上都有所减小,说明河床演变以冲深为主。

表7-7　　　　　　　宜昌至城陵矶河段宽深比$\left(\frac{\sqrt{B}}{H}\right)$变化表

年份(年.月)		2002.10	2003.10	2004.10	2005.10
宜昌至枝城河段	宽深比	2.17	2.11	2.07	2.03
	平均水深(m)	16.1	16.5	16.8	17.2
上荆江河段	宽深比	3.24	3.21	3.16	3.13
	平均水深(m)	12.7	12.8	13.0	13.1
下荆江河段	宽深比	4.38	4.22	4.18	4.06
	平均水深(m)	10.4	10.8	10.9	11.2
宜昌至城陵矶河段	宽深比	3.55	3.46	3.41	3.35
	平均水深(m)	12.3	12.6	12.7	13.0

三、对坝下干流护岸工程的影响

三峡水库蓄水运行以来,根据2002 年、2004 年、2005 年和2006 年荆江主要险工段近岸河床实测地形资料统计分析,其坡度陡于1∶2.0 的断面占所统计断面总数的比例分别为7%、14%、68%和82%,可见枯水位以下岸坡总体呈变陡趋势,特别是三峡工程蓄水运行以来,荆江河段主要险工段近岸河床冲刷幅度较大,水下坡比陡于1∶2.0 的占统计断面数的比例增加十分明显。根据以往关于长江中下游护岸工程稳定坡度试验研究成果,近岸坡度陡于1∶2.0 的河岸是不稳定的,存在崩岸险情隐患。随着河床冲刷,荆江河段崩岸频度和强度也有所加大。长江水利委员会水文局对重点河段近50 次崩岸巡查表明,2003 年以来,荆江河段共有24 个局部河段发生了40 余处崩塌险情,其中新增崩岸30 余处,崩岸多发生在弯道迎流顶冲段,下荆江崩岸多于上荆江。

随着三峡工程的继续运行,在相当长的时间内,坝下游河道还将发生冲刷。据一维水沙数学模型计算分析,三峡工程修建后,预计下荆江冲刷最为严重,冲刷达最大时平均冲深约为5.6 m;上荆江次之,其中松滋口至太平口平均冲深约1.2m,太平口至藕池口平均冲深约3.0m。根据上荆江和下荆江典型弯道河床断面资料统计,上荆江平滩水位下河床最大水深与平均水深的比值为1.8,下荆江约为2.6。据此可知,三峡建坝后上、下荆江深泓最大冲深分别为5.3 m和14.5 m。上述只是模型模拟计算的平均情况,由于长江沿程各河段边界条件和水沙条件存在巨大差异,不同河段和不同断面内河床冲刷是不均匀的,因此,深泓最大冲深值比上述结果大,局部河段将更大。事实上,三峡工程运行以来,荆江河段近岸河床最大冲刷深度已达13m。而目前实施的护岸工程是在现状险情条件下设计的,均未考虑三峡工程建成后河床冲刷对河岸稳定性的影响,同时由于水沙过程的改变和河床冲刷,坝下游河道水流顶冲部位将有一定变动,局部河段的河势也将发生一定调整。因此,需加强三峡工程建成后坝下游河道演变与治理方面的研究,加固已有护岸工程,及时守护新发生的崩岸段。

第三节　洞庭湖、鄱阳湖水沙情势变化

一、洞庭湖水沙情势变化

洞庭湖区地跨湖南、湖北两省,湖区江河纵横,大小湖泊棋布,入湖水系十分复杂紊乱。洞庭湖来水依其所在方位的不同,大致可分为南水和北水两大部分,出流仅岳阳城陵矶处一口北注长江。南水的主要入湖河流有湘江、资江、沅江和澧江,惯称四水水系。北水是指分泄长江江水入湖的松滋、太平、藕池和调弦(1958 年堵闭)四口(现称三口)河道,惯称四口水系。因此,洞庭湖吞吐长江。目前,洞庭湖直接和长江相通连的水系,即为上游荆江三口分流河道和岳阳城陵矶出口。三峡水库蓄水运行对洞庭湖的影响,将通过三口分流变化和城陵矶出口长江顶托变化而产生。

可见,三口分流分沙的变化将直接影响洞庭湖的水沙变化。三峡水库蓄水运行前,荆江三口分流分沙因江湖自然演变和人类活动的双重叠加影响,分流分沙已大幅减少,其中藕池口减少最多,松滋口次之,太平口最少。1999—2002 年和 1956—1966 年比较,三口分流比由29%减至14%,年均径流量减少了706.3 亿 m³,分沙比由35%减为16%,年均输沙量减少了1.392 亿 t;三峡工程蓄水运用以来的2003—2007 年与1999—2002 年相比,三口分流比由14%减少为12%,分沙比由16%增加为18%,但因长江干流宜昌站沙量的大幅度减少,三口分沙量的绝对值也大幅度减少,仅为1999—2002 年的26%(表7-8、表7-9)。

表 7-8 　　　　　　　　　　　荆江三口各时段平均径流量与分流比 　　　　　　　　　　单位：亿 m³

时段 起止年份	枝城	松滋口	太平口	藕池口	三口合计	三口分流比（%）
1956—1966 年	4515	485.1	209.7	636.8	1331.6	29
1999—2002 年	4454	344.9	125.6	154.8	625.3	14
2003—2007 年	4021	290.2	93.2	109.0	492.4	12

表 7-9 　　　　　　　　　　　荆江三口各时段平均输沙量与分沙比 　　　　　　　　　　单位：万 t

时段 起止年份	枝城	松滋口	太平口	藕池口	三口合计	三口分沙比（%）
1956—1966 年	55300	5350	2400	11870	19590	35
1999—2002 年	34600	2850	1020	1800	5670	16
2003—2007 年	8170	770	209	498	1477	18

荆江三口入洞庭湖分流、分沙的减少，除了三峡水库蓄水运行造成长江干流水沙特别是输沙量减少的影响因素外，三峡水库蓄水运行引发长江荆江段河床总体上冲刷变化，造成同流量条件下长江荆江段河道水位下降，是三口分流比下降的又一重要原因。事实上，三峡水库清水下泄对荆江段河道的冲刷，在水位流量关系上已逐步有所反映，与20 世纪 90 年代相比，沙市附近河段在同一流量下的水位均出现不同程度的下降，中低流量下的情形更为显著。另外，螺山站则基本没有变化（监利站的水位流量关系比较散乱），可以认为近几年长江荆江段河道冲淤变化，对洞庭湖的出流条件尚未产生显著影响。

洞庭湖湖区水沙主要来自四水和荆江三口，荆江三口分流的水沙变化必然对洞庭湖水沙平衡造成影响。洞庭湖多年（1951—2002 年）平均入湖年径流量为 2966 亿 m³，年平均沙量约 1.65 亿 t。三峡工程蓄水运用以来，湖区多年（2003—2007 年）平均径流量与入湖平均沙量均减少，分别为 2303 亿 m³、0.251 亿 t。其中荆江三口分流分沙均明显减少；四水来水来沙亦有所减少，三峡水库蓄水前年均径流量为 1696 亿 m³，三峡水库蓄水运用以来年均径流量为 1545 亿 m³，输沙量由 0.306 亿 t 减至 0.103 亿 t（表 7-10，图 7-4）。

自 20 世纪 50 年代以来，洞庭湖一直处于淤积状态，其淤积率总体随入湖沙量的减少而呈减小趋势。三峡水库蓄水运行前，湖区泥沙淤积率减幅较小，由 1951—1958 年的 74.6% 减少为 1991—2002 年的 72.2%，但泥沙沉积量变化较大，由 1.97×10⁸t 减少为 0.632×10⁸t。三峡水库蓄水运行以来，三口入湖沙量大幅度减少，湖区沉积量及淤积率均明显减小，由 1991—2002 年的 72.2% 减为 2003—2007 年的 41.0%（图 7-5）。与三峡水库蓄水运行前相比，洞庭湖区无论是泥沙沉积量还是淤积率均大幅下降，这有利于减缓洞庭湖的淤积萎缩，有效保护湖泊的调蓄容积，也有利于减缓荆南河网的衰退。

表 7-10 　　　　　　　　　　　　不同时期洞庭湖区进出水沙量变化表

时段(年)	年均径流量(亿 m³)					年均输沙量(亿 t)			
	三口	四水	城陵矶	区间	合计	三口	四水	城陵矶	合计
1951—1958	1577	1755	3636	299	3631	2.204	0.438	0.672	2.642
1959—1966	1335	1536	3097	226	3097	1.904	0.283	0.579	2.187
1967—1972	1022	1727	2982	231	2980	1.442	0.408	0.525	1.850
1973—1980	834	1698	2789	256	2788	1.108	0.366	0.384	1.537
1981—1990	760	1556	2592	275	2592	1.092	0.238	0.322	1.330
1991—2002	624	1864	2858	370	2858	0.678	0.197	0.243	0.875
1951—2002	984	1696	2967	285	2966	1.335	0.306	0.430	1.651
2003—2007	493	1545	2303	265	2303	0.148	0.103	0.148	0.251

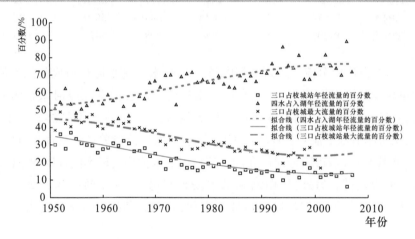

图 7-4　洞庭湖入湖水量组成随时间的变化

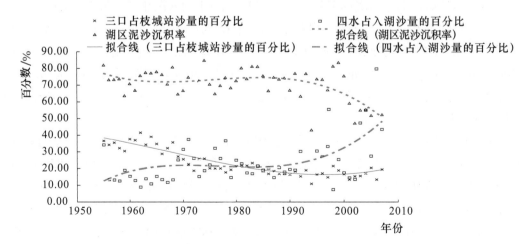

图 7-5　洞庭湖入湖沙量及湖区泥沙淤积率随时间的变化

同时,因荆江三口分流分沙量的持续减少,四水入湖的水沙量所占比例明显增加,其中径流量由1951—1958年的52.7%增至2003—2007年的75.8%,输沙量由1951—1958年的16.6%增至2003—2007年的41.0%。由此可看出,洞庭湖区的水沙组成发生了显著变化,这必将对洞庭湖区的防洪、湖区演变及综合治理产生影响。湖泊滩地的淹没天数是影响湖泊生态的重要因素,从洞庭湖东部水体东洞庭湖看,2004年和2005年的湖泊水量虽然偏枯,但不同高程滩地的淹没天数均较正常年份为多,高位滩地尤为明显,2006年滩地的淹没天数较少,但与枯水年1972年相比(入湖水量相当)高出许多(表7-11),仍然属于正常变化范围。

表7-11　　　　　　　　　　　东洞庭湖不同高程滩地淹没天数

滩地高程(m)	2004年	2005年	2006年	20世纪90年代平均	枯水年1972年
23	229	258	218	223	174
25	172	183	107	140	40
27	141	137	64	76	0

二、鄱阳湖水沙情势变化

鄱阳湖承纳南面赣江、抚河、信江、饶河、修水等五河来水,经调蓄后于北部湖口泄入长江。鄱阳湖是通江湖泊,三峡运行对鄱阳湖的影响主要是通过改变长江与鄱阳湖关系(即江湖关系)来实现的。从水沙变化角度看,三峡水库运行对鄱阳湖的影响途径,一是通过改变长江来水来沙条件,二是改变鄱阳湖出流出沙及出口附近的河床与湖盆形态。三峡水库蓄水运行对鄱阳湖的影响还刚刚开始,有待进一步观测和研究。

初步统计分析显示,鄱阳湖五河在2000年以前,其年均径流量、输沙量及含沙量分别为$1109.2 \times 10^8 m^3$、$1454 \times 10^4 t$、$0.131 kg/m^3$,分别占湖口站的75.0%、155.4%、207.0%;2003年以来,鄱阳湖五河与湖口的径流量均有所减小,其中五河的入湖输沙量减小明显,仅为2000年以前多年平均的34.3%,然而,湖口的年均输沙量却增加明显,为2000年以前多年平均的149.9%(表7-12)。

2000年以前,鄱阳湖出口湖口站年均径流量呈增加趋势,输沙量呈现明显减少的趋势,相应出湖含沙量亦减小。2001—2007年,鄱阳湖入江年径流量较前一时段明显减小,为上一时段的0.78倍,年均值与20世纪60年代相当;但年均输沙量与含沙量增加明显,分别为上一时段的2.25倍、2.89倍(表7-13),这一结果表明近年来鄱阳湖出湖入江河道的大量采砂活动,可能是对鄱阳湖水沙平衡产生影响的主要因素。

表 7-12　　　　　鄱阳湖五河多年平均年径流量与输沙量统计表

河　名	赣　江	抚　河	信　江	饶　河	修　水	合　计
径流量（×10⁸m³）	686.1 (1950—2000)	130.9 (1953—2000)	182.9 (1952—2000)	73.24 (1953—2000)	36.28 (1953—2000)	1109.42
输沙量（×10⁸t）	0.0976 (1956—2000)	0.0148 (1956—2000)	0.0229 (1955—2000)	0.0061 (1956—2000)	0.004 (1957—2000)	0.1454
含沙量（kg/m³）	0.144 (1956—2000)	0.114 (1956—2000)	0.126 (1955—2000)	0.08 (1956—2000)	0.107 (1957—2000)	0.131
2003—2007　径流量（×10⁸m³）	599.2	90.6	143.5	52.0	29.6	914.9
输沙量（×10⁸t）	0.0323	0.0065	0.0070	0.0021	0.0019	0.0498
含沙量（kg/m³）	0.054	0.072	0.049	0.04	0.065	0.054

表 7-13　　　　　鄱阳湖（湖口站）不同时期多年平均径流量与输沙量统计表

时段（年）	1956—1960	1961—1970	1971—1980	1981—1990	1991—2000	2001—2007
径流量（×10⁸m³）	1249.2	1380.4	1428.4	1436.1	1783.7	1389.4
输沙量（×10⁴t）	1231.8	1076.1	998.6	895.2	623.7	1402.1
含沙量（kg/m³）	0.099	0.078	0.070	0.062	0.035	0.101

第四节　适应性对策与建议

一、三峡工程对水沙和江湖关系影响长远和复杂，应得到更加重视

三峡工程具有防洪、发电和航运等多种效益，特别是它的兴建对抗御荆江地区的洪水灾害具有重大作用。作为年内调节水库，三峡水库运行虽然在年际平均上不改变长江总的入海输水径流量，但对长江中下游长江干流的年内径流分配将产生显著影响，主要体现在蓄水期间坦化洪峰，改变洪枯水的流量过程方面，进而影响坝下江湖水生生物栖息和繁衍，尤其是三峡水库清水下泄造成的坝下河床冲淤演变对堤防安全构成的威胁。国际上有些大型水利工程兴建几十年后产生了一系列严重生态环境问题，有些甚至是难以逆转的问题，这提醒人们要高度重视对大型水利工程的生态环境影响的研究。

长江中下游江湖水沙关系、河道边界条件复杂，三峡工程及其上游干支流溪洛渡、向家坝等大型水利水电工程运用后对长江中下游江湖冲淤演变的影响非常深远，江湖水沙和冲淤变化的原型观测与研究工作，将是长期和亟待加强的一项科研任务和命题。当前，虽然长江中游地区长江干流河势基本稳定，但荆江河段冲刷量较大，崩岸频度和强度

也有所加大,因此抓紧研究实施河势控制工程,及时新建和加固现有的护岸工程是必要的,要防止出现意外或不测。建议加强重大工程生态环境影响的跟踪监测体系建设,开展相关影响评估的长期专题跟踪研究。

二、优化三峡水库运行调度模式,将生态调度纳入水库调度总体目标

改变三峡水库单纯以防洪发电为主的调度运行模式,增加生态调度理念,最大限度地减少对下游的生态特别是对生物栖息繁衍的影响。研究表明,三峡水库10月份蓄水的运行方案或方式,将造成下游通江湖泊滩地提前出露,湿地植被出现正向演替现象,对大量珍稀候鸟越冬栖息产生不利影响,可考虑水库蓄水时间提前至9月份,即拦蓄汛期洪水而不是拦蓄洪水尾水的调度方式,10—11月保持进出库水量基本平衡,以减少三峡水库调度运行对下游大型通江湖泊湿地生态的影响;翌年,根据长江主要经济鱼类等水生生物的产卵时间和习性,春季水库调度采取尽量不改变出入库流量过程峰型的方式,以减少水库调度运行对长江水生生物产卵、繁衍的影响。

三、统筹协调,逐步实现长江上中游水库联合调度,发挥工程最优效益

加强三峡水库及其上游长江众多已建、在建和拟建大型水库的联合调度研究,充分考虑水库建设运行对生态环境造成的不利影响。长江上游地区除了三峡水库之外,目前大型水库建设方兴未艾,这些水库仍然主要以防洪发电为运行方式,对生态环境影响显得重视不足。建议强化以三峡水库为核心的长江上游水库群的联合调度研究,切实制订包括生态调度在内的联合调度方案,最大限度地发挥水库群联合运行的综合效益,保障流域水资源开发利用和生态安全的协调。

第八章

长江水利工程建设与鱼类资源保护

长江作为我国第一大河流，蕴藏着巨大的自然资源，不仅包括全国 1/3 的水资源和 3/5 的水能资源，也包括丰富的生物多样性资源，特别是鱼类资源。长江分布有 378 种鱼类，居全国各水系之首，其中 149 种是特有物种。这些鱼类对于维持长江水生态系统的正常功能发挥着重要作用。长江流域也是我国淡水渔业的重要基地，淡水鱼产量占全国的 60%，为人民生活提供了丰富的水产品，并且在人们的文化生活中也占有重要地位。

然而，长期以来，随着经济社会的发展，人类对自然的干预程度越来越大，长江的鱼类资源也受到严重的损害，特别是江湖阻隔、拦河筑坝等活动，显著地改变了水域环境的格局，破坏了鱼类生长繁衍的栖息地，阻隔了鱼类的洄游路线和不同地理种群的交流，一些种类无法完成其生活史过程，许多鱼类的生境面积缩小，种群数量下降。尽管目前采取了建立保护区、设立禁渔期、进行人工增殖放流等措施，但长江鱼类资源下降的趋势仍然没有得到遏制，长江鱼类资源的保护工作仍然任重道远。

第一节 长江流域鱼类资源概况

一、长江流域鱼类的主要类群

长江流域分布有 378 种鱼类，其中纯淡水鱼类 339 种，洄游鱼类 10 种，河口鱼类 29 种（于晓东等，2005）。长江鱼类隶属于 14 目 32 科 144 属，其中鲤形目（Cypriniformes）269 种，物种数最多，占全流域物种数的 71.2%，其次为鲇形目（Siluriformes）鱼类 37 种，占 9.8%。鲤形目鱼类中以鲤科（Cyprinidae）为主，190 种，占鲤形目鱼类物种数的

70.6%。鲤科鱼类中,物种数最多的是**鮈**亚科(Gobioninae),41 种,占鲤科的 21.6%。长江有 149 种特有鱼类,占长江鱼类种类数的 39.4%。其中上游 119 种,中下游 21 种,9 种是全江都有分布的。

长江流域鱼类物种中鲤科鱼类占的比例很高,对于长江整体生态系统结构功能有重要影响。由于鲤科鱼类具有咽齿,食性分化广泛,使得生态系统中物质循环和能量流动更加迅捷。特别是其中的很多物种以藻类为食,其物种数量超过全部淡水鱼类物种数的 1/5,这一点明显区别于北美的河流生态系统。北美河流中植物食性的鱼类很少,因此,草鱼被引种以控制水草的生长。

二、长江鱼类地理分布情况

长江流域鱼类物种的分布是不均衡的,宜昌以下的长江中下游地区,鱼类物种数众多,但是特有种少。由于附属湖泊众多,形成了独特的江湖复合生态系统,许多种类具有江湖洄游习性,如四大家鱼等,它们在河流中繁殖,幼鱼在湖泊中育肥。许多鱼类是重要的经济种类,如鳜(*Siniperca chuatsi*)、团头鲂(*Megalobrama amblycephala*)等。

长江水系有华缨鱼属(*Sinocrossocheilus*)、华鲮属(*Sinilabeo*)、**鮈**鲫属(*Gobiocypris*)、异**鳔鳅鮀**属(*Xenophysogobio*)、高原鱼属(*Herzensteinina*)、球鳔鳅属(*Sphaerophysa*)、金沙鳅属(*Jinshaia*)和后平鳅属(*Metahomaloptera*)这 8 个特有属,都分布于长江上游。特有属是独特的生境和演化历史的反映,具有较高的保护价值。

从宜昌到虎跳峡的长江上游地区,鱼类种数多,特有种也多,如岩原鲤(*Procypris rabaudi*)、厚颌鲂(*Megalobrama pellegrini*)、长薄鳅(*Leptobotia elongata*)等,是上游常见的特有鱼类。另外鲤(*Cyprinus carpio*)、鲇(*Silurus asotus*)、长吻**鮠**(*Leiocassis longirostris*)等经济鱼类,有一定的渔产量。圆口铜鱼(*Coreius guichenoti*)、长鳍吻**鮈**(*Rhinogobio ventralis*)等既是特有鱼类,又是重要的经济鱼类。

虎跳峡以上的区域,在生物地理学上被划分为青藏高原区,以裂腹鱼类、高原鳅类为主,鱼类物种数相对较少,但是绝大多数为当地特有种,如小头高原鱼(*Herzensteinia microcephalus*)、中甸叶须鱼(*Ptychobarbus chungtienensis*)、松潘裸鲤(*Gymnocypris potanini*)等。

三、长江流域鱼类资源的现状

1. 鱼类物种资源现状

从总体上讲,鱼类资源具有鱼类物种资源和渔业资源两方面的含义。鱼类物种资源指鱼类的物种多样性,即自然界多种多样的鱼类物种。它们是经过千百万年的地质历史演化形成的,是生态系统发挥功能作用的基础。如果物种资源遭到破坏,或者说物种被灭绝,将不可能再进化出同样的物种。渔业资源指的是人们捕来食用的渔捞产品,具有一定程度的可再生性。渔业资源的过度开发可能会造成渔业资源的破坏,导致不可持续利用。

由于人类活动的影响和环境的变化,长江鱼类物种资源破坏严重。长江鱼类中:3 种 (达氏鲟 *Acipenser dabryanus*、中华鲟 *Acipenser sinensis*、白鲟 *Psephurus gladius*)被列为国家一级保护动物;5 种(花鳗鲡 *Anguilla marmorata*、贝氏哲罗鲑 *Hucho bleekeri*、胭脂鱼 *Myxocyprinus asiaticus*、金线鲃 *Sinocyclocheilus spp.*、松江鲈鱼 *Trachidermus fasciatus*)被列为二级保护动物;26 种被列入"中国濒危动物红皮书"。上述 8 种国家一、二级保护动物被称为珍稀鱼类,其中白鲟、中华鲟、达氏鲟和胭脂鱼资源受长江水利工程开发影响明显。

白鲟(*Psephurus gladius*)隶属于鲟形目(Acipenseriformes)匙吻鲟科(Polyodontidae)白鲟(*Psephurus*)属,分布于长江干流和四川省境内的主要支流,是匙吻鲟科现存的两个物种之一,具有很高的科学价值。白鲟性成熟晚,目前记录达到性成熟的最小个体年龄,雄鱼为 5 龄,长 160cm,重 12.6kg;雌鱼为 7 龄,长 193cm,重 28.3kg。白鲟产卵场在金沙江下游的宜宾江段,繁殖期在 3—4 月。繁殖的鱼苗和幼鱼,一部分滞留在上游干、支流内生长,另有一部分漂流到中下游,有的一直抵达长江口崇明附近觅食。幼鱼主要以虾为食,成鱼则捕食各种鱼类。白鲟目前数量极度稀少,自 2002 年在南京捕获一尾白鲟后,至今多年未见踪影。

中华鲟(*Acipenser sinensis*)隶属于鲟形目(Acipenseriformes)鲟科(Acipenseridae)鲟属(*Acipenser*),是一种海、河洄游性鱼类,在海洋里生长,渤海、黄海、东海和南海北部都有其踪迹,成熟后溯游到江河内繁殖,长江和珠江都分布有产卵场。中华鲟性成熟晚,年龄组成复杂。繁殖群体中,雌鱼体长 222~321cm,体重 139~410kg,年龄为 14~33 龄;雄鱼体长 161~264cm,体重 50~181kg,年龄为 9~26 龄。每年的 6—7 月,中华鲟成体由长江口进入长江,9—10 月到达产卵场后停留一年,待性腺发育成熟后,次年的 10 月中旬至 11 月中旬产卵繁殖,产卵时江水温度为 17.0~19.5℃。中华鲟原产卵场位于金沙江下游新市镇至重庆涪陵之间约 800km 的河段,被葛洲坝水利枢纽阻隔后,中华鲟在坝下江段形成新的产卵场。受航运、捕捞、三峡工程的影响,中华鲟繁殖规模逐年下降。

达氏鲟(*Acipenser dabryanus*)隶属于鲟形目(Acipenseriformes)鲟科(Acipenseridae)鲟属(*Acipenser*),是一种定居于长江上游的鱼类。上游除宜宾至宜昌干流江段外,金沙江及岷江、沱江、嘉陵江和乌江等支流的下段,皆有其分布。达氏鲟成鱼的个体,显著小于中华鲟,最大的个体仅 16kg 左右。达氏鲟主要摄食底栖动物,常见的有水生寡毛类和水生昆虫幼虫或稚虫,成鱼的食谱中还可见到植物碎屑和藻类。雄鱼 4 龄、雌鱼 6 龄达性成熟,繁殖期在 3—4 月。产卵场分布于金沙江下游的冒水至长江上游的合江之间的江段。产卵场的底质为砾石,流速一般为 1.2~1.5m/s,水深 5~13m,春季产卵时的水温为 16~19℃。在洪水期,达氏鲟进入水质较清的支流生活。目前达氏鲟数量稀少,但每年均见到误捕的个体。

胭脂鱼(*Myxocyprinus asiaticus*)隶属于鲤形目(Cypriniformes)胭脂鱼科(Catostomidae)胭脂鱼属(*Myxocyprinus*),为这一科在我国唯一的代表种,分布于长江和闽江。目前闽江的胭脂鱼已极为罕见,胭脂鱼是一种大型鱼类,体重可达 30~40kg。性成熟晚,达到成熟的最小个体,雄鱼为 8.8kg,6 龄;雌鱼为 11.5kg,9 龄。在砾石河滩产卵,长江上游干流及金沙江、岷江和嘉陵江都分布有其产卵场。繁殖期在 3—4 月。在上游繁殖的仔、幼鱼,大量地漂流到中下游,待到性成熟后,便溯游到上游繁殖。目前,胭脂鱼数量较少,但每年均见到误捕的个体,其资源量较达氏鲟为多。

2. 渔业资源变化

在许多鱼类物种变得稀有的同时,长江流域的渔业资源也呈现出衰退的现象。主要表现为天然捕捞量下降,渔获物种类减少,渔获物结构小型化等。1954 年长江流域渔业自然资源捕捞量超过 40 万 t,20 世纪 80 年代初下降到 20 余万 t,目前长江渔业年捕捞量只有 10 万 t 左右(陈大庆等,2002)。

20 世纪 60 年代中期前,长江上游的主要经济鱼类有 50 余种,其中产漂流性卵的江湖洄游性鱼类,在渔获物中约占 40%。到了 70 年代中期,主要经济鱼类的数目缩减到 30 种左右,减少的部分主要是产漂流性卵的江湖洄游鱼类。进入 90 年代,由于受葛洲坝截流的影响,主要渔业对象的种类进一步减少到 20 种左右。海淡水洄游和江湖洄游性种类,在长江上游及主要支流成为稀有种,河道洄游性种类铜鱼(*Coreius heterodon*)大幅度减产,而产黏性卵的定居性种类产量较稳定,相对数量有所上升。不仅如此,渔获物的种群结构也发生变化,表现为高龄鱼减少、低龄鱼及幼鱼比例增加。随着三峡水库的蓄水,长江上游特有、珍稀鱼类进一步受到影响,适应上游流水环境的特有种类的种群数量明显减少,瓦氏黄颡鱼(*Pelteobagrus vachelli*)、鲤(*Cyprinus carpio*)、南方鲇(*Silurus meridionalis*)等底层鱼类逐渐成为主要渔获对象,小型化趋势进一步加剧(陈大庆等,2002)。

长江中游分布有许多重要的经济鱼类,如草鱼(*Ctenopharyngodon idellus*)、青鱼(*Mylopharyngodon piceus*)、鲢(*Hypophthalmichthys molitrix*)、鳙(*Aristichthys nobilis*)、鳡(*Elopichthys bambusa*)、鳤(*Luciobrama macrocephalus*)、鳊(*Ochetobius elongates*)、赤眼鳟(*Squaliobarbus curriculus*)、鳊(*Parabramis pekinensis*)、鲂(*Megalobrama skolkovii*)、蒙古鲌(*Culter mongolicus mongolicus*)、翘嘴鲌(*Culter alburnus*)、黄尾鲴(*Xenocypris davidi*)、细鳞鲴(*Xenocypris microlepis*)等。20 世纪 70 年代,宜昌江段渔获物中四大家鱼重量比为 34%,圆口铜鱼(*Coreius guichenoti*)重量比为 9%,铜鱼(*Coreius heterodon*)重量比为 4%,鲇鱼(*Silurus asotus*)重量比为 1.3%,长吻鮠(*Leiocassis longirostris*)重量比为 10%。进入 90 年代,宜昌江段渔获物中四大家鱼重量比则降为 10%,圆口铜鱼重量比降为 1%,长吻鮠重量比降为 3%,铜鱼重量比升为 40%,鲇鱼重量比升为 13%(陈大庆等,2002)。2000 年以来,荆州、岳阳、湖口等江段江湖洄游性鱼类四大家鱼,已由 20 世纪 70 年代占渔获量的 46.2% 下降到 10% 左右,而南方鲇(*Silurus meridionalis*)、鲤(*Cyprinus carpio*)、黄颡鱼(*Pelteobagrus fulvidraco*)等定居性鱼类在渔获物中的比重却相对上升,已成为主要捕捞对象(刘绍平等,2005)。渔获物个体一般较小,大部分未达到性成熟年龄,主要渔获物铜鱼、南方鲇、长吻鮠、黄颡鱼等多为 1~3 龄,4 龄以上个体极少,渔获物中小型化、低龄化

现象十分严重。

长江下游,以洄游性鱼类为主,如鲚属(刀鲚 *Coilia nasus*、凤鲚 *Coilia mystus*)、前颌间银鱼(*Hemisalanx prognathus*)、鲥鱼(*Tenualosa reevesii*)、河鲀(*Fugu spp.*)、鳗鲡(*Anguilla japonica*)等。20 世纪 70 年代,鲥、凤鲚、刀鲚、前颌间银鱼等构成长江下游河口主要渔汛。80 年代,鲥、刀鲚产量减少。90 年代,鲥、前颌间银鱼基本消失,刀鲚捕捞产量锐减,鳗苗产量大幅度下降,几乎形不成渔汛,长江下游河口唯一能有渔汛的仅剩凤鲚一种。1973—1975 年,长江下游有鱼类 230 余种,而 2000 年来仅调查到 74 种,物种数明显减少。主要经济鱼类在渔获物中已丧失绝对优势地位,小型野杂鱼类及甲壳类占 64.2%(陈大庆等,2002)。对长江安庆江段的调查发现,鱼类群落结构发生了显著变化,江海洄游性、江湖洄游性鱼类减少,小型种类取代了大型种类,捕捞个体小型化,渔获物以小型定居性鱼类黄颡鱼、鲫(*Carassius auratus*)、𩾃条(*Hemiculter leucisculus*)占优势,2002—2005 年刀鲚在渔获物中的重量比为1%,鳗鲡在 15 年监测中只出现 2 尾,经济鱼类比例明显偏低,四大家鱼等基本为春禁期放流的大规格鱼种,个体均重 200g 左右(张敏莹等,2006)。

3. 鱼类资源被破坏的原因

(1)不合理的渔具、渔法以及高强度的捕捞是导致鱼类资源量下降的重要原因。以洞庭湖为例,属湖南省岳阳市管辖的东洞庭湖共有网簖(迷魂阵)6000 部,其中密眼网簖约占一半。密眼网簖网目一般为 5~10mm,可以捕到体长仅 2~3cm 的幼鱼。这 3000 部密眼网簖的日捕鱼达 10.5 万 kg,其中经济鱼类幼鱼 6.45 万 kg。长江中下游的禁渔期为 4—6 月,从 7 月 1 日起就开始捕捞,随着幼鱼的生长,捕捞个体的长度逐渐增大。按 7 月底至 8 月初渔获物的长度和重量估算,在这段时期内,东洞庭湖每天的渔获物中含有草鱼(*Ctenopharyngodon idellus*)幼鱼 147 万尾,青鱼(*Mylopharyngodon piceus*)幼鱼 225.75 万尾,鲤(*Cyprinus carpio*)幼鱼 306.6 万尾,对渔业资源造成了巨大破坏(曹文宣,2008)。

(2)水体的污染对鱼类资源危害重大。工厂、城市超标污水排放,不仅对生态环境造成严重破坏,也屡屡导致严重的污染死鱼事件。2004 年 2 月 11 日,川化集团技改项目的水污染防治设施未经环保部门检验,擅自投入试生产,大量高浓度氨氮废水直接外排,导致了沱江中下游地表水氨氮严重超标,沱江中下游死鱼约 50 万 kg。不到两个月,四川省一造纸企业顶风作案,偷排、超标排放造纸黑液,致使沱江再次受到严重污染,造成死鱼 6 万 kg。除集中排放的污染物外,长江流域的面源污染也十分严重。据统计,我国化肥年施用量 4100 万 t,占世界总量的 1/3。发达国家为防止化肥污染而设置的安全上限为 225 kg/hm^2,我国平均为 464kg/hm^2,超出 1 倍多。工农业废水的大量排放、不合理的水产养殖方式均很大程度上加速了水体富营养化,水体自净能力减弱,环境异质性和生物多样性下降,鱼类资源受到严重影响。

(3)水利工程对长江鱼类资源影响巨大。水利工程的兴建,使人类在防洪、发电、灌溉、航运等方面获得丰厚效益的同时,也带来了一些生态环境问题。目前全流域已建水库 4.6 万座,水利工程的修建阻隔了鱼类的洄游;水库蓄水后,改变了库区的水流环境,使得适应流水生活鱼类的栖息地面积缩小或丧失;水利工程的水文调度改变了坝下的水文情势,从而改变了坝下鱼类生长、繁殖的条件。长江葛洲坝水利枢纽的修建,阻隔了中华鲟上溯产卵的洄游通道,中华鲟种群数量下降为原来的 1/2~1/4。三峡工程的修建,使 600km 的河段变为水库,从而不适宜于上游特有鱼类的栖息。

(4)**江湖阻隔对长江中下游鱼类资源影响严重**。长江中下游在历史上曾经是干流、支流、浅水湖相互连通的网络系统,长江两岸中型以上的湖泊(>10km²)数量超过 100 个,一般为通江湖泊。这些湖泊为包括四大家鱼在内的许多经济鱼类提供了良好的生活空间:幼鱼进入湖中育肥,成熟后回到江中繁殖,通过江湖洄游完成生活史。由于防洪抗旱和消灭血吸虫等原因,人们在长江中下游大兴水利,修建了大量的堤坝和闸口,节制了长江与其支流和湖泊间的自由交流,从而使得原来通江湖泊不再与长江连通,难以实现水文循环,水环境质量下降,阻碍了鱼类的基因交流,缩小了鱼类的生活空间,进而造成鱼类资源下降。

(5)**外来种的生物入侵对本地种的危害**。外来种是指在一定区域内历史上没有自然发生分布而被人类活动直接或间接引入的物种。外来种的引入对本地物种具有很大的威胁:①杂交:一些本土鱼类可能与外来种杂交,导致种质被污染。②竞争:外来种与土著种在食物和空间上出现竞争。③捕食:一些外来鱼类直接捕食小型土著鱼类,或者吞食其他鱼类的卵和仔、幼鱼。④疾病:一些外来鱼类携带的疾病,可能传播到土著鱼类。多年来,长江流域已引入了大量的外来鱼类,较为典型的有 10 种:奥利亚罗非鱼(*Oreochromisco aureus*)、尼罗罗非鱼(*Oreochromis niloticus*)、斑点叉尾鮰(*Ictalurus punctatus*)、大口黑鲈(*Micropterus salmoides*)、大口胭脂鱼(*Ictiobus cyprinellus*)、琵琶鱼(*Hypostomus plecostomus*)、短盖巨脂鲤(*Piaractus brachypomus*)、革胡子鲇(*Clarias gariepinus*)、路斯塔野鲮(*Labeo rohita*)、食蚊鱼(*Gambusia affinis*)。作为水族箱中"清道夫"的琵琶鱼(*Hypostomus plecostomus*)已在长江上游的四川、重庆等地的天然水体中发现,这种鱼不仅摄食河流的藻类及其他饵料生物,也大量吞食其他鱼的卵,严重危害土著鱼类及生态系统。

第二节　水利工程对长江鱼类资源的影响

一、江湖阻隔的影响

长江中下游地区附属湖泊众多。这些湖泊的形成与消亡过程均与长江的活动相关。它们或者是长江洪水冲积形成的,或者是长江的故道。自然情况下,长江中下游湖泊与长江干流是连通的,形成独特的江湖复合生态系统。从演化过程看,长江中下游湖泊的历史可能不会太长,有的仅有几千年,但是这种江湖复合生态系统却可能存在了数千万年,造就了适应这种生态系统的江湖洄游鱼类,丰富了湖泊生态系统的结构。

鄱阳湖、洞庭湖是长江中游最大的通江湖泊。20 世纪 50 年代开始的大规模的围湖造田活动,使得湖泊面积减小。同时,出于对湖泊控制和利用的目的,在湖泊和长江之间修建了许多控制闸,造成江湖阻隔,使得江湖复合生态系统的连通性不复存在,湖泊中鱼类物种减少,江湖洄游鱼类消失,生态系统结构发生变化。

涨渡湖位于湖北省武汉市新洲区南部,是典型的长江沿岸浅水通江湖泊。1957年开始对涨渡湖进行围垦,随后又建闸与长江隔离。据调查,涨渡湖20世纪50年代有鱼类80种左右,江湖阻隔后鱼类种类不断减少,到80年代为63种左右,1995—2003年调查到的物种总数为52种左右,其中,洄游性和流水型鱼类比重由50%下降至不足30%(王利民等,2005)。

洪湖横跨湖北省东南部洪湖市与监利县,是长江和汉水支流之间的洼地区域,原为通江湖泊,水位随长江水位涨落,生物资源与长江基本相同。自20世纪50年代中期起,洪湖湖区掀起了空前规模的围湖造田和大兴水利建设活动,其湖泊面积从1950年到2002年减少了317.5km²,50—70年代相继修筑隔堤、节制闸、排水闸等大型水利工程,使江湖隔断,水位由自然涨落变为人为控制。据推测,20世纪50年代洪湖有野生鱼类不下100种,但是江湖阻隔后,1959年记录到64种、1964年74种、1982年54种、1992—1993年为57种,2004年调查发现42种,2006年调查收集到鱼类49种,江湖阻隔后洪湖物种损失明显(朱明勇等,2008)。

二、葛洲坝水利枢纽对长江鱼类的影响

葛洲坝水利枢纽是一个无调节能力的径流式水电站,基本不改变河流的水文特性,所以对鱼类的影响主要是阻隔作用,包括对中华鲟(*Acipenser sinensis*)、白鲟(*Psephurus gladius*)、胭脂鱼(*Myxocyprinus asiaticus*)等珍稀鱼类的阻隔,以及对圆口铜鱼(*Coreius guichenoti*)等长江上游特有鱼类的阻隔。针对于不同的类群,影响程度各不相同。

1.对珍稀鱼类的影响

葛洲坝水利枢纽兴建后,在长江上游生活的白鲟,仍在继续繁殖。但是,在中下游成长的白鲟,受葛洲坝水利枢纽的阻隔,不能溯游到上游产卵场。滞留在坝下宜昌江段的白鲟,绝大多数是达到了性成熟的个体,并且性腺能够继续发育,完全成熟。但由于亲鲟数量很少,未能形成一定规模的繁殖群体。由于葛洲坝水利枢纽是一座低水头径流式电站,当来水超过电站机组过流能力时,即需开启泄水闸泄水。在上游繁殖的一部分白鲟仔、幼鱼,可以通过泄水闸漂流下坝。1983—1988年,每年均可在崇明收集到白鲟幼鱼,其数量存在显著的年际波动,并逐渐减少。

受葛洲坝水利枢纽阻隔,滞留在坝下江段的中华鲟,在坝下找到新的产卵场。产卵场的位置,主要是葛洲坝二江泄水闸宜昌长航船厂至十里红江段,长度约为4km,其次是十里红至烟收坝江段,长度约为5km,个别年份产卵场延伸到虎牙滩,距长航船厂约20km。1982—1989年,每年监测到中华鲟1~2次产卵场活动。与阻隔前相比,中华鲟产卵场面积显著减少,种群数量下降。

葛洲坝水利枢纽兴建后，上游胭脂鱼的繁殖群体，因缺乏从中下游上溯亲鱼的补充，数量逐渐减少，但仍维持一定的规模。在葛洲坝下的胭脂鱼，可以在坝下江段自然繁殖。宜昌十里红附近江段，是新形成的胭脂鱼产卵场，在1986—1989年间，每年的3月下旬至4月上旬，从该江段都获得正在产卵的亲鱼。

2. 对特有鱼类和经济鱼类的影响

葛洲坝水利枢纽兴建后，宜昌江段的鱼类区系组成无明显改变，只是适应上游激流生活的种类比例略有减少，如[拉丁学名]瓣结鱼(*Tor* (*Folifer*) *brevifilis brevifilis*)、华鲮(*Sinilabeo rendahli*)、齐口裂腹鱼(*Schizothorax* (*Schizothorax*) *prenanti*)、裸腹片唇鮈(*Platysmacheilus nudiventris*)、白缘鉠(*Liobagrus marginatus*)等(刘乐和，1991)。这些鱼类的分布区主要在上游急流环境，在宜昌有时也可以见到。由于大坝兴建，这些种类被阻于坝上江段。另外，某些上溯洄游的鱼类在坝下江段的群体数量增加，如铜鱼(*Coreius heterodon*)、圆口铜鱼(*Coreius guichenoti*)、草鱼(*Ctenopharyngodon idellus*)等，大量滞留于坝下江段。据刘乐和(1991)的报道，葛洲坝建坝前，渔获物中主要的种类依次为：鳊(*Parabramis pekinensis*)、铜鱼、圆口铜鱼、青鱼(*Mylopharyngodon piceus*)、长吻鮠(*Leiocassis longirostris*)、草鱼、鲤(*Cyprinus carpio*)、鳙(*Aristichthys nobilis*)、鲢(*Hypophthalmichthys molitrix*)、鳡(*Elopichthys bambusa*)、鳜(*Siniperca chuatsi*)、赤眼鳟(*Squaliobarbus curriculus*)、鲇(*Silurus asotus*)、鲌类(*Culter spp.*)、黄颡类(*Pelteobagrus spp.*)等；建坝后鳊、青鱼、长吻鮠、草鱼、铜鱼、圆口铜鱼、鲇、大口鲇(*Silurus meridionalis*)、鲤、胭脂鱼(*Myxocyprinus asiaticus*)比重增大，鳊、鳙、鲢、鳡、鳜、赤眼鳟、鲌类等比重减小。

3. 对四大家鱼繁殖的影响

青、草、鲢、鳙四大家鱼是我国重要的经济鱼类，长江是四大家鱼的重要产地，一般在长江中下游附属湖泊中生长，到干流中产卵。家鱼产卵场具有一定的水文地貌特点，通常是在河道宽窄相间或弯曲处，水流通过时流速发生变化，流态也较紊乱。家鱼的产卵活动发生在4月下旬至7月上旬，当水温达到18℃以上，每逢发生洪水，家鱼便集中在产卵场繁殖。其产卵条件是江水持续上涨。四大家鱼产的卵吸水后卵膜膨胀，使得鱼卵随水漂流，称为漂流性卵。漂流性卵在静水中会沉于水底，造成发育中的胚胎缺氧死亡。

据1964年和1965年调查，在长江干流，上自重庆下至江西彭泽，分布有四大家鱼产卵场36处。葛洲坝水利枢纽兴建后，由于大坝的阻隔和水库内水文条件的改变，原来规模最大的宜昌产卵场(三斗坪至十里红)位于水库内的前段，已经很少有家鱼的产卵活动，其他产卵场仍普遍存在，位置无明显改变。据1986年4月下旬至7月上旬在万县、巫山、宜都、监利和广济等5个站进行断面采集的调查结果，从重庆到田家镇，共分布有30处家鱼产卵场(易伯鲁等，1988)。重庆至三斗坪的上游江段，分布有11个产卵场，产卵规模占全江总产卵量的29.6%，以忠县产卵场规模较大(占6.0%)。宜昌至城陵矶的中游江段，有11个产卵场，产卵规模占全江的42.7%，以靠近葛洲坝的宜昌产卵场和虎牙滩产卵场规模最大,分别占全江的14.7%和11.0%。城陵矶至武穴的中游江段有产卵场8处,产卵规模占全江的27.7%,以黄石、田家镇两处产卵规模较大。葛洲坝水利枢纽对四大家鱼的影响主要表现在对产卵群体的阻隔作用,特别是草鱼,因为草鱼的产卵场主要在上游地区。此外,葛洲坝上游的家鱼卵、苗过坝时受到机械损伤,有一定的不利影响。

三、三峡工程对长江鱼类的影响

三峡水库为季调节型的水库,正常蓄水位为175m。按照设计的调度方案,1—4月水库以175m水位运行,下泄流量比建库前增加;5—9月因防洪需要,水库在145m的防洪限制水位运行,上游的洪峰被调蓄后下泄;10月以后,水库开始逐步蓄水至175m,蓄水期间,下泄流量的减少幅度可能达到41%。因此,受三峡水库调度的影响,长江中游的水文情势将发生显著的变化:洪水季节,坝下洪峰被削平,涨幅减小;秋冬季节,下泄流量减小,并出现降温滞后。由于三峡工程库容大,淹没范围广,具有明显的调节变化,对鱼类产生的影响也非常明显。其主要影响是:改变了三峡库区特有鱼类的生境,使之不适合于特有鱼类生存;改变了长江中游水文情势,并影响四大家鱼的产卵繁殖;改变了葛洲坝下水文条件,并对中华鲟的繁殖产生影响。

1. 对长江上游特有鱼类的影响

在三峡工程库区的干、支流,生活有140种鱼类,其中47种是长江上游特有种。这些特有种类,常年在江河或山溪的流水环境中生活,呼吸耗氧量大。多数鱼类的食物是在流水河滩和近岩石上的着生藻类,以及爬附在石上生活的底栖水生昆虫。少数特有鱼类在江河中产漂流性卵,多数种类在江河砾石河滩产沉性或黏性卵。三峡建坝后,库区内水域环境发生变化,使干流库区的600km江段不再适合大部分特有鱼类的栖息,导致鱼类组成出现更替。《长江三峡水利枢纽环境影响报告书》认为,将有40种鱼类受到不利影响,它们的栖息地面积缩小约1/4。

"三峡工程生态与环境监测系统"对三峡工程修建前后鱼类资源的变化进行了长期而全面的监测。监测的结果显示,从2003年三峡工程蓄水开始,三峡库区的秭归、万州、木洞等江段鱼类群落结构发生不同程度的变化,特有鱼类逐年减少,优势度下降;相对应的是适应静水的种类取代特有鱼类成为优势种。

据中国科学院水生生物研究所的调查,在三峡水库库尾的重庆木洞江段,2008年渔获物中长江上游特有鱼类仍占有一定的比重,占渔获物总重量的21.85%,占优势的物种有圆口铜鱼(*Coreius guichenoti*)、圆筒吻鮈(*Rhinogobio cylindricus*)、长鳍吻鮈(*Rhinogobio ventralis*)、长薄鳅(*Leptobotia elongata*)、异鳔鳅鮀(*Xenophysogobio boulengeri*)等。但是,与历史资料相比,特有鱼类的比重显著下降。特别是2008年下降明显。因为2003年、2006年的一期、二期蓄水,三峡水库的淹没区尚未到达木洞江段。2008年三峡水库试验性蓄水172.5m,淹没区超过木洞江段,特有鱼类变化明显。

图8-1所示为1997—2008年长江木洞江段特有鱼类在渔获物中的相对优势度。

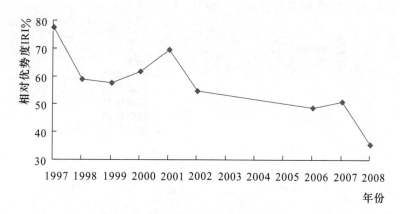

图 8-1　1997—2008 年长江木洞江段特有鱼类在渔获物中的相对优势度 IRI
（资料来源：中科院水生所调查资料）

位于三峡水库中间位置的万州江段，在 2003 年一期蓄水时成为水库。2008 年渔获物中特有鱼类的比重很小，仅占渔获物总重量的 1.8%，其中厚颌鲂（*Megalobrama pellegrini*）一种就占了 1.4%。与历史资料对比，仍可发现特有鱼类的比重在进一步缩小（见图 8-2）。

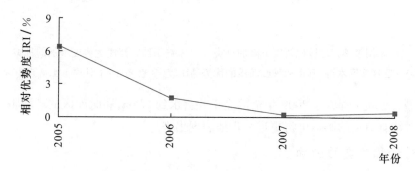

图 8-2　2005—2008 年长江万州江段特有鱼类在渔获物中的相对优势度 IRI
（资料来源：中科院水生所调查资料）

对比三峡库区秭归、万州、木洞 3 个不同地点的 2008 年渔获物调查资料发现，这 3 个地点的鱼类优势种具有明显的差异：秭归江段的优势种为鲢（*Hypophthalmichthys molitrix*）、银鮈（*Squalidus argentatus*）、贝氏鳘（*Hemiculter bleekeri*）、似鳊（*Pseudobrama simoni*）和鳙（*Aristichthys nobilis*）等，万州江段的优势种为贝氏鳘、鲤（*Cyprinus carpio*）和银鮈等，木洞江段的优势种为铜鱼（*Coreius heterodon*）、圆口铜鱼（*Coreius guichenoti*）、瓦氏黄颡鱼（*Pelteobagrus vachelli*）、圆筒吻鮈（*Rhinogobio cylindricus*）和宜昌鳅蛇（*Gobiobotia filifer*）等。这些差异反映了三峡工程蓄水后环境的变化。三峡工程一期蓄水后，秭归和万州江段即变为静水缓流环境，因此优势种多为喜缓流或静水的种类；木洞江段在二期蓄水时，仍是流水环境,因此优势种多是喜流水的种类(见图8-3)。

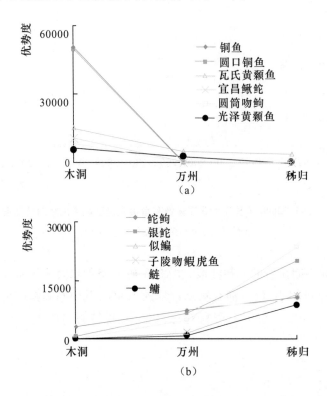

(a)木洞至秭归江段优势度下降的种类 (b)木洞至秭归江段优势度增加的种类

图8-3 三峡库区木洞、万州和秭归江段的优势种比较(资料来源:中科院水生所调查资料)

按计划,三峡工程将于2009年全部完工并蓄水到175m,届时库区的环境将进一步发生变化,对特有鱼类的影响也将更进一步地表现出来。

2. 对珍稀鱼类的影响

三峡工程对国家保护动物白鲟(*Psephurus gladius*)、中华鲟(*Acipenser sinensis*)、达氏鲟(*Acipenser dabryanus*)、胭脂鱼(*Myxocyprinus asiaticus*)等都有不同程度的影响。葛洲坝水利枢纽的兴建,将中华鲟繁殖群体阻隔于坝下江段,并形成了新的产卵场。多年的调查研究表明该产卵场是迄今为止发现的中华鲟唯一现存的产卵场,也是中华鲟繁殖群体的主要栖息地。三峡工程虽然不存在对中华鲟的阻隔作用,反而改变了长江径流时空分布的格局,尤其是10月份下泄流量显著减少,给中华鲟的繁殖活动带来严重的不利影响:葛洲坝下中华鲟产卵场江段的水位将下降约2m,江面变窄,使得中华鲟的活动空间变小;更加密集的鱼卵更容易被底层鱼类吞食,卵的孵化率和仔鱼的成活率将会降低;航运的增加,也将加剧对中华鲟的干扰,影响正常的产卵活动,螺旋桨击毙或损伤亲鲟的机会增加。

"三峡工程生态与环境监测系统"中采用两种方法监测中华鲟繁殖群体的数量:鱼探

仪探测和食卵鱼估算。根据鱼探仪探测数据的估算,1998—2002 年宜昌产卵场中华鲟首次产卵前的繁殖群体数量均在 350 尾以上。2003 年三峡工程蓄水后,葛洲坝下游的流量减少,水位下降,水文情势发生显著的变化,中华鲟的自然繁殖活动受到极大的影响。2003—2007 年中华鲟首次产卵前的繁殖群体数量估计小于 250 尾,中华鲟繁殖群体资源量呈下降趋势。此外,在三峡工程蓄水前,宜昌葛洲坝下中华鲟每年有两次繁殖活动;三峡工程蓄水后,中华鲟每年仅有一次繁殖活动。并且 2003—2007 年,中华鲟的自然产卵时间较蓄水前明显推迟,2007 年为历史最晚。

　　根据食卵鱼采样和体长股分析方法推算的中华鲟繁殖规模的结果与鱼探仪的结果相似:1997—2007 年间中华鲟的产卵规模在逐渐减小,中华鲟繁殖雌体的数量逐渐减少。1997—1999 年中华鲟繁殖雌体数量尚维持在 20 尾以上,但从 2000 年起,每年中华鲟繁殖雌体的数量均在 15 尾以下,2007 年估算的中华鲟繁殖雌体数量达到最小值,为 3.05 尾(见图 8-4)。

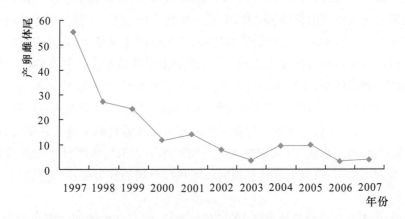

图 8-4　估算的 1997—2007 年各年中华鲟繁殖雌体数量变化(资料来源:中科院水生所调查资料)

　　据估算,受葛洲坝水利枢纽阻隔的影响,中华鲟繁殖群体资源量可能会下降到原来的 16.5%,大约 400 尾。如果受到三峡工程进一步的影响,每年产卵规模仅为 3~4 尾雌鱼,仅为原有的 10%,那么十几年之后其繁殖群体资源量可能仅为 40 余尾,中华鲟前景堪忧。

　　尽管中华鲟现在采取了人工繁殖放流措施,但是监测的结果显示,人工繁殖放流的样本仅占河口幼鲟样本的 10% 左右,中华鲟种群的维护仍然依赖于自然繁殖活动。因此,对中华鲟的保护要重视对其自然繁殖活动的保护。

　　三峡工程建成后,上游繁殖的白鲟仔、幼鱼不可能漂流过坝,全部留在上游生长。从环境条件看,库区湖汊内的一些小生境是适合白鲟栖息的。但是,从 2005 年起,多次调查均没有看到白鲟的踪迹,说明白鲟数量极度稀少。

　　达氏鲟主要种群栖息于长江上游干流及其主要支流,中游的宜昌至武汉江段虽有分布,但数量很少。三峡大坝建成以后,长江上游达氏鲟产卵场的环境条件不会发生变化,亲鱼仍然可以自然繁殖。三峡水库长达600km,水库形态属峡谷河道类型,库岸线漫长复杂,形成了数量众多的大小库湾,适宜底栖动物栖息和繁衍。因此,在长江上游繁殖的达氏鲟可以在三峡水库及库尾的支流生活成长。目前达氏鲟数量稀少,但每年均见到误捕的个体。

三峡大坝建成以后,胭脂鱼在长江上游的产卵场环境条件依然存在,在万州江段每年都监测到误捕的胭脂鱼。

3. 对四大家鱼等产漂流性卵鱼类繁殖的影响

三峡工程对四大家鱼产卵繁殖的影响包括对中游产卵场的影响和对上游产卵场的影响。长江中游从宜昌至城陵矶约400km江段内,分布有12个家鱼产卵场,产卵规模约占干流总规模的45%。三峡建坝后,这一江段的家鱼繁殖将受到较为严重的不利影响。主要的影响因素是水库的调蓄使坝下的涨水过程发生了显著变化。4—5月水库处于低水位运行,调蓄能力较强,而此时来自上游的洪水量较小,经调蓄后下泄的洪水量将会更小,并且还要经过葛洲坝的枢纽调节作用,进一步将洪峰削平。同时,坝下江段平时的流量,却较之建坝前有所增加。平时的流量增加,洪水时的来量减少,在这双重作用的影响下,坝下江段的涨水过程将改变为洪峰低平、涨幅很小的情形。这势必使家鱼繁殖受到抑制,轻则产卵规模较小,重则不进行繁殖。水库下泄水温的变化,也是影响家鱼繁殖的一个因素。三峡建坝后,将使下泄水温达到18℃的时间滞后20天左右,这将引起繁殖季节推迟。荆江江段的家鱼产卵场一般是位于河道弯曲或者有矶头伸入江中处,水流通过时流速发生变化,流态紊乱,形成泡漩水。三峡水库下泄的清水将使中游江段发生长距离冲刷,改变河床形态,可能引起栖息地的破坏和产卵场的环境变迁,使其数量和位置产生变化。

“三峡工程生态与环境监测系统”的监测结果显示,长江中游四大家鱼的数量逐年减少,其产卵规模也越来越小。特别是2003年三峡工程蓄水后,四大家鱼的繁殖规模显著下降。长江监利江段四大家鱼的卵苗径流量由原来的几十亿粒尾下降为不到1亿粒尾(见图8-5)。

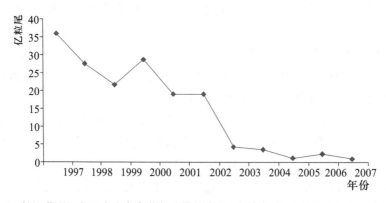

图8-5　长江监利江段四大家鱼卵苗径流量的变化(资料来源:水科院长江所调查资料)

三峡工程建成后,三峡大坝以上,重庆以下的 8 个产卵场全部消失。但是,家鱼上溯至库区以上的干、支流繁殖,随着库区内家鱼数量增多,长江上游家鱼产卵规模明显增大。调查结果显示,长江上游四大家鱼的繁殖规模上升,与长江中下游四大家鱼繁殖规模显著下降形成鲜明对比。2007 年和 2008 年在长江重庆小南海江段的调查表明,2007 年通过小南海江段的四大家鱼卵苗径流量为 12×10^8 粒尾,2008 年为 8.8×10^8 粒尾(中科院水生所调查资料)。这是因为,三峡工程蓄水后,库区形成缓流或静水环境,有利于四大家鱼的生长。三峡水库库尾以上江段的水流仍然一定程度上保持着自然的流态,可以满足四大家鱼的繁殖要求,形成产卵场。

四、长江上游梯级开发对鱼类资源的影响

长江上游宜宾以上为金沙江,其中宜宾至攀枝花之间为金沙江下游,攀枝花至虎跳峡为金沙江中游,虎跳峡以上为金沙江上游。目前金沙江流域规划了一系列的水电工程,并且有的已经开始修建。金沙江下游为国家保护动物白鲟(*Psephurus gladius*)、达氏鲟(*Acipenser dabryanus*)的产卵场,金沙江中游为长江上游特有鱼类圆口铜鱼(*Coreius guichenoti*)的产卵场,金沙江上游则分布有许多特有鱼类。金沙江流域的梯级开发将淹没白鲟、达氏鲟、圆口铜鱼等河流洄游鱼类的产卵场。这些鱼类是否可能在坝下找到新的产卵场,尚不清楚。

在梯级开发的淹没区,由于环境条件发生变化,由流水变成缓流甚至静水,原来生活的许多喜急流生活的种类,将因不适应环境而消失。此外,由于水库的调节作用,下泄水的温度在春夏季将低于建水库之前,从而对鱼类的繁殖产生不利的影响。特别是在水库梯级开发的情况下,多座水库的影响会产生叠加效应,使得水温的变化幅度变大,对鱼类的影响也更严重。

专栏 8-1

大坝建设对鱼类产生的影响和减缓影响的措施

一、大坝建设对鱼类的影响

1. 对鱼类上溯洄游的阻隔

许多鱼类在生活史的不同阶段需要不同的生活环境,如鲑鳟鱼类亲鱼在淡水环境中繁殖,幼鱼在海水中生长。因此,这些鱼类需要定时地在不同环境之间洄游,以满足不同生活史阶段的需求。水利工程建设对鱼类最明显的影响是对鱼类洄游路线的阻隔,特别是对上溯产卵鱼类的阻隔。大坝对鱼类的阻隔在世界各地普遍存

在,例如,欧、美河流中各种大坝对鲑鳟鱼类繁殖洄游的阻隔,俄罗斯伏尔加河、顿河等河流中,大坝对鲟鱼洄游的阻隔等。

2.对鱼类降河洄游的影响

溯河产卵鱼类的幼鱼,溯河产卵后、可以在来年再次繁殖的亲鱼等,需要回到河流的下游。大坝对这些鱼类的降河洄游也有不利的影响,包括涡轮机对鱼类的损伤,溢洪道的擦伤和撞击等。

3.生境的消失

河流大坝建成后蓄水形成水库,改变淹没区的流水环境,使之成为缓流或静水,因而不再适宜于原来流水性鱼类的栖息,一些鱼类的产卵场被淹没,饵料生物组成也发生变化。

4.流量变化的影响

流量的变化包括人为调节的流量增加和减少,从而导致流量过程发生变化。水库的调节将改变河流的自然流动节律,导致洄游鱼类产卵的刺激条件发生变化,洄游活动停止,洄游路线改变,产卵场消失,鱼卵及幼鱼的存活率下降,食物生产减少。

5.水温和水质的变化

大坝底层的低温水可能会对鱼类的繁殖造成不利影响,有的时候甚至会导致一些鱼类无法繁殖,从而改变坝下鱼类群落结构的组成。

在洪水季节,溢过高坝的下泄水可能由于较大的落差导致水中气体过饱和,从而对鱼类的健康产生不利的影响,甚至导致鱼类的死亡。尤其是仔、幼鱼容易受气体过饱和的影响。

6.生物间的相互作用

由于不同物种鱼类对环境条件适应性是不同的,因此大坝蓄水后对不同鱼类的影响程度也是不同的。在大坝蓄水后,原来的种间关系将发生变化,包括捕食、竞争,对寄生虫的防御能力等,从而给土著鱼类带来不利的影响。

二、减缓影响的措施

1.水库调度

通过水库调度可以造成洪峰,刺激鱼类产卵,形成河流不同类型生境的连接,增加鱼类的多样性。水库调度在许多国家均有实施。

2.分层取水

对于高坝而言,底层的低温水有诸多方面的危害。可以采取的措施是,从表层取水,以避免低温水的危害。

3.鱼类繁殖放流

对受大坝影响的鱼类进行人工繁殖放流,是国际上流行的一项重要措施。早在

20 世纪 20 年代,苏联就在伏尔加河进行鲟鱼的人工繁殖放流工作。70 年代时,曾经使鲟鱼得到大量的发展。

4. 控制外来种

水库蓄水后,鱼类群落结构发生演替,外来种容易建群并产生危害。对大坝建设后鱼类群落结构的变化进行监测,防止外来种入侵和对土著种产生威胁,是保护土著鱼类的一项重要措施。

6. 过鱼设施建设

针对于大坝对鱼类洄游的阻隔,许多大坝建设了鱼道、升鱼机、鱼梯等各种过鱼设施。对于鲑鳟鱼类来说,一些过鱼设施有一定的作用,但是作用程度有限。这些鱼类的资源量仍然显著降低。

第三节　长江鱼类资源保护的措施与建议

鉴于长江流域鱼类资源在我国经济发展和环境保护中的重要性,我国政府从 20 世纪 80 年代开始,就着手采取多方面的保护措施,包括人工繁殖放流,建立保护区等。这些措施的实施收到了不同程度的效果。

一、长江鱼类资源保护的措施及效果

1. 鱼类的人工繁殖放流

葛洲坝水利枢纽的建设,阻断了中华鲟洄游长江上游产卵、繁殖的自然通道。为防止中华鲟的灭绝,经过专家反复论证,1982 年 3 月 8 日,原国家水电部成立了中华鲟研究所,专门研究、完善中华鲟人工繁殖、放流技术。经过两年的努力,中华鲟所成功地繁殖出中华鲟幼苗,并于 1984 年首次向长江放流中华鲟 6000 尾,目前累计已超过 600 万尾。

增殖放流工作在国外具有较为悠久的历史。从 20 世纪 50 年代起,日本、苏联、美国等世界渔业大国相继开展了大规模的增殖放流活动,取得了明显的经济、社会和生态效益,并积累了丰富经验,这些国家至今仍每年坚持开展大规模增殖放流活动。我国的增殖放流工作起步较晚,到 20 世纪 80 年代才形成一定规模。20 世纪 90 年代以来,随着社会各界资源环境保护意识的不断提高,在增殖放流方面的投入不断加大。为配合长江禁渔期制度试行工作,2002 年长江首次试验性渔业资源增殖放流,同时在鄂、湘、赣、皖、苏、沪 6 省(直辖市)举行。随后放流数量和参与放流地区逐渐增加。2004 年,在云南、贵州、四川、重庆、湖北、湖南、江西、安徽、江苏、上海等 10 省(直辖市)同时展开人工增殖放流。行动期间,各地累计将向长江及主要湖泊投放长江主要经济鱼类和珍稀水生动物苗种

3.9亿尾。其中,4月22日在武汉主放流现场投放大规格的国家一级重点保护动物中华鲟苗种10000尾(130cm的300尾,30cm左右的9700尾),四大家鱼原种苗种10000尾。2007年,长江沿岸各省(直辖市)总计向长江水系各大小干支流及附属湖泊、水库投放各种经济鱼类及珍稀水生动物苗种66500多万尾。2008年5月长江放流四大家鱼2800万尾。2008年,放流力度进一步加大,放流种类包括中华鲟、达氏鲟、胭脂鱼、四大家鱼、河鲀、刀鲚、岩原鲤、齐口裂腹鱼及其他多种经济鱼类鱼苗共计10亿多尾,其中中华鲟苗约12.18万尾,胭脂鱼苗1.75万尾。自2002年试行长江禁渔期制度以来,国家每年都组织开展大规模的增殖放流活动,为修复水生生物资源作出了积极的努力。

2. 保护区的建设

为保护河流生态系统的自然生态环境,维护长江上游珍稀、特有鱼类多样性,1996年,湖北省建立了以保护中华鲟及其生境的"长江宜昌中华鲟自然保护区"。保护区上起葛洲坝下,下止芦家河浅滩,干流全长80km,水域面积约80km²;其中坝下至古老背为保护区核心区,长约30km,水域面积约30km²,古老背以下河段为保护区缓冲区。

2002年4月,经上海市人民政府批准建立"长江口中华鲟幼鱼省级自然保护区"。保护区位于崇明岛东滩,东至吴淞标高0m等深线以外约5km,西起崇明东滩现已围垦的大堤,北起北八滧港,南起奚家港,以及崇明东滩现已围垦大堤所构成的范围,面积约276km²。

2005年4月,国务院批准建立了"长江上游珍稀特有鱼类国家级自然保护区"。保护区面积33174hm²,核心区10803hm²,缓冲15804hm²,实验区6566hm²,主要保护对象为白鲟、达氏鲟、胭脂鱼等长江上游珍稀特有鱼类及其产卵场。范围包括建成后的金沙江向家坝水电站坝轴线下1.8km处至重庆长江马桑溪江段,长度353.2km;赤水河河源至赤水河河口,长度628.2km;岷江月波至岷江河口,长度90.1km;越溪河下游码头上至谢家岩,长度32.1km;长宁河下游古河镇至江安县,长度13.4km,南广河下游落角星至南广镇,长度6.18km;永宁河下游渠坝至永宁河口,长度20.63km;沱江下游胡市镇至沱江河口,长度17.01km。调整后的保护区设核心区5处,分别是:金沙江下游三块石以上500m至长江上游南溪镇,长江上游弥陀镇至松灌镇,赤水河干流上游鱼洞至白车村,赤水河干流中游五马河口至大同河口,赤水河干流习水河口至赤水河口。

3. 禁渔期制度

为了及时保护长江渔业资源和生物多样性,从2002年起,农业部开始在长江中下游试行春季禁渔,2003年起,在长江干流、一级通江支流和鄱阳湖区、洞庭湖区全面实施禁渔期制度。监测资料显示,2002年4月1日至6月30日,3个月的禁渔对资源保护的效果非常明显。宜昌、荆州、岳阳江段的日均单船产量与2000年、2001年相比有较大幅度提高。

2002年至2004年4—6月间长江禁渔。对常熟江段渔获物调查发现,该江段总

CPUE(单位捕捞努力量渔获量)显著增加;优势种更替不明显,以刀鲚、鲻鱼、鳊等经济鱼类为主;刀鲚CPUE有所回升,资源衰退受到遏制;小型鱼类、幼鱼在渔获物中的比例明显上升;Margalef物种丰富度指数、Wilhm改进指数呈明显上升趋势。说明春禁对常熟江段渔业资源保护的生态效果较明显,春禁后渔业资源群落种间结构得到一定程度的改善,生物多样性上升(张敏莹等,2006)。

二、未来保护的建议

1.进一步加强自然保护区的建设和管理

对于生物物种的保护,最好的方法是保护生物的栖息环境,对生物进行就地保护,也就是建立生物的自然保护区。目前,长江流域已经建立了"长江上游珍稀特有鱼类国家级自然保护区"、"长江宜昌中华鲟自然保护区"以及"长江口中华鲟幼鱼省级自然保护区"等多个自然保护区。这些保护区的设立为长江鱼类资源的保护起到了不同程度的作用。但是,由于长江上游是我国特有鱼类的集中分布区,也是水电工程的重点开放区,因此,对鱼类资源的威胁巨大。建议从流域尺度规划好鱼类的物种保护区。对目前尚未或基本未修建水利工程,且鱼类物种及其生境较丰富的干流河段和一、二级支流,开辟一定面积比例的区域建立自然保护区,以保护长江鱼类种质资源。

同时,对于已经建成的保护区要加强管理,切实实现渔民的转产,禁止天然捕捞,杜绝对保护区产生破坏的活动。

2.长江禁捕10年

据统计,我国2006年的渔业产量为5250万t。近年来,长江天然捕捞产量仅10万t,只占全部渔产量的很小比重。为此,正如曹文宣院士等专家多次呼吁:"长江禁捕10年",让野生鱼类资源得到恢复。

3.实现水利工程的生态调度,确保长江环境流

水利工程的修建,改变了河流的自然流态,阻隔了鱼类的洄游通道。为了减缓水利工程的影响,应该采取生态友好型的调度方式,确保长江环境流。使调度产生的环境流在水量、水质、水温以及时空分布等方面满足鱼类资源生长、繁殖等生命活动的需要。例如,在四大家鱼的繁殖季节,适时地调度,产生人造洪峰,以利产卵;调整三峡工程秋季蓄水时间,避开中华鲟的繁殖季节;在金沙江中下游梯级开发的水库群中,采取分层取水的方法,取用上层水,减小底层低温水的不利影响。

4.开展鱼类人工增殖放流

建立人工增殖放流站,进行人工增殖放流是世界各国恢复鱼类资源的普遍方法。长江流域目前唯一的葛洲坝中华鲟人工放流站,用于增殖国家一级水生野生保护动物中华鲟。20世纪70年代以来,长江主要渔业资源严重衰退,名贵的长江鲥鱼已几乎灭绝,四大家鱼、长吻鮠等重要经济鱼类成鱼和苗种的产量也大幅度下降。受江湖阻隔和水质污

染等因素的影响,缺乏适口饵料,在江中繁殖出的四大家鱼等鱼类生物仔鱼存活率很低。为弥补渔业资源补充量的不足,建议建立更多长江鱼类人工增殖放流站,捞取在江河中繁殖的仔鱼,在培育有大量浮游生物的池塘中饲养 2~3 个月,然后放回江河湖泊,增加长江及其通江湖泊的渔业资源量,提高江河、湖泊渔业生产性能和生产能力。

5. 江湖连通与灌江纳苗

通过江湖连通能够很好地改善湖区水质,增加湖区水量,实现江湖的水文循环,为鱼类生长繁衍创造条件。同时,恢复湖泊通江不仅能为许多洄游或半洄游性鱼类提供"三场"(索饵场、繁殖场、育肥场),还能保护湖泊的自然属性和生态系统的稳定性,减缓湖泊的萎缩趋势,保持有较多类型的湿地,如有涨落区、浅滩、滩涂等重要湿地,利于生物多样性的保护与恢复,增强湖泊降解污染的能力,提高湖泊防蓄洪能力,大大降低洪水的危害。采用灌江纳苗的方式,将长江大量天然苗种引入湖泊,是增加湖泊鱼类区系组成、复壮湖泊定居性产卵鱼类、提高湖泊渔业产量和丰富生物多样性的重要措施。

第九章

长江重大防洪工程与成效

长江是一条雨洪型河流,水量丰沛,多年平均径流量上游宜昌控制站为 4480 亿 m^3 ,下游大通控制站为 9110 亿 m^3 。流域内充沛的水资源既是长江流域经济社会发展不可或缺的基本条件,而其时空分配极不均匀性所造成的洪旱灾害,又是制约长江流域经济可持续发展的重要因素之一,尤其是中下游地区,历史上严重的洪水威胁及其造成的灾难性灾害,一直是我国的心腹大患。由于洪水的突然性和巨大的破坏性,历次大洪水都造成了重大的灾害损失。19 世纪中叶以来,就发生了 1860 年、1870 年、1931 年、1935 年、1954 年和 1998 年的特大洪水。总体而言,长江上游和支流山丘及河口地带的洪灾,一般历时短,受灾范围与影响有限,但上游水库等工程建设对减轻中下游防洪压力作用巨大;长江中下游 14.1 万 km^2 平原地区,有逾 1.0 亿人口,城镇密集,是我国经济最发达地区之一,其地面高程一般低于汛期江河洪水位 5～6m,最大超过 10m,堤防工程可以发挥核心作用。

新中国成立以来,各级政府大兴水利,造福于民,修建了许多大型防洪工程,长江中下游干流主要河段的防洪能力有了较大的提高。荆江河段依靠堤防可防御约 10 年一遇洪水,配合分蓄洪区,可防御约 40 年一遇洪水;城陵矶河段依靠堤防可防御 10～15 年一遇洪水,考虑比较理想地使用分蓄洪区,可基本满足防御 1954 年型洪水的需要;武汉河段依靠堤防可防御 20～30 年一遇洪水,考虑分蓄洪区比较理想地使用,可基本满足防御 1954 年实际洪水的防洪需要;湖口河段依靠堤防可防御 20 年一遇洪水,考虑分蓄洪区比较理想运用的情况,可达到防御 1954 年实际洪水的需要。汉江中下游依靠堤防、丹江口水库及杜家台分洪工程可防御 20 年一遇洪水,配合新城以上民垸分洪,基本满足防御 100 年一遇洪水的需要;赣江考虑泉港分洪、赣抚大堤加高加固后可防御 30～50 年一遇洪水;其他支流除澧水下游只能防御 5 年一遇左右洪水外,大部分可防御 10～20 年一遇洪水。

经过多年的努力,长江已初步形成了由堤防、水库、蓄滞洪区、河道整治工程及非工程措施组成的防洪体系,有效地保障了流域人民的生活安定和经济社会发展,但如何协调和处理水利工程建设与生态保护的关系,业已成为关注的热点和亟待解决的深层次问题。

第一节　水库工程

一、以三峡为核心的水库工程大大提高了中下游防洪标准和能力

水库可以调蓄入库洪水,根据水库下游的防洪需要,将超过下游河道安全泄量的超额洪水量拦蓄在水库内,或通过水库调节减小水库一段时间内的下泄流量,以错开下游洪水高峰,使下游河道能安全承泄。新中国成立后,建成了许多大型水库,但大多以兴利为主,不能起到可靠的防洪作用,在三峡水库建成前,具有防洪库容的水库主要有汉江丹江口水库、清江隔河岩水利枢纽、澧水江垭及皂市水利枢纽,一批具有较大防洪作用的综合利用水利枢纽尚在规划和建设中。

经过多年建设,长江中下游干流主要河段的防洪能力有了较大的提高。1998 年长江防洪过程中,丹江口、隔河岩、葛洲坝、柘林、五强溪、柘溪等骨干水库工程进行削峰、错峰调度,在不同河段不同时段降低了洪水位。例如隔河岩水库采取精心调度,降低了沙市水位 0.1m 左右,使沙市水位控制在 44.95m,有效缓解了荆江河段十分严峻的局面;第六次洪峰到来时,隔河岩水库及葛洲坝水利枢纽均实施了削峰调度。两库分别降低沙市水位 0.19m 和 0.15m,使沙市水位控制在 45.22m,避免荆江分洪;丹江口水库曾采取"细水长流"的调度方式,全部关闭泄流闸门(只剩发电流量)与区间洪水错峰,使汉口洪峰水位控制在 29.43m,平均降低武汉水位 0.3m 左右,避免了汉江中下游分洪,有效地减轻了武汉市的防汛压力。

在长江防洪规划和防洪工程建设体系中,三峡水库是保证长江中游地区(特别是荆江地区)避免特大洪水造成毁灭性灾害的关键性骨干工程。三峡水库防洪库容 221.5 亿 m^3,相当于 1954 年洪水超额洪量的 40% 以上。从 2008 年 9 月 28 日零时开始,到 11 月 11 日 18 时,三峡水库坝前水位高程从起蓄水位 145m 蓄至 172.78m,2008 年试验性蓄水任务已经完成,共蓄水约 190 亿 m^3,达到了试验性蓄水目标,三峡水库预计 2009 年建成正式投入运行。

三峡水库建成运行后,长江中游的防洪标准和能力有了较大的提高。第一,可将荆江河段的防洪标准从目前约 10 年一遇提高到 100 年一遇(宜昌 10 年一遇洪峰流量约 66600m^3/s,100 年一遇洪峰流量约 83700m^3/s),即遇到不大于 100 年一遇的洪水,经三峡

水库调蓄后,不动用荆江分洪区便可安全下泄。第二,遇到大于100年一遇直至1000年一遇或与1870年特大洪水相似的洪水,经三峡水库调蓄后,可使枝城最大流量不超过80000m³/s,运用荆江分洪区和其他分洪措施与之相配合,可避免荆江地区发生毁灭性灾害。第三,由于上游洪水得到了有效控制,从而减轻了洪水对武汉市的威胁,提高了武汉市防洪设施的可靠性和调度运用的灵活性。第四,减少了长江进入洞庭湖的水沙,既可减轻长江洪水对洞庭湖区的威胁,又可减轻洞庭湖的泥沙淤积速率,延长洞庭湖的寿命。第五,减少中下游分洪区的运用概率和分洪量,从而减少分洪损失。

三峡工程规划的两种主要防洪调度方式:一是适应以上游来水为主,补偿控制沙市水位的荆江补偿调度方式;二是适应中下游来水为主或全流域性洪水,补偿控制城陵矶水位(亦补偿控制沙市水位)的城陵矶补偿调度方式。

1998年洪水的量级,完全在三峡水库的正常控制范围之内,根据来水情况,很适合采取城陵矶补偿方式。初步推算,有了三峡水库后,遇1998年洪水完全可以把沙市水位控制在44.5m以下,城陵矶(莲花塘)水位控制在34.40m以下,汉口水位据推算降为28.49m,九江水位也有较大幅度的降低。这样,长江中下游的防汛情况将与以往有本质的区别:遇到不大于100年一遇洪水时,经三峡水库调蓄,可不启用荆江分洪区和其他分蓄洪区;如遇1000年一遇洪水,配合运用荆江分洪工程和其他分蓄洪区,可使荆江南北两岸、洞庭湖区和江汉平原避免发生毁灭性灾害。遇1954年型洪水,长江中下游总的分蓄洪量将从500亿m³减少到336亿～398亿m³。按三峡工程对荆江补偿调度方式,分蓄洪量为398亿m³;按三峡工程对城陵矶补偿调度方式,分蓄洪量为336亿m³。荆江分蓄洪区使用概率将达100年一遇,溪洛渡和向家坝水库建成后与三峡水库联合调度,荆江分洪区使用概率可进一步提高。遇1954年型洪水,荆江地区不需分洪;城陵矶附近区运用100亿m³分蓄洪区后,还需运用洪湖中分块以及洞庭湖的城西、民主、围堤湖、澧南、西官、建新、建设、屈原农场、九垸、江南陆城垸等;武汉附近区和湖口附近区视实时洪水还需运用规划安排的分蓄洪区。因此,迫切需要通过对分蓄洪区进行分类规划,明确重点,合理安排和强化安全建设,进一步完善防洪体系,保障防洪安全。

截至2006年,长江流域及支流上已建成了大中小型水库约4.6万座,总库容约2307亿m³,其中大型水库163座,总库容逾1738亿m³。目前,已建、在建和规划中的防洪水库有24座,分布在长江干流上游以及支流雅砻江、嘉陵江、岷江、乌江、清江、汉江、洞庭湖水系、鄱阳湖水系和南淝河、水阳江等。其中,防洪库容在5万m³以上的已建大型水库有14座(见表9-1)。近期以干流三峡水库、金沙江的溪洛渡水库和向家坝水库,上、中、下游主要支流在建和规划建设的防洪骨干水库为重点,包括已建防洪骨干水库扩大防洪库容和重点中型病险水库除险加固。远期规划进一步开发长江上游金沙江流域梯级水库和主要支流的其他水库。长江流域如此众多的水库对长江流域防洪具有积极和十分重要的作用,但面对长江流域洪水形成灾害的复杂形势,以及大量水库建设对长江流域生态环境的影响,如何进行联合调度和生态调度,亟需开展深入系统的研究和跟踪评估,以便发挥水库建设的多方面效益,尽量减少其负面影响。

表 9-1   长江流域主要防洪水库

名称	建设地点	所属河系	总库容 (万 m³)	防洪库容 (万 m³)
花凉亭水库	安徽太湖县	皖河—长河	239805	105500
陈村水库	安徽泾县	青弋江	272100	95500
柘林水库	江西永修县	鄱阳湖—修河	792000	320000
鸭河口水库	河南南阳市	汉江—白河	131600	58752
富水水库	湖北阳新县	富水河	166500	85210
三峡水库	湖北宜昌市	长江	3930000	2215000
水布垭水库	湖北巴东县	清江	458000	50000
隔河岩水利枢纽	湖北长阳县	清江	347000	74000
丹江口水利枢纽	湖北丹江口市	汉江	2090000	770000
江垭水库	湖南慈利县	澧水—溇水	183400	73800
柘溪水库	湖南安化县	资江	357000	116500
东江水库	湖南资兴市	湘江—耒水	914800	274100
五强溪水库	湖南沅陵县	沅水	429000	136000
宝珠寺水库	四川广元市	嘉陵江—白龙江	255000	73200

二、水库蓄水运行对生态环境的影响长远而复杂

1. 改变水文过程，影响河流生态和水力平衡

河流是地球水循环过程中最活跃的部分,河流连续性、水文过程和栖息地周期性的变化是河流生境的基本特征,洪水是河流生命的一部分。洪水具有自然与社会两种属性。洪水是自然现象,河流和河道的形成靠的是洪水。没有洪水,就没有河流,河道会萎缩,水生生物会失去了生存的环境,河流就会逐渐失去她的生命特征。任何河道水流都会有时空分布不均,它是河流生命的体现,没有变化就没有生命。所以,没有必要不惜代价地通过控制性工程消除洪水,这样反而会加大水利工程的洪水风险。

在洪泛区进行工业和农业开发,沿江河筑堤建闸,河道上建坝蓄水等,严重影响了河流连续性、河流洪枯变化过程和水生生物栖息地。大规模的梯级水库的建设和运行将显著改变长江天然的水文过程、水沙分配比例,使生境片断化和退化。如果目前规划的水电工程全部实施,长江上中游干流和相当多的支流将被部分渠化和完全渠化,自然河流将转变为半天然河流或人工控制的河流,这种变化将给长江的生态系统和环境带来长期的和不可逆转的影响。

河流生态系统经过亿万年的演变和进化已经十分依赖河道的平均流量、大小流量交替出现、流量和水位季节性的变化等特征,而水库对流量及出现频率的改变,使下游河道径流变化幅度减小,洪峰和特枯流量出现的频率减小,洪峰流量消减,自然河流多变性的

特征减弱或丧失,原有的生态系统就会被破坏。如尼日利亚 Dokoto 河上的 Bakolori 坝,使河流流速变缓、平均洪水位下降了 50%,破坏了原有河道喜急流鱼类种群的发展和生存,造成原生性的生物种群多样性的损失。

洪水还是许多鱼类产卵的信号和驱动条件,来水时间和洪水持续时间的改变将影响自然生物活动的时机暗示,破坏物种之间的信息相互作用,容易造成当地物种衰退或死亡,整个食物链也会受到影响。在挪威,一些本地鱼类原以季节性的洪峰作为产卵信号,人为调节水流过程消除洪峰导致这些鱼类减产。在长江,洪水也是四大家鱼的产卵信号。

2. 改变河道水沙关系和栖息地环境,影响水生生物繁衍与生存

泥沙是河流生态系统中重要的非生物因子之一,对于水生生物的生长及生物的产卵、发育、觅食等多方面有显著影响。含沙量剧增不仅减少水体透明度,减少浮游生物的生物量,甚至影响一些鱼类的生存,如黄河中下游每年 7 月、8 月和水库排沙期间,常发生鱼类缺氧浮头、失去自控。含沙量剧减,将增加水的透明度,有利于水生植物的生长,但同时一些浮游动物减少了庇护,增加了被捕食的概率。

正常河流需要平衡输沙,水库的隔阻改变了水库下游水沙关系,使下游的生境受到影响。例如三峡水库的清水下泄,长江中下游河段将发生长时间的冲刷,河床下降,沿岸地下水位也会下降,对沿岸湿地生境造成一定影响;河床的冲刷还会使河床粗化,底栖生物的生境发生改变;江湖关系发生变化,进入洞庭湖的洪水减少,加速洞庭湖的退化;清水下泄对河岸也会产生侵蚀,江水与周边湿地地下水交换将减少;长江口地区由于长期缺乏泥沙补给,河口自然演变规律和生境将发生变化。因此,河流的沙多、沙少都会给生态环境造成不利影响,扰乱原有的生态平衡。

河流的连续性不仅包括水系空间上的连续,更重要的是包括水生生物过程及非生物环境的连续性。生境的多样性来源于河流纵向、横向、垂直和时间四维尺度来衡量。从纵向看,从河源到河口,地质、地貌的变化形成了主流、支流、河湾、沼泽、急流和浅滩等丰富多样的生境,产生了适应不同环境的生物群落。例如急流生物有的具有适应急流的流线型体形,有的具有沉底和钻入石缝以防止被冲走的扁平体形,有的具有吸盘、钩和黏性附着在河底或固体上。

从横向看,主河道两侧的洪泛区,包括一些滩地、浅水湖泊和湿地,受洪水影响周期性淹没,养分、食物、光照和土地条件优越,是鸟类、两栖动物、昆虫和水生生物的重要栖息地。建库后,洪水漫滩机会的减少以及河道活动能力的减弱,意味着栖息地的自然演替和更新速率减小,使得原有栖息地逐渐变得贫瘠,降低了漫滩生物的多样性水平。

在垂直方向上,表层含有丰富的氧气,有利于喜阳性水生生物的生存(如浮游植物)和好气性微生物的分解作用,河床具有透水性,适于植物和微生物生存,也为鱼类产卵提供了场所,水库清水下泄产生长时间冲刷或淤积,日调节水电站下游水位日夜变动,都影响着生境的稳定。

在时间上,随着季节的变化,河流生态系统也发生不同的变化,以河漫滩为例,河道

的横向和垂直冲刷,将产生河道迁徙和废弃,形成侧向汊道、死水区、牛轭湖、漫滩池塘和沼泽,形成多样性的栖息地。

第二节 平垸行洪与退田还湖工程

长江沿岸人民为了生存和发展,从2000多年前开始对长江的河湖湿地进行了长时间的围垦、修堤筑坝,增加耕地和抵御洪水,形成了传统的开发和治河理念,逐渐形成了现在的江湖阻隔格局。目前,长江中下游干流河道,除洞庭湖和鄱阳湖与长江自然连通外,基本上用堤防和闸口将长江干流与周围的湖泊及湿地分割开来。随着人们认识自然和改造自然的水平、能力的不断提高,如何处理流域防洪和生态环境保护的关系问题,愈来愈受到各方面的广泛关注和重视,并业已成为长江流域洪水治理的国家战略。事实上,继历史时期的湖泊湿地大规模垦殖活动之后,20世纪50—70年代长江中下游地区又掀起了围湖造田的新高潮,这一行动在一定程度上缓解了当时人地紧张的矛盾,也获取了相当数量的粮食收成,对缓解当时粮食供应的紧张状况,解决一部分群众的温饱问题,起到了积极的作用。但是,随着围湖造田活动的规模愈来愈大,其负面效应也日益突显,诸如引发洪水威胁加剧、生态环境日益恶化等问题,逐步被人们所认识。20世纪80年代初期国家颁布了禁垦令,湖泊湿地的垦殖活动得到了有效遏制,特别是1998年发生大洪水之后,国家及时提出了"平垸行洪、退田还湖"等长江流域洪水治理的32字指导原则,随即开始了规模宏大的平垸行洪和退田还湖工程,主要分布于长江干流地区、洞庭湖区和鄱阳湖区。

据统计,长江中下游干流湖南、湖北、江西、安徽四省堤外一般圩垸计255个,面积达2200多 km²,长江干流河道内洲滩民垸的大量修建和加固,使洪水河槽束窄,过流面积缩小。众多码头桥梁和其他突出建筑物加大了洪水河槽的阻力,使得河道的泄洪能力日益减小。为吸取1998年长江大洪水的教训,长江防总还对一批洲滩民垸采取了"平垸行洪、退田还湖"措施。即遇到大洪水时,这些民垸必须滞蓄洪水,给洪水以出路;而在一般洪水年份,这些堤垸大多数仍可被利用进行耕作,以缓解人多地少的矛盾。

一、工程建设取得初步成效

洞庭湖除汇集湘、资、沅、澧四水约26万 km² 的径流外,还接纳长江三口分泄的长江洪水,于岳阳七里山北注入长江。由于三口分流及洞庭湖的调蓄,消减了长江及四水的洪峰,减轻了荆江河段、洞庭湖区、城陵矶以下地区的防洪压力,对长江中下游地区防洪起着十分重要的作用。根据洞庭湖区平垸行洪的有关规划,全洞庭湖区共需平垸行洪的堤垸333处,平垸总面积778.74km²,计划搬迁l58333户共55.85万人。高水时可还湖面积778.7km²,增加蓄洪容积34.79亿 m³。在有特殊地形地貌条件的地方,可以进行引洪放淤或河湖与堤垸互换。根据各堤垸所处位置、阻洪情况,平垸行洪和退田还湖区分为

"单退"和"双退"两类。

"单退"堤垸是指阻洪不严重,具有利用价值且移民生产安置有较大难度的堤垸。洞庭湖区平垸行洪"单退"堤垸涉及 l9 个县(市、区、农场)的 l28 处蓄洪垸,一般垸、巴垸,平垸行洪总面积 596. 06km²,耕地面积 3. 265 万 hm²,计划迁移 103237 户、367034 人(不包括部分实施平垸行洪的共双茶垸、大通湖垸、钱粮湖垸和民主垸 4 处分蓄洪区)。由于"单退"堤垸在四水和洞庭湖主要控制站的洪峰水位达到一定的控制条件,接近分洪水位时要破垸分蓄洪水,因此采用退人不退耕的单退方式,低水种养、高水还湖还河。为减少"单退"堤垸分蓄洪时对分洪口两端的破坏和对分洪口下游局部区域的严重冲刷,在分洪口门处兴建分(进)洪闸。"双退"堤垸是指阻碍行洪严重的巴垸、江心洲、外洲等共计 205 处,平垸行洪总面积 182. 68km²,耕地面积 l. 06 万 hm²,计划迁移 55096 户、191488 人。由于"双退"堤垸退人又退耕,彻底退田还湖,因此,对阻碍行洪的堤防进行刨毁,还江河湖泊本来天然面貌或状态。

鄱阳湖位于江西省境内北部,为我国第一大淡水湖泊。鄱阳湖区是南昌县、进贤县、新建县、丰城市、永修县、德安县、星子县、庐山区、湖口县、都昌县、波阳县、余干县、万年县、乐平市和南昌市郊区的统称,区域面积为 26300km²。1998 年之前,鄱阳湖区有大小圩堤 564 座,其中 33 ~ 67hm²(指保护农田面积)的圩堤共 136 座,67 ~ 667hm² 的 198 座,667 ~ 3333hm² 的 56 座,3333 ~ 6667hm² 的 34 座,6667 ~ 20000hm² 的 17 座,20000hm² 以上的 3 座。由此可见,鄱阳湖区是江西省圩堤,尤其是大型圩堤最集中的区域。鄱阳湖对于长江中下游防洪起着重要的调洪作用。然而,由于几十年的盲目围垦,湖面已大为缩小,其高水位面积和蓄水容积已分别由 1954 年的 5100km² 和 370 亿 m³ 减少为现今的 3900km² 和 298 亿 m³,不仅使长江洪水调蓄能力大为下降,也使得鄱阳湖区自身的防洪减灾形势越来越严峻。

鄱阳湖区于 1998 年起有计划地开展了平垸行洪、退田还湖工作。还湖圩堤 389 座,以波阳、都昌两县最多,其次是湖口、永修、进贤三县;南昌、万年两县和庐山区较少。圩区总面积达 1234. 32km²,分别占全省退垦圩堤座数和面积的 83. 8% 和 86%,有效蓄洪容积约 74 亿 m³(指还湖前夕圩区均为腾空状态)。其中,实行"双退"的圩堤共 179 座,圩区面积 338. 5km²,绝大多数为保护农田面积在 67hm² 以下的微型圩堤,"双退"圩堤座数占湖区全部退田还湖圩堤座数的 46. 0%,但圩区面积仅占 27. 4%,占湖区"双退"圩区总面积的 56. 7%,多为严重影响江河行洪的小型或微型圩堤(保护农田面积在 667hm² 以下);湖泊周围"双退"圩堤 96 座,圩区面积 146. 6km²,均为土地利用经济效益欠佳的小型或微型圩堤。"双退"圩堤中只有两座保护农田面积在 667hm² 以上的中型圩堤(保护农田面积在 3333hm² 以下),均位于饶河(昌江)下游。

实行"单退"的圩堤共 210 座,圩区面积达 895. 9km²。其中五河尾闾"单退"圩堤 20 座,圩区面积 156. 7km²,分别占整个湖区"单退"圩堤座数与面积的 9. 5% 和 17. 5%;"单退"圩堤主要分布在湖泊周围地区,座数与面积所占比例均在 82% 以上。虽然"单退"圩堤座数仅占全湖区退田还湖圩堤座数的54.0%,但面积却占72.6%,表明主要退田还湖圩堤多为"单退"圩堤,即鄱阳湖的退田还湖以"单退"为主、"双退"为辅。

为了确保纳入"平垸行洪、退田还湖"的"双退"圩区能够还河、还湖,增加河湖的行洪能力,以及"单退"圩区在河湖水位达到规定的圩区进洪水位时能够及时进水的蓄洪要求,江西省已对湖区的平退圩堤采取了适当的工程措施:一是对于"双退"圩堤分别在圩堤上、下游设置一个扒口,扒口长度为100~300m,扒口深度为相应湖口水位18.50m;二是对于圩区面积在667hm^{2}以上"单退"圩堤采取新建滚水坝一座、进出洪闸一座的工程措施,滚水坝的坝顶高程为相应湖口水位21.68m;三是对于圩区面积在667hm^{2}以下"单退"圩堤按相应湖口水位20.50m的进洪水位改建进出洪闸一座。

1998年洪水之后,长江中下游地区通过实施四期的移民建镇工程,平退的1461个圩垸,可退还江湖面积约4152km^2,增加蓄洪容积164.5亿m^3。其中长江干流圩垸可退还江湖面积1498km^2,增加调蓄水量约52.7亿m^3;鄱阳湖退还湖面积880km^2,增加蓄洪容积约49.1亿m^3;洞庭湖退还湖面积604km^2,蓄水量约26.5亿m^3;其他支流及内湖圩垸退还江湖面积1170km^2,蓄水量约36.2亿m^3。

二、建设成果需要巩固,减灾效益有待检验

从目前退田还湖的状况看,其规模和力度仍然需要加强,退田还湖的方式也需要调整。主要表现在:一是双退堤垸面积和比例偏少,难以达到湖泊湿地生态修复的目的,而且大部分堤垸在实施双退之后,原有的堤防依旧,这就留下了移民反复的潜在可能性;二是从数量上看,大部分单退堤垸并非是国家规定或认可的蓄滞洪区以及重点保护堤垸,而是地方或群众自发围垦而成的,一般堤防单薄,防洪能力有限;三是退田还湖过程中忽视了重点堤垸内的内湖退田还湖,乃至生态保护或修复问题,应尽快强化和规划实施退田还湖。

平退工程的实施,对扩大鄱阳湖、洞庭湖两湖地区,尤其是鄱阳湖地区洪水调蓄能力,无疑将起到一定作用,但这并不表明两湖地区的洪水出路问题已经解决,由于湖区整体防洪能力较低,多数圩堤仍难以抗御1998年型、1954年型的洪水。因此,继续加高加固其他需要重点保护的圩堤,完善分蓄洪区的建设仍十分必要,且不可因退田还湖的实施而放松对两湖地区防洪工程的建设。因此,简单认为"平垸行洪、退田还湖工程实施后,鄱阳湖的面积和蓄洪容积将恢复到1954年的水平",对鄱阳湖区的防洪十分不利。

2002年,湖北、湖南、江西、安徽四省根据国家计委和水利部的要求,分别编制完成了平垸行洪巩固工程建设总体实施方案。经审定,已实施平退的1461个圩垸中共有1041个圩垸需进行刨堤和口门工程建设,投资12.30亿元。其中,湖北省216个圩垸,投资2.13亿元;湖南省246个圩垸,投资2.99亿元;江西省418个圩垸,投资3.92亿元;安徽省161个圩垸,投资3.26亿元。这些工程实施后最终的防洪效益有待实践的检验。

坚决继续实施"退田还湖"的江湖整治战略,强化"双退"堤垸的退田还湖实施力度,对于已经采取"双退"退田还湖方式的地区,拆除或平毁已有的堤防设施,促进和保护湖

泊湿地生态的自我修复能力是必要的,也是十分正确的。

第三节　堤防、河道整治与分蓄洪工程

一、堤防工程防洪作用巨大,对河湖湿地生态影响不可忽视

1.堤防工程建设成效显著,发挥了防洪骨干作用

长江防洪体系建设是从堤防开始的。堤防是长江流域最古老、最基本的防洪设施,自从人类在长江流域开始定居以来,就开始利用洪泛区平原肥沃的土地进行耕作,为了防治洪水危害,开始在长江两岸修筑堤防,如荆江大堤始于东晋永和元年(公元 345 年),五代后梁开平年间修筑寸金堤,经两宋的扩建和培修,大堤初具雏形,但仍留有穴口。明代,堤防有新的发展,金堤、李家埠堤、寸金堤、黄潭堤、文村堤、新开堤、周公堤等堤陆续相连,至明嘉靖年间堵塞郝穴,至此,形成荆江大堤。长江原有堤防是经过上千年通过人工劳动逐渐形成的,堤防质量参差不齐。新中国成立以来,特别是 1954 年大洪水以后,国家对长江堤防加大了投入力度,逐渐使长江堤防成为抵御洪水最主要的手段。据有关资料,从新中国成立至 1998 年,国家用于长江堤防建设的投资总规模约 30 亿元,其中在 20 世纪 80 年代是每年 1 亿元左右,在 90 年代每年增加到 3 亿元。

长江堤防以地域划分为上游堤防、中下游堤防和海塘三部分。上游堤防长约 3100km,分布在四川盆地主要河流的中下游;长江中下游堤防包括长江干堤、主要支流堤防,以及洞庭湖、鄱阳湖区等堤防,总长约 3 万 km,是长江堤防工程的主体部分;长江海塘全长 900 余 km,分布在长江河口与沿海地带。至 2006 年,长江流域累计建成堤防长度 73348 公里,保护人口 1.2 亿人,保护耕地 646.3 万 hm²。

根据保护对象的重要性,新近审定的《长江防洪规划》将长江堤防分为三类:第一类是荆江大堤、无为大堤、荆江分洪区南线大堤、汉江遥堤,以及武汉、南京、芜湖、安庆、九江、南昌等沿江重点防洪城市堤防,定为长江中下游的一级堤防;第二类是主要江堤,包括松滋江堤、荆南长江干堤、洪湖监利江堤、岳阳长江干堤、四邑公堤(含咸宁、武昌境内)、粑铺大堤、黄广大堤、九江长江干堤、同马大堤等和洞庭湖、鄱阳湖两大湖区的重要圩垸堤防,以及汉江下游干流堤防,均被列为二级堤防;第三类是保护蓄洪垸的一般堤防,定为三级堤防。

据 20 世纪 90 年代统计,长江中下游长约 4000km 的岸线中有 1500km 的崩岸,最大的崩塌形成了长宽各数百米的大崩窝。崩岸使许多堤防段频频出险,并引起河势的变化,严重威胁到防洪安全,对长江中下游国民经济发展带来严重影响。新中国成立后,长江中下游实施了大规模的河道整治工程(见表 9-2),以往长江中下游河道不稳定的河势得到初步控制,保障了长江中下游平原地区和沿江各重要大中城市的防洪安全,许多优

良岸线现已得到较好的开发利用,为沿江社会经济发展创造了良好的条件,为沿江城市经济迅速发展提供了保障,促进沿江城市规模迅速扩大。长江航道得到控制,航运条件进一步改善,长江航运也得到迅速发展。

表9-2 长江中下游重大堤防建设工程

年代	护岸河段	工程量
20世纪50—60年代中期	武汉的青山镇、龙王庙,荆州的沙市、郝穴河段,安徽无为大堤的安庆街,芜裕河段的裕溪口,马鞍山河段的恒兴洲及南京河段下关浦口、大厂镇和海门青龙港等。	大规模沉排或抛石工程。
20世纪60年代中期至90年代初期	荆江大堤、武汉长江大堤、南京长江干堤、无为大堤、同马大堤等抛石加固,临湘长江干堤、洪湖监利长江干堤、四邑公堤、九江长江干堤、江都嘶马弯道、张家港老海坝、常熟徐六泾等护岸,长江口地区兴建以丁坝为主的江堤、海塘防御工程,以及重点河段综合整治工程。	累计护岸工程总长达1188.8km,完成抛石6687万 m^3,沉排409万 m^3,塑料布土枕守护40万 m^2,建丁坝685座,顺坝19km。
20世纪90年代	下荆江河势控制工程,界牌河段的综合整治工程,南京河段一期整治工程,镇扬河段二期整治工程。	
1998年大洪水以后	长江重要堤防隐蔽工程。	至2002年,累计护岸总长455.7km,抛石2212万 m^3,干、浆砌石块237.9m^3,混凝土预制块护坡51.1万 m^3,铰链混凝土排100.5万 m^3,柴枕12.5万个,模袋混凝土12.6万个,钢丝网石笼1.2万个。

1998年长江流域特大洪水后,长江中下游掀起堤防加固建设的新高潮,沿江主要干堤,如荆江大堤、松滋江堤、荆南长江干堤、监利洪湖江堤、岳阳长江干堤、武汉市堤、黄广大堤、九江长江干堤、同马大堤、无为大堤、江苏长江干堤等进行了基础加固处理。

2. 堤防险情不断,建设标准有待进一步提高

由于不同历史时期人们对客观事物认识的局限性,部分工程形式不尽合理,许多堤段护岸标准不高。长江堤防多建在一级阶地和高漫滩前缘,地形较低,堤基虽多具二元结构,但其组成、厚度与形状变化较大。长江中下游南京以上沿江两岸长约2700km的主要干流堤防工程地质条件较好的占50.1%,近50%地质条件较差的堤防是堤防建设基础

处理的重点。南京以下堤段地质条件较差,崩岸较严重,堤身加固、填塘固基、护岸和护坡至关重要。另外,还有相当多的堤防没有达到防洪规划要求的标准。

从历年堤防出险情况分析,险情大多由管涌、脱坡、漏洞、散浸、浪坎、崩岸等造成。例如,1998年长江中下游堤防工程发生的较大险情1702处中,管涌872处,占51.2%;脱坡270处,占15.9%;漏洞232处,占13.6%;涵闸出险74处,占4.3%;其他险情254处,占15%。干堤较大险情698处,其中管涌、漏洞近500处。中下游共发生较大崩岸险情51处。九江长江干堤决口和武汉市堤防丹水池堤段的大险都是基础渗漏造成的。因此,基础防渗、处理堤身隐患、穿堤建筑物与堤防结合部的加固处理将是堤防建设的重点。

通过堤防工程建设,长江河道总体格局已经得到控制,走向与轮廓保持相对稳定,但局部河段河势不稳、岸线崩坍、河道分汊、主流摆动等自然演变现象依然存在,对沿江的城市建设和经济建设极为不利,如上荆江文村甲、西流堤等岸段的崩岸,监利港的淤废,南京八卦洲左汊萎缩等,都说明局部河势仍不稳定。

3. 对湿地生态影响不容忽视

长江沿岸人民为了生存和发展,从2000多年前开始对长江的河湖湿地进行了长时间的围垦、修堤筑坝,增加耕地和抵御洪水,形成了传统的开发和治河理念,逐渐形成了现在的江湖阻隔格局。目前,长江中下游干流河道,除洞庭湖和鄱阳湖与长江自然连通外,基本上用堤防和闸口将长江干流与周围的湖泊及湿地分割开来。

修堤建闸切断了湖泊水体和长江的经常性联系,由于对生态考虑不足,湖泊水体因失去与长江母体物质与能量的交换,水质逐步恶化;湿地得不到江水自然漫滩的涵养,生态功能逐渐退化;湖泊湿地内的水生生物种群得不到交换和更新,种群出现退化,水产品产量受到很大影响;对于一些江湖洄游性鱼类,需要从河流到沿江湖泊完成繁育和生活史,受闸坝影响其数量也大幅度减少;周围的村民因闸口的修建,开始在以前为洪水留存空间的滩涂上围垦造田,屡禁不止,既破坏了湿地的生态功能,也给防洪调度带来了不利影响。

开闸通江常以防洪、排涝和引水灌溉,保障群众正常生活和生产活动为主要目标,客观上也起到了加强水体交换、改善水质的作用,但在主观上没有或很少考虑闸口调度的生态效应。闸口调度未能机制化、常规化,一般是在特殊情况下的紧急调度,这对维持湖泊湿地生态功能相当不利。将闸口调度机制化、常规化,并建立科学的调度方式,可以在考虑闸口调度基本功能的同时兼顾湿地涵养、保障鱼类洄游通道畅通等生态效应,使湖泊湿地生态功能得以保持。

随着经济的快速增长和人口的不断增加,长江流域湿地的生态系统面临越来越严重的威胁,尤其是地面水体的日益萎缩更加令人担忧。目前长江流域已经建立了一批湿地自然保护区,初步成为湿地生态系统和野生动植物种保护的重要基地,同时构成了重要河流的天然蓄洪区网络。但由于对湿地的围垦以及在其上游区建立水利工程设施等,已经威胁到湿地的水文状况。一些湿地保护区上游水库拦截了湿地的水资源补充路径,一些湿地保留区内进行的工程阻断了湿地地表水的交换、补充,甚至一些天然湿地保留地以及栖息其间的野生动植物面临灭绝的危险,湿地水资源条件的改变对生态环境和与之息息相关的野生动植物造成严重的影响。

二、河道整治发挥了稳定岸线和扩大泄洪能力的重要作用

新中国成立以来,全面开展了长江河道整治的规划工作。长江中下游河道整治规划的原则是"因势利导,远近结合,分期实施"以及"综合治理,标本兼治"。根据长江中下游干流河道的特点和形态,河道治理的方针是:控制和改善河势,稳定岸线,扩大泄洪能力,改善航运条件,为沿江地区经济社会发展创造条件。

为了有利于综合开发利用和河道治理工程的管理,在20世纪90年代规划修订中,按照河势和控制性节点,将长江中下游干流河道划分为33个小段,根据河段的重要性和治理的迫切性又将这33个河段分为三类。第一类,现有重要堤防、城市、港口和重点工程,在国民经济建设中有重要作用与影响,已确定为重点开发区的河段;有重大综合利用价值的河段,在防洪与航运方面存在问题与矛盾比较突出,需要抓紧解决的河段,计有上荆江、下荆江、岳阳、武汉、九江、安庆等14个河段,规划中列为重点河段。第二类,在防洪、航运或其他方面也存在较突出的问题、需要进行整治的河段,计有陆溪口、簰洲湾、团风、戴家洲等10个河段。第三类,河势基本稳定,存在问题不突出,或虽有些问题但可暂缓进行整治的河段,这类河段计有9个。

20世纪60年代起,长江中游先后实施了中洲子裁弯工程、上车湾裁弯工程,沙滩子发生自然裁弯后,进行了相应的河势控制工程。下荆江三处裁弯共缩短流程78km,裁弯后沙市高洪水位降低约0.5m,相当于扩大沙市泄量约4000m³/s,对防洪航运有一定作用。

为增强分汊河段的稳定性,从1976年起,长江下游干流陆续实施了6处堵汊工程。它们是安徽省安庆地区实施的官洲河段的鹅头支汊西江、太子矶河段的玉板洲夹江和扁担洲夹江,江苏省实施的南通市如皋沙群的长青沙与薛案沙之间的夹江和南京市栖霞龙潭弯道的兴隆洲左汊,安徽省实施的铜陵河段太阳洲和太白洲之间支汊的堵汊工程。堵汊工程的实施稳定了主泓,保护了堤防,取得了一定的经济效益和社会效益。

河湖疏浚工程规划范围主要是洞庭湖和鄱阳湖湖区。其中,洞庭湖区包括南洞庭湖、藕池口、松虎水系以及澧水、沅水、资水、湘水、汨罗江、新墙河尾闾洪道疏浚工程;鄱阳湖区包括赣江、抚河、信江、饶河、修水五河尾闾洪道疏浚工程。另外,洞庭湖四口建闸控制工程、鄱阳湖湖口控制工程、螺山扩卡工程、簰洲湾裁弯取直工程这4个专项工程尚在拟议中,如果实施,将明显改变中游干流水文情势并影响江湖关系。长江上游干支流则以局部疏浚、护岸等工程项目为主,河道整治工程量较少。

河道整治对稳定河势、保护沿江堤防安全、扩大河道泄洪能力、发展经济等起到了显著的作用。经过整治,上荆江河段防洪能力为60000~68000m³/s(含松滋、太平两口分流

入洞庭湖流量),下荆江50000m³/s(含藕池口分流量),城陵矶至汉口约60000m³/s,汉口至湖口约70000m³/s,湖口以下80000m³/s。但河道整治工程也明显改变了长江中游干流水文情势并影响江湖关系,大量采用硬质护坡工程,影响了河岸消落带的生态与环境功能。

三、分蓄洪区工程亟待评估与调整

分蓄洪区是江河堤坝背水面用来临时贮存洪水的低洼地区及湖泊等,它的主要功能是在汛期水位或流量达到分洪标准时,为了保全下游地区(或重要地区)而进行分洪蓄洪,以避免和减少重大的损失。自1952年以来,长江中下游地区先后在不同河段建起了40个分蓄洪区(洪湖分蓄洪区分成3块后为42处),可蓄滞洪水近500亿m³,其中荆江地区4处,可蓄滞洪水56亿m³;城陵矶附近区25处(洞庭湖区24处,洪湖区1处),可蓄滞洪水320亿m³;武汉附近区6处,可蓄滞洪水68亿m³;湖口附近区5处(鄱阳湖区4处,华阳河区1处),可蓄滞洪水50亿m³。规划的分蓄洪总面积130万hm²,其中有耕地面积58.9万hm²,人口约672.1万。目前,相对比较完善的分蓄洪区有荆江分洪工程和汉江杜家台分洪工程,这些工程自建成以后,在其分洪使用期间发挥了削减洪峰、蓄纳超额洪水、降低江河洪水位、减轻或缓解长江洪灾的作用。例如,1954年长江洪水期间,荆江分洪工程先后3次分洪,合计分洪量122.56亿m³,保全了荆江大堤及江汉平原地区的防洪安全。

依据《长江流域综合规划简要报告》的计算,以1954年实际洪水为防御对象,在堤防能按规划的设计水位安全运用时,需要分洪的超额水量按理想情况计算不少于500亿m³。三峡工程建成后,能减少分洪水量100亿~150亿m³。假设金沙江中下段和主要支流控制性水库均建成,能安排300亿m³防洪库容,约可减少分洪量150亿m³,即使到2050年左右,还有200亿~250亿m³分洪量需要靠分蓄洪区来解决。因此,在一个相当长的时期里,分蓄洪区仍然是长江中下游防洪体系中的重要组成部分。

目前,三峡工程的建成,使过去规划的分蓄洪区规模、定位和作用发生变化,由于绝大部分洪蓄洪区在过去很少使用,分蓄洪区开发利用现象也比较突出,分蓄洪区的使用难度加大。再加上分蓄洪区内安全设施建设严重滞后,分洪时需要临时转移大量群众;一些分蓄洪区没有修建进洪闸和退水闸,需临时扒口分洪,流量很难控制。随着经济社会的快速发展以及分蓄洪区众多人口的发展要求,使得大量分蓄洪区的分洪难度和经济损失愈来愈大,形成了欲分不能的艰难境地。如1998年长江特大洪水期间,分蓄洪区却难以启用,长江防洪减灾的缓解阀成了摆设,多年投资建设的水利工程(分蓄洪区)在紧急时刻或紧要关头,却难以发挥其应有的作用。

因此,分蓄洪区的安全建设和重新评估调整,已经成为未来长江流域洪水治理的关键和需要深入研究的深刻问题。同时,分蓄洪区的开发利用也造成了湖泊湿地被大量围垦,影响和破坏了湖泊湿地生态系统结构的完整性。在洪水来临时欲分不能的困难局面下,加剧了洪涝灾害的威胁。据初步统计,长江中下游通江湖泊面积已从 1949 年的 17198km²,减少为目前的 6605km²,净减少 62%,仅长江原有的 22 个较大的通江湖泊,已损失湖泊容积 567 亿 m³,相当于三峡水库防洪库容的 2.5 倍。湖泊围垦打乱了湖区水系,减少了调蓄容量,因而加重了洪、涝等灾害的威胁。进入 20 世纪 90 年代以来,1991 年、1994 年、1996 年、1998 年频繁发生洪涝灾害,损失越来越大。1998 年长江大水,洪峰流量和洪水总量均小于 1954 年,但江湖洪水水位却普遍高于 1954 年,值得深刻反思和总结。

种种情况表明,即使是在三峡工程全部竣工后,长江中下游地区的防洪任务依然不能轻视,分蓄洪量仍很大,一部分分蓄洪区仍需要重点加强建设,并以法律和风险管理的形式确定分蓄洪区的作用和范围,以及分蓄洪区的运用方案和操作步骤。

第四节　发挥长江防洪工程效益的对策与建议

长江是中国第一大河,保护和管理好长江,需要研究和了解其自然演变规律和人类活动的影响,只有尊重和顺应自然规律,才能实现河流资源的持续利用和科学管理。尽管长江防洪体系建设已取得很大成就,洪水防御和调控能力有了很大提高,洪灾风险大大降低,但还不能掉以轻心。随着经济发展,人口增长,大中城市规模日益扩大,基础设施建设增加,社会财富日益增长,洪水可能造成的损失将不断增加,因此,防洪体系仍需进一步完善,防洪方略需进一步调整,以适应经济社会发展的变化和要求。未来水灾害的防治除采用必要的工程措施外,还将更多地采用非工程措施,如气候、水情预报和预警、洪水风险图的制定和风险管理制度的实施、科学地规范分洪区和行洪道土地利用方式、水库群的联合调度、洪水保险等制度的推进,这样既可以减少水利工程对环境的影响,也可以减少工程建设和运行管理费用的投入,以实现真正的人水和谐、人与自然和谐的目标。

一、进一步完善生态友好的长江防洪体系建设

长江干堤共约 3600km,由若干堤段组成,各堤段保护面积差别很大,其重要性及溃堤的后果大不一样,必须划分等级,突出重点,区别对待。堤防全面加高加固后,泄洪能力加大,可以使分洪量大幅度减少,但长江堤防是历史上多年形成的,存在先天性的缺陷,堤基不透水层较薄,以下存在深厚的强透水层,加之三峡水库蓄水运行对河床冲刷的影响,在原堤上简单进行加高加固,对堤基的隐患不进行全面处理,堤防加高后防守的风险仍会较大,必须高度重视堤基的处理和防渗加固,以消除隐患。

同时,在高标准做好堤防除险加固工作和河道整治工作中,应更加审慎对待裁弯取直方法,以避免打破河道原有水力平衡,造成河势新的不稳定。大规模硬质材料护坡对

生态影响极大,堤防建设应留出足够的湿地空间,尽量减少硬质材料的大规模使用,最大程度保护自然生态。

由于国家财力有限,蓄滞洪区建设进展缓慢,已建的设施还远远不能满足分洪保安的需要。初步估算,蓄滞洪区建设包括安全建设(安全区、台)、工程建设(围堤、进退洪设施)、人口安置投资(按移民建镇方式)等,还需要安排总投资达600亿～700亿元。而40多个蓄滞洪区,对于不同典型、不同频率的设计洪水,使用的概率各不相同。三峡水库和长江上游金沙江梯级水库建成运用后,部分蓄滞洪区的运用概率将大幅降低,运用机会明显减少。因此,迫切需要通过对蓄滞洪区进行分类规划,明确重点,合理安排建设,进一步完善防洪体系,保障防洪安全。

进一步强化"平垸行洪、退田还湖"成果巩固,严禁在这些区域围湖造田,确保现有的湖泊面积不再缩减,充分发挥洞庭湖、鄱阳湖和江汉湖群的调蓄作用。继续做好退田还湖工作,以尽量扩大自然湖泊的调蓄能力。

做好长江上游和支流上已建和在建的大中型水库建设和联合调度,增加防洪库容,建立与上游新建大型水库联合防洪调度系统。

二、加强生态调度及工程生态影响研究,充分发挥工程的综合效益

长江中下游水沙条件的改变和河道的冲淤变化,必然引起荆江四口分流分沙、洞庭湖区的水沙条件与冲淤变化等江湖关系相关方面的调整变化,需系统研究揭示和预测三峡工程运用后长江中下游干流河道、洞庭湖、鄱阳湖、荆江三口、江湖汇流区、两湖河网和湖泊之间的水沙变化、冲淤变化及其相互作用方式和程度。对四口建闸等涉及江湖关系的重大问题亟需深入研究和慎重论证,更加审慎对待这些工程建设。

三峡工程防洪调度涉及面广,极其复杂,许多问题需在以往研究成果的基础上,结合三峡工程建成后河湖演变及江湖关系变化,强化对三峡工程运用后洪水预报研究、三峡工程防洪补偿调度方式研究、三峡工程防洪补偿调度方式对水库淤积影响研究和三峡工程入库洪水动库容调洪等问题的研究,以及三峡工程蓄水运行后长江中下游江湖关系变化对长江中下游防洪形势、防洪格局等。为此,需加强监测和试验,把握江湖关系变化对长江中下游干流、洞庭湖及鄱阳湖区防洪的影响,并根据三峡工程蓄水运行对长江中下游河湖蓄泄能力的影响,研究遇大洪水与超标准洪水长江中下游的防洪安排,提出长江中下游防洪总体布局。

从生态平衡的角度来说,长江的水文情势规律性变化,造就了长江特有生物群落和结构,比如鱼类产卵需要洪水过程,沿江湖泊的湿地生态需要洪水,沿岸通江湖泊是鱼类必须的生长环境,长江上游还是洄游性鱼类的生活场所。然而通江湖泊涵闸、堤坝的阻隔都将会对生态原有平衡造成不利影响,因此加强科学研究,强化生态调度,切实保护生态环境和生物多样性,也是防洪体系建设和完善过程中必须高度重视的问题。

三、强化防洪非工程措施建设

长江洪水峰高量大的特点决定了在今后一个相当长的时期内,长江流域洪涝灾害不可能完全消除,人类必须通过洪水管理增强自身的适应能力与承受风险的能力,规范和调整自身的行为,达到人与自然的和谐。洪水管理的内涵实质是适度承担风险,规范人的活动和努力促进洪水资源化,在工程防洪策略受到越来越多质疑的时候,采用风险管理等非工程措施进行防洪减灾显得越来越必要。

《中华人民共和国防洪法》1998年1月1日开始施行,但是,我国现行的行政与专业管理的条块分割,在一定程度上削弱了防洪减灾的整体协调能力,和长江总体规划相悖的建设开发仍屡禁不止,治理长江仅靠防洪法还不够,应把通过多方研究论证制定出的、科学的长江防洪规划和治水方针,以法律的形式确定,协调国家水行政主管部门(或代表)和沿江各省水行政主管部门对长江整治和管理的关系,保证长江总体规划的真正实施,有效制约沿江各地有悖于长江总体规划的建设开发及其他行为。

建立和完善洪水管理制度,逐步建立和完善建设项目洪水影响评价和审批制度、蓄滞洪区管理制度、社会化减灾和救助补偿制度,深入研究洪水保险制度;建立洪水风险评价体系,划定防洪保护区、蓄滞洪区、洪泛区以及规划保留区,在此基础上进行风险分析评价,编制洪水风险图,并向社会公布;积极探索洪水资源化的有效实施途径,正确处理安全与效益的关系,深入研究工程风险调度和联合调度,在承受适度风险的前提下,努力实现洪水资源化;完善洪水预报和警报系统,遇特大洪水,保护区的企业和居民及时避险,通过洪灾保险分担和补偿洪灾造成的损失等非工程措施对于减小洪水灾害十分重要。

第十章

长江重大生态工程与成效

长江的生态环境关系到可持续发展战略的顺利实施,关系到全面建设小康社会宏伟目标的实现。长江上游地区森林覆盖率曾达到 60% ~ 85% ,长期以来,由于自然和人为原因,森林覆盖率下降,到 20 世纪一度降到 10% 左右,沿江两岸有些地方只有 5% ~ 7% ,流域内生态环境失调,水土流失严重,农业生产条件恶化,严重阻碍着当地经济的发展,也影响着长江中下游广大平原地区的长治久安。党中央、国务院高度重视长江流域的生态安全问题,尤其是在 1998 年特大洪水之后,针对以长江为主的大江大河存在的突出问题,将生态治理作为治理长江洪涝灾害的根本性措施,相继实施了一系列重大生态建设工程。这些工程对保护和治理好长江流域的生态环境,维护生态安全,增强经济发展的协调性,实现人与自然的和谐发展具有十分重要的作用和意义。

在长江流域影响深远、意义重大的生态工程主要有退耕还林工程、天然林资源保护工程、长江防护林体系建设工程、长江上游水土保持重点防治工程等。这些工程共计投资 479.25 亿元,其中直接用于生态环境建设的资金 163.47 亿元,工程的实施是国家综合治理长江水患的一项重大战略部署,是改善长江生态环境、维护流域安全、实现流域社会经济可持续发展的一项重要举措,体现了治理长江水患理念的根本性变化。

据最新调查结果,长江流域森林覆盖率已达到 33% ,比上次森林资源清查时增加 2.47 个百分点,比 1989 年的 19.9% 提高了 13.1 个百分点。长江流域水土流失治理取得了很大成效,水土流失治理力度逐渐加大,年均治理水土流失面积达 1.2 万多 km²,4000 多万群众初步摆脱了严重的水土流失困境,治理区土壤侵蚀量由治理前的 9.3 亿 t 降低到 5.4 亿 t,减少了 42.0% 。森林植被涵养了水源,增加了林草生物量和碳储存,提高了土壤保肥能力,也促进了生物多样性的提高。

第一节 退耕还林工程

退耕还林工程是党中央、国务院在1998年长江、松花江和嫩江流域发生了历史上罕见的特大洪涝灾害后，从关系中华民族生存和发展的战略高度，为治理水患和土地沙化、恢复林草植被、改善生态环境、优化国土利用结构、促进农村经济发展和农民增收所作出的重大决策，是21世纪初我国六大林业重点工程（天然林资源保护工程、退耕还林工程、京津风沙源治理工程、三北及长江流域等重点防护林体系建设工程、野生动植物保护及自然保护区建设工程、重点地区速生丰产用材林基地建设工程）中具有普惠意义的生态建设工程。退耕还林工程自1999年开始试点，2002年全面启动，实施范围涉及25个省（自治区、直辖市）和新疆生产建设兵团的2279个县（含县级单位）、3200多万农户、1.24亿农民。截止到2008年，工程建设涉及全国25个省已累积下达退耕还林任务2688.2万hm²。退耕还林在改善工程区生态面貌、优化农村产业结构、促进地方经济社会可持续发展、提高全民的生态意识等方面发挥了重要作用，被亿万农民称为"德政"工程、"民心"工程。

一、工程实施进展

长江流域作为1998年特大洪涝灾害发生后的重点治理地区，一直是退耕还林工程实施的重点地区。1999年四川、陕西、甘肃三省率先开展退耕还林还草试点，当年国家确认完成的退耕还林还草面积为44.8万hm²，2000年国家下达退耕还林还草试点任务87.2万hm²，试点范围也扩大到长江流域的河南、湖北、湖南、重庆、贵州、云南、青海7个省（直辖市）。2001年国家下达退耕还林任务98.3万hm²，新增了长江流域的江西和广西。2002年退耕还林工程进入全面启动阶段，国家共安排退耕还林任务572.9万hm²，范围涉及长江流域多数省市（见表10-1）。

表10-1 1999—2006年长江流域退耕还林还草面积变化 单位：万hm²

年份	退耕还林总面积	退耕地还林面积	宜林荒山荒地造林面积	涉及省份
1999年	44.8	38.1	6.6	四川、陕西、甘肃
2000年	87.2	40.5	46.8	四川、陕西、甘肃、河南、湖北、湖南、重庆、贵州、云南、青海
2001年	98.3	40.2	56.3	四川、陕西、甘肃、河南、湖北、湖南、重庆、贵州、云南、青海、江西、广西
2002年	572.9	264.7	308.2	四川、陕西、甘肃、河南、湖北、湖南、重庆、贵州、云南、青海、江西、广西、安徽
1999—2006年合计	926.7*	355.1	426.1	四川、陕西、甘肃、河南、湖北、湖南、重庆、贵州、云南、青海、江西、广西、安徽

注：* 包括封山育林面积35.7万hm²。

1999—2006 年，长江流域共完成退耕还林任务 816.9 万 hm²，其中退耕地还林 355.1 万 hm²，宜林荒山荒地造林 426.1 万 hm²，封山育林 35.7 万 hm²。长江流域退耕还林任务占全国退耕还林总面积的 33.65%，其中退耕地还林占 38.33%，宜林荒山荒地造林占 31.15%，封山育林占 26.76%。

从长江流域各工程省退耕造林地计划任务安排来看（见表 10-2），除云南、陕西、甘肃、广西、青海等省（自治区）由于长江流域涉及县数不多而占全省退耕还林地面积不足 50% 外，其余省份长江流域退耕还林地面积均超过 50%，湖南、四川、湖北、安徽、江西等五省长江流域退耕还林地面积更是大于 90%。

表 10-2　　　　1999—2006 年长江流域退耕地还林计划任务安排

工程省	全省任务（万 hm²）	长江流域任务（万 hm²）	长江流域占全省任务%
合计	574.6	355.1	61.80
安徽	22.0	19.9	90.52
江西	20.0	18.0	90.23
河南	25.1	14.1	56.09
湖北	33.1	31.1	93.78
湖南	50.4	49.9	99.09
广西	23.3	2.4	10.17
重庆	44.1	39.1	88.65
四川	89.1	86.7	97.32
贵州	43.8	34.3	78.33
云南	35.5	17.3	48.77
陕西	101.9	30.2	29.61
甘肃	66.9	11.5	17.21
青海	19.3	0.5	2.72

专栏 10-1

退耕还林主要政策措施

退耕还林工程实施以来，国家根据形势的发展和退耕还林工程建设实践，对退耕还林工程政策进行了不断的调整和完善，先后颁布出台了《退耕还林条例》（中华人民共和国国务院第 367 号令），下发了《国务院关于进一步做好退耕还林还草试点工作的若干意见》（国发〔2000〕24 号）、《关于进一步完善退耕还林政策措施的若干意见》(国发〔2002〕10号)、《国务院关于完善退耕还林政策的通知》(国发〔2007〕25号)等政策性文件,形成了一套比较完善且切实可行的政策体系。

认真落实"退耕还林还草、封山绿化、以粮代赈、个体承包"的政策措施,坚持个体承包的机制,实行责权利相结合。

国家无偿向退耕户提供粮食、现金补助。长江流域每亩退耕地每年补助粮食(原粮)150kg,现金补助20元。还草补助按2年计算,还经济林按5年,还生态林补助按8年计算。补助粮食(原粮)价款按每公斤1.4元折价计,由中央财政承担。

退耕地和宜林荒山荒地造林每亩国家提供种苗和造林费补助50元。

实行"谁退耕、谁造林、谁经营、谁受益"的政策。退耕土地还林后的承包经营权期限可以延长到70年,允许依法继承、转让,到期后可按有关法律和法规继续承包。

现行退耕还林粮食和生活费补助期满后,中央财政安排资金,继续对退耕农户给予适当的现金补助,解决退耕农户当前生活困难。补助标准为:长江流域每亩退耕地每年补助现金105元;原每亩退耕地每年20元生活补助费,继续直接补助给退耕农户,并与管护任务挂钩。补助期为:还生态林补助8年,还经济林补助5年,还草补助2年。

中央财政安排一定规模资金,作为巩固退耕还林成果专项资金,主要用于退耕农户的基本口粮田建设、农村能源建设、生态移民以及补植补造,并向特殊困难地区倾斜。

加大基本口粮田建设力度,力争用5年时间,实现具备条件的西南地区退耕农户人均不低于0.5亩高产稳产基本口粮田的目标。对基本口粮田建设,中央安排预算内基本建设投资和巩固退耕还林成果专项资金给予补助,西南地区每亩补助600元。

二、工程效益

退耕还林工程实施9年来,工程进展总体顺利,成效显著,改写了"越垦越穷、越穷越垦"的历史,取得了生态改善、农民增收、农业增效和农村发展的巨大综合效益,得到了亿万农民的真心拥护和支持。

1.提高了森林覆盖率

退耕还林工程快速提高了全国和各地的森林覆盖率,使工程区的森林覆盖率平均提高2个多百分点。以四川、重庆和贵州为例,3省(直辖市)的森林覆盖率分别由退耕前的24.23%、20.98%和30.83%提高到目前的31.27%、33%和39.93%。

2. 减少了土壤侵蚀

据四川省水利部门 3 个水文站监测,2004 年与 1998 年相比,长江一级支流年输沙量大幅度下降,其中岷江夹江站减少 38.6%,嘉陵江亭子口站减少 94%,涪江射洪站减少 95.6%。实施退耕还林工程以来,四川省退耕还林工程累计减少土壤侵蚀量(有林地与农耕地比较)2.91 亿 t。据云南省会泽县监测站监测,25°以上陡坡耕地退耕还林 4 年后,土壤有机质比未退耕地增加 41.66%,全 N 含量由 0.078% 增加到 0.11%,增加 0.04 个百分点,水解 N 增加 1.42 个百分点。实施退耕还林后,重庆市每年新增蓄水能力 360 万 t,四川省涵养水源量累计为 208.95 亿 t。

3. 增加了林草生物量和碳汇

据四川省调查,1999 年到 2005 年,该省退耕还林工程区林草增加生物量为 3601.84 万 t,固定二氧化碳量为 5608.42 万 t,释放氧气量为 4206.34 万 t,折合经济价值为 50.19 亿元。

4. 农民直接得到补助

长江地区农民每亩退耕地直接补助 230 元,工程给农民的直接补助为 122.5 亿元,缓解了贫困退耕农户的贫困问题。

5. 增加了国家林产品供给

退耕还林工程的实施不仅增加了大量的森林资源储备,而且还大大增加了林产品、林副产品以及木本粮油等资源供给。在一些气候条件较好的地区,退耕后发展的经济林、用材林、竹林、药材等生态经济产业,成为农民增收的重要途径。重庆江津市在退耕还林中发展花椒 9000hm²,年产值已达 2.1 亿元,椒农人均增收 1302 元。

6. 调整了农村产业结构

退耕以前,山区、沙区农民广种薄收,农业产业结构单一,许多潜力没有发挥。退耕还林为调整农村产业结构提供了良好机遇,促进了农林牧各业的健康协调发展。四川雅安、贵州遵义等生态恶劣、经济贫困的地区实现了耕地减少、粮食增产、农业增效、生态改善的多种目标,人与自然逐步走上了和谐发展的轨道。

三、存在的主要问题

1. 退耕还林巩固成果任务艰巨

随着退耕还林工程进入成果巩固阶段,如何使工程能够"稳得住、不反弹"(即种植的林草面积不减少、不复耕、生长好、效益好)面临着严峻的挑战。主要表现在:一是经营林地特别是生态林地的比较效益在降低。近几年,国家为了保证粮食安全,一方面取消了农业税,另一方面加大了对种植粮食作物的投入,如粮食直补、良种补贴、农机补贴等。这些扶农政策充分调动了农民种粮的积极性,同时,也使退耕还林地的比较效益在降低,个别地方出现了毁林复耕的现象。二是生态林的长期稳定政策有待进一步明朗。由于退耕农户还没有稳定的生计来源，而林地经营周期长，许多树种要真正成材利用需要几十年，目前执行的森林生态效益补偿也难以对退耕还林地的长期维护起到有力的保障作用。三是退耕还林管理部门缺乏工作经费。退耕还林工程在营造林木后，补植补造、抚育管护、病虫鼠害防治、森林防火等森林经营措施以及检查验收、档案管理、确权发证、效益监测等重要基础工作也需要加强，才能有效地巩固退耕还林成果。但多数退耕还林工程区经济不发达，财政支持有限。

2. 林权改革形势下退耕还林者的权益如何维护

2008年6月，中共中央、国务院下发了关于全面推进集体林权制度改革的意见，该文件不但对整个林业发展将产生重大的影响，而且对退耕还林健康发展和退耕还林者的权益维护带来了新的需要处理的问题。第一，退耕还林者的利益和国家利益的协调。退耕还林工程与一般造林不同，它坚持个体承包的机制，实行责权利相结合，同时，国家保护退耕还林者享有退耕土地上的林木（草）所有权。但是，退耕还林工程毕竟是国家投入巨资的生态建设工程，生态效益是该工程追求的主导效益，因此，如何兼顾国家的生态效益和退耕还林者期待的经济效益是一个问题。第二，退耕还林者之间的利益协调。退耕还林工程在试点期间和全面启动后，由于有些工程区的农民对国家退耕还林政策认识不清等原因，使一些退耕还林任务分配给了大户经营，当国家补助政策兑现特别是2007年国家进一步完善退耕还林政策后，原土地承包人和退耕还林大户之间开始出现利益矛盾，影响到了产权的落实和收益权的分配。第三，退耕还林者与地方政府的协调。2007年国务院出台的关于完善退耕还林政策的通知中，明确提出了要建立巩固退耕还林成果专项资金，集中力量解决影响退耕农户长远生计的突出问题。而基本农田建设、农村能源建设、生态移民、后续产业发展和农民技能培训、补植补造等专项资金用途则需要地方政府组织实施，退耕还林者的相应利益能否保障也是一个问题。

3. 退耕还林林木如何实现可持续经营

退耕还林后所形成的林草资源是否需要经营和利用，如何实现可持续经营和利用等问题，也是退耕还林者和全社会所关心的问题。第一，退耕还林林木能否经营和利用。按照退耕还林工程设计的建设目标，退耕还林是"以粮食换生态"，以实现减少水土流失和风沙危害、改善我国生态环境的目标。在造林树种的要求上，也规定了生态林面积以县为单位核算，不得低于退耕土地还林面积的80％。这样一来，退耕还林林木的第一目标为生态效益，经营利用时就需要考虑该前提条件。第二，如何经营和利用退耕还林林木。退耕还林林木作为一种森林资源，必然有其经营和利用价值，关键是如何提高退耕还林林地和林木的生产力，优化林分结构，发挥其应有的生态效益、经济效益和社会效益，为改善生态环境、促进地方经济发展和满足国家对退耕还林的多种需求发挥作用。

第二节　天然林资源保护工程

实施天然林资源保护工程(简称天保工程)是党中央、国务院站在中华民族生存和发展的高度,提出的一项改善我国生态环境,维护生态安全,建设生态文明的战略举措。工程以停伐减产、保护天然林、培育森林资源为主要内容,以加快森工企业管理体制改革和妥善解决企业富余职工分流安置为主要措施,以保护和改善我国的生态环境,维护江河稳定,实现经济社会的可持续发展为主要目标。工程的实施,体现了林业以木材生产为主向以生态建设为主的重大战略调整,工程受到国内外社会各界人士的普遍关注,得到广大人民群众的拥护和支持。

一、工程实施进展

天保工程规划建设期限为 2000—2010 年,1998—2000 年为试点建设期。工程按长江流域和黄河流域分别规划,其中长江流域涉及云南、四川、贵州、重庆、湖北、西藏 6 省(直辖市)。工程调减木材消耗量为 4780.9 万 m³,调减商品材产量 975.4 万 m³;规划保护森林资源面积 4253 万 hm²,建设公益林 712.2 万 hm²,规划分流人员 14.9 万人,其中管护人员 5.8 万人,造林人员 4.9 万人,一次性安置 3.9 万人,其他 0.3 万人。工程建设总投资为 296 亿元。

在各级党委、政府和林业部门的共同努力下,工程进展顺利。在确保完成木材调减计划,加强森林资源保护的前提下,完成公益林建设任务 483.7 万 hm²;分流安置职工 7.7 万人,其中通过买断工龄一次性安置 3.8 万人;完成投资 241 亿元(见表 10-3)。

表 10-3　　　　　　　　　　天然林资源保护工程规划与完成情况

规划与完成情况	公益林造林总面积(万 hm²)	人工造林面积(万 hm²)	飞播造林面积(万 hm²)	封山育林面积(万 hm²)	分流人员(万人)	总投资(亿元)	中央投资(亿元)	地方投资(亿元)
规划指标	712.2	148.6	285	278.6	14.9	296	237	59
已完成指标	483.7	87	131.9	246.9	7.7	241	221.1	19.9
完成率(%)	67.92	58.55	46.28	88.62	51.68	81.42	93.29	33.73

二、工程建设效益

1. 森林资源消耗得到有效控制

天保工程实施以来,全面停止了工程区内的天然林采伐活动,森林资源消耗量从 1997 年的 7047 万 m³,调减到 2000 年的 2266.1 万 m³,减幅 67.8%;商品材生产从 1997

年的 1072.7 万 m^3，调减到 2000 年的 97.3 亿 m^3，减幅为 90.9%。有些工程省颁布了"禁伐令"，禁止一切形式的天然林采伐，严格控制森林资源消耗，使得森林资源得到了良好的休养生息。同时，通过公益林建设和森林管护，森林资源快速增长，资源面积和蓄积实现双增长。据 2006 年贵州省森林资源二类调查统计，该省天保工程区森林面积（含灌木林）、森林蓄积量分别增加了 103 万 hm^2 和 10750 万 m^3，森林覆盖率从 33.67% 增至 41.45%，公益林建设促进工程区森林覆盖率每年增加 1 个百分点。

2. 生态环境得到明显改善

天保工程实施以后，森林自然恢复，形成了乔、灌、草、苔等多层结构。这种多物种、多层次的植物群落，增加了森林的水源涵养能力，能有效地拦截大量降水渗入土体中变为地下水，有巨大的蓄水功能及水文调节功能，能够为长江、黄河中下游的工农业生产，特别是水力发电提供丰富且稳定的水源。据统计，增加森林面积 10 万 ~20 万 km^2，所增加的森林蓄水能力相当于一个蓄水 150 亿 ~200 亿 m^3 的水库。以四川盐边县为例，天保工程实施以后，地表径流量呈现下降趋势，比天保前平均每年减少了 0.75 亿 m^3；地下径流量则呈现出增加的趋势，比天保工程实施前平均每年增加了 0.16 亿 m^3。据有关部门对岷江地区的土壤监测显示，土壤侵蚀模数由工程实施前的 1020 t/km^2 降低到 2003 年的 700 t/km^2，降低了 320 t/km^2；暴风雨、冰雹比工程实施前减少 2 ~3 次，达到了小雨不下山，大雨不成灾。由于森林植被的恢复，人为因素对破坏和干扰减少，为生物的生存、繁衍创造了良好的环境条件，金钱豹、野猪在深山区开始出没；鸟类在栖息繁衍，种群不断扩大；林区内药用植物增多，森林资源的多种价值凸显。

3. 林区职工的生活水平普遍提高

天保工程实施前，大部分森工企业生产经营十分艰难，大量富余职工无法就业，工资收入低，生活拮据，林区各种社会矛盾越积越深。工程实施以后，将由于木材产量调减而产生的富余职工逐步实现从"砍树人"到"育林人"的角色转换。通过逐步引导职工转变择业观念，积极主动进入市场，使劳动力资源实现了有序流动和科学重组。在岗职工现行工资按时足额发放，职工工资水平稳步提升，林区人民的收入以及生活水平逐步提高。职工及 2.5 万名离退休人员普遍纳入养老等五项保险，其中养老保险和医疗保险的覆盖率达到了 99%，长期困扰林区的突出问题得到解决，维护了工程建设区的社会稳定。

4. 森工企业改制步伐加快

工程区的森工企业和国有林场以天保工程为契机，转换经营模式，转变经营机制，逐步摆脱了资源危机、经济危困的"两危"局面，从以计划经济为主的大一统的管理模式逐步转变为与市场经济相适应的更加富有弹性的管理模式。一是分离了企业办社会的负担。据统计，长江流域原有森工企业负担的社会职能有效剥离，其中分离学校 36 个、661 人，医院 87 个、771 人，公检法机构 44 个、332 人。二是豁免了企业债务。由于森林采伐和加工形成的历史性债务得到了减免，其中减免森工企业债务 7.6 亿元，加工企业债务

1.07 亿元。三是企业实现了转制。企业通过承包、出租、入股、合资、划拨、出售等方式重组资产,转换了经营性资产的经营方式,提高了经营效率。

5.促进地方经济的发展

天保工程实施以来,投入了大量人力、物力和财力进行育苗、造林、迹地更新和抚育,营林产值快速增长。同时,随着以木材生产为主的经营格局被打破,许多地方充分利用林区丰富的自然资源,积极发展非林非木产业,大力培育新的经济增长点,林区经济已开始走出"独木支撑"的困境,向调整结构、多种经营转变,工程区林区经济结构得到优化调整。这也给当地农户提供了机会,增加了农民的收入,为地方经济发展发挥了积极作用。

专栏 10-2

天然林资源保护工程概况

天然林资源保护工程从 1998 年开始试点,2000 年 10 月,国务院正式批准了《长江上游黄河上中游地区天然林资源保护工程实施方案》和《东北内蒙古等重点国有林区天然林资源保护工程实施方案》。工程规划期到 2010 年,主要内容是:

实施范围。长江上游地区以三峡库区为界,包括云南、四川、贵州、重庆、湖北、西藏 6 省(自治区、直辖市),黄河上中游地区以小浪底库区为界,包括陕西、甘肃、青海、宁夏、内蒙古、山西、河南 7 省(自治区);东北内蒙古等重点国有林业包括吉林、黑龙江、内蒙古、海南、新疆 5 省(自治区)。总计 17 个省(自治区、直辖市),734 个县、167 个森工局(场)。

主要任务。一是全面停止长江上游、黄河上中游地区天然林的商品性采伐,停伐木材产量 1239.0 万 m^3。东北内蒙古等重点国有林区木材产量由 1853.6 万 m^3 减到 1102.1 万 m^3。二是管护好工程区内 14.3 亿亩(1 亩 $= \frac{1}{15} hm^2$)的森林资源。三是在长江上游、黄河上中游工程区营造新的公益林 1.91 亿亩。四是分流安置由于木材停伐减产形成的富余职工 74 万人。

主要政策措施。一是森林资源管护,按每人管护 5700 亩,每年补助 1 万元。二是生态公益林建设,飞播造林每亩补助 50 元;封山育林每亩每年 14 元,连续补助 5 年;人工造林长江流域每亩补助 200 元、黄河流域每亩补助 300 元。三是森工企业职工养老保险社会统筹,按在职职工缴纳基本养老金的标准予以补助,因各省情况不同补助比例有所差异。四是森工企业社会性支出,教育经费每人每年补助 1.2 万元;公检法司经费每人每年补助 1.5 万元;医疗卫生经费,长江黄河流域每人每年补助 6000 元、东北内蒙古等重点国有林区每人每年补助 2500 元。五是森工企业下岗职工基本生活保障费补助,按各省(自治区、直辖市)规定的标准执行。六是森工企业下岗职工一次性安置,原则上按不超过职工上一年度平均工资的 3 倍,发放一次性补助,并通过法律解除职工与企业的劳动关系,不再享受失业保险。七是因木材产量调减造成的地方财政减收,中央通过财政转移支付方式予以适当补助。

三、存在的主要问题

1. 经营机制不活

天保工程有效地控制了资源消耗,减轻了企业社会负担,减免了企业债务,为林业企业发展注入了活力。但是,天保工程的投入只是外生增长的动力,还没有形成内生的增长的动力,国有森工企业、地方国有林场没有从根本上摆脱计划经济下以木材生产为主的管理模式。企业不是工程实施前的森工企业,成为企业不像企业、事业不像事业的"两不像"企业。政企不分,社企功能混杂,资源产权主体虚置,管资产和管人、管事脱节,管理体制不顺,资源监督监管乏力等问题,始终没有从根本上得到解决,严重制约着林区生产力的发展,致使森林资源经营水平不高、林业产业发展缓慢、职工安置渠道少、收入增加困难。

2. 农户的利益没有得到体现

天保工程实施后,一部分集体和农户所有的人工林也被划入了天保工程禁伐区。按照规定,工程区内的林木一律禁止商品性采伐。这些人工林由于无法采伐利用而获取收益,也无法偿还造林所用的前期贷款。这样一来,集体和农户的人工林被划入天保工程禁伐和限伐区得不到补偿,影响了农民的利益,也挫伤了农户和集体造林的积极性。中国社会科学院通过云南、四川省等地的案例分析,认为天保工程没有给予非国有林业企业和周边农户补偿,会严重影响天保工程政策目标的实现。

3. 投入经费不足

一是森林管护任务艰巨,经费少。大部分地区人均年管护经费 5690 元,比方案规定的每人每年 1 万元标准低 43%。加之林地多零星分散,林地、农地、牧草地交错分布,林区人口稠密,管护难度非常大。按现有管护标准,既不利于调动护林人员的积极性,也使管护效果大打折扣。二是造林投资标准偏低,补植投入缺乏资金来源。随着造林规模的不断扩大,造林地不断向远山、沟尾等交通不便、立地条件差的地方转移,造林难度不断增大,造林成本越来越高,每亩造林需要投入大约 400 元,而目前国家补助标准为每亩 160 元(地方配套的 40 元没有落实),两者相差很大。补植或重新造林所增加的投入没有来源,只得挤占其他资金。三是地方配套资金难以落实。天保工程区多数位于老、少、边、穷地区,经济发展相对落后,地方财政多数是吃饭财政,靠转移支付维持政府运转,工程总投资中,中央投资占80%,地方配套占20%,地方配套资金不落实已成普遍现象,也是政策调整必须面对的一个问题。

第三节　长江防护林工程

　　长江防护林体系建设工程(简称长防林工程)是国家为改善长江上中游区域生态环境而实施的一项全局性的防护林体系建设项目,长防林工程是我国最早开展的林业生态建设工程之一。十几年来,在工程区各级党委、政府的正确领导下,各级林业主管部门统一部署,广大人民群众积极参与,工程建设管理部门认真组织实施,工程建设进展顺利,取得了显著成效。尤其是近几年来,各级工程管理部门采取有效措施,在创新工程建设和管理方式等方面做了大量工作,从整体上保证了长江流域防护林体系工程建设健康发展,为推动全国林业重点生态工程建设的改革与发展提供了经验。

一、工程实施进展

　　长江防护林一期工程(1989—2000年)在长江上游11个省的271个县开展。二期工程(2001—2010年)建设的范围包括长江、淮河、钱塘江流域的汇水区域,涉及青海、西藏、甘肃、四川、云南、贵州、重庆、陕西、湖北、湖南、江西、安徽、河南、山东、江苏、浙江、上海17个省(自治区、直辖市)的1033个县(市、区)。

　　长江防护林一期工程累计完成营造林面积685.5万 hm^2。二期工程规划建设期为10年,规划营造林任务为687.72万 hm^2,其中2001—2006年累计完成营造林137.61万 hm^2,占规划造林面积的20.01%(见表10-4)。二期工程规划投资199.45亿元,其中2001—2006年共完成投资40.5亿元,占规划投资的20.31%。在实际完成的投资中,中央投资12.6亿元,地方配套14.4亿元,群众投工投劳折资13.5亿元。

表10-4　　　　　　　　　　长江防护林工程建设完成与规划情况表　　　　　　　　单位:万 hm^2

工程期限	造林总面积	人工林面积	飞播造林面积	封山育林面积	其他
一期工程完成 (1989—2000年)	685.5	422.5	7.5	221.0	34.5 (幼林抚育)
二期工程规划 (2001—2010年)	687.72	313.24	26.45	348.03	629.13 (低效防护林改造)
二期工程完成 (2001—2006年)	137.61	60.25	0.85	76.51	9.49 (低效防护林改造)
2001—2006年 工程完成率(%)	20.01	19.23	3.21	21.98	1.51

按照"质为先"的营造林方针,长防林工程营造了一批林业"精品工程",经过全国造林实绩综合核查,长防林工程人工造林面积核实率、合格率大幅度提高,分别达到92.6%和94.2%,封山育林面积合格率达98.4%以上。

人工林树种结构得到优化,混交林比例大幅度提高,防护林、混交林比例分别占人工林面积的70%和50%以上,林种、树种结构得到优化,林分质量、林地生产力显著提高。2007年人工造林中,防护林所占比例已达到70%以上,混交林比例已达到50%。工程建设取得了显著的经济效益、社会效益和生态效益,有力地促进了工程区内的经济社会发展。

二、工程建设效益

近年来,工程建设取得了阶段性成果,工程建设区森林资源数量逐年增加,质量明显提高,生态环境进一步改善,农民收入增加,社会经济发展加快。

1. 涵养了水源

造林成林后,林下腐烂的枯枝落叶改善了林地土壤的物理性质,增加了土壤的孔隙度,地表径流水渗入土壤的速度加快,地表径流水转为地下径流水的速度也就越快。据长防林生态效益监测站点的长期观测,云南省长防林地的初渗速度和稳渗速度分别是裸地的4.6倍和4.61倍,有林地比裸地的土壤蓄水量增加96.15%;贵州省长防林区最大洪峰流量比工程实施前减少了8.5%;据安徽省监测数据显示,长防林工程区的生态环境得到了明显改善,活立木蓄积较治理前增长10%,森林覆盖率由31.1%提高到45.1%。

2. 减少了水土流失, 促进了大型水利设施功能的长久发挥

经过多年的工程建设,长江等大江大河上游森林资源显著增加,水土流失总量逐年下降,森林保持水土、涵养水源的功能逐步增强。土壤流失量显著下降,其中三峡库区水土流失面积、水土流失强度明显降低,生态环境明显好转。许多县(市)水土流失恶化状况已得到初步控制,部分省市沙化、石漠化速度开始下降,不少昔日被泥沙淤积的河床已明显刷深,很多干涸多年的小溪恢复了清流,减少了水库泥沙的淤积,维护了水利工程设施功能的正常发挥,局部地区出现了山川秀美的新景观。云南省长防林建设地区森林面积增加了51.9万hm²,防护区内水土流失严重的会泽县,水土流失面积已从长防林建设前的3800km²下降到目前的2200km²,下降了42%。安徽省监测数据显示,长防林工程区水土流失面积减少33%,土壤侵蚀模数减少了45.3%,平均侵蚀模数由1219 t/km²下降到499 t/km²,土壤侵蚀量减少53.3%,向河流的输沙量减少49%。

3. 增强了抵御自然灾害的能力, 促进了农业稳产增收

长防林工程按照"统一规划,突出重点,因地制宜,因害设防"的原则,针对不同的自然条件、社会条件和自然灾害的种类,营造了功能各异的防护林,初步建立了具有区域特色的生态屏障,增强了抵御台风、干旱、洪涝、风沙等自然灾害的能力,有效保证了工农业

生产和经济社会的可持续发展。改善了农业生产环境,增强了抵御旱、洪、风沙等自然灾害的能力,维护了水利工程效益的发挥。通过实地观测,已建成的农田林网内,由于农作物生长条件改善,粮食亩产增加 10% ~20%。

4. 促进了农村产业结构调整,加快了农民脱贫致富的步伐

长防林工程在坚持生态优先的原则下,把工程建设同振兴农村经济、促进农民脱贫致富结合起来,建设了一批用材林、经济林、薪炭林基地,使工程区活立木蓄积大幅度增加,木材供需矛盾得到初步缓解。依托森林资源,不仅带动了养殖、种植业发展,而且促进了木材加工、森林食品、森林旅游等相关产业的发展,推动了农村和农业经济结构的调整,带动了农村经济发展,培植了地方财源,增加了农民收入。据河南省长防林管理部门测算,全省 29 个工程县的粮食产量由工程启动前的 561.85 万 t 增加到 703.53 万 t,增长幅度为 25.22%,农民年人均纯收入由 498.2 元增加到 1589.3 元,其中农民人均林业收入由 67.6 元增加到 462.8 元。

5. 长防林工程对全国生态建设发挥了积极的引导和示范作用

长防林工程建设在国际上产生了重大影响,树立了中国政府改善环境、造福人民的良好形象。长防林体系建设工程是我国最早实施的林业生态工程之一,在工程建设思路、组织形式、工程管理、治理模式等方面进行了有益的探索,做了大量创造性的工作,为我国大规模实施生态工程建设提供了经验和路子,发挥了示范作用,在国际上产生了重大影响,已经成为向国际上宣传我国政府加强生态建设、促进生态与经济协调发展的标志性工程,提高了我国的国际形象。

三、面临的主要问题

1. 林分结构不合理

工程建设以完成规划任务,消灭大面积荒山荒地为主要目标,很多地方在整地方式、造林方式和树种的选择中,沿用过去营造用材林的方法,较少考虑生态效益最大化的需求。由于造林结构不合理,普遍存在针叶林多、阔叶林少,纯林多、混交林少,中幼林多、成熟林少,单层林多、复层林少的"四多四少"现象,没有实现乔灌草结合、多层次、多树种混交,这样的林分抵御森林火灾和病虫害的能力十分脆弱,森林生态系统不稳定。2008年重庆云阳 1.05 万 hm² 长防林全部为重度灾情,林木死亡面积达 73hm²。

2. 抚育管护不到位

由于造林后管护跟不上,在一些林牧矛盾突出的地方,林木被牲畜踩食,影响了林地保存率,有的林木虽然成活,但牲畜破坏使顶芽受损,树木长成了小老头树,林分质量下降。由于抚育跟不上,森林缺乏科学经营,林分质量普遍不高,林地的生产力低,森林涵养水源、保护土壤等功能难以得到有效发挥。以云南省为例,云南省 10 年间完成长防林工程造林 42 万 hm²,但其中 30 万 hm² 亟待抚育,18 万 hm² 需及时间伐。

3. 资金投入不足

工程建设国家投入不高，平均每亩国家投资只有 61 元，许多地方配套资金有名无实，难以到位，工程资金缺口很大，项目的实施只能靠行政命令、降低标准、群众投工投劳来弥补，个别小班因缺少资金无法开展补植工作。由于工程的主要目标是防护效益，农民直接经济产出不高，有些防护林没有任何经济产出，在工程的实施中群众投工投劳占到 33%，农民不仅得不到经济收入，还要投入大量的劳动力，影响了群众造林护林的积极性，也影响了造林和育林工作的质量。

4. 技术服务跟不上

由于基层技术人员少，服务任务重，技术管理薄弱，一些技术服务指导工作难以正常开展。许多乡镇林业工作站只有 1~2 名工作人员，大部分是高中毕业或从部队转业而来，很少是正规林业院校毕业的专业人员。工程区地处偏远，山高路远，施工作业面积大，交通不便，工作环境艰苦，工作人员工资水平低，仪器设备缺乏，导致林业技术人员不安心本职工作，责任心不强，致使工程设计、整地、种植、种苗、抚育、管护、病虫害防防治等环节都缺乏技术支持，工程科技含量不高。

5. 还存在不少的荒山和薄弱地段

有的地方交通偏远，立地条件差，可及度不高，造林任务艰巨，造林成本很高，还没有造上林。有的地方带、网、片、点没有结合起来，山上绿化较好，道路和河堤绿化跟不上，还没有形成较为完整的防护林体系。有的地方因林分结构过于简单，森林的防护效益无法完全发挥。

第四节　发挥工程效益的对策与建议

一、建立长效政策扶持和投融资机制，巩固工程建设成果

近 10 年来实施的各项重点生态工程，既是治理大江大河，恢复生态环境的重点生态工程，也是一定区域内经济社会变迁的社会系统工程，涉及森林植被恢复、保护和发展以及工程区人员生产生活方式的转变等诸多方面。由于重点生态工程的目标是以生态效益为主，植被营造和恢复的周期长，生态功能的发挥也是一个持续而渐进的过程。因此，有必要建立生态工程长效政策扶持机制，对于生态效益为主的植被建设地区，实施短则 10 年，长则几十年的政策性补助或生态效益补偿，提高其与其他植被建设地区人员收入水平和用地的比较效益，巩固已有的工程建设成果，为全社会的生态需求服务。

公共财政的支持是生态环境建设的基本保障，按照"谁建设、谁造林、谁受益"的原则，将生态工程建设纳入各级政府财政资金预算，并按照国民经济的增长，实行动态投资，让林业生产经营者也能得到社会平均的利润。将惠及农民耕地的一些补贴政策延伸

到林业、林地、林农上来,增加造林经费补贴、信贷及相应的政策优惠,稳定经营者的长期预期目标。按照上下游、左右岸不同的生态区位和资源禀赋,建立财政补偿、受益者补偿和流域间补偿相结合的补偿机制,确保长江生态安全重要资金保障。

为确保重大生态工程长期取得良好的生态效益、经济效益和社会效益,还需要继续深化重大生态工程良性运行的后续政策。区分不同工程类型,给予不同的政策扶持。如退耕还林工程,对于退耕还林地,由于生态地位重要而不能进行林木采伐利用的,要给予较高的生态效益补偿,补助标准应高于一般林地且低于占用农地的补偿,以提高经营退耕还林地与农林的相对比较收益;对于退耕还林地,可以进行林木采伐利用的,要采取林地经营鼓励政策,允许科学合理地利用林地资源并获取一定的经济收益,使退耕还林者能够可持续经营林地,确保林地用途不发生改变;对于宜林荒山荒地造林和封山育林形成的林地,可以采取更加灵活的承包、租赁、合作经营等形式,鼓励社会资金投入,在保证生态效益的前提下,由经营者决定林地的经营方式和收益方式。为有效提高退耕还林管理部门的管理水平,采取国家与地方按事权划分的原则,保证退耕还林工程管理所需的工作经费。全国或大区域的灾后补植补造、抚育管护、病虫鼠害防治、森林防火、检查验收、效益监测等工作可由国家安排必要的工作经费,地方或局部的作业设计、档案管理、确权发证等工作可由地方提供工作经费。

二、改革重大生态工程管理运行机制,实现工程可持续经营与管理

随着重点生态工程的稳步推进,工程建设已由单纯的数量扩张型向加大森林经营力度、提高森林质量、增强森林的各种功能的内涵提升型转变。因此,要改变重造林、轻经营,重数量、轻质量,重保护、轻利用,重生态、轻经济等观念。强化现有生态建设地块的经营管理,提高集约管理水平,发挥植被的生存和生长潜力。同时,鼓励经营者开展农、林、牧复合经营,尽可能采用非砍伐和及时更新的方式,利用植被的非木质产品及其服务功能,延长产业链和提升产品附加值,实现生态效益和经济效益、社会效益的有机结合。

针对各大生态工程所存在的协调性不够的问题,落实以人为本、全面协调可持续发展的科学发展观,以建立统一的、协调的、功能完备的生态防护体系,建成长江流域生态安全重要屏障为目标,改变现有的多头管理的建设现状,整合力量,统一规划,合理布局,标本兼治。统一工程建设标准,改革生态建设和环境保护的管理体制和运行机制,发挥政府、市场的两种资源配置方式的作用,运用行政、经济、法律多种手段,以生物措施为主,生物措施和工程措施相结合,促进生态环境建设走集约化经营的道路,转变增长方式,实现可持续发展。

大力强化工程管理质量,加强资金管理,规范财务管理制度,确保工程资金安全运行,提高资金使用效率。加强计划管理,认真组织实施,注重实效,保证计划完成落实。严格项目管理,继续推行项目法人责任制,规划设计、施工负责人、技术责任制、检查验收、种苗质量都要落实相关的责任制,并建立健全相关的责任追究制度。强化造林管理,

严格按照技术规程和设计组织施工,把好整地、种苗、栽植三个关键环节,确保造林质量,提高造林的成活率和保存率。提高管护质量,加强综合执法,创新管护机制,实行家庭托管、专业管护承包制、区域联防管护等管护制度。

针对天保工程的项目主体大多为国有林业企业,为确保工程顺利实施,实现工程区森林资源增加,林业产业增效,经济社会可持续发展的战略目标,必须以产权为核心,以分类经营为突破口,建立现代林业企业制度为主要内容,改革国有林业企业的运行机制。要划小经营单位,划分公益性林场和经营性林场,对于以生态建设培育和保护为主要内容的国有林场,按照事业单位管理,纳入财政预算;对于可以进行采伐更新、商品材生产、发展林业产业的企业,在兼顾社会效益和生态效益的前提下,全面进行企业化管理,自主经营,自负盈亏。同时,要解决国有森林主体缺位的问题,把森林资源的管理权从企业剥离,在国家大区或省级设国有林资源管理局,下设国有林资源管理分局,主要行使出资人的权利,享有森林的所有权,建立责权统一的管资源、管人事、管制度相结合的资源管理体制,强化资源监管。

对退耕还林的林草资源进行可持续经营和利用,以改善当地的生态环境和经济发展水平。大力优化退耕还林林分的植被结构。通过发展花椒、核桃、茶、油茶等生态经济兼用树种和开展林草、林药、林竹、林农等间作模式,使退耕还林地块实现长短结合,协调发挥其生态效益和经济效益。大力建立特色商品林基地。按照规模化、标准化、良种化的要求,采取科学的林木培育技术和管理技术,建立优质特色的经济林基地和用材林基地,充分发挥林地的生产力,提升林地资源的质量和效益。大力发展退耕还林后续产业。通过引进龙头企业和中小企业的带动,实现林产品的深加工和综合利用,将退耕还林的资源优势转化为经济优势,使退耕还林林木经营进入培育——经营——收益——培育的良性循环,推动当地退耕还林者的增收和地方经济的快速发展。

三、深化林权改革,维护农户和经营者的合法利益

随着集体林权制度改革的深入,农民非常重视自己集体林地的权益,要求将工程区集体林地进行林改的呼声越来越高。为了反映民生,体现民意,应在妥善安置林区职工、合理协调各方面的利益的前提下,落实农民对工程区集体林地的承包经营权。应积极按照《中共中央、国务院关于全面推进集体林权制度改革的意见》精神,大力推进工程区集体林权制度改革,确立农民的经营主体地位,真正实现"山有其主,主有其权,权有其责,责有其利"。通过产权激励、国家防护林建设资金激励,建立起有利于防护林工程建设的利益分配格局,充分调动农民群众营造防护林的积极性,切实维护利益主体各方的合法权益,确保工程建设成果能够持久发挥效益。通过改革,推动工程建设管理部门的管理方式由粗放管理向集约管理转变,由经验管理向科学管理转变,由行政命令管理向制度管理转变,由数量管理向质量管理转变。

同时建立必要的生态效益补偿的制度,将生态区位确实特别重要的集体林公益林纳

入补偿范围,按照中共中央 10 号文件的精神,将补偿资金落实到本集体组织的农户,也可以考虑由国家赎买,交由公益性的国有林场统一管理。同时将长防林工程实施区纳入生态效益补偿范围,稳定长防林补偿资金来源,对农民为对防护林的建设作出了重要的贡献给予补偿。

退耕还林工程实施以来,一直采取个体承包和"谁退耕、谁造林、谁经营、谁受益"的政策措施,并签订退耕还林合同,造林后及时颁发林权证,明确了退耕还林者的权益。在集体林权制度改革的新形势下,对于维护退耕还林农户的合法利益中出现的新问题,需要认真研究解决。针对长江流域人多地少的实际情况,在保证国家生态效益的前提下,尽量兼顾退耕还林者的经济收益。对国家不允许利用的退耕还林地块,要给予退耕还林者合理的经济补偿;对国家允许利用的退耕还林地块,在符合国家林木利用规定的条件下,许可退耕还林者进行合理的、非皆伐方式的木竹材采伐利用和非木质林产品利用,为林地可持续经营打下基础。对于原土地承包人和退耕还林大户之间出现的利益矛盾,要分析原承包或转让合同的签订背景和具体情况,规范和完善大户承包管理制度,进一步明确大户承包在签订合同、任务安排、施工组织、检查验收、政策兑现、林地管护等环节中的程序和方法,充分保障原土地承包人在退耕还林实施中的知情权、参与权、监督权、收益权。为保证国家投入的巩固退耕还林成果专项资金发挥更大的作用,地方政府要以退耕还林者为主体,以退耕还林任务集中区为重点,统筹安排和合理使用基本农田建设、农村能源建设、生态移民、后续产业发展和农民技能培训、补植补造等专项资金,为退耕还林者提供长远的生计保障。

大力扶持林业产业发展,妥善安置林区职工,拓宽职工就业渠道,在加强资源保护的前提下,提高林地利用效率,适度放宽采伐限制,完善林木采伐政策,把对森林的停伐减产和单纯保护调整转变到保育并举、科学经营、集约经营、实现可持续发展上来。建立工程区后续产业发展基金,对于确实有市场需求,有发展前景,能够增加就业岗位,拉动区域经济发展的项目,国家和地方政府要安排一定的启动、引导和扶持资金。加大金融支持力度,建立面向林农和林业职工个人的小额贷款和林业小企业贷款扶持机制,对林业龙头企业的产业项目给予贷款贴息,并建立政府扶持的林业保险机制。对后续产业开发实行优惠政策,国家应对竹产品、木材加工产品、林产化工产品等实行减免税收的优惠政策。

四、突出区域治理特点,采取差异性的工程政策和管理措施

目前的重点生态工程的建设多为全国性的工程,具有覆盖面大、投资强度小、任务分散、管理要求一致等特点,难免出现治理重点不突出、投资效率不高等问题,也受到了社会上对工程建设成效的质疑。对于长江流域这样生态重要程度高、恢复难度大的地区,要突出重点水源涵养区、重点水土保持区、地质灾害多发区、生物多样化保护区等区域的治理重点和治理难点,确立相应的建设目标、投资方式、植被配置模式、管护方式,并实行

针对不同地域、恢复难度、社会经济条件、经营水平等方面的差异化扶持政策和管理方式,力求投资一片、治理一片、见效一片。

重点生态工程的建设要根据生态功能的需求和植被资源的特点,实施按照建设地块经营目标主导的分类经营。将主导经营目标为生态效益和社会效益、生态区位重要或生态脆弱区域、立地条件差、植被恢复困难地区的植被划为公益性植被,采取保护为主,适当利用的方式,发挥这些植被的水源涵养、水土保持、减少风沙、生物多样性保存、碳储存、健身保健、文化传承、科普教育等生态功能和社会功能。将主导经营目标为经济效益、立地条件好、采伐利用和较为集约经营不会对生态功能造成较大破坏的植被地块划为商品性植被或兼用性植被,允许经营者以市场为导向,可依法自主决定植被地块的经营方向、经营模式,满足市场和社会对木竹材和其他植被产品的需求。

五、加大生态工程建设的科技支撑力度,提高工程建设水平

生态工程的建设要由粗放经营向科学经营、集约经营方向的转变,离不开科技的有力支撑。一是将科研的先进成果、先进技术尽快地应用到生态建设中,转化为生产力,如新的优良植被品种、节水保水、产品生产、信息管理等新材料、新材料技术。二是稳定基层林业工作站机构,对基层单位和技术人员迫切需求的实用技术,如育苗、经济林修剪、土壤改良、密度控制等技术或措施,要加大培训、推广和应用力度,提高林业科技的贡献率和林业科技成果转化率。三是加强生态工程监测体系建设,提高水土流失动态监测和滑坡、泥石流预警系统现代化建设水平,提高生态工程建设生态效益、社会效益和经济效益监测水平,及时掌握工程建设的动态,发现问题,总结成效,探索规律。四是加强科学研究,调动大专院校和科研技术力量,就影响流域生态系统建设的一些关系关键性技术和重大课题,进行多层次和多学科交叉的综合研究,切实提高科研水平和技术支撑能力。通过科研人员、基层需求、工程建设目标的有机统一,达到提高生态治理水平,改善生态环境,促进人与自然和谐的目的。

稳定基层林业工作队伍,提高技术人员综合素质,基层林业工作站建设与管理是提高工程建设质量的关键环节,应保障基层林业工作站队伍的稳定。提高工资待遇,增强工作责任心,充分发挥基层林业工作人员在长防林工程建设中的主观能动作用。充实专业技术人员,更新、配备必要的仪器设备,举办各级各类培训班,讲授林业政策、技术规程和工程建设要求等方面的内容,多途径提高技术人员的思想素质和业务水平。

第十一章

长江重大突发事件与流域安全

第一节　汶川地震对上游生态的破坏与恢复

一、汶川大地震概况与特点

2008 年 5 月 12 日 14 时 28 分 04 秒,位于长江上游的四川省汶川县(北纬 31.0 度,东经 103.4 度)发生 Ms8.0 级地震,龙门山断裂带多年累积的巨大能量瞬间释放,造成大量的人员伤亡和财产损失。地震灾区山河改观,次生山地灾害广布,交通、通信、电力等基础设施严重损毁,生态环境遭到极大破坏。

汶川地震是新中国成立以来,破坏最严重,受灾面积最广,损失最大,救灾难度最大,影响最为深远,震撼世界的一次特大地震灾害,具有以下特点。

1. 地震震级高,烈度大,损失惨重

汶川地震由龙门山断裂带的中央断裂(映秀—北川断裂)触发,地震震源浅,距地表 10~20km,断层长度 300km;地震震级达到 Ms 8.0,极震区烈度高达 XI 度(见图 11-1)。截至 2008 年 9 月 25 日 12 时,汶川地震灾区确认 69227 人遇难,374643 人受伤,17923 人失踪,倒塌和损毁房屋达 1500 万间,直接经济损失 8541 亿元。北川县城、汶川映秀镇、都江堰虹口镇、什邡市红白镇等城镇被夷为平地。

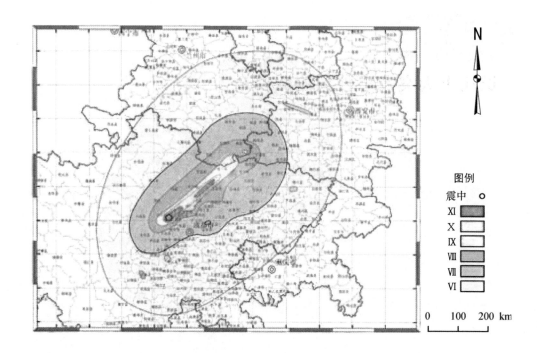

图 11-1　汶川地震烈度分布图（资料来源：中国地震局）

2. 波及面广，影响范围大

地震波及到我国大部分地区，除黑龙江、新疆、吉林三省区外，其余省（自治区、直辖市）都有震感报道。本次地震造成四川和甘肃、陕西部分地区受灾严重，受灾面积 44 万 km^2，受灾人口达 4624 万，其中需要重新安置 1511 万人。国务院确定汶川县、北川县、绵竹市、什邡市、青川县、茂县、安县、都江堰市、平武县、彭州市为极重灾区，重灾区有 41 个县（市、区）（见图 11-2），一般灾区有 186 个县（市、区）。重灾区以上面积达 13.26 万 km^2，除宝鸡市陈仓区外，其余都地处长江流域。

3. 主震—余震型地震，持续时间长

汶川地震为典型的主震—余震型地震，震后余震持续发生。截至 2008 年 12 月 18 日 12 时，共发生余震 40170 次，4 级以上 285 次，其中 4.0～4.9 级 243 次，5.0～5.9 级 34 次，6.0～6.9 级 8 次，最大余震 6.4 级。汶川地震发生半年后，余震还在持续发生。

4. 山地次生灾害广泛发育，加剧灾害损失

地震发生在川西北山区，形成大量的崩塌、滑坡、滚石、泥石流、堰塞湖等次生山地灾害。据估算，地震触发的崩塌、滑坡 5 万余处，崩塌、滑坡、泥石流、堰塞湖等灾害隐患点 2 万余处，具有一定规模的堰塞湖 257 处，新增 300 余条泥石流沟。初步估计次生山地灾害造成的损失约占全部损失的 1/3，由次生灾害造成的死亡人数估计有 2 万人。

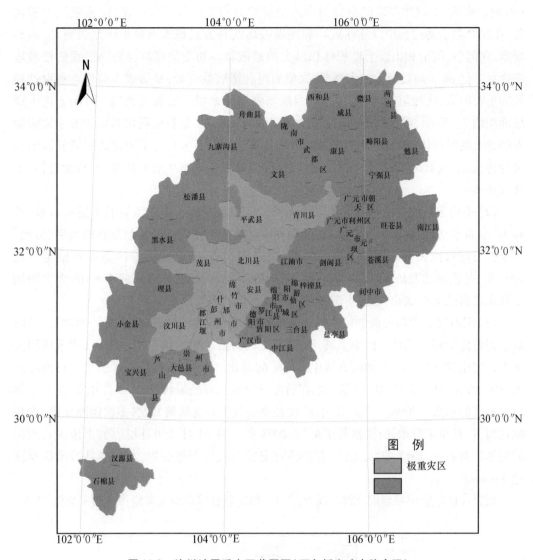

图 11-2　汶川地震重灾区范围图(不包括宝鸡市陈仓区)

　　崩塌、滑坡、泥石流、不稳定斜坡、地裂缝、堰塞湖等是灾区环境破坏的最直接和最主要因素,也是灾后生态恢复和重建必须考虑的关键问题。

二、地震次生山地灾害的特点及发育趋势

1.次生山地灾害类型及特点

　　(1)崩塌(滚石)、滑坡。 崩塌(滚石)、滑坡是地震触发的最直接的次生灾害,发育范围最广,危害最大。地震后发生崩塌、滑坡、泥石流灾害 2 万余处,主要为崩塌、滑坡,新增崩塌 1844 处、滑坡 1701 处,其中极震区崩塌增加 779 处,是震前的 6 倍多,滑坡数增加

160处。崩塌、滑坡体多以崩滑群的形式呈带状分布于岷江、涪江、沱江、嘉陵江上游河谷,在发育和活动过程中以移动破坏和掩埋破坏两种方式造成大量山体地表破坏、岩石裸露,在河谷、阶地和山坡上堆积体积巨大的松散物。初步估算都汶公路沿线的松散堆积物在1亿 m^3。地震触发的大型、特大型崩塌和滑坡数百处,是造成人员伤亡和财产损失的重要因素,还能阻断河流、溪流形成堰塞湖与壅塞湖。安县大光包—黄洞子沟大滑坡面积约7.45km^2,厚度约340m,滑坡体积达9.45亿 m^3,是目前我国乃至世界上地震触发的最大的滑坡体;著名的北川王家岩滑坡体积达480万 m^3,几乎掩埋北川老县城的大部分建筑,造成1600余人死亡;青川东河口大型滑坡造成400余人被埋,阻断青竹江,形成堰塞湖。

(2)**不稳定斜坡**。山系山体稳定性降低,岩石裂隙增大,形成大量的不稳定斜坡,被称为"滑而未动,崩而未塌",在余震、降雨和震动等外力作用下极易触发新的崩塌、滑坡,甚至引发泥石流灾害。据国土资源部的统计,四川省42个受灾县区新增不稳定斜坡1093处,是震前的两倍多,极震灾区增加592处不稳定斜坡,是震前的4.8倍,大大增加了地质灾害的潜在威胁,也是生态环境进一步恶化的重要因素。

(3)**泥石流**。滑坡形成的巨大的松散堆积物,为泥石流暴发提供了充沛的物源,并降低了泥石流的触发条件。雨季来临后,泥石流成为最主要的次生山地灾害,严重威胁灾区人民的生命、财产安全,加剧灾区生态环境的退化。据调查,震后灾区新增泥石流隐患点304处,其中极震区增加79条。地震后泥石流沿河谷呈带状分布,成群暴发,进一步加剧了灾区的损失。2008年7、8月间,都汶公路沿线泥石流频繁暴发,多次阻断交通,淤积岷江河道,甚至阻断岷江;受强暴雨触发,2008年9月24日北川县境内数十条泥石流沟同时暴发泥石流,造成42人死亡,多处临时安置点板房严重受损,北川老县城淤积厚度达5~6m。

极震灾区地震前后崩塌、滑坡、泥石流和不稳定斜坡等山地灾害隐患点情况见图11-3。

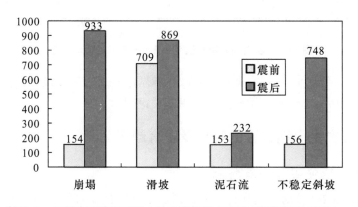

图11-3　极震灾区地震前后山地灾害隐患点变化(据殷跃平,2008)

(4)**堰塞湖(壅塞湖)**。地震触发大中型崩塌、滑坡体堆积于河道、沟谷,大中型泥石流物质淤积河道,阻断河流或溪流形成堰塞湖(壅塞湖)。堰塞湖淹没上游的道路、村庄、城镇和农田等,其溃决又会引发洪水,淹没冲毁下游的城镇、村庄和道路、通信等基础设施。强震区共形成具有一定规模的堰塞湖257个(见图11-4),极震区有明显危害和威胁的堰塞湖35个,一度成为震后威胁最为严重的次生灾害形式。地震形成的堰塞湖规模巨大,坝体松散,强度低,溢流后易造成溃坝,且多数堰塞湖成串珠状分布,如北川通口河(湔江)上分布连续7个堰塞湖。唐家山堰塞湖是诸多堰塞湖中危险最大、抢险难度最大的堰塞湖,如若溃决将引发下游一系列堰塞坝逐级溃决,造成堰塞湖梯级溃决,引起溃决洪水逐级加大,严重威胁下游沿岸城镇、村庄和其他基础设施以及绵阳市100余万人的生命财产安全。

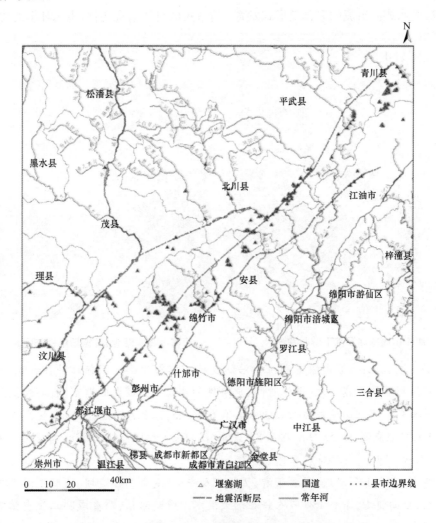

图11-4 汶川地震灾区部分堰塞湖分布图(据崔鹏等,2008)

(5)**地裂缝**。地震引发灾区尤其是极震区山体整体松动和开裂,山体松动形成的潜在斜坡变形隐患区域达 15 万 km²,地裂缝在这些区域大面积分布。地裂缝宽度从几厘米到二三米,长度从几十米到数千米,深度从几十厘米到数米甚至数十米不等。北川县任家坪后山山顶开裂宽达二三米,长数百米;青川县城后山整体开裂,裂缝延伸长度超过500 m,青川县曲河乡临时安置点后山裂缝延伸长度达 3 km;汶川县城周围山体深大裂缝密布,最大延伸长度约 1 km;彭州市白鹿镇山体开裂长度约 1.5 km 等。地裂缝随着海拔高度的升高及地震烈度的增强,其长度、宽度及深度具有增加的趋势。地裂缝破坏土地资源,降低其利用价值,受到余震、降雨等外力作用时,可能发生溜滑、坍塌、崩塌等灾害形式。

地震次生山地灾害以地震→(不稳定斜坡、地裂缝)→崩塌、滑坡→(泥石流→)堰塞湖→溃决洪水或泥石流的灾害链形式发育,造成灾区自然景观变化、生态环境恶化。

专栏 11-1

唐家山堰塞湖的处置

唐家山堰塞湖及其下游堰塞湖　　　　　　唐家山堰塞湖泄流(据新华社李刚)

堰塞湖概况:唐家山堰塞湖位于涪江支流湔江河上,距下游北川县城 3.2km,是地震后形成的库容最大、坝体最高、危险性和处置难度最大的堰塞湖,其处置是世界性的难题。唐家山堰塞体长 803.4m,宽 611.8m,体积约 2037 万 m³,最高点高程793.9m,自溢点高程752.0m,堰高82.65m(垭口处)至124.4m,752m 高程对应库容3.16 亿 m³,745m 高程对应库容2.6 亿 m³。

危害:发生1/3溃坝,威胁下游22.8 万人安全;发生1/2溃坝,威胁下游120 万人安全;全面溃坝,下游130 万人将在滔天洪水中遭受浩劫,严重威胁工业重镇绵阳市的安全。

处置方案:5月24日凌晨,专家组确定开挖泄流槽施工方案,分为高、中、低方案:低方案(进口高程747m)开挖5万 m^3;中方案(进口高程745m)开挖7万 m^3,对应库容2.6亿 m^3;高方案(进口高程742m)开挖10万 m^3。

处置过程:5月25日,1100余名武警水电部队官兵身背炸药10t、雷管1100发连夜挺进唐家山,开始堰塞湖抢险战斗。

从5月26日至6月1日,抢险官兵鏖战7昼夜,累计完成土石方开挖13.55万 m^3,石笼护坡4000 m^3,进口段最高高程740m,出口段高程739.0m,形成长475m、底宽8m、深13m的导流槽。

6月6日至9日,实施消阻扩容工程排险方案,完成土石方开挖3.5万 m^3。

6月7日7时08分,泄流槽开始泄流,高程为740.37m;6月9日8时,流量达57 m^3/s,泄流槽发挥明显作用。6月10日11时,流量达6500 m^3/s,泄流槽入水口溃口宽达100m左右,6月11日14时水位已降至714.13m高程,相应蓄水量0.86亿 m^3,减少库容1.63亿 m^3,坝前水位下降29m,下游苦竹坝、新街村、白果村3个堰塞湖一并得到治理。

1. 地震次生山地灾害的分布特征

(1)沿着发震断裂带集中分布。"5·12"汶川地震的发震构造是龙门山中央断裂带,持续发生的余震也沿龙门山中央断裂发生。地震极震区及重灾区主要沿龙门山断裂带以条带状分布于南起都江堰、北至陕西宁强长约300km、宽约50km的龙门山区。龙门山区沟谷深切、地形陡峻、高陡临空面广泛发育,加上公路、水电工程及其他人类活动造成的高斜坡、不稳定斜坡广泛分布,为地震引发崩塌、滑坡、滚石、泥石流及堰塞湖提供了极为有利的地形条件。地震发生后,南起汶川县映秀镇、北至青川县沿龙门山中央断裂带是次生灾害发育最集中的区域,尤其是沿发震断裂带10km的缓冲区是次生灾害分布最广、强度最大的区域,初步调查表明,93.3%的大型崩塌、滑坡分布于这一区域。而平原和丘陵为主的地震重灾区的次生灾害较少发育,仅见少量滚石。

(2)沿着河谷两岸不对称分布。地震次生山地灾害主要沿主河河谷、支流河谷及其沟道分布。地震灾区多为深切河谷,两岸山坡陡峻,岩石破碎,风化强烈,是崩塌、滑坡、滚石和泥石流等灾害的易发区。地震后大量的崩塌、滑坡、不稳定斜坡、滚石、泥石流和堰塞湖等次生山地灾害沿着岷江上游干流(都江堰—茂县)及其支流和沟谷,北川湔江河谷,青川青竹江河谷,绵远河上游,安县茶坪河上游、清江河等河谷发育(见图11-5)。遥感解译资料表明,湔江两侧地震次生山地灾害点283处,重大次生山地灾害隐患点6处。岷江上游都江堰—汶川地段发育大型崩塌、滑坡群50余处,泥石流沟谷65条,不稳定斜坡32处。结合野外考察和遥感资料分析,推算汶川地震次生山地灾害产生的泥砂石块

（含滑坡体）堆积总量达 50 亿 m³ 以上。

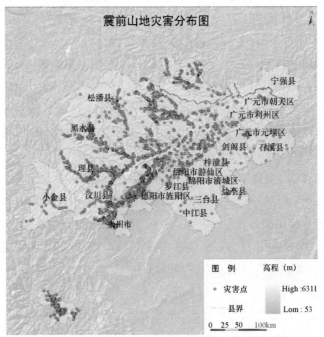

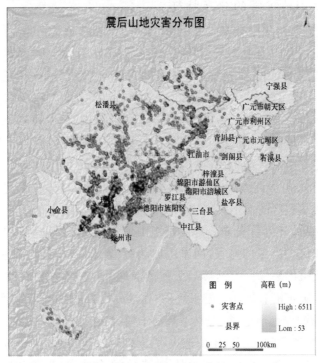

图 11-5　汶川地震部分重灾区地震前后山地灾害分布图（据中国科学院成都山地灾害与环境研究所）

　　(3)沿着山体具有高度分布的差异性。 汶川地震次生山地灾害的发育具有明显的空间差异性,在水平尺度上,地震次生山地灾害主要分布于地震烈度Ⅸ度以上的广大山区,并沿着断裂带与河谷集中发育。受地震波的放大效应的影响,地震次生山地灾害还具有明显的垂直分异性。根据遥感解译及实际调查,地震次生山地灾害(崩塌、滑坡和滚石)主要分布于海拔 1000～3000m 的中高山区,尤以海拔 1000～2000m 分布最密集,占总数的 55.5%,海拔高于 3000m 的高山与极高山次生灾害很少发育(见图 11-6)。同时,崩塌、滑坡体的分布与山体的坡向和坡度关系紧密,崩塌、滑坡多数分布于东南向和南向的山体之上,分布于 20°以上的山体上,尤其是 20°～50°范围内发育最为广泛,占总面积的 80%(见图 11-7)。

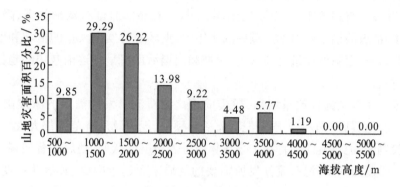

图 11-6　不同海拔高度山地灾害分布图(据苏凤环等,2008)

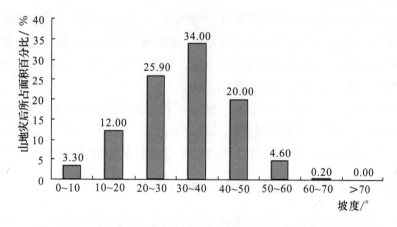

图 11-7　不同坡度山地灾害所占面积分布图(据苏凤环等,2008)

　　泥石流分布与崩塌、滑坡体的关系极为紧密,其危害区主要集中于泥石流的流通区与堆积区,海拔一般不超过 1000m;堰塞湖(壅塞湖)沿河谷和沟谷分布,个别小堰塞湖体可出现于高山区,大型堰塞湖则主要分布于低海拔河谷。地裂缝分布与地震强度衰减程度及其地震波随高度的放大作用关系密切,随地震强度的衰减,其发育程度呈现明显的减弱趋势,在极震区内在中山、高山地区,地裂缝的分布与发育则明显增强。

由此可见,次生山地灾害主要沿龙门山断裂带与河谷分布于中山、高山区,生态环境与系统的破坏也主要集中于这一地域,是灾后生态恢复和重建的重点区域。

3. 震后次生山地灾害的发展趋势分析

汶川地震重灾区地处青藏高原东缘过渡地带,属于横断山系,是我国地貌单元第二阶梯与第一阶梯过渡带的东部边缘。区内新构造运动活跃,断裂发育,地质环境脆弱;山势陡峻,河谷纵横,落差近4500m;加上受亚热带季风气候控制,东部地区雨量充沛,气候湿润,西部岷江河谷雨水较少,但降雨集中,多集中暴雨。这一切造成整个灾区成为滑坡、泥石流的活跃区。

震后数量巨大的不稳定斜坡遍布重灾区广大山体,受到降雨、余震或者强烈震动等外力作用,其极易遭到破坏,触发新的崩塌、滑坡。在余震日渐减弱形势下,降雨成为触发新的崩塌、滑坡的最主要因素。震后的5年内,灾区还将发生大量的滑坡和崩塌;随着时间的推移,不稳定斜坡数量逐渐减少,滑坡和崩塌活动将呈现逐渐减弱的趋势,估计将持续10年左右。

震后区内泥石流沟谷数量增加,较震前相比泥石流暴发所需要的激发雨量明显降低,受此影响,地震后的第一个雨季泥石流活动频率、规模及危害范围都大大增加。根据以往的经验判断,泥石流活动将在未来5年内进入极度活跃期,随后随着崩塌、滑坡等地质灾害活动强度的减弱,泥石流暴发所需要的物质来源趋于减少,其活跃程度将逐渐衰减,持续时间约20年。本次地震受灾面积大,崩塌、滑坡、不稳定斜坡数量巨大,泥石流的活跃期甚至可能更长。

在未来滑坡、泥石流的强烈活跃期内,大型滑坡、泥石流的暴发仍然有可能堵江形成堰塞湖(壅塞湖),尤以泥石流堵江形成堰塞湖(壅塞湖)居多,震后岷江上游多条泥石流沟暴发泥石流,阻断岷江形成堰塞湖(壅塞湖)。因此,应在灾后5～10年,甚至更长时期内,注重对堰塞湖及其溃决形成洪水灾害的防范。

在震后5～10年内,崩塌、滑坡、泥石流处于强烈活动期,灾害链表现将比较突出。地震次生山地灾害是灾区生态环境破坏的最主要因素,震后5～10年内,重灾区的生态环境还将受到崩塌、滑坡、泥石流、堰塞湖的影响,生态恢复与重建面临巨大的挑战。

三、地震灾害次生山地灾害的环境效应

汶川地震灾区主要分布于长江支流岷江、沱江、涪江及嘉陵江上游地区,这是长江上游重要的生态屏障和水源涵养区,是我国岷山—邛崃山生物多样性保护的关键地区,生物多样性异常丰富。灾区水资源与水能资源丰富,尤其是岷江上游流域是我国重要的水电开发基地。重灾区还分布国家及省级自然保护区49个,风景名胜区39个,森林公园35个,世界自然文化遗产地4个。地震灾害,尤其是次生山地灾害引起灾区自然环境严重破坏、生态环境退化、生物多样性降低、风景名胜区及历史古迹受损,生态主体功能明显下降。

1. 植被破坏与土地利用的变化

地震及其次生山地灾害极大地改变了重灾区的地表覆盖,大量林地、草地、耕地遭到破坏,植被覆盖率下降,土地利用方式改变。崩塌、滑坡、泥石流、堰塞湖以移动破坏和淤埋破坏两种形式破坏地表覆盖,造成大量的岩土裸露;广泛分布于中、高山的地裂缝则造成地表拉裂,改变局地地表水与地下水环境,造成植物生长环境和耕作条件恶化。根据遥感与实际调查,地震重灾区森林破坏43.1万hm²,苗木损失8.5亿株,四川省森林覆盖率下降0.5%。对岷江上游都江堰—汶川段的调查表明,河谷两岸500m的区域内,受崩塌、滑坡、泥石流及堰塞湖的破坏,植被覆盖率由震前的80%~90%,下降到震后的40%~50%。次生灾害广泛分布的茶坪河、绵远河、青竹江、通口河、湔江等极重灾区河谷都是林地和植被破坏极为严重的区域。崩塌、滑坡形成的部分松散固体物质还大量分布于林草地,造成土层破坏,林下植被发育受阻。

次生山地灾害还引起灾区大量的耕地破坏,据遥感解译,核心灾区的15个县市耕地损失7.3万~10万hm²,损失率为7%~10%。其中,15°~25°的坡耕地损毁率为15%,25°~35°的损毁率为37%,35°以上的损毁率为50%;四川省受地震作用损毁耕地近11.3万hm²,灭失耕地近1万hm²,北川县、汶川县分别损坏耕地近0.87万hm²和0.67万hm²,分别占全县耕地面积的82.96%和95%。都汶公路沿线的调查表明,部分地区耕地近30%完全丧失耕作条件,近30%受损的耕地修复后可恢复耕作。

2. 水土流失变化趋势分析

地震及其次生山地灾害造成的大面积的地表裸露,成为灾区水土流失加剧的重要因素,对四川省39个重灾县区地震前后的水土流失变化情况见表11-1,震后水土流失明显加剧,新增水土流失面积12374km²,轻度侵蚀面积下降,中度以上侵蚀区面积大幅增加,尤以极强度侵蚀和剧烈侵蚀面积增加幅度为大。震后年均土壤侵蚀量为34261万t,较震前增加16880万t,土壤侵蚀模数由3954t/(km²·a)增加至6082t/(km²·a),新增水土流失区域的土壤侵蚀模数可达13641t/(km²·a),比震前全省平均土壤侵蚀模数高9687 t/(km²·a)。

表 11-1　　　　　　　　　　地震前后四川重灾区水土流失变化一览表

	侵蚀强度及面积(km²)					总面积	侵蚀模数	侵蚀量
	轻度	中度	强度	极强度	剧烈	(km²)	(t/(km²·a))	(10⁴t)
震前	14257	19466	8069	1558	605	43954	3954	17381
震后	11237	23418	12039	4781	4854	56328	6082	34261
变化	-3020	3952	3970	3223	4249	12374	2128	16880

注:资料据赵祥润,卿太明,2008。

据对四川省139个受灾县的调查表明,震后年均土壤侵蚀量为68679万t,较震前增加18936万t。土壤侵蚀模数由震前的3703 t/(km²·a)增加至4604 t/(km²·a),新增水土流失区域的土壤侵蚀模数可达 12784 t/（km² · a），比震前全省平均土壤侵蚀模数高 9081 t/（km² · a）。

以上没有考虑地震次生灾害及灾区重建工程引起的水土流失。崩塌、滑坡、泥石流、堰塞湖等地震次生灾害都会引起剧烈的水土流失，因此在地震后 5 ~ 10 年甚至更长时间内，地震灾区的水土流失较地震前大大增加，侵蚀量和侵蚀模数可达震前的数倍。

3. 河流生态环境的变化

地震次生山地灾害沿河谷分布，极大地改变了山区河流地貌环境与生态环境。崩塌、滑坡、泥石流进入河谷之中，淤积河道，造成河道挤压和抬升；其阻断河流形成堰塞湖或壅塞湖，造成水位上升、流速下降、泥沙淤积，河床抬升。河流受次生山地灾害及灾后重建工程的多因素作用，河宽缩小，河床抬升，河曲呈加剧的态势。岷江上游、茶坪河、绵远河、通口河、湔江等次生灾害发育的河流都具有这种演化趋势。如安昌河河床受崩塌、滑坡的作用在擂鼓镇西部一段河床抬升 5 ~ 6m；而岷江上游映秀—绵池段受崩塌、滑坡、泥石流、堰塞湖及工程建设的影响，河宽普遍缩小，局部河床抬升明显，河曲加剧。

地震后严重的水土流失造成区内河流泥沙含量的大幅上升，尤其在雨季含沙量可达震前的 10 倍以上，输沙量巨大。受次生山地灾害的影响，大量矿物质随泥沙进入河流，造成河流水质污染，加上堰塞湖溃决带来大量的垃圾、有机质及污染物质进入河流，震后河流水生生态环境遭到极大破坏，大部分河段的原有生物物种及群落都受到极大冲击。

4. 水利水电工程受损状况

地震灾区水资源与水能资源丰富，区内分布各类水库（水电站）数千座，仅四川省境内就有水电站 1000 余座，尤以岷江上游水电站分布最为集中。震前岷江上游已建成的大中型电站共有 20 余座，电站总装机容量约 3500 MW，总库容 11.76 亿 m³，位于干流的电站就有 9 座，岷江干流及支流河谷还有大量在建的小型水电站。水电开发是震前岷江上游最剧烈的人类活动，带来巨大经济效益的同时，也造成植被破坏、岩土裸露、水土流失加剧、生态环境退化等生态问题。

地震及其次生地质灾害地质引起大量的水库（水电站）受损，截至 5 月 27 日共造成水库震损 2473 座，833 座水电站受损，主要分布于长江流域，其中四川省有受损水库 1997 座，1253 座分布于重灾区县，占 62.7%。受损水库中大坝裂缝有 1425 座，大坝塌陷 687 座，滑坡 354 座，渗漏 428 座，启闭设施损坏 161 座，泄洪与放水设施、管理用房等不同程度震损的有 422 座。

备受关注的紫坪铺水利枢纽距离震中 17km，地震期间水库处于低位运行，蓄水量只有设计库容的 30%，降低了大坝受损程度和溃坝的危险。地震中，大坝发生小幅度沉陷与位移，并出现局部护坡松动、护栏倒塌、面板脱空、施工缝错台、竖缝压碎和隆起，但大坝整体未受大的损失，经过修复，在震后第 5 天恢复运行。同处极震区的沙牌水电站，距离震中位置 12km，坝高 132m，位于草坝河上，设计抗震强度Ⅷ级，坝体所在位置实际烈度为Ⅸ度,震后大坝基本完好。岷江上游极震区的其余电站主要为闸坝引水发电,地震引起电站解列,机组停运,加上泄洪闸不能及时开启,引起河水漫顶,但没发生闸坝溃决,同时受崩塌、滑坡、滚石及泥石流的作用,厂房、引水发电设施破坏严重。小型水电站受到岩崩、崩塌、滑坡及堰塞湖的影响,多遭受毁灭性破坏,如七盘沟、板子沟、罗圈湾沟中的小水电站。

震后,河流泥沙俱增,引起上游河道淤积,影响水电站的使用寿命,尤其是位于岷江干流的水电站及紫坪铺水利枢纽。紫坪铺库区是岷江上游泥沙的最主要的沉积区,如果地震后岷江上游产生松散物质有 50% 淤积于库区,将至少减少库容 1 亿 m^3 以上。崩塌、滑坡及泥石流还对电站的附属设施造成威胁,譬如映秀湾水电站的引水设施就通过东界脑沟沟口,受到泥石流的威胁。

汶川地震没有引发灾区水库与水电站溃坝,但高山峡谷区大规模的水电开发,尤其是大型水电工程与地震、地质灾害的关系及其作用机制备受关注。以汶川地震为契机,深入研究紫坪铺水库与汶川地震的关系,揭示大型水电工程与地震、地质灾害的作用机制,对于我国的水电开发及其重大灾害的预防具有重要的现实意义。

5. 水资源与水环境的变化

地震后,林地破坏严重,造成灾区林地的持水能力和水源涵养能力大幅下降,而破坏的植被受气候、土壤、山地灾害等因素的影响短时期内很难恢复,因而灾区的水源涵养功能在灾后相当长时间很难恢复。植被破坏导致的一个重要结果是雨季尤其是暴雨发生时,山体地表径流大幅增加,为崩塌、滑坡、泥石流和山洪等次生灾害及土壤侵蚀提供了充分的动力条件。

地裂缝破坏了山体的稳定性和大量土地资源,同时在很大程度上改变了地下水的循环路径,影响到植物生长及农业耕作条件。对灾区都江堰—汶川沿线的调查表明,沿线许多沟谷受地震影响,地下水资源与震前发生明显变化,如汶川县城附近的郭竹铺沟震前常年具有流量,震后沟谷上部虽形成堰塞湖,但水源补给缺失。

堰塞湖是灾区水资源与水文循环条件变化的重要影响因素,除了分布于各大江河的35 个大型堰塞湖之外,地震后还形成了数以千计的小型堰塞湖,主要分布于中高山及其沟谷之中,这些堰塞湖不对下游造成直接威胁,反而改变了局部地区的水资源与水文条件。堰塞湖的存在提高了局地气候湿润程度,增加了水资源保有量,有利于生态环境的恢复。

地震灾区是高危行业较为集中的区域,成都—德阳—绵阳经济区是四川省最重要的工业基地,区内国控或省控重点化工企业就有 45 家,地震造成灾区化工企业受损严重。5 月 14 日什邡市两化工厂和德阳市一化工厂发生硫酸和液氨泄漏现象,青川县凯歌肉联厂—冷库 5 月 17 日发生氨气泄漏,对当地生态环境及水环境造成威胁。灾后防疫过程中,3000t 以上各种消毒剂、杀虫剂、灭菌剂等在短时间内集中使用,生活垃圾、生活污水、腐蚀动物尸体物质等的汇入,将影响灾区饮用水源的安全,威胁河流水生态系统的安全和灾区的饮用水安全。

6. 生态环境退化加速

灾区因崩塌、滑坡、滚石等次生灾害形成的岩石裸露、地表破坏在破坏植被与土地资源的同时,将对区内的气候条件产生重要影响,尤其是对地处干旱河谷区的气候环境与生态环境产生重要影响。地表破坏与岩石裸露主要分布于海拔 1000～2000m 的河谷,且以 20°～50°的坡体为主,受气候干旱、地形陡峻、成壤条件差等影响,其在短时间内又不能得到有效恢复,将引起区内地表反射较震前大幅增加,昼夜温差加大,水分蒸发率升高,区内干旱程度进一步加剧,引起岷江上游干旱河谷区生态退化加速,增加生态恢复与建设的难度。而地处龙门山东缘的亚热带湿润气候区,降水明显高于干旱河谷区,水资源丰富,地震次生灾害引起的气候条件的变化不甚明显。

地震造成植被大量破坏、地貌分割,生态系统景观的连通性显著降低,景观破碎程度显著增加,形成大量"岛屿式"斑块,"孤岛效应"对灾区内的各类生物造成重大威胁。据四川省林业厅的调查,灾区野生动物栖息地毁损面积 9.21 万 hm²,10 种国家一级保护动物和 23 种国家二级保护动物受到较大影响。地震中大熊猫栖息地受损严重,49 个熊猫自然保护区不同程度受损,初步估计大熊猫栖息地毁坏面积达 19.1 万 hm²,占灾区大熊猫保护区面积的 8.3%,其中 5.3 万 hm² 大熊猫栖息地被彻底毁坏。生物多样性的降低,植被覆盖的下降,造成灾区林地生态系统退化,生态服务功能大大下降。

四、地震灾区生态环境恢复与重建对策

汶川地震灾区面积大、自然环境分异明显,涉及的生态环境因子众多,应该以科学发展观统筹生态环境恢复与重建工作,遵照《国家汶川地震灾后恢复重建总体规划》中关于生态修复与环境治理的要求,做好生态环境的恢复与重建工作。

1. 短期内生态环境的恢复与重建对策

灾区在灾后 10～20 年内还是次生灾害的活跃期,因此灾后重建及其生态恢复必须充分考虑山地灾害的影响,综合考虑各种因素,进行生态恢复与重建工作。在山地灾害活跃期内,生态恢复及重建需着重做好以下工作。

(1)系统开展灾区生态环境调查,进行生态环境及资源环境承载力的综合评价,划分生态功能区,针对不同生态功能区确定生态恢复区域与恢复程度,制定不同空间尺度与行政区域的生态恢复规划并严格执行。

(2)将生态恢复与次生灾害防治相结合,以次生灾害危险度评估为基础,制定科学合理的生态恢复规划,避免在次生灾害中度危险区以上的区域率先开展生态修复工作,做好次生山地灾害预警及防治工作,尽可能降低次生灾害对生态恢复与重建工作的二次破坏。

(3)将生态恢复与灾后重建相结合,在城镇、居民点重建及重大工程恢复与建设过程

中注重生态环境保护,以灾区土地整理和恢复为突破,优先恢复城镇、居民点附近的生态环境;以自然保护区、风景旅游区、历史遗迹的恢复建设为契机,带动周边生态环境的恢复工作;调整长治工程、长防工程、天保工程的规划,做好区内林草地的恢复及小流域治理,控制水土流失,促进生态环境的恢复。

(4)坚持以自然恢复与人工恢复相结合的生态修复原则。对龙门山系东部的亚热带湿润区,以自然恢复为主,增加生态系统的多样性与提高生态主体功能;在干旱河谷区,遵循自然环境规律,针对不同的生态带,借鉴干热河谷区生态修复模式,选择耐旱、速生的当地物种,适当引进耐旱物种,引入新技术和新方法,通过自然恢复与人工措施相结合,逐步修复生态环境;优先恢复岩土风化明显,土壤发育的灾害体及缓坡区的植被,对于裸露岩体及陡坡区、生态恢复难度大的区域,暂缓实施生态恢复措施。

(5)在灾后重建期内,坚持做好污染物、有毒物、垃圾、消毒物质及矿渣、废弃物的使用、监测与处置工作,确保灾区的水资源与饮用水安全;有重点地开展山地次生灾害的防治工作,逐步降低河流污染物质,提高河流生态环境质量,促进灾区生态环境恢复。

(6)逐步建立灾区生态恢复的多元投资机制与生态补偿机制,调动灾区居民进行生态保护的积极性,提高生态保护意识,形成生态保护的良性循环,促进灾区生态修复。

2.长期生态环境恢复与调控

汶川地震破坏严重,受灾面积大,生态修复难度大,次生山地灾害的活跃期结束后,植被、水体、土壤的恢复还需要进行几十年甚至更长时间,为此需坚持以下工作。

(1)着重解决原来次生灾害中高危险区及其难恢复区的植被恢复、群落重构、生态系统恢复与重建,以自然恢复与人工措施相结合,进行生态环境的恢复与重建,为灾区动植物创造生态走廊,逐步实现生物多样性、生态系统主体功能的全方位恢复。

(2)通过小流域综合治理、山地灾害综合防治、生态工程建设,逐步控制和减少水土流失,遏制灾区尤其是岷江上游干旱河谷区的生态退化,逐步恢复山区河流生态环境与河流生态系统,解决水资源与水环境退化问题。

(3)逐步完善生态建设的多元投资机制与生态补偿机制,提高当地居民的生态意识与积极性,持续实施生态工程,建立生态工程监管机制,确保生态恢复的长期和持续效应。

(4)深入研究山区工程建设,尤其是水电工程开发及道路建设同生态环境的作用机制,探索高山峡谷区工程建设与防灾、减灾及环境保护的新技术、新方法与模式,构建水资源及生态资源可持续利用与开发的调控体制,促进灾区及我国西南诸河重要水电工程区的生态环境保护。

第二节 南方低温雨雪冰冻灾害与流域生态

2008年1—2月,我国南方大部分地区和西北地区遭遇到50年一遇的强降雪过程,持续半个多月的低温冰冻天气,造成森林资源大面积受灾,树木冻死、冻伤,部分地区损失惨重。这次雨雪冰冻天气受灾涉及全国19个省(自治区、直辖市),重灾区主要在长江流域,湖南、江西、云南、湖北、广西、浙江、贵州、安徽、四川、广东、福建、甘肃、重庆、河南、陕西、江苏、青海17个省(自治区、直辖市)均遭受到不同程度的灾害。灾害受灾面之广,影响程度之深,为历史罕见,对生态环境造成的影响和破坏尤为严重。

一、长江流域受灾情况

罕见的持续低温、雨雪冰冻天气,使林木长时间持续处于冰冻、雪压和0℃以下的低温条件下,冰雪直接停留在林木枝条上,负重过大,造成大面积森林折断、劈裂、倒伏、翻兜,受灾严重。据国家林业局调查分析显示,这次冰雪灾情有以下几个特点。

1.受灾面积大

长江流域森林资源受灾面积1908.504万 hm²,其中重度受灾528.21万 hm²,占27.7%,中度受灾674.569万 hm²,占35.3%,轻度受灾705.725万 hm²,占37%,受灾森林面积占到全国森林面积的10.91%。

2.受灾程度深

局部地区森林资源遭受毁灭性的破坏,229.909万 hm²森林变成了无林地,占全国森林面积的1.31%,其中乔木林193.374万 hm²、竹林14.5万 hm²、经济林22.053万 hm²。降低全国森林覆盖率0.24个百分点,降低流域森林覆盖率1.28个百分点。野生动植物大量死亡,生物多样性减少,生物链结构改变。据安徽省统计,在沿江沿淮越冬的候鸟和皖南山区、大别山区野生动物的集中分布地,共发现冻死冻伤野生动物29万只(头)。

3.直接经济损失大

这次冰雪灾害损失森林蓄积3.4亿 m³,损失竹子38.02亿株,苗木32.45亿株,经济林产量781.01万 t,未成林25.27亿株,直接经济损失610亿元。受灾省份是我国南方重点集体林区,福建、江西等10省已经全面启动集体林权制度改革,其余省份都在试点阶段,许多农民分到林地林木后,贷款投资造林抚育,在这次灾害中,他们遭受了惨重的经济损失,严重的数十万元贷款血本无归。

4.不同区域受灾程度不同

湖南和江西受灾程度最深,占到44.55%,其次是云南、湖北、广西等省(自治区),占24.63%,浙江、贵州、安徽、四川等省灾情也较为严重,受灾面积在66.7万 hm²以上,福建受灾面积 58.29 万 hm²,其余省份在 33.3 万 hm² 以下。在同一省内,地理位置不同,局部小气候不同,受灾程度也不同,一般来说,阴坡、风口处、海拔高的寒冷山区,受灾面积大,受灾程度严重。

5. 不同森林类型、群落结构和物种组成对冰雪灾害的抵抗能力不同

一般阔叶林比针叶林,外来树种比乡土树种,人工林比天然林,结构单一比结构复杂林分,中龄林比幼龄林、成熟林,更容易遭受冰冻灾害的影响,受灾面大,程度深。从森林经营方式来看,采取过合理抚育措施的林地,适度减轻了林分的受灾程度。不合理的采伐使林木的抗逆性减弱。

二、冰雪灾害的生态影响评价

这场以长江流域为中心,席卷大半个中国的雨雪冰冻灾害使大面积森林损毁,造林绿化和生态建设成果遭受严重破坏,加剧了林产品供应紧张的局面,林业产业蒙受巨大损失,林农生活陷入困境,部分农民因灾返贫,同时,给生态环境也带来了巨大的损失,成为一场巨大的生态灾难。

1. 生态环境遭受严重破坏

经过多年的保护和培育,重点公益林得到了保护性恢复,其生态功能得到了有效发挥,在涵养水源、水土保持、固碳释氧、净化大气、维护生物多样性方面发挥了重要的作用。但这次冰雪灾害天气,使 846.889 万 hm² 公益林受灾,其中重点公益林受灾面积523.527 万 hm²,一般公益林受灾面积 323.355 万 hm²。重点公益林损失蓄积量 1.11 亿 m³,竹子 12.21 亿株,一般公益林损失蓄积量 7124.43 万 m³,竹子 8.56 亿株,导致区域性生态状况恶化和倒退。据估算,冰雪灾害使重点公益林年生态价值损失约 6329.20 亿元,其中水源涵养损失 2134.37 亿元,保育土壤损失 529.10 亿元,固碳释氧损失 1275.89 亿元,净化大气环境价值损失 349.24 亿元,生物多样性保护价值损失 2040.60 亿元。损失碳储量 2279.62 亿元,生态价值和碳储量价值 8608.82 亿元。同时,森林的景观价值和森林的生态文化,以及森林庇护的水体文化,都遭到了严重破坏。

2. 生态工程的可持续发展受到影响

生态工程建设的初步成果遭受严重的损失,工程的后期发展也面临着巨大的考验。此次灾害,造成未成林造林地受灾 158.381 万 hm²,其中退耕还林工程损失 85.477 万 hm²,占到 53.97%,占该地区 1999—2006 年退耕还林工程人工造林总任务量的 12%,相当于退耕地造林任务量的 26%,严重影响了退耕还林的成果巩固。未成林造林地中需要重新造林的面积为 50.643 万 hm²,加上因重度受灾转变为无林地的 280.552 万 hm²,因灾需要重新造林的面积相当于 2006 年全国造林任务的 103.22%,相当于 17 个省 2006 年造林任务的两倍,这直接影响了生态工程推进的速度。苗圃受灾面积 4.875 万 hm²,损失苗木55.12 亿株,相当于 2006 年全国苗木产量的 18.62%,17 省苗木产量的 39.07%,直接影

响了造林生产苗木的供应。冰雪灾害不但使林农分到的山林受到损失,投入的资金也化为乌有,林农的造林营林的积极性严重受挫,农民认为投资林业风险太大,担心类似的灾害还会发生,对经营林业产生了畏惧心理,不愿意再投入大量人力物力于林业灾后重建。林农受灾后,偿还贷款的能力减弱,林权抵押贷款的抵押物价值缩水,刚刚兴起的林业金融市场遭遇了重挫,金融部门开展林权抵押贷款,投资于林业的信心开始动摇。

3. 次生、衍生生态灾害隐患很大

冰雪灾害除了造成生态破坏和经济损失以外,还直接降低了森林健康能力、林下卫生条件和野生动物的生存条件,为次生生态灾害留下了巨大的隐患。森林内大量的可燃物,增加了森林火灾隐患,林下每公顷可燃物载量达到 $50\sim100t$,远远超过了特大火灾可燃物 30t 的临界限。冰雪灾害不仅造成大量的野生动物死亡,残存下来的个体也处于病弱状态,污染水源、爆发野生动物疫源疫病的风险指数增加。大量的枯死物为病原微生物、蛀干类害虫提供了良好的繁殖条件,动物尸体腐烂后成为新的污染源和疾病传播源。经调查,已发生病虫害的面积为 110.753 万 hm^2,其中乔木林 68.913 万 hm^2、竹林 13.386 万 hm^2、经济林 19.545 万 hm^2、未成林造林地 8.909 万 hm^2。大面积森林植被丧失,削弱了森林对降水的阻挡作用,增加了洪水流量与洪峰流量,势必增加山洪、泥石流、山体滑坡等严重地质灾害发生的可能。林区厂房、林区公路、输电线路、供水设施、通信设施的灾后重建过程,又会对森林植被和野生动物的生存栖息环境造成机械性损伤和破坏。

三、对策及建议

灾情发生以后,按照党中央、国务院的统一部署,各地政府和有关部门针对受灾的特点,遵循自然和社会经济发展的规律,采取了一系列积极有效的措施,力争使灾害损失降到最低程度,取得了初步成效。面对这次生态灾难,灾区人民和政府也积极地生产自救,生产生活已逐步恢复秩序。但灾害的影响是深远的,灾难也暴露出了生态保护和建设中的缺陷及制度设计的不足。从灾中恢复不是一朝一夕就能够完成的,必须建立抗击灾害和风险的长效机制,切实提高抗灾免疫的能力,使生态逐步走向健康、可持续发展的轨道。

1. 及时清理受灾林地和林木

根据不同的地块,不同的受灾程度,选择不同的措施,以自然力为主,辅之以必要的人工干预,突出重点,先急后缓,整体推进,启动灾后森林恢复工程。清理工作是灾后森林恢复工程的第一步,要对冻死、压死、伏倒、折断、主干爆裂的林木或竹子及时砍伐清理,确保健康林木的生长环境。据调查,受灾面积中已经清理的有 239.409 万 hm^2,必须清理的有 1382.667 万 hm^2,其中,急需清理的有 807.69 万 hm^2。在急需清理的林木中乔木林 587.037 万 hm^2,竹林 123.969 万 hm^2,经济林 48.389 万 hm^2,未成林造林地 48.295 万 hm^2。在清理受灾森林时,要最大限度地保护已经形成的森林环境,保护好存活植物

体,包括尚能继续生存的受损林木。要因地制宜,编制方案,充分论证,合理清除,不搞一刀切,更要防止借灾后清理之名,乱砍滥伐,造成山林的再度破坏。

2.有序开展灾后生态恢复和重建

一是明确森林植被的经营方向。应结合当前和今后一个时期林业生态建设、林业产业发展和生态文明繁荣的新形势及防灾减灾的多种需求,进一步明确当地森林植被的林种结构和经营利用方向。对于生态公益林地块,要严格保护、限定利用,保证生态效益和社会效益的发挥。对于商品林地块,要规范管理、合理利用。要充分利用南方地区良好的水热条件和山地资源,规模发展特色经济林、用材林、竹林和能源林基地,促进林业产业发展,进而培育和扩大森林资源。二是按照森林植被的受灾程度分类施策。将经营目标和树种特性相同或相近的林地进行归类,依据受灾程度确定有针对性的恢复重建措施。对于轻度受灾林地,以恢复为主,即生态公益林要尽量利用其自我修复能力,减少人为干预;商品林则采取人工补植、整形、修剪等抚育措施。对于中度受灾林地,恢复与重建要相结合:生态公益林可进行受灾木的清理、复壮,并保护幼树幼苗;商品林可采取补植补造、施肥、修剪、嫁接等抚育措施。对于重度受灾林地,以重建为主:生态公益林进行全面清理、封育、人工促进天然更新或补植补造;商品林可选择树种重新造林,也可选择萌蘖、嫁接等措施进行林分的快速恢复。三是调整优化森林植被结构。有目的地对那些树木组成不合理、质量和效益低下的森林结构进行调整和优化,提高林地生产力和抵御自然灾害的能力,以更好地发挥林地经营的主导效益。

按照分类经营的思想明确森林植被的经营方向,根据森林植被的受灾程度,采取造、补、封三大措施,尽快恢复森林的多种功能和效益。在受灾71%以上的林分,按照适地适树,科学配置树种结构,重新造林;在受灾30%~70%的林分,采取块状或星状方式补植;受灾30%以下的湿地松、杉木、阔叶树,实行全封山,特别是河流两岸、交通干线的公益林,要严格管理,停止经济性开发和利用。对于竹林、经济林、用材林,还要适度施肥,促进林木的生长发育。在森林的恢复过程中,要调整优化森林植被结构,有目的地对那些树木组成不合理、质量和效益低下的森林结构进行调整和优化,提高林地生产力和抵御自然灾害的能力,以更好地发挥林地经营的主导效益。

3.强化科技救灾

强化受灾地区的技术指导和服务,实现科学造林、科学营林、可持续经营,切实提高农民的林业经营水平。一是编写具有可操作性的实用技术手册或"明白纸"。分别依据林种、树种、林龄以及受灾程度的不同,提出具体的恢复重建技术措施,如生态公益林如何清林、如何人工促进自然修复,对经济林如何修剪、嫁接、萌蘖、施肥,对竹林是截竿还是钩梢,对重造林地如何选择树种、林下间作和繁育苗木,如何预防次生灾害的发生,等等。二是加强现场技术指导。选派具有丰富实践经验的专家和农村林业技术能手深入田间地头,现场演示和示范受灾林地或林木在恢复重建时的育苗、造林、抚育、管理等技术环节。三是开展科学研究工作。科研人员应抓住森林植被恢复重建的有利时机,在受灾地区选择不同立地、不同林种、不同经营措施、不同受灾程度的主要树种林地,布设不同恢复重建方式的试验样地和对照样地,定期进行林地调查和各种因子的监测分析,为掌握受灾林地的恢复进程、提高森林植被的经营管理水平提供科学依据,也为今后的防灾减灾和恢复重建提供技术储备和技术支撑。

4.完善投融资体制

林业灾后恢复重建难度大,任务艰巨,鉴于林业产品效益多样、价值外溢,是经济社会全面协调可持续发展不可或缺的公共产品的特点,建议公共财政应该加大对林农的优惠扶持政策,增加对林业的投入,将惠及农民耕地的一些补贴政策延伸到林业、林地和林农上来。一是要加大对林区道路、输电和通信线路以及森林防火、有害生物防治、野生动植物保护等基础设施的投入,纳入基本建设规划,形成长效投入机制。二是建立造林、抚育、保护、管理投入补贴制度,对森林防火、病虫害防治、沼气建设给予补贴,对林木良种、生物质能源林、珍贵树种及大径材培育给予扶持。三是进一步完善生态效益补偿制度,按照"谁开发谁保护、谁受益谁补偿"的原则,多渠道筹集公益林补偿金,通过各种方式提高公益林经营者的收入水平。四是创新信贷产品,简化信贷手续,切实为林农经营林业提供林权抵押小额信贷支持和服务。

5.建立政策性森林资源保险制度

按照林农自愿与政策引导相结合、林业保险和灾害救济相结合、政府推动和市场运作相结合、保护林农利益与培养风险意识相结合的原则建立森林保险制度。专门设定森林保险业务机构,按照政府制定的林业发展目标,有步骤地制定和实施国家森林保险计划。普及保险知识,提高农民的保险意识,对于自愿参加森林保险的农民,由各级财政按一定的比例分担保险费补助,增强他们的投保能力。充分考虑人工林和天然林的区别,考虑地区、林种和林龄的差异,设定森林保险产品,根据不同的保险等级,确定不同的保险费率,既要保证在林农的合理负担之内,又要保证保险机构的偿付能力。对保险公司经营的政策性保险给予经营管理费补贴,合理确定中央和地方财政给予补贴的方式、品种和比例,建立林业保险发展的长效机制。

第三节 太湖饮用水源污染与蓝藻"水华"

太湖是我国第三大淡水湖泊,水面面积2340km²,平均水深1.89m,蓄水量44.3亿m³,平均入湖水量76.6亿m³。太湖具有饮水、工农业用水、航运、旅游、流域防洪调蓄等多种功能,是沿湖周边无锡、苏州等重大城市的主要集中水源地,也是上海的备用水源地。太湖地处经济发达、人口稠密的长江三角洲核心位置。湖泊长期沉积的富营养底泥与人类活动排放入湖的营养物相叠加,导致湖泊富营养化日益严重,自20世纪90年代初以来,年年暴发不同程度的蓝藻"水华",给环太湖地区人民的生产和生活带来极大危害。2007年再次出现大规模的蓝藻暴发事件,严重影响该地区人民饮用水安全。

一、2007年太湖饮用水危机的概况

1. 供水危机事件的发生及其影响

2007年太湖藻类异常增殖始于4月25日,随气温升高,水体藻类含量不断增加,至5月1日,梅梁湖鼋头渚风景区受到了藻类"水华"的严重影响。据太湖湖泊生态系统国家野外科学观测研究站2007年5月2日进行的全太湖调查结果显示,除东太湖、东部光福湾、胥口湾以及洞庭西山南部水域外,太湖大部分水域藻类含量处于极高的水平,太湖西部水域以及望虞河河口区域水域藻类叶绿素a含量超过$100\mu g/L$,"水华"最严重区域位于竺山湖湾口,水体藻类叶绿素a含量高达234mg/L,是梅梁湖中部藻类含量4倍,湖心区达到了34.82mg/L,湖心偏北区域藻类含量与历史上藻类"水华"最严重的梅梁湖处于同一水平。太湖藻类在小风速偏南风作用,不断向梅梁湖、贡湖等北部区域积聚。随风速增大,太湖藻类在垂向呈均匀分布,造成了藻类"水华"消失的假象,5月16日和17日因7~9m/s南风作用太湖风浪较大,虽湖面可见藻类含量相对较小,但是藻类总量并未减少,5月19日静风天气出现,湖面顿时浮现大量藻类。此后在持续的南风与西风作用下,太湖藻类"水华"沿北岸大量长时间堆积。

藻类漂移、堆积、死亡、腐烂和分解对无锡市水源地造成严重污染,早在5月7日"水华"蓝藻第一次在梅梁湾水源地堆积时,无锡市自来水公司就停用了湾里牵龙口水厂的水源,当时全市用水主要依赖太湖贡湖边南泉水厂的水源。28日晚,南泉水厂也受到污染。水源地水质恶化后,自来水厂几乎不计成本,采取了大量的过滤和净化手段,包括平时用来深度净化的活性炭以及强氧化剂来强化制水工艺,而每天需要处理100多万吨水。但是所用的药剂仍然很难完全除去臭味,因为情况的严重程度远远超过了人们的预期,自来水厂现有的常规净水工艺很难达到净化标准。自来水发臭的情况一直延续到6月1日。由于污染来势凶猛,自来水厂已经束手无策,只能建议无锡市民先暂时使用纯净水。无锡居民的生活用水全部来自太湖,因此,5月29日起,地处江南水乡的无锡市却陷入了无水可用的严重供水危机。5月29日清晨开始,无锡很多家庭的自来水开始发臭,造成极大的饮用水恐慌,大型超市纯净水脱销,引起了矿泉水价格猛涨。随之餐饮业受到严重影响,旅游业也受到严重打击,在春季这一旅游旺季,湖边空气里同样弥漫着浓浓的蓝藻腥臭的气味,很难看到往日游人如织的景象。

2. 采取的措施及其效果

江苏省和无锡市委、市政府有关部门立即采取了一系列的措施,启动了生态灾害应急机制。一是确保洁净饮水的市场供给,紧急从外地调拨矿泉水,对困难家庭和大学生免费发放。二是报省人大批准,紧急启用已封的地下深井,在自来水厂水质好转前实行

有限使用,以保证老百姓的生活饮水。三是重点加强自来水厂的去除臭味的技术攻关,做好取水口和饮用水水质监控,实行严密的监测,防止因饮水问题引发群体性健康事件。6月1日凌晨,经过水处理专家及其团队夜以继日的试验,确定了新的方案,高锰酸钾前移到取水口投放,粉末活性炭则放到絮凝池,在对工序进行调整后,经处理过的水基本没有异味,用20小时的时间终于攻克了去除自来水臭味的技术难关,下午市区供水管网水质开始逐渐好转,随后用了3天时间实现了自来水水质的全面达标,保证了供水的水质安全,化解了一场突如其来的供水危机。

同时,针对引起水源地水质恶化的太湖蓝藻"水华"及其漂移到取水口的污水团,通过采用调水、引流、增雨、关闸等措施,迅速缓解了太湖蓝藻"水华"对水质的冲击,全力以赴改善水厂水源水质。首先是进一步加大了"引江济太"的力度,从长江调水改善太湖水质。常熟枢纽自5月6日就开始启动,到6月1日,已累计抽引长江水4.418亿 m^3,通过望亭立交进入太湖的长江水已累计达1.755亿 m^3,通过梅梁湖泵站将梅梁湖的水调往梁溪河,经梁溪河入京杭大运河。这项措施增加了梅梁湖水域水体流动,使得"引江济太"补充的水量向梅梁湖水域流动,以达到改善梅梁湖水域水质的效果。"引江济太"和梅梁湖泵站调水同时实施,使得"江湖联调"成为现实,有效地补充了太湖水量,也缓解了太湖水质的进一步恶化。同时减少太浦闸出水量,使太湖保持一定水位。另外,确保沿太湖水闸全部关闸,杜绝外界污染源,并引入了火箭增雨工程,抑制太湖蓝藻的生长。对水源地取水口实施了国内首次蓝藻"水华"预测预警,及时了解太湖蓝藻"水华"的发生与发展动向,清除了贡湖湾内的所有地笼网。环保清淤船开进了贡湖湾,一条伸向湖中央的长达1500m的输泥管,开始吸取湖底的淤泥并将之打进岸上的堆泥场,南泉水源地取水口周边的60万 m^2 范围水域完成了生态围隔保护,将蓝藻"水华"隔离于取水口之外,同时精心组织船只和人员及时打捞湖湾岸边堆积的蓝藻,避免蓝藻"水华"发臭恶化水质事件的再次发生,安全度过了2007年随后的5个月蓝藻"水华"发生季节,保证了无锡市的供水安全。

二、饮用水危机的形成原因与未来发展趋势分析

引起水源地水质恶化的主要原因至今还有很多不同的见解,但是根据现场勘测、水样分析,以及联系2008年5月底在太湖西岸所发生的"湖泛"的情形和所产生的引起水体恶臭的化合物类型的检测结果来看,发生在2007年贡湖湾的水质恶化与太湖蓝藻"水华"的堆积、降解有着密切的关系。

1. 太湖蓝藻"水华"的发生原因及其发展趋势

根据相关资料分析,太湖近年来每年均形成严重的蓝藻"水华",其根本原因仍然是太湖水体居高不下的富营养化程度,导致太湖蓝藻"水华"已经成为常态。

采用高锰酸盐指数、总磷、总氮、叶绿素 a 和透明度5项参数计算湖体综合营养状态指数,可以反映水体的富营养化程度。从太湖湖体综合营养状态指数的变化趋势可以看出,太湖从1994年以来基本处于富营养化状态,期间富营养化水平略有波动。近年来太

湖富营养化程度加重,处于中度富营养化状态,局部水域已处于重度富营养化状态。根据 2001 年和 2005 年监测数据,比较分析太湖富营养化状态空间分布及变化特征,中度富营养化水域主要集中于太湖西、北部区域,并且呈扩大趋势。2006 年太湖除东部沿岸区为轻度富营养化状况外,其余湖区均处于中度富营养化状况。从历年高锰酸盐指数和总磷、总氮浓度情况分析,太湖全湖高锰酸盐指数一直维持在Ⅲ类水标准;总磷浓度在 20 世纪 90 年代出现上升趋势,而在"十五"期间有所下降,目前处于Ⅳ类水平;总氮是影响太湖水质的主要污染指标,其浓度一直处于较高水平,多数年份为劣Ⅴ类,成为太湖水质恶化和水体富营养化程度加剧的重要因子。2006 年主要水质指标中,高锰酸盐指数达Ⅲ类水质标准,总磷达Ⅳ类水质标准,总氮劣于Ⅴ类,因此太湖湖体总体水质劣于Ⅴ类。总之,目前太湖水体的水质总体上处于劣Ⅴ类,营养状态为中度富营养化水平。因此,太湖蓝藻"水华"的发生已经成为常态,且其范围呈扩大趋势。

1979 年以来的卫星遥感影像表明,太湖蓝藻"水华"大面积暴发于 1987 年 6 月。随着时间(年份)的推移,首次暴发时间有逐渐提前的趋势,2003—2004 年,暴发始于 7 月份,2005 年提前至 4 月,2007 年再次提前至 3 月 28 日。2000 年以后(2001—2007),蓝藻"水华"暴发的频率明显高于 2000 年以前(1987—2000 年),持续时间有所延长,几乎全年(3—12 月)都有蓝藻"水华"暴发。蓝藻"水华"的初次暴发地点(1987 年 6 月太湖蓝藻"水华"初次暴发时)主要分布在梅梁湾的直湖港和武进港附近以及贡山湾湾口乌龟山至大贡山以北之间的部分水域,南部沿岸区夹浦—新塘附近的沿岸水域有极少量成线状分布。统计表明,1987 年以来,梅梁湾是太湖蓝藻最初暴发最频繁的湖区,共发生过 14 次,其次是竺山湾(包括竺山湾湾口),共发生过 6 次,然后是南部沿岸区(浙江新塘附近),共发生过 4 次,再次是西部沿岸区,共发生过 2 次。2000 年以前,蓝藻"水华"几乎每年都首先在梅梁湾或竺山湾暴发。近年来,蓝藻最初暴发地点有向南部沿岸区转移的趋势,2001 年以来,除梅梁湾和竺山湾继续每年都有发生外,南部沿岸区浙江附近水域,即夹浦新塘一带的沿岸水体,也几乎每年都有发生,且集聚面积逐年扩大,持续时间越来越长,有时会和西部沿岸区连成一片,形成整个开敞水体的沿岸区都被蓝藻"水华"覆盖的分布格局。2003 年以来,蓝藻"水华"开始逐渐向湖心扩散,严重时几乎覆盖整个太湖的非水生植被区。总体上,太湖蓝藻"水华"的空间分布是一个从梅梁湾和竺山湾逐渐向湖心区进而最终布满整个非水生植被区的空间演化过程。卫星遥感初次发现蓝藻"水华"时,覆盖面积达 62.2 km^2,之后一直到 2000 年,"水华"覆盖面积都维持在这个水平。2000 年后,特别近 4 年来,"水华"集聚面积/暴发强度逐渐增大,最大集聚面积和暴发强度出现的时间有提前的趋势,这说明整个太湖的水质状况和营养水平均已十分适合"水华"蓝藻快速生长、形成"水华"的需求。

2. 2007 年太湖蓝藻"水华"状况提前发生的原因

与往年情况比较,2007 年蓝藻"水华"暴发时间提前了近一个月,在 3 月 25 日的遥感图像上就显示南太湖局部湖区堆积了蓝藻"水华",面积约 25 km^2。随时间推移,蓝藻"水华"暴发区域逐渐蔓延,全湖蓝藻"水华"的发生强度明显高于往年同期。大面积蓝藻"水华"暴发分别出现在 4 月 18 日、5 月 8 日、5 月 13 日、5 月 19 日和 5 月 27 日,主要分布在太湖的梅梁湾、竺山湖与贡湖 3 个湖湾以及西部、南部沿岸水域,反映藻类"水华"程度的藻类密度指数远高于往年同期最高值。根据环境监测数据,2007 年 5 月 28 日,贡湖沙渚监测点藻类密度指数为 5570 万个细胞/L,2006 年最高为 7710 万个细胞/L,2005 年最高为 2530 万个细胞/L,2004 年最高为 12200 万个细胞/L。可见太湖北部水域蓝藻"水华"近年来暴发频繁,而 2007 年又较往年提前一个月进入高水平状态。

导致 2007 年太湖蓝藻"水华"提前发生还因为 2007 年 1—4 月水温高于正常年份,适宜藻类生长。2007 年是近 25 年来的又一个暖冬年份,1—4 月月平均温度均高于多年平均值,其中 1 月高 0.36℃,2 月高 2.78℃,3 月高 1.98℃,4 月高 1.88℃,尤其是 4 月份,月平均水温为近 25 年中最高,达到 19.56℃,2007 年 1—4 月太湖水体积温高于多年平均近 207℃,仅比近 25 年最高年 2002 年低 14.17℃。特别是 4 月 25 日以后太湖水温一直维持在 20℃以上,为藻类生长提供了良好的温度条件。同时,2007 年 1—4 月份太湖水位相对较低。据江苏太湖湖泊生态系统国家野外科学观测研究站水位观测资料,1—4 月太湖始终处于相对较低的水位,4 个月平均水位为 2.94m(吴淞零点),低于 2002 年 1—4 月平均水位 13.4cm,比常年平均水位低 5cm,单位水柱水体光强较大,加上整个太湖水温相对较高,促进了藻类生长。在这期间,偏南风风场显著高于往年平均,使得其他湖区的藻类易于向梅梁湾聚集。据往年的统计资料,1—4 月太湖偏南风占风向的比例一般分别为31%、31%、40% 和 43%,而 2007 年 1—4 月偏南风所占比例则分别为 72%、49%、46% 和41%。除 4 月份外,均高于多年平均比例。尤其是 1—3 月比例增加,使得太湖南部藻类在风的作用下较正常年份易向太湖北部富集,北部水体藻类含量上升。此外 2007 年 3 月和 4 月风速明显偏小,小于 4m/s 的发生频率约占风场的 62% 和 70%,比多年平均高出10%～15%,有利于微囊藻上浮。在风速相对较小的偏南风的作用下,藻类更易向太湖北部水域富集,从而使太湖北部水源地比较集中分布的梅梁湾和贡湖湾湖区无锡贡湖沙渚水厂,无锡梅梁湾的小湾里、梅园、马山和充山等水厂都处于蓝藻"水华"发生频率较高的区域,蓝藻的大面积暴发、堆积和降解所产生的臭味和藻毒素等都严重威胁着该湖区集中水源地的水质安全。

3. 污水团与蓝藻"水华"的关系

供水危机发生后,根据相关部门在现场进行的采样和检测分析,基本结论是由于水厂取水口附近存在的污水团进入了水厂取水管道,而水厂的常规制水工艺流程未能及时降解与去除污水团中的致臭物质,引起了供水危机。根据现场监测和有关资料,很多专家分析了引起自来水厂水质恶化的原因,认为正是由于 2007 年太湖蓝藻"水华"发生的时间比往年提前了一个月,且在持续高温的天气下继续生长,在太湖地区春夏季主导风向东南风和南风的驱动下,暴发的"水华"蓝藻随着湖流漂向贡湖湾内北侧沿岸的芦苇丛中大量堆积。随着高温的来临,芦苇丛中堆积的蓝藻开始腐烂降解,大量消耗水体中的溶解氧,导致水体严重发黑发臭,并产生蓝藻腐败的特殊异味,成为污水团的来源。一旦风向改变,污水团随着风向漂荡,在偏东、偏北风作用下,湖流将积蓄在芦苇丛中的大量蓝藻降解残体和含异味物质的污水团挟带到位于其西侧的贡湖湾南泉水厂取水口,进入水厂管道,而自来水厂常规的净水工艺无法及时降解和去除这些异味物质,造成向市区供水管网输送的自来水发臭。根据对2008年5月在太湖西部沿岸发生"湖泛"形成的大面积含有异味物质的黑水团的检测分析,其致臭的化合物与2007年在贡湖湾引起供水危机期间水样中存在的含硫有机物十分类似。而在黑水团发生前的很长一段时间,遥感影像表明,太湖蓝藻"水华"一直滞留在该湖区,因此该湖区因湖泛而形成的黑水团有可能也是由于大量堆积蓝藻"水华"沉入底泥后,在一定温度条件下,经过厌氧发酵,形成了不完全降解的中间含硫化合物,导致水体发臭的。目前,相关的研究正在进行中,有望进一步揭示污水团形成的机理。

三、控制太湖蓝藻"水华"、保障饮用水安全的对策与建议

目前,整个太湖全湖平均氮磷含量分别高达4.0mg/L和0.13mg/L,且具有逐年上升态势,一旦水文气象条件适宜,将不可避免地再次暴发大规模藻类"水华",恶化重点水域水质,破坏敏感水域景观。因此,切实采取水利、环保、产业结构调整、生态渔业多种手段进行太湖全流域氮、磷控制已刻不容缓。

1. 太湖安全度夏与藻类"水华"应急治理方案

对饮用水水厂附近水域底泥沉积物进行拉网式清查,对淤积与污染的区域实施生态清淤,清除可能存在的臭源。保护自来水场取水口,动态监视自来水取水口及其附近1~3km区域藻类堆积情况。在水厂取水区附近,采用固体浮子式橡胶围栏,减少外来的湖面"水华"蓝藻漂移进入该湖区。在围栏外侧的"锅底"蓝藻聚集区,实施人工或藻类机械去除。加强水厂处理工艺改造,提高水厂处理藻类以及恶臭能力。对于重点风景区藻类危害去除,在风景区外围建设挡藻围栏工程,在蓝藻"水华"堆积的近岸区域,采用改性高岭土进行喷洒,使水面的蓝藻沉降至湖底泥土中,一般需要改性黏土$50g/m^3$水体,改性剂(壳聚糖等)$5g/m^3$,采用船只用高压喷枪,视蓝藻"水华"发生的强度需要不定期人工喷洒。外围"锅底"蓝藻聚集区,实施与取水口外围相同的人工或机械藻类去除。冬季加强引江济太调水,加大太湖水体置换,降低湖泊内部藻种数量。

2. 太湖富营养化长效治理与蓝藻"水华"控制的对策与建议

(1)发挥水利工程效益,去污留清,实施初期雨水排江。根据观测结果,由初期雨水形成的入湖地表径流,其水体氮磷含量,一般为太湖水体氮磷的4~5倍,会对太湖氮磷含量造成严重的不利影响。为消除初期雨水对太湖以及其流域的不利影响,建议水利部门与气象部门加强联系,依据气象预报结果,在降雨的初期将环太湖主要河道的节制闸全部关闭,启动流域初期雨水排江。此外,在环太湖围垦地区建设排河泵站,雨水初期启

动,撤销直排太湖泵站,控制围垦区高含氮磷污水直接入湖。

(2)进行流域污水处理厂改造,提高流域脱氮、脱磷能力。目前江苏省污水处理厂出水污染物控制指标仅为 COD,氮、磷一般不作为控制指标,污水处理厂尾水氮磷含量较高,对河湖水体造成严重污染。为了达到尾水氮、磷含量排放标准指标,引进新工艺,加强污水处理厂的脱磷、脱氮的处理。此外,可在污水处理厂附近设立自然和人工湿地,利用湿地生态系统,进一步去除排放水体中的氮磷。

(3)千方百计减少源头氮磷等污染物排放。一是强化流域含磷洗衣粉禁用工作。1999 年起,禁止在太湖全流域使用含磷洗衣粉措施,对抑制湖泊水体磷上升起到了一定作用。但是近些年来,禁磷措施的实施受到一定的阻碍,太湖有不少地区又开始恢复含磷洗涤剂的使用,2003 年以来太湖磷含量出现严重反弹就与此有关。因此,加强流域含磷洗衣粉(剂)的禁用检查和措施的有效和持续执行,确实十分必要,并建议大力开展宣传,强化人们在流域禁磷意识。二是合理进行新农村建设规划,减少居民点污染物排放。当前太湖流域新农村建设规划,应当在居民点和休闲场所与河湖之间设置必要的缓冲区,延缓居民点进入河湖水系时间,为居民点地表纳藏各类污染物的降解与去除提供时间和空间。此外,在沿湖居民点大力推广零污染排放坐便器,减轻居民生活粪便对环境的影响。鉴于目前零污染排放坐便器一次购置投资较大,可考虑财政补贴。沿湖和湖内休闲餐饮业,强制推广零污染排放坐便器,未安装的,或安装量不够的沿湖和湖内休闲餐饮业要坚决取缔。三是建立中水回用制度,减少污水排放量。当前除了需采取措施,降低进入河湖水体氮磷浓度外,还需进一步削减污水排放总量,其中加强中水回用,就是减少污水排放总量的一项可行措施。太湖地区已属水质型缺水区,中水回用不仅在提高水体循环利用次数中增加对水的有效利用率,减少对自来水出厂水的依赖,更重要的是在回用中可削减一部分污染物总量,使得湖泊水体污染物入湖量降低。四是控制农田人工复合肥料使用,降低农田氮磷流失量。农业生产弃用农家肥,人工复合肥料大量使用,流失严重,加重水体氮磷污染。据统计,太湖流域每年每公顷耕地平均化肥施用量(折纯量)从 1979 年的 24.4kg 增加到目前的 66.7kg,远超过了发达国家规定的每年每公顷耕地平均化肥使用量 22.5kg 的标准,由此造成了更多的氮肥流失。据测算,2004 年仅无锡市氮肥流失量就达到 9233t,磷肥流失量为 1103t。因此,控制太湖流域复合肥料使用量,可减少化肥流失进入太湖。

此外,严格控制太湖过量的网围养殖活动,限制太湖无序的交通航运,也是减少氮磷等污染物排放的有效手段之一。目前,东太湖网围养殖面积为 0.8 万 ~ 0.833 万 hm²,已经超出太湖局部水域自身承载力的 3 ~ 4 倍,因此,须严格控制东太湖的围养规模,将现有的养殖面积压缩到 0.267 万 ~ 0.333 万 hm² 范围内,合理有序围养利用局部湖湾的水生植被资源。此外,严格限制太湖的水上交通流量,使易于控制的人为污染降低到最低程度。当前,太湖航运交通的快速发展,每天有近 5000 条每条近 120 马力(1 马力 =735.5 瓦)400t 的运输船的油污染和生活污染直接排入太湖,使得太湖自身接受的外源污染日趋严重。

（4）**尽快开展太湖北部湖湾和环太湖淤塞河道的疏浚**。太湖流域是我国乡镇企业的发源地，20 世纪 70 年代起就向太湖河湖水体排放了大量污染物（如重金属、有毒有机物和营养物等），这些污染物绝大部分被蓄积到湖河底泥中，在适当的温度和风浪条件下，会释放出来影响湖泊和河流水质。据太湖湖泊生态系统国家野外科学观测研究站研究，太湖污染底泥主要集中在梅梁湾和竺山湖，其中 70% 以上的污染物释放量来自于该两湖区，对湖体的藻类"水华"暴发起着重要的促进作用。因此，加强对现有河汊，尤其是靠近风景区和饮用水源区等重点区域实施全面生态清淤（或疏浚），不仅可为河道水生植被的恢复创造条件，还可大大减少太湖北部和环湖河道底泥的内源污染，提高重点水体的水质级别。

（5）**强化交界断面监测，实施超标补偿制度、低标奖励制度**。太湖富营养化的治理需要各方面共同努力，仅对沿湖地区进行治理，不能从根本上改善水环境质量。据中国科学院南京地理与湖泊研究所研究成果，环滆湖地区总氮、总磷入湖仅占外源总入湖量的 23.31% 和 27.37%，绝大部分来自京杭大运河和上游金坛地区，要下游地区为上游地区水环境治理买单，显然不够合理。为了落实"谁污染、谁治理"的原则，需以县区为行政单元，在主要河流交界断面设立监测断面，落实环境治理责任。交界断面氮、磷等污染物超标的来水地区需向受水地区补偿超标费用，补偿费用与超标浓度呈正比。若监测断面氮、磷等污染物含量低于标准，受水地区应向上游地区支付水资源费，低于标准值越多，受水区支付的费用应越多。这样不但可以调动各区水污染治理的积极性，而且还可以促进行政单元提高利用雨洪资源的效益，进而达到改善区域水环境的目的。

（6）**制定太湖流域水污染控制总体方案**。针对太湖流域区域分割的现状，开展流域水污染综合整治与环境功能分区管制实验示范研究，形成太湖流域水污染控制总体方案和长效管理机制，为根治太湖水污染提供技术储备和科技支撑。

（7）**加快上游滆湖等湖荡生态保护与修复**。由于太湖西片宜兴太浦河段、西北太滆运河段和武进港段入湖大部分来源于滆湖等湖荡区，1999 年以前长荡湖、滆湖等水生植被覆盖良好，尽管当时流域污水处理厂较少，进入湖荡水体污染物含量较高，但是因当时湖荡水生植被覆盖度较高，水体净化能力强，从湖荡流出水体氮磷含量较低，有力地保护了太湖水体免受上游地区污水的影响。但是 1999 年后，因长时间高水位的作用以及湖荡区网围养鱼的无序发展，湖荡区水生植被严重受损，水草覆盖率严重下降。以滆湖为例，1998 年以前水草资源十分丰富，水草覆盖率保持在 80% 以上，从 1999 年开始，湖区水草生长受高密度网围养殖的影响，呈现出急剧衰退的趋势，每年以 10% 以上的幅度递减，到 2004 年水草覆盖仅 14% 左右，2005 年已不足 10%。这一方面导致湖荡水体自净能力下降；另一方面以前通过水草生长吸收累积固定在湖底的氮磷又快速释放进入水体，直接导致湖泊内源污染加重，湖底水体氮磷含量直线上升。如 2001 年到 2005 年，滆湖总氮由 1.940 mg/L 上升至 3.927mg/L，总磷由 0.081 mg/L 上升至 0.150mg/L；2003—2005 年长荡湖高锰酸盐指数由 4.4 mg/L 上升至 4.7mg/L。湖荡区水体氮磷上升,直接导致太湖西北区域氮磷负荷增加。开展太湖上游湖荡生态保护与修复,已成为太湖富营养化治理基础性和迫切性工作。

(8)加大科技投入,深入开展太湖流域污染控制、富营养化发生机理与治理技术研究。开展全流域污染源调查,弄清污染物来源与分配;建设自动监测系统,建立流域水文气象以及生态环境等综合信息管理与共享平台;开展太湖藻类"水华"预警预测研究;进行太湖流域河湖关系调控与增加太湖水环境容量研究。

第
三
篇

长江口与长江三角洲专论

长河，作为世界第三、中国第一大江河，不□□□□□□□□□□□□□□□□□□□□□□□□□，□养育了全国1/3的人口，生产了全国1/3的粮食，创造了全国1/3的GDP。长江经济带是中国最宽广、最有发展潜力的经□□□域的淡水资源总量、可开发水能资源、内河通航里程分别占全国的36.5%、48%和52.5%，是中国水电开发的主要基地，南水北□□□□□战略水源地、连接东中西部的"黄金水道"、重要经济鱼类资源和珍稀濒危水生野生动物的天然宝库。长江的保护、治理与开□□□□□亿万人民的福祉，而且关系全国经济社会发展的大局。

第十二章

长江口盐水入侵与供水安全

长江下游河口地区是我国经济最发达地区之一,我国最大的工业和商贸城市上海即位于该区南岸。作为该区主要供水水源的长江口南支和黄浦江中下游河段,由于受河口盐水入侵以及工农业生产与城市生活污水排放的双重影响,水环境恶化趋势明显,导致沿岸地区出现日趋严重的水质型缺水问题。迫使用水集中的上海不得不大量开采地下水,从而又引起地下水水位漏斗和地面沉降等一系列环境地质问题,严重影响当地的经济发展和人民生活。目前,上海正加紧实施长江第二供水水源地计划,以逐步取代水质不断恶化的黄浦江水源。正在建设中的三峡水利枢纽工程和南水北调工程及全球变暖引起的海平面上升,均将对长江口河段和黄浦江盐水入侵强度产生不同程度的影响,从而危及上海的城市供水。因此,开展三峡与南水北调工程建设及海平面上升对上海城市供水水质的综合叠加影响研究,并提出相应的适应和防范对策,无疑具有重要的现实意义。

第一节　长江口盐水入侵与供水现状

长江河口段上起江苏省江阴县鹅鼻嘴,下至上海市崇明岛以东约57km的鸡骨礁,全长约232km。该段一方面有长江径流下泄,另一方面又有海水随潮上溯,因此形成了淡水和盐水交汇混合河段。在径流和潮流两股强劲动力相互作用下,构成长江河口段有规律的分汊。河口段平面上呈喇叭状,在徐六泾以下,由崇明岛分隔为南支和北支;南支在浏河口以下又被长兴、横沙等岛屿分隔为南港和北港;南港又被九段沙分隔为南槽和北槽,形成三级分汊、四口(北支、北港、北槽和南槽)入海的格局(见图12-1)。徐六泾江面宽5km,河口的南汇嘴至苏北嘴宽达90km。在吴淞口处有长江支流黄浦江汇入,我国最大的工业基地和海港城市——上海市,就位于该段长江的南岸。

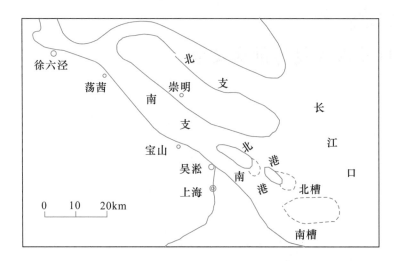

图 12-1　长江口三级分汊四口入海格局示意图

长江口河段处于长江流域与海洋的连接地带,既受长江径流的影响,又受海洋潮流的影响。在径流与潮流两股强劲动力的作用下,河口段河床冲淤多变,主槽摆动频繁。

长江河口水量丰沛,大通站年平均流量为 29000m³/s,径流总量为 9240 亿 m³,流量有明显的季节性变化,5 月至 10 月为洪季,占全年流量的 71.7%,11 月至翌年的 4 月为枯季,占全年流量的 28.3%。长江口属中等强度的潮汐河口,口门附近的中浚站多年平均潮差为 2.66m,最大潮差为 4.62m,口外为正规半日潮,口内为非正规半日浅海潮。河口进潮量在上游径流接近年平均流量、口外潮差近于平均潮差情况下可达 26.6 万 m³/s,为年平均径流量的 9.2 倍。近年来,由于进入北支的径流量减少(1992 年枯季各潮型为0.45%~1.8%,1999 年枯季时已不足 1%),潮流作用相应增强,使其成为涨潮流占优势的河道,在径流量小和潮差大时有水、沙、盐倒灌入南支,影响南支淡水资源利用和河势稳定。南支河是排泄长江径流的主要通道。

一、长江口盐水入侵现状及危害

盐水入侵导致水体含盐度升高是河口水资源利用面临的普遍问题,通常用水体含氯度(mg/L)或盐度(‰)表示。当水体氯度达到 100mg/L(即盐度 0.02% 左右)时,表明水体已经受到盐水入侵影响。根据国内外给水标准,饮用水的氯度规定一般不能超过250mg/L;工业用水一般氯度要求在 300mg/L 以下,有些行业供水氯度指标要求甚至严于饮用水标准数倍;农业灌溉用水要求水体氯度低于 1100mg/L,其中水稻育秧期间不能超过 600mg/L,水体氯度超过 3150mg/L 将会导致一般淡水生植物无法存活。

1. 长江口盐水入侵变化规律

长江口的盐水入侵强度主要受制于径流和潮流的相互作用及其变化。由于各汊道的径流分配不平衡以及径流、潮流的变幅都较大,故口门附近的盐度存在复杂的时空变化。

　　长江河口水体盐度日变化过程与潮位过程线基本相似,在一天中出现二高二低,且具有明显的日不等现象。月变化过程线与大小潮周期相对应,一月中有一次高值和一次低值(见图 12-2)。年变化则主要决定于长江径流的变化,河口水体月平均盐度与长江月平均入海流量之间有良好的负相关关系,一般是 2 月份最高,7 月份最低;6 月至 10 月为低盐期,12 月至翌年 4 月为高盐期。对应年际变化是丰水年盐度低,枯水年盐度高。

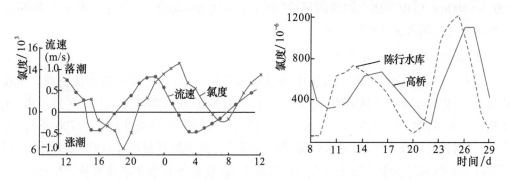

图 12-2　长江口盐水入侵强度日变化(左)和月变化(右)过程线示意图

　　北支近百年来径流量逐年减小,潮流作用相应增强,盐水入侵加剧,盐度居 4 条入海通道之首,在径流量小和潮差大时,出现盐水倒灌南支现象。因此,南支河段有两个盐水入侵源,即外海盐水经南北港直接入侵和北支向南支倒灌。北支倒灌是南支上段水域盐水入侵的主要来源(见图 12-3)。

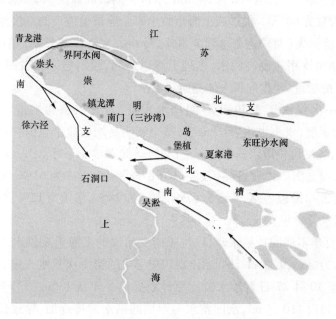

图 12-3　长江口盐水入侵路径示意图

20 世纪 70 年代以前,当长江大通站流量大于 $10000m^3/s$ 时,长江河口盐水入侵强度小且变化不大。但随着流域用水量迅速增加和大型工程建设、河口地貌、水文条件改变等下垫面环境变化以及气候变化导致的流域水文情势改变,显著改变了长江口盐水入侵状况。1979 年 3 月,大通站月均流量 $10400m^3/s$,长江口出现严重盐水入侵,吴淞水厂氯度达 1360mg/L。2001 年洪季的 8—10 月中旬,长江口也发生水体氯度超标现象,据 2001 年 9 月 18—19 日连续实测,北支口门连兴港氯度达 14200 ~ 16800mg/L,顶部青龙港为 1600 ~ 9400mg/L;由于北支倒灌的影响,南支崇头达 500mg/L,宝钢陈行水库为 400mg/L,均远超过饮用水氯度控制标准。

2. 长江口盐水入侵危害

盐水入侵给工农业生产和人民生活带来的严重危害,历史文献有多次记载。早在 1772 年,《崇明志》即有"每清明后,江水上发,卤潮下退,得资灌溉"的记载。《淞江志》记述雍正二年(1724 年),"四月上旬,卤潮入内河,禾尽槁";乾隆五十一年(1786 年),"春二月,卤潮从浦口入府城,市河水如卤,两旬始退"。据实测资料统计,1970 年以来,上海黄浦江吴淞取水口多年平均受盐水入侵污染天数(指水体日均含氯度超过 100 mg/L)为 100 天,最长达 243 天(1979 年);闸北取水口受污染天数为 46 天,最多达 143 天(1979 年)。1978 年冬至 1979 年春出现的一次严重的盐水入侵污染,高盐度水体一直沿长江上溯至距口门 180 km 的望虞河口,整个崇明岛均被盐水包围,徐六泾以下河段受盐水入侵污染的时间长达 150 天;实测上海吴淞取水口水体最高氯度达 3950mg/L(超过农业灌溉用水标准的 3.6 倍、饮用水标准的近 16 倍),日均氯度超过 250mg/L(饮用水允许的含氯度上限)的持续时间长达 102 天,闸北取水口实测最高氯度 3820mg/L,日均氯度超过 250mg/L 的天数为 64 天。仅造成上海市数十家企业被迫停产的直接经济损失就达 1400 万元,间接经济损失(指修建边滩调节水库、增加去盐淡化装置等)超过 11.28 亿元。更为严重的是,居民饮用氯度高的水,生理上难以适应,腹泻病人骤增,并使许多心脏病和肾脏病患者病情加重,严重危害人体健康。

1987 年春发生的一次仅次于 1979 年春的盐水入侵,北支三条巷站最大氯度达 16637mg/L,接近海水含氯度,崇头也达 7869mg/L,整个崇明岛均被盐水包围。1987 年 2 月 16 日至 4 月 10 日间,各站可供取水概率(指一天内可连续取水 4 小时以上天数与实测总天数之比的百分数),南支南岸沿程各站,钱泾口为 87%,宝钢水库为 61%,吴淞口为 72%,高桥为 25%;南支北岸沿程各站,新建为 67%,南门为 28%,堡镇为 12%,对沿岸工农业生产和人民生活用水危害很大。

2006 年,长江遭遇百年不遇的特枯水年,以位于南支南岸的上海重要供水水源地陈行水库取水口不可取水为标志,9 月 11 日开始出现历史罕见的第一次盐水入侵。9 月 20 日三峡水库开始蓄水,至 10 月 27 日蓄水水位比原计划提前一年从 135m 抬升至 156m,截流长江下泄入海径流超过 110 亿 m^3,水库蓄水与罕见的枯水情势叠加,导致长江大通站 9 月平均流量比多年平均偏小 50%,10 月份比多年平均偏小 56%,10 月上旬,大通站流量下降至 12400m³/s,比特枯的 1978 年还要少 10800m³/s,10 月 9 日—17 日,陈行水库取水口氯化物浓度最高达到 1476mg/L,持续时间长达 7 天 22 小时,打破陈行水库取水口 9 – 11 月非枯季氯化物浓度持续超标天数的历史纪录。截至 2006 年 12 月底,长江口供水累计遭受 6 次盐水入侵危害,这在历史上从未出现过。进入 2007 年 1 月份,长江中下游水位持续下降,尽管三峡水库发挥向下游增加泄水功能,但盐水入侵对上海城市供水影响仍然没有减轻,呈现出新的形势和特点。

二、长江口供水现状与问题

1. 上海城市供水现状

上海市供水水源地目前主要由黄浦江上游、长江口陈行水库及部分内河和地下水组成。其中,黄浦江上游原水供水规模为 622 万 m³/d,长江原水供水规模为 156 万 m³/d。至 2006 年底,全市共有自来水厂 146 家,供水能力为 1138 万 m³/d,自来水普及率达到 99.99%,城市供水总体上保持了供需平衡。

目前,在上海两大供水水源地中,黄浦江水源供水量约占全市总供水量的 80%,长江口水源约占 20%,夏季用水高峰和冬春咸潮期间供水趋紧现象日益明显。2006 年 8 月 15 日日供水量创下了 1000 万 m³ 的历史新高。同时,每年的 12 月至次年 4 月出现的盐水入侵,均不同程度造成长江口和黄浦江下游吴淞、闸北、杨树浦等水厂供水困难。2006 年 9 月 11—19 日,陈行水库进水口氯化物浓度大于 250mg/L 的实际小时数达到 108 小时,10 月 9 日,第二波咸潮再次入侵,持续时间是常规时间的两倍,陈行水库进水口最高氯化物浓度高达 1400mg/L,接近历史最高水平,原先一般只出现在枯季的盐水入侵影响,提前至洪季出现,2006 年全年先后经受了 11 轮咸潮的侵袭,对城市供水产生了严重的影响。

随着上海城市快速发展,经济社会发展和人民生活用水仍将大幅度增加,城市供水每年以 20 万 m³/d 左右的速度递增,预测到 2010 年和 2020 年,全市原水供应能力需分别增加 400 万 m³/d 和 600 万 m³/d 左右。作为目前主要供水水源地的黄浦江上游,取水量已超过其总来水量的 20%,供水能力已趋极限。而且黄浦江上游水源地处于开放式、多功能、流动性水域,水质不稳定,且易受突发性水污染事故的威胁,安全保障较为脆弱。长江口现有的陈行水库库容偏小,避咸蓄淡能力严重不足,迫切需要开辟新的水源,以保障上海城市供水安全,提高供水水质。

正在建设中的上海长江口青草沙水源地,位于长江口南北港分流口下方,长兴岛西侧和北侧的中央沙、青草沙等水域,水质清澈,达到 Ⅱ 级国家标准,符合国家城镇集中式饮用水水源地水质要求(见图 12-4)。

这一新水源地建成后,可供给上海市中心城区、浦东新区、南汇区的全部和宝山区、普陀区、崇明县、青浦区、闵行区的部分区域。上海市供水格局由原来的 80% 取自黄浦江、20% 取自长江变为两江取水各占 50%。青草沙水源地工程将建设总面积约 70km² 的水库,是目前国内最大的江心河口水库,工程设计的有效库容可达 4.35 亿 m³,在长江口咸潮期可确保最长 68 天的连续供水。此外还将建设原水过江管工程和陆域输水管线及增压泵站工程。全部工程预计 2009 年 12 月底具备联动调试条件,2010 年开始供水,供水能力可达 719 万 m³/d,受益人口将超过 1000 万人。

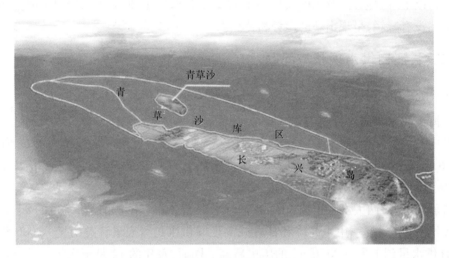

图 12-4　上海青草沙水源地位置示意图

2.上海城市供水面临的主要问题与影响因素

上海地处长江口的特殊地理位置,使得其供水水源地的水质不仅受到经济社会发展与人民生活大量废水排放的影响,而且还受河口高盐度海水入侵的制约,呈现复杂的变化态势。

进入 20 世纪 90 年代,特别是 1992 年以来,上海市每年排放的各类废水总量基本稳定在 20 亿 m³ 左右,约占全国废水排放总量的 6%,排放的主要污染物为氨氮、耗氧有机物、石油类、挥发酚等。排放的废水除导致全市 75% 以上的中小河流水质遭受不同程度污染外,在黄浦江下游和长江口河段还形成局部的岸边污染带。

长江口盐水入侵不仅影响长江口现有的水源地以及正在建设的青草沙水源地水质,而且还影响黄浦江下游多个水厂水源的水质,成为影响上海城市供水安全的主要问题。如前所述,长江口盐水入侵强度主要受制于长江入海流量和河口潮位。

长江入海水量巨大、且具有明显的丰、枯季节变化。每年的 6—9 月的长江丰水季节,各月平均下泄入海流量均在 40000 m³/s 以上,河口河段基本为淡水所控制,盐水入侵影响甚微。每年的 12 月至翌年的 3 月的长江枯水季节,各月平均下泄流量一般均在 16000 m³/s 以下,盐水入侵影响显著,多年平均吴淞口日均氯度超过 100mg/L 的受污染机率达 40% 以上。每年的 4—5 月和 10—11 月为丰枯水交替季节,其下泄入海流量介于丰、枯季节之间,除特殊枯水年份,一般水质遭受盐水入侵污染的概率较小。

从总体上来看,河口潮位高,盐水入侵污染程度也高;潮位低,盐水入侵污染程度也低。就长江口河段而言,由于长江入海流量巨大,因此,潮位对盐水入侵的影响往往受长江下泄入海流量多少和河口地形等因素的干扰。丰水年份或非丰水年洪水季节,长江径流作用强,河口各汊道河段盐水入侵强度主要受下泄流量的控制,几乎不随潮位升降的影响;而在非丰水年枯季,长江径流作用显著减弱,河口盐水入侵强度变化与潮位升降之间对应关系明显;但在特枯水年枯季,南支河段又受北支倒灌盐水的强烈影响,而使两者关系极为复杂。

　　未来长江入海流量的变化主要受以下两个方面的因素制约:一是未来全球变暖背景下长江流域降水与蒸发格局的变化,二是流域各种水利工程兴建所利用或调配的长江水资源量大小。预测未来长江流域降水与蒸发格局变化将是一项十分复杂而困难的工作,对1950—1990年长江大通站历年入海流量资料的线性拟合计算表明,近40年来,长江入海流量变化存在一定的丰枯周期,虽然拟合的线性方程斜率为负,呈现减少趋向,但并没有达到显著性检验水平(见图12-5)。目前,全球大气环流模式(GCMs)的模拟计算结果只能提供全球尺度的变化情景,其精度还无法满足区域研究的要求。

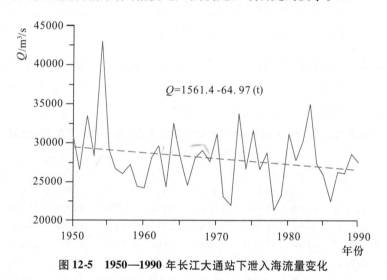

图 12-5　1950—1990 年长江大通站下泄入海流量变化

　　人类在流域内兴建各种水利工程调节或利用水资源,是今后相当长时段长江入海流量变化的最主要原因,其中尤以南水北调工程和三峡水利枢纽工程建设的影响最大。

1. 三峡与东线南水北调工程建设对长江入海流量变化的影响

　　南水北调工程是国家解决华北地区干旱缺水问题的重要举措之一,分西线、中线和东线3个比选方案,近年又提出了大西线方案。各方案的主要分歧在于如何以最经济和生态环境影响最小的方式将长江水输送至华北,至于年调水量和调水的时间分配虽各方案不尽相同,但争论不大。南水北调东线方案计划常年抽引江水 1000 m^3/s,年均调水总量 300 亿 m^3 左右,约占长江年径流总量的 3.4%。按该调水方案,在长江丰水季节,仅占该时段大通站多年平均下泄流量的 2.5% 左右,对入海流量影响不大;而在丰枯水交替季节和枯水季节,则分别可占其多年平均流量的7.7%和14%。以近40年枯季月均流量资料计算,调水将导致枯季长江入海流量不足9000 m³/s的概率由调水前的平均15%增加到调水后的32%;流量不足13000 m³/s的概率由59%增加到71%;相反,大于15000m³/s流量的概率则由21%下降为14%。

长江三峡水库是一座具有防洪、发电和航运综合效益的大型水利枢纽工程。坝顶高程185 m,正常蓄水位175m,采用"蓄清排浑"方式,汛前降低水库水位,腾出库容防洪,汛后蓄水发电。该工程建成后,虽不影响长江年入海径流总量,但将对不同水文年各月入海流量产生重要影响(见表12-1)。

表12-1　三峡工程调度运行对长江大通站各月下泄入海流量的影响(单位:m³/s)

月份	10	11	12	1	2	3	4	5	6 – 9
枯水年	−5850	−2400	0	+1500	+2000	+1750	+950	+1250	0
平水年	−8500	0	0	+1250	+1800	+1850	−200	+2900	0
丰水年	−8500	0	0	+400	+1000	+800	−2050	+6350	0

注:"−"表示该月入海流量减少;"+"表示该月入海流量增加。

上述分析表明,南水北调工程实施将导致长江入海流量减少,而三峡工程将导致10月份入海流量的大幅减少和1—5月份入海流量不同程度的增加。未来两项工程全部建成运行,不同水文年各月入海流量变化见表12-2。

表12-2　三峡工程与南水北调东线工程建设对长江大通站非洪季各月下泄入海流量的叠加影响(单位:m³/s)

月　份		10	11	12	1	2	3	.4	5
枯水年	运行前	16800	16300	11800	9200	8090	14300	20700	31000
(P=75%)	运行后	9950	12900	10800	9700	9090	15050	20650	31250
平水年	运行前	41500	29600	13600	9430	9000	13300	24800	32100
(P=50%)	运行后	32000	28600	12600	9680	9800	14150	22750	37450
丰水年	运行前	49900	39900	24400	17400	19400	14400	27500	39400
(P=20%)	运行后	40400	38900	23400	16800	19400	14200	26300	41300

注:运行前后不同水文年各月平均流量值为依据大通站1950 – 1990年历年月均流量数据计算获得。

2. 海平面上升对河口潮位变化的可能影响

全球变暖引起海平面上升已成不争的事实,过去100年来,全球平均海平面上升速率为1~2mm/a,而同期吴淞站平均高潮位上升速率则达2.5mm/a。随着全球进一步变暖,21世纪全球海平面将加速上升。1998年我国东海沿岸海平面上升达4.4cm,虽一年数据不具长期代表性,但也足以说明其加速上升的趋势。加速上升的海平面与河口地区普遍存在的地面沉降相叠加,使得长江口沿岸地区相对海平面上升速度远高于全球平均值,至2050年将可能超过50cm(见表12-3)。

表12-3 中国沿海主要三角洲地区 2050 年相对海平面上升预估

地　区	理论海平面上升速率(mm/a)	地面沉降率(mm/a)	相对海平面上升速率(mm/a)	海平面上升估计值(mm)
老黄河三角洲	3.3 ~ 5.0	10	13.3 ~ 15.0	70 ~ 90
现代黄河三角洲	3.3 ~ 5.0	3 ~ 4	6.3 ~ 9.0	40 ~ 50
长江三角洲	3.3 ~ 5.0	3 ~ 5	6.3 ~ 10.0	50 ~ 70
珠江三角洲	3.3 ~ 5.0	1 ~ 1.5	4.3 ~ 6.5	40 ~ 60

第二节　大型工程建设与海平面上升叠加对上海城市供水水源的可能影响

一、对长江口南支河段和青草沙水源地水质影响

长江口南支河段是长江排泄径流的主要通道,其高桥以上河段也是上海地区经济社会发展和人民生活用水的主要水源地。南支不同河段盐水入侵空间分布除受上游下泄流量和河口潮位共同作用引起的外海盐水上溯影响外,还受北支盐水入侵倒灌的影响,整个河段氯度纵向分布比较复杂。一般年份枯季,直接经南北港入侵的盐水一般只影响到吴淞口和南门以下河段,对南支上段,特别是宝山以上取水集中河段水体氯度影响不大,枯季大潮期,南支吴淞及以上河段水体氯度主要受北支倒灌盐水的影响,南岸从上游七丫口到下游吴淞口、北岸从崇头至南门一带,氯度出现沿程递减的反向分布,且北支倒灌盐水对北岸水体氯度的影响明显大于南岸;从吴淞口或南门再往下游的南北港河段,氯度有恢复沿程增加的正常分布,表明该河段主要受外海盐水直接入侵的影响。小潮期间,南支河段主要受外海盐水入侵上溯的影响,氯度呈现从上游至下游递增的正常分布(见表12-4)。

表12-4 南支河段不同岸段大小潮氯度分布(单位:ppm)

岸　段		南　岸			北　岸		
潮别	特征值	杨林	吴淞	高桥	崇头	南门	堡镇
大潮 (1984.3.19-21)	平均值	798	162	165	3776	629	1056
	最大值	1437	337	357	4190	916	1150
	最小值	147	48	36	3457	317	979
小潮 (1984.3.27-29)	平均值	302	370	1106	28	714	936
	最大值	381	468	1208	34	1058	1213
	最小值	203	261	905	22	463	725

注:此大小潮期间大通站平均流量约为 $10000 m^3/s$。

利用相关研究建立的长江口南支河段落憩 1‰ 和 5‰ 等盐度线入侵距离与吴淞站平均潮位和大通站平均流量之间的相关关系，可初步估算未来相对海平面上升和三峡工程与南水北调工程叠加对南支河段水质的影响。

$$S_1 = 70.7 \lg (H_m / Q_m) + 36.5 \qquad (1)$$

$$S_2 = 57.8 \lg (H_m / Q_m) + 29.6 \qquad (2)$$

式中：S_1、S_2 分别为南支河段落憩 1‰ 和 5‰ 等盐度线入侵距离（以口外引水船站为起点，km）；$H_m = H_i / H_o$，H_i 为观测期间吴淞站平均潮位值（m），H_0 为多年平均高潮位，计算中取值为 2.11m；$Q_m = Q_i / Q_0$，Q_i 为观测前 7 天大通站平均下泄流量（m^3 / s），其变化幅度为 7800 ～ 48500m^3 / s，基本代表了长江入海流量的丰枯变化，Q_0 为多年平均下泄流量，计算中取值为 29100 m^3 / s。

计算结果表明，每年 6—9 月的洪水季节，长江入海流量均在 39000 m^3 / s 以上，即使在未来长江入海流量减少 1000 m^3 / s、海平面上升 80 cm 的不利情况下，1‰ 和 5‰ 等盐度线入侵距离也仅分别增加 6.3 km 和 5.1 km，影响范围仍局限在口门的南、北槽范围内。因此，洪水季节南水北调工程与三峡工程建设和海平面上升叠加对南支河段水质影响不大。

10 月份，由于三峡水库集中蓄水和南水北调，导致该月入海流量大幅减少，若叠加相对海平面升高 50cm 的影响，则河口南支河段丰、平、枯水年落憩 1‰ 等盐度线入侵距离将分别增加 11.0km、15.5km 和 22.5km；5‰ 等盐度线入侵距离将分别增加 9.5km、12.6km 和 18.6km；枯水年落憩 1‰ 等盐度线将上溯至吴淞口附近河段，南支河段水质下降趋势明显。

11 月份，丰、平水年，三峡工程和南水北调工程引起的长江入海流量变化不大，叠加海平面上升 50cm 的影响，1‰ 和 5‰ 等盐度线入侵距离仅分别增加 4.7 ～ 5.9km 和 6.6 ～ 7.3km，其影响范围仅局限在靠近口门的中浚站（距引水船站约 28 km）附近；枯水年两等盐度线将可能分别增加 15.0km 和 12.3km，影响范围也将扩大到小九段附近。

12 月至翌年 3 月份，为全年盐水入侵污染最严重的季节，现状各月 1‰ 和 5‰ 等盐度线均分别影响到高桥（距口门引水船站约 70km）附近河段和小九段附近。由于未来三峡与南水北调工程运行后，各月入海流量减少有限，不同水文年不少月份甚至有所增加，故未来三峡工程和南水北调工程运行与相对海平面上升的叠加，枯季各月增加的盐水入侵距离并不大（见表12-5），但由于该季节现状各月盐水入侵强度较大，因而其影响范围少量增加的危害也不容忽视。

表 12-5 三峡工程与东线南水北调工程建设与相对海平面上升
对枯季南支盐水入侵距离的叠加影响（单位：km）

典型年	月份	1‰等盐度线		5‰等盐度线	
		入侵距离	距离增加	入侵距离	距离增加
丰水年	12	42.0	7.8	34.1	6.4
	1	52.4	7.4	42.6	6.1
	2	49.1	6.5	39.9	5.3
	3	58.2	6.4	47.3	5.4
平水年	12	60.0	8.8	48.8	7.8
	1	71.2	4.9	58.0	4.0
	2	72.6	3.3	59.1	2.7
	3	60.6	4.4	49.3	3.6
枯水年	12	64.3	9.3	52.3	7.6
	1	72.0	3.3	58.6	2.7
	2	75.9	3.0	61.8	2.4
	3	58.4	4.6	47.5	3.7

4—5 月份，未来三峡工程与南水北调工程运行引起的长江入海流量变化较小，甚至略有增多，故与相对海平面上升 50cm 相叠加，其入侵影响范围扩大有限，对水质影响不大。

综上所述，未来三峡工程和南水北调工程运行与相对海平面上升叠加，引起的长江口南支河段水质下降程度依不同水文年和不同月份而有较大的差异。其中以三峡水库集中蓄水的 10 月份水质下降趋势最为明显，尤其是枯水年份，水质下降将严重影响南支河段上海城市供水水源地水质。每年 12 月至翌年 3 月的枯季，因三峡水库增加泄水，抵消了南水北调减少的水量，未来盐水入侵强度变化主要受海平面上升幅度的影响，对南支河段上海城市供水水源地水质有一定影响。不同水文年其他月份也将受两者叠加不同程度的影响，但由于其影响范围局限在靠近口门的南、北槽河段，对南支河段上海城市供水水源地影响甚微。

青草沙位于长兴岛的西北面，大致位于南支北岸崇明岛的堡镇和南岸吴淞的连线上，盐水体含氯度既受到南、北槽涨落潮引起的盐水直接入侵的影响，同时也受北支盐水倒灌的影响，1978 年冬至 1979 年春，吴淞附近水体最高含氯度达 3950mg/L，堡镇附近水体达 3075mg/L。由于同一时期同一断面北港盐度大于南港，故青草沙水源地水体含氯度比吴淞水域高。根据上述分析，三峡工程与南水北调工程建设叠加气候变暖引起的海平面上升，10 月份，河口丰、平、枯水年落憩 1‰等盐度线入侵距离将分别增加 11.0km、15.5km 和 22.5km，枯水年落憩 1‰等盐度线将上溯至吴淞口—堡镇一线河段，对青草沙附近水体含氯度影响很大，平水年盐水入侵上溯距离增加，也会有一定的影响，与现状情景相比，将增加青草沙水源地不可取水时间。12 月至翌年 3 月，虽然两大工程与海平面上升叠加影响相对不大,但由于该时段盐水入侵强度大,与现状情景相比,将可能导致青草沙水源地水体含氯度增加,影响供水水质;每年4—5月份影响较小,青草沙水源地水质与现状情景基本相同。

二、对黄浦江沿岸主要供水水源地水质影响

黄浦江是一条典型的湖源型潮汐河道,在距长江口门80km处流入长江,其盐水入侵的来源主要是长江南支河段高氯度水体随涨潮流经吴淞口进入的。黄浦江作为目前上海城市供水的主要水源地,沿岸已建有10多个水厂,其中以吴淞、闸北和杨树浦3个水厂最为重要。未来这些水厂水源含氯度的变化趋势如何,对上海城市供水的影响极大。

自1970年以来,上海吴淞、闸北、杨树浦等水厂开始对每年枯季的12月至翌年3月取水口水体含氯度进行逐时监测。据对上述3个水厂近25年的实测氯度资料的地理统计分析,发现在不同的流量变幅情况下,吴淞口日均氯度(Cl_w, mg/ L)与相应大通站下泄流量(Q, $10^3 m^3$/ s)和河口日均高潮位(H, m)之间存在着不同的非线性相关关系(至少30个计算样本的相关系数均超过0.75);闸北和杨树浦两取水口的水体含氯度则与吴淞取水口之间存在着显著的线性相关关系。在枯水年枯季,吴淞口水体含氯度的高低主要受长江下泄入海流量和北支上溯盐水倒灌南支的影响,且长江大通站实测的流量和北支倒灌南支的盐水影响到吴淞口一般需历时6~8天,故该水文年枯季的吴淞口日均氯度值以与7天前大通站实测流量和北支青龙港站日均高潮位(H_q, m)之间的关系为最佳;平水年和丰水年枯季,则以与7天前大通站实测流量和吴淞站同期日均高潮位(H_w, m)之间关系最为显著。典型枯水年代表时段(1978年12月19日至1979年1月17日)和典型平丰水年代表时段(1985年2月1日至3月24日)计算结果分别如下:

$$Cl_w = 8.3 \exp (10.6 H_q/ Q) \tag{3}$$

$$Cl_w = 24.8 \exp (5.6 H_w/ Q) \tag{4}$$

其中:式(3)适用的流量变化范围为7000~10000m^3/ s;式(4)适用的流量范围为11000~29000 m^3/s,相关系数分别达0.93和0.85。吴淞口平均氯度(Cl_w, mg/ L)与闸北取水口(Cl_z, mg/ L)和杨树浦取水口(Cl_y, mg/ L)之间的关系为:

$$Cl_z = 2.4 + 0.52 Cl_w \tag{5}$$

$$Cl_y = 24.3 + 0.13 Cl_w \tag{6}$$

两相关系数分别达0.89和0.83。

假定取未来长江口相对海平面上升50cm,利用表12-2结果和上述关系式(3)~(6),即可预估未来海平面上升和三峡工程与南水北调工程叠加对上海黄浦江沿岸主要取水口水质的可能影响(见表12-6)。

表 12-6　　　　三峡工程与南水北调东线工程和海平面上升
对上海黄浦江主要取水口水质的叠加影响　　　　单位:mg/L

	月份		10	11	12	1	2	3	4
吴淞	枯水年	影响前	73	75	115	576	1031	88	59
		影响后	713	125	172	800	1086	99	68
	平水年	影响前	-	-	94	520	633	97	51
		影响后	-	-	130	807	763	108	62
	丰水年	影响前	-	-	50	68	63	85	48
		影响后	-	-	57	86	73	104	55
闸北	枯水年	影响前	40	42	62	302	539	48	33
		影响后	373	67	92	418	567	54	38
	平水年	影响前	-	-	51	273	332	53	29
		影响后	-	-	70	422	400	59	35
	丰水年	影响前	-	-	28	38	35	49	27
		影响后	-	-	32	47	40	59	31
杨树铺	枯水年	影响前	34	34	39	99	158	36	32
		影响后	117	41	47	128	165	37	33
	平水年	影响前	-	-	37	60	67	31	28
		影响后	-	-	33	79	76	32	29
	丰水年	影响前	-	-	27	29	28	32	26
		影响后	-	-	28	31	30	33	28

注:"-"表示该月大通站平均下泄流量超过了式(3)和式(4)适用的流量范围上限值(29000m³/s),各取水口水体含氯度很低。

从表 12-6 中可以看出,未来相对海平面上升 50cm 叠加三峡工程与南水北调工程建成运行,对上海黄浦江沿岸主要取水口水质的影响主要出现在枯水年的 10 月至翌年的 1 月,10 月和 11 月。由于三峡水库集中蓄水和南水北调,长江下泄流量急剧减少,叠加相对海平面上升,不仅导致吴淞取水口水质明显下降,而且闸北和杨树浦两取水口水质也受到不同程度的影响。12 月和 1 月,各取水口尤其是吴淞口现状水质较差,受调水和相对海平面上升的叠加影响,其水质将进一步下降。

第三节　减缓长江口河段水质问题的对策与建议

一、加紧长江口整治工程,减缓北支盐水倒灌,降低南支河段水体含氯度

长江口北支自 20 世纪初以来一直处于萎缩过程中,近 20 多年来,其平均下泄入海流量仅 1173m³/s,分流比不足 4.3%,已成为一个以涨潮流为主的支汊河段,基本失去

航运和作为水源地等功能。长江枯季大潮期,北支涨潮流挟带的大量泥沙和盐量绕过崇明岛进入南支河段,成为南支吴淞口以上尤其是宝山以上河段盐水入侵的主要来源。加紧长江口综合整治工程方案确定,对北支河道实施合理的治理,不仅可以增加南支入海流量,减少外海盐水直接入侵上溯距离,而且可彻底消除北支涨潮流挟带的大量盐量对南支倒灌的影响,使南支吴淞口以上河段水体含氯度大幅度降低,对改善这一带的水环境质量,将起到十分显著的作用。

二、建立边滩调节水库、避咸蓄淡,缓解枯季淡水供应不足矛盾

根据长江口河段水环境变化的特点,在取水集中的长江口南支南岸,选取合适的岸段修建边滩调节水库,在枯季盐水入侵污染发生以前,大量蓄存淡水,扩大长江口本地水资源的调蓄能力,以满足枯季河口水体含氯度升高时各部门用水的需要。从长江河口河段河势来看,整个南支两岸(包括长兴和横沙等沙洲)的边滩基本上是稳定的,均有条件修建边滩水库储水。徐六泾以上河段,盐水入侵污染概率较小,不需修建水库;徐六泾至宝山河段,是北支盐水倒灌的主要影响区,封堵北支虽对该河段水环境质量有较大改善,但也仅能满足丰、平水年用水的需要,在长江入海流量不足 9000 m³/s 的特枯水年枯季,该河段水质仍不能满足上海城市供水需要,因此,在该段修建边滩调节水库十分必要。宝山以下至高桥河段,受外海盐水直接入侵影响较大,越往下游影响越大,因而所需边滩调节水库的库容也越大。同时,加大黄浦江水源地的环境治理,形成多水源供水的格局,并向节水型社会发展,保证长江三角洲地区水资源的稳定供给。

三、利用地下水的调节功能,夏灌冬用,合理利用地下水资源

地表水与地下水两者之间相互联系、相互转化,因此,可以利用地下水的调节功能,在南支南岸用水集中的地段建立回灌场,在非枯水季节大量回灌,枯季适当开采使用,以补充枯季河口河段地表淡水的不足,从而建立起一个地表水与地下水相结合的供水系统。然而,过量开采地下水会造成地下水位下降和地面沉降等一系列环境地质问题,特别是在河口海岸地区,地下水水位漏斗的长期存在,势必会引起海水入侵地下含水层,造成地下水环境的恶化。同时,地面下沉又会加大相对海平面上升的幅度,加剧河口盐水入侵强度。因此,必须坚持采灌平衡的原则,严格控制集中过量开采,以确保地下水资源的永续利用。

四、根据实际情况,优化重大水利工程运行调度方案,改善河口水环境状况

未来南水北调东线工程和相对海平面上升引起的入海流量减少和河口潮位升高,将加重长江口河段的盐水入侵强度,三峡工程作为长江干流骨干水利枢纽工程,具有较大的调节库容,按原设计调度运用方式,最大可增加长江中下游干流枯季流量 2000m³/s,对

改善长江口枯季咸潮入侵的作用明显。因此,针对不同水文年份各月入海流量变化的实际情况,合理调整水库运行调度方案,在枯水年份延长蓄水时间,提前分散蓄水,尽量避免 10 月份过度集中,以防止该月水环境的恶化;同时,在长江枯水年份枯季河口盐水入侵形势严峻的情况下,还可以通过应急调度方式,尽量增加泄水水量,减轻盐水入侵强度,最大限度改善河口河段水环境。

五、加快河口水环境监测系统建设,为及时把握河口水质变化规律提供基础数据

长期以来,长江口的研究依赖河口以上大通水文站,大通以下的取水工程众多,引出和汇入水量大部分属调查资料,缺乏实测成果,仍仅靠大通流量预测河口盐水入侵已不适应变化条件,直接影响分析和应用精度。建立河口水文站和水环境监测系统,开辟新的研究途径非常必要。尽管现阶段分析影响不大,但重大水利工程蓄水运行与全球海平面上升、水环境污染加重、中下游引水量持续增加等叠加影响十分复杂,均可能加重河口地区盐水入侵,导致河口河段水质下降,危及河口供水安全。因此,必须加快河口水文站和水环境监测体系建设,为科学研究揭示河口水质变化规律提供坚实数据基础,以确保河口供水安全。

第十三章

长江河口综合整治与生态保护

　　长江自徐六泾向下至口外 50 号灯浮为河口段。徐六泾河宽 5.7km，口门宽 90km，河口因崇明岛分为北支和南支，南支因长兴、横沙两岛分为北港、南港，南港因九段沙分为北槽和南槽，长江河口逐成三级分汊四口入海的基本格局。

　　长江口河道宽阔、水下暗沙众多，水流动力条件复杂、河道冲淤多变，航道建设和维护还存在诸多问题，尤其是受流域来水、来沙变化，海洋动力，工程措施等影响，问题更加复杂。长江口具有特殊的生境条件，孕育了丰富的生物多样性，是许多生物所依赖的繁殖地、索饵场和洄游/迁徙通道，在提供食物、保护珍稀动物、维护区域生态与环境安全等方面发挥着重要作用。在长江口地区经济不断加速发展的背景下，如何不断提高长江口水土与航运资源开发利用效率，如何处理资源开发利用与生态保护的矛盾成为当前长江口地区面临的重要问题。

第一节　长江河口演变与综合整治

一、长江河口发育模式

　　一个河口发育模式的建立，在理论上和生产实践上都具有重要的意义。它既阐明了这一河口发育的基本规律和为判断这一河口发育趋势提供了理论根据，也为这一河口治理的方针和具体规划提供了可靠的科学依据。20 世纪 70 年代，陈吉余院士提出了两千年来长江河口发育的模式，其要点为：南岸边滩推展，北岸沙岛并岸，河口束狭，河道成形，河槽加深（见图 13-1）。

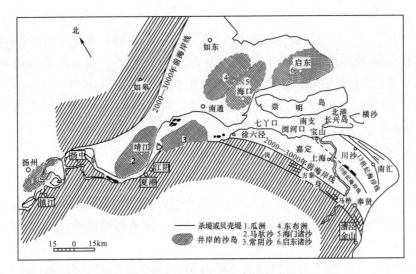

图 13-1 长江河口历史变迁（据陈吉余，2007）

1. 南岸边滩推展

长江河口落潮流在柯氏力的作用下，两千年来，导致落潮槽不断南偏，径流挟带的泥沙随落潮流入海，在扩散过程中也呈向南偏转的趋势，长江口的南边滩便成为泥沙沉降的一个重要场所。历史时期长江口南岸边滩逐渐外伸，陆地逐渐向外推展，形成了多条海岸贝壳沙地，代表着不同时期的海岸线。上海西部黄渡—马桥—漕泾一线的贝壳堤，据 C^{14} 测定，代表 6000~7000 年前的古海岸线。淞北外冈、淞南竹冈一线的贝壳堤，代表 4000 年前的古海岸线。嘉定—南翔—颛桥—奉贤一线的贝壳堤，代表了 3000 年前的古海岸线。盛桥—月浦—下沙—航头一线的贝壳堤，代表 1500 年前左右的古海岸线。黄路—大团—奉城—钱桥一线的贝壳堤，代表距今 1500~1200 年的古海岸线。西沙和东沙一线的贝壳堤，代表距今 1100 年和 1000~500 年的古海岸线。贝壳地的演变和一道道海塘的兴建都表明南岸边滩推展的规律。

2. 北岸沙岛并岸

长江河口沙岛自然演变有向北并岸的趋势。潮汐河口涨落潮流路不相一致，对于长江这样一个水面宽阔、涨落潮流量都很巨大的河口而言，这种流路分歧现象尤其显著，表现为落潮主泓偏向南岸，涨潮主泓偏向北岸。涨落潮流路分歧之间的缓流区泥沙淤积形成阴沙，阴沙逐渐发展形成沙岛。沙岛北侧的河槽，虽然有时为落潮主泓所据，但常常由于柯氏力的作用，使落潮主泓趋于南偏，逐使沙岛北侧的河槽变成涨潮槽的性质。涨潮优势的河道，其泥沙搬运也是净进的，从而导致河道淤积。最终导致沙岛向北并岸。两千年前的长江河口北岸在白浦到小洋口一线。一千多年来，北岸有 6 次重要的沙岛并岸。公元 7 世纪东布洲并岸，8 世纪瓜洲并岸，16 世纪马驮沙并岸，18 世纪海门诸沙并岸，20 世纪初启东诸沙并岸。20 世纪 20 年代常阴沙在人工堵江的情况下并入了南岸。

3. 河口束窄

两千年前长江口是一个漏斗状海湾,它的北角叫做廖角嘴,在小洋口附近,它的南角在历史上曾与陆地相连,现位于杭州湾之中的王盘山附近。南北角之间的距离约为180km。20世纪70年代的启东咀与南汇咀之间的距离仅有90km。口门内各河段的宽度也同样束狭,江阴河段从11km束狭到3.5km,十一圩河段从18km束狭到7.5km,江心沙河段从13km束狭到5.7km。

4. 河槽成形

两千年前长江河口只在镇江、扬州以上才稍具正常河流的形态。镇扬以下,沙洲散漫,水流多汊。随着沙洲并岸,河面束狭,形成正常河形的河段逐渐向下游推移。17世纪,江阴以上河槽成形。20世纪50年代,徐六泾以上河槽逐渐成形,徐六泾以下分汊入海。

长江自宜昌向下,除下荆江河段成弯曲河型外,直到徐六泾位置,都是江心洲河型。这种河型之所以产生,也正是长江动力条件和边界条件作用的具体反映。从镇江扬州河段向下,一千多年来,已经形成了4个江心洲河段和它们之间的过渡段。这就说明长江河口在其发展过程中,随着成形河槽向下推展,其将形成的河槽类型仍是江心洲的形式。至于成形河槽以下的长江入海水道,在其发展过程中,仍然以分汊的形式向海伸展。

5. 河槽加深

两千年来,随着河口河槽束狭,河槽成形,河槽深度加深。如20世纪70年代,长江河口拦门沙滩顶最大水深一般在6m左右;浏河口断面平均水深6.9m,局部深槽水深达20～30m;江阴夏港断面平均水深13.4m,最大水深在50m左右。

二、长江河口演变与问题

长江河口成形河槽以下进入河口分汊。目前长江口上起徐六泾,下至口外50号灯标,长约182km。长江流域来水丰富,来沙巨大,在河口中等潮汐强度的动力条件相互作用和相互制约下,长江河口发育成有规律的分汊的三角洲河口。从图13-2可以看出,自徐六泾向下,先由崇明岛将长江分成北支和南支,南支向下再由长兴岛将南支分成北港和南港,南港向下再由九段沙将南港分成北槽和南槽。这样,长江河口形成三级分汊四口入海的三角洲河口(见图13-2)。

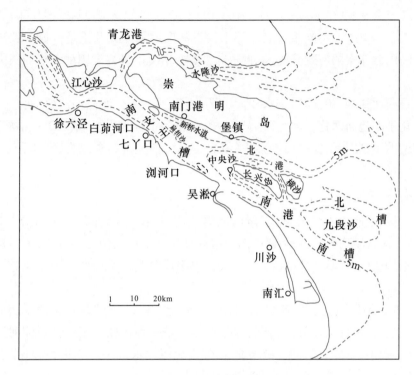

图 13-2 长江河口现状示意图

1. 北支河段演变

北支河段因崇明岛出现而形成,曾经是长江口入海的主要水道。18 世纪中叶以后,长江口主泓走南支,北支成为支汊。1915 年,长江口北支入海分流量占总量的25%;1958 年洪季降为 8.7%;1971 年 9 月大潮期降为 -7.4%,潮量倒灌南支;近期分流量保持在5%以下。

北支河段河宽不断束狭。北支上口宽度,1842 年为 18km,1915 年为 5.8km,1958 年为 1.8km;北支下口宽度,1842 年为 50km,1915 年为 14km,1958 年为 12km。1958 年以来,束狭趋势依旧。

北支河段束狭过程中,河槽性质发生转化。18 世纪末和 20 世纪初海门诸沙、启东诸沙向北并岸,北支河段变成单汊入海。1915 年 10m 深槽在北支上口纵深长度长 16km,5m 等深线贯通,河道窄深,放宽率小,下泄径流量占总量25%,落潮流速大于涨潮流速,北支河段河道形态为由落潮流动力塑造的弯道河型,拦门沙在口外。上述地貌特征表明当时北支是一条落潮槽性质的入海汊道。1958 年北支上口显著束狭。落潮流速小于涨潮流速,落潮输沙量小于涨潮输沙量,河道宽浅,放宽率增大,浅滩增多,下段出现潮流脊,拦门沙上移至口内,北支上口出现潮流三角洲,水、沙、盐向南支倒灌。上述地貌特征表明北支河段在 20 世纪 50 年代以前已经演变成涨潮槽性质的入海汊道。

1958 年以来,北支河段尽显淤积趋势。北支河段 0m 河槽容积,1958 年为 20.6

亿 m^3，1997年为9.80亿 m^3，平均每年减少0.32亿 m^3。北支河段深泓线位于河道北侧，河道南侧崇明一岸滩地不断生长。多年来促淤圈围成陆了大片土地。根据长江河口动力以及沙岛向北并岸的模式分析，崇明岛自然演变情况下最终会因涨潮槽的消失而向北并岸。

北支目前面临的主要问题是水沙盐倒灌，不仅影响南支河段的演变，而且也导致其自身的变化不断趋向恶化。因此，北支河段综合整治工程很需要，采取工程措施，减少或消除涨潮槽的不利因素，促进河槽渠化，使北支河段各种自然资源为区域国民经济建设持续产生有利影响。

2. 南支河段演变

南支河段，上起徐六泾节点，下至南北港分流口，长约65km。大体可分三段（见图13-2）：上段，徐六泾到七丫口，为江心洲河型；中段，七丫口到南北港分流，由扁担沙和其两侧的深槽构成的W形复合河槽；下段，浏河口附近向下进入南北港分汊，下连北港和南港。

（1）白茆沙河段演变。 白茆沙河段，徐六泾到七丫口，长约35km，河段平面形态呈藕节状，它承袭长江平原河流分汊、合流的基本河型是一种比较稳定的江心洲河型。老白茆沙1860年以前已经形成，将南支分成老白茆沙河北水道和南水道，当时北水道是主泓，南水道是支汊。随着时间推移，老白茆沙北水道从落潮槽转化为涨潮槽，南水道冲刷扩大为主泓。经过1949年和1954年特大洪水的作用，老白茆沙北水道因涨潮槽性质淤积衰亡，老白茆沙向北与崇明岛并岸。老白茆沙南水道冲刷扩大，并在它的中央重新形成一个长1.5km、宽0.5km的新的沙体，这就是现在白茆沙的雏形。它的两侧形成了新的白茆沙南、北水道，这个基本河型经过半个多世纪的变化一直延续至今。1958年以后，白茆沙不断扩大，白茆沙南北水道逐渐成形、加深，到1994年白茆沙南北水道10m线都贯通。20世纪末，可能受北支上口局部工程的影响，白茆沙北水道淤积，导致10m线中断，白茆沙南水道发展。2004年白茆沙南水道15m线贯通。应予指出，白茆沙稳定对白茆沙南北水道稳定有利。白茆沙河段目前面临的问题主要有两个，一个是白茆沙冲淤多变，变化频繁，沙体的完整和稳定，航道难以长期稳定；另一个是白茆沙北水道的淤积问题。徐六泾深槽长期以来稳定指向白茆沙北水道，但白茆沙北水道容易产生淤积，其主要原因就是北支泥沙倒灌。因此，该河段的治理除了稳定白茆沙确保白茆沙江心洲河型的相对稳定之外，对北支的全面整治也显得十分重要。

（2）南支中段演变。 南支中段，从七丫口到浏河口，约长12km，是一个W形的复式河槽河段。河道中间为扁担沙，北面为新桥水道，南面为南支主槽。这种复式河槽结构，1958年至今一直比较稳定。新桥水道位于扁担沙北侧，是扁担沙和崇明岛之间的一条涨潮槽。20世纪50年代至今一直保持着这样的河槽特性。由于崇明岛南岸一系列护岸保滩工程兴建，形成了稳定的人工岸线，涨潮槽深水靠崇明一岸，而且比较稳定。南支主槽和新桥水道之间存在水位差，因此在扁担沙沙体上常有切滩形成多条大小不一的串沟现象,用以调节和平衡南支主槽和新桥水道之间的水量交换。特别是洪水期间,长江下泄流量通过串沟向新桥水道输送,增加新桥水道的落潮潮量。新桥水道涨潮优势流量值洪枯季不同,涨潮槽的上、中、下各个区段的量值也不同,导致新桥水道上段发生严重淤积,并向中段延伸,它的下段由于径流的补给作用,冲淤变化频繁,以冲为主,10m深槽保持良好。南支主槽一般介于七丫口和浏河口之间,长约12km。它是一条顺直向南微弯的落潮槽。20世纪50年代至今一直比较稳定。南支主槽河床形态稳定,南支主槽深泓线稳定,南岸边滩稳定,北岸扁担沙南沿有一定幅度的冲淤变化,但不影响南支主槽主体河床的基本稳定。因此主槽水深长期保持在15m以上,航道水深优良。

(3)南北港分流口演变。 南支主槽下段,河道展宽,在展宽段形成心滩,使南支分流进入北港和南港,形成了南北港分流口河段和河口分汊河型。在径流量大和强劲潮流的作用下,落潮优势流使分流口沙洲冲刷下移,分流汊道随之下移,但分流通道在下移过程中,上、中、下不同部位的速度不一,导致分流通道偏转扭曲,阻力加大,泥沙淤积,逐渐淤积衰亡。当分流通道不能适应分流要求时,落潮流的作用便会调整分流通道,选择落潮水流阻力最小的地方,常以切滩形式形成新的分流通道,用以代替原来的汊道。新通道形成以后,经过发展阶段,在自然演变的情况下,最终又会走向衰亡。因此,南北港分流口河段河槽演变具有明显的周期性。1861年到1931年分流口河段河槽演变经历了一个完整的演变周期,时间跨度为60年,分流口沙洲头部5m等深线年均下移212m,分流角从40°增大到80°以上。1931年到1981年分流口河段河槽演变又经历了一个完整的演变周期,时间跨度为50年,分流口5m等深线年均下移170m,分流角从1963年的40°到1980年扩大到80°,分流通道偏转扭曲,最终中央沙北水道走向衰亡。现在的南、北港分流口形成于20世纪80年代初期,即中央沙北水道衰亡,新桥通道形成,分流口河段河槽演变进入了一个新的演变周期。

3. 北港河段演变

现在的北港河势大体上是20世纪80年代新桥通道形成时形成的。新桥通道是条落潮槽,落潮流占优势,其落潮流以东略偏北方向直冲堡镇岸段,然后折东向南直泄横沙北岸,弯顶在堡镇岸段,落潮流为主塑造的北港主槽是个弯道河型。北港主槽北侧有六效沙脊,沙脊北侧有一条宽度不大的涨潮槽;北港主槽南侧为弯道的凸岸,发育了青草沙,它从中央沙头部北侧向下游延伸,具有边滩沙咀性质,它的南侧有一条长兴岛北小泓,与长兴岛北岸隔泓相望,所以北港上段实际上是由多个地貌单元组成的复式河槽。20世纪80年代以来,北港上段最大的变化为:青草沙尾冲刷,六效沙脊下段向南淤积扩张,从堡镇下泄的北港主流南偏直冲横沙北岸,近20年来,弯道河势保存良好,主槽水深航道优良。

北港下段即拦门沙河段,总体上比较顺直。但由于上弯道落潮水流直冲横沙北岸,深水紧靠南岸,北岸动力减弱,泥沙淤积形成北港北沙。其南岸横沙东滩正在进行大规模的促淤造地工程,大大改变了拦门沙河段南岸的边界条件,对河势趋向稳定有力。目前,拦门沙滩顶水深不足6m。

4. 南港河段演变

南港河段介于南北港分流口到南北槽分流口之间,位于长兴岛以南。

南港河段的最大特点与南支河段有点类似,即河道中央分布着纵向沙体——瑞丰沙咀。在地貌形态上,瑞丰沙咀位于南港北侧沿中央沙南沿向下游发育的边滩沙咀。瑞丰沙嘴北侧为长兴岛涨潮沟,南侧为南港主槽。这种复式河槽结构,自20世纪60年代至今一直保持比较稳定的状态。

(1)**南港主槽**。20世纪60年代以来,南北港之间的分流量基本上保持在50%左右,这是南港主槽维持和发展的最基本的动力条件。南港是一条比较宽深顺直的落潮槽,主体槽线在河槽断面上靠近南侧,10m河槽的南边线比较稳定,北边线和主槽的水深时有变化。最近几年,主槽深泓线有所北移,主槽南侧局部岸段有所淤积,对外高桥港区带来一定的影响。

(2)**长兴岛涨潮沟**。长兴岛涨潮沟是一个以涨潮流为主塑造形成的水道,涨潮流强、流路稳定,深水靠近北岸。长兴岛南岸护岸保滩工程兴建,形成了稳定的人工岸线,因此长兴岛涨潮沟平面形态极为稳定。改变了长江口沙岛南坍北涨自然演变规律,使南北港分流比长期保持在各为50%左右,并使南北港分汊口河槽较长时期处在稳定的变化期,成为一种比较稳定的分汊口河型。

(3)**鸭窝沙浅滩**。鸭窝沙浅滩位于南港主槽和北槽上段主槽之间,属于过渡段浅滩,自然水深一般在8m左右。它是长江口南港自然航道与北槽人工深水航道衔接的关键区段,也是上海外高桥港区和南京以下沿江各港口码头大型船舶进江出海的必由之路。近年来,南港主槽水流在外高桥附近北偏,加大了对瑞丰沙咀南沿的冲刷力度,加上人工挖沙的影响,造成瑞丰沙嘴尤其是下沙体沙尾的下伸和上挫,由此影响到鸭窝沙浅滩的水深变化。

南港河段目前面临的问题不少,如外高桥港区淤积问题、长兴岛沿岸工程的生产运行问题、圆圆沙航道的水深保护问题等。这里要密切关注上游新浏河沙护滩工程和南沙头通道下段护底工程相继兴建之后对南港河段水文泥沙和河槽地形演变的影响。必要时利用局部治理工程修复优良河势,使其有利于沿岸工程和航道建设。

5. 北槽河段演变

北槽是长江口最年轻的入海水道。在1949年和1954年长江特大洪水冲刷作用下形成了北槽,九段沙成为独立的河口沙洲,为南、北槽分汊格局奠定了基础。50年代形成,80年代成为南港入海的主汊,成为长江口入海深水航道选择北槽的最基本条件。

长江口深水航道工程实施以来,通过兴建导堤、丁坝、鱼咀等工程,使北槽河势基本稳定,2005年二期工程竣工时航道水深达10m,整治工程取得重大进展。目前三期工程正在进行中,目标水深2009年达到12.5m。

北槽目前面临的问题,一是北槽分流量减少,二是上航道淤积。所以,要实现深水航道最终目标 12.5m 还有很多工作要做。

6. 南槽河段演变

20 世纪 50 年代北槽形成,南槽和北槽形成鸳鸯水道。南槽河段在平面上向外海逐渐均匀展宽,放宽率较大,适应南槽河段向海方向各个断面上潮量不断增大的要求。

南槽河段在纵向上有两个不同的特征段组成,上段由落潮流动力为主塑造的落潮槽,其重要特征是等深线闭合指向下游;下段由涨潮流动力为主塑造的涨潮槽,其重要特征是等深线闭合指向上游;二者交汇点在铜沙浅滩,即南槽拦门沙滩顶附近。

长江口深水航道治理工程南北槽分汊口治理工程建成,稳定了南北槽分汊口和南槽上口河势。北槽实施治理工程后,南槽分流量有所增加,南槽上段出现冲刷,2007 年与 2006 年相比,10m 等深线端部下移了 8.1km,已在三甲港下游 4km 的地方。

三、长江口综合整治

长江口地区在我国国民经济建设中占有十分重要的地位。长江口河道宽阔、水沙条件复杂、冲淤多变,特别是河口地区经济社会的快速发展,对河势和航道稳定、水土资源可持续开发利用和保护提出了新的更高的要求。2008 年 3 月由水利部负责论证研究的《长江口综合整治开发规划》正式获得国务院批准,《规划》明确指出,将通过实施河道整治、滩涂圈围、堤防工程、排灌工程、水源地建设,优选安排对河势稳定起主要控制作用的工程和满足淡水资源开发利用迫切要求的工程,逐步实现长江口综合整治目标。

《规划》提出了长江口开发整治目标:近期到 2010 年,基本稳定南支上段河势,初步形成相对稳定的南、北港分流口,稳定分流南支上段河势,初步形成相对稳定的南、北港分流口,稳定分流态势;减缓北支淤积速率;减轻北支咸潮倒灌南支,改善南支淡水资源开发利用条件;适时启动白茆沙水道整治工程,满足近期航运发展对航道建设的需要;加快防洪工程及排灌工程建设步伐,达到近期防洪(潮)及排灌规划标准;初步抑制长江口局部水域水质恶化和生态环境衰退的趋势;合理开发新的岸线资源;适度圈围滩涂,基本满足经济社会发展对土地资源的迫切需要。远期到 2020 年,进一步稳定和改善南北港分流口及北港的河势,全面改善南、北支淡水资源开发利用条件,进一步改善北港、南槽及北支的航道条件,促进河口地区生态环境进一步改善,全面达到长江口地区的防洪(潮)及排灌规划标准。

为确保综合效益,长江口综合整治工程实施,需要注重以下几个方面:

1. 综合整治应以控制河势为重点

长江河口水沙条件复杂,1954 年以来,三级分汊、四口分流、沙岛汊道相间的中等潮汐河口格局已经形成。1958 年徐六泾节点形成以来,长江口南北支、南北港的河势得到基本控制,但遇到流量较大的洪水年,河槽冲淤变化还是相当强烈的。在口门地区风暴潮作用下,滩槽水沙交换活跃常常引起航道骤淤。根据长江河口发育模式和近期演变基本规律,河口整治工程平面布置的基本思路应该是通过束狭河宽和加深河槽,以提高河槽稳定性。鉴于南支和南北港底沙运动活跃,通过白茆沙河段和中央沙河段分流口控制工程,以及逐步围垦明沙、固定阴沙,减少底沙的移动和流失。

2. 综合整治应以深水航道治理为主线

长江历来以"黄金水道"著称于世,改革开放 30 年来,随着长江三角洲经济社会高速度发展,长江沿岸港口群和产业带的兴起,长江口已提升为黄金水道的白金岸段,该地区全社会迫切期望加深、加宽计划中的长江口 12.5m 深水航道贯通外,南槽航道改善(拓展洋山深水港江海直航)、北港航道(3 万吨级)和北支航道(1000~3000 吨级)开辟呼声越来越高。此外,长江口综合治理规划从 1958 年就开始,工程进展较慢的社会原因为地区分割和部门行业分割,而水上交通是唯一能打破地区分割和部门行业分割的切入点,而且保持航道稳定是检验河势稳定的主要标志。

3. 处理好长江口开发利用与湿地保护的关系

长江口地区是我国经济最为活跃的地区,城市扩展及岸线资源开发等人类活动方式导致长江口湿地不断萎缩,崇明东滩鸟类自然保护区日前提供的数据显示,与 1987 年相比,东滩湿地面积已减少了 20%。在规划的实施过程中,要严格执行本次规划提出的实现湿地动态平衡的原则,确保湿地数量平衡、生态结构平衡、生态价值平衡,禁止对维持生物多样性与区域生态平衡具有重要价值的湿地进行开发。同时,要加强规划实施的跟踪监测和后效评估。

4. 有机整合各分项规划,调动各方积极性,产生多重效益

长江口综合治理规划的修订定稿,使我们树立了全局观念和行为准则,但每项规划制定难免具有局限性,而综合治理的最终目的是产生综合效应,这对每个工程来说是极其重要的环节。许多学者在研究长江口深水航道治理过程中,曾多次提出整治、疏浚、围垦三结合的治理方案,随着长江口深水航道一、二、三期工程的实施和南汇东滩六期圈围工程的出台,上述方案已成为切实可行,如南、北导堤两侧可为北槽深水航道疏浚弃土的良好场所,北侧横沙东滩吹填成陆不仅可为上海提供 0.997 万公顷后备土地资源,而且有利于稳定北港下段微弯的河势和深水岸线,南侧九段沙属国家级湿地保护区,若分别在江亚南沙和下沙吹泥抬高滩面(附以南导堤加高工程和种青促淤工程),不仅可以使上沙、中沙、下沙连成一体,加速九段沙湿地面积的扩大,而且可以拦截九段沙再悬浮泥沙进入北槽航道,真正起到一举三得的效果。此外,北支缩窄方案通过崇明北沿圈围工程,可以起到增深启东、海门航道水深的效果。

5. 尽快建立长江河口综合治理的协调机制

如前所述,长江河口综合治理规划从编制到修订经过了漫长的时间,长江口深水航道治理工程从立项研究论证到 1998 年 1 月开工建设,三代人耗费了 40 年时间。该工程从 1998 年至 2009 年一、二、三期工程分期实施延续长达 12 年多,原因除长江口自然因素复杂外,条块分割和行业分割是一大障碍。最明显的例子是长江口水文测量和水下地形测量没有统一的归口部门,至于工程决策更要通过多方协商,要实现长江河口治理的综合效益,应尽快建立长江河口综合治理的协调机制。

第二节 长江口水生生物与湿地变化及原因

长江口位于暖温性的黄海生态系统与暖水性的东海生态系统的交接处,长江径流为河口及邻近水域带来的大量营养物质,维持了长江河口生态系统的巨大生产力,孕育了丰富的饵料资源,使之成为许多重要经济生物种类产卵、索饵、育幼场和洄游通道。随着长江流域经济发展和人口增加,人类对流域资源与环境的利用愈来愈多,最终给长江口及邻近海域的生态与环境造成巨大压力。同时,长江流域内的筑库建坝、截流引水,改变了径流和泥沙输运原有的季节性与年际变化的格局。生物赖以生存的环境的改变,势必影响到河口生态系统中生物群聚分布格局,并导致生态系统结构和功能发生改变。

一、长江河口水生生物变化

1. 浮游植物群落结构变化、丰度升高,增加赤潮暴发

浮游植物是海洋生态系统生物资源的基础,作为初级生产者,其种群变动和群落结构直接影响着其在海洋生态系统的结构和功能。浮游植物的时空变化特征与环境因子关系密切,生态系统环境因子的改变直接作用于浮游植物群落结构。因此,其群落结构特征在一定程度上反映了海洋生态环境状况。浮游植物将水体中无机物转换为有机物的同时,不同生态种群得以发展。2004 年,共鉴定浮游植物 153 种,其中硅藻类 111 种,甲藻类占 42 种。中肋骨条藻在长江口浮游植物群落中占据优势地位。

20 世纪 80 年代和 2001 年相比,长江口春季浮游植物种类数量增加,其中甲藻种类数量增加幅度较大;夏季、秋季和冬季的浮游植物种类数量减少,但甲藻种类数量仍略有上升。自 80 年代以来,中肋骨条藻在长江口春季、夏季和秋季的浮游植物占据绝对优势地位,2004 年中肋骨条藻的优势度已经下降,暖水性(温带、热带)近岸种类和广温广布性种类的优势度有所上升。

长江口浮游植物丰度随季节变化呈单周期型,即每年受长江径流的影响,在夏季形成一年中浮游植物的最高峰,20 世纪 80 年代和 2001 年的调查结果均是如此,夏季平均

浮游植物丰度分别为 8130 万个/m³ 和 927 万个/m³。2004 年的浮游植物丰度季节变化也是单周期型，但高峰出现在春季，浮游植物数量达 6410 万个/m³，比 80 年代高出两个数量级，是 2001 年春季的 40 倍。2004 年春季，浮游植物在长江口两个水域大量生长，成为赤潮，以中肋骨条藻为赤潮种的长江口北部水域，具齿原甲藻在长江口南部外部海域大量繁殖。2004 年长江口春季浮游植物群落多样性略高于 80 年代，夏季的种类丰度降低，而多样性略有提升，秋季的群落多样性显著降低，冬季的种类丰度有大幅度增加。

2004 年长江口春季浮游植物群落多样性略高于 80 年代，夏季的种类丰度降低，而多样性略有提升，秋季的群落多样性显著降低，冬季的种类丰度有大幅度增加（见表 13-1）。

表 13-1　　　　　　　长江口浮游植物种类数量和平均丰度（单位：个/m³）

		春季	夏季	秋季	冬季
1985—1986	种类数量	42	113	81	56
	硅藻	36	98	71	48
	甲藻	5	12	8	6
	平均丰度	4.08×10^5	8.13×10^7	2.71×10^5	7.56×10^4
2000—2001	种类数量	66	102	73	84
	硅藻	51		58	
	甲藻	8		12	
	平均丰度	1.53×10^6	9.27×10^6	4.8×10^6	2.91×10^5
2004	种类数量	89	88	74	54
	硅藻	62	67	57	46
	甲藻	26	19	16	7
	平均丰度	6.41×10^7	1.61×10^7	8.72×10^6	1.58×10^6

2. 鱼类浮游生物种类多样，生物多样性呈下降趋势

长江口区是我国最大的河口渔场，开发历史悠久，水产资源丰富。长江口水域是大黄鱼、小黄鱼、带鱼和银鲳等经济种类的重要产卵场和育幼场，也是夏秋季银鲳、刀鲚、凤鲚、带鱼、石首鱼类以及鲐、鲹等中上层鱼类的重要索饵场，同时又是名贵鱼类鲥、松江鲈、中华鲟溯河或降海洄游的必经水道。鱼类浮游生物（鱼卵和仔稚鱼）作为鱼类资源的补充群体，其生物群聚特征直接影响海洋鱼类资源状况。长江口鱼类浮游生物包括淡水型、半咸水型、沿岸型和近海型 4 种生态类型。

（1）淡水型。如银飘鱼和寡鳞飘鱼，整个生活史在淡水中完成，它们分布在河口内侧的淡水或寡盐性的水体中。

（2）半咸水型。包括了溯河洄游和降河洄游的种类，多为河口性鱼类，它们早期发育多在河口附近水域完成。主要有凤鲚、松江鲈、鳗虎鱼科的部分种类，在长江口各年度调查中，均占据优势地位。

（3）沿岸型。主要种类有白氏银汉鱼、小黄鱼、银鲳、康氏小公鱼、黄鲫、赤鼻棱鳀等，多为春、夏季洄游到沿岸浅水进行索饵、繁殖和生长发育，冬季回到外海越冬。

（4）**近海型**。包括4次春季调查均捕获的鲲和七星底灯鱼，还有在个别年份出现的细条天竺鱼、鲕、鲐等。多在离岸较远、大于30米水深的海区栖息。

长江口大多生物种类在春季繁殖，在长江口水域内产卵、育幼或完成生殖洄游。三峡工程蓄水前后的1999—2007年长江口4次春季调查（1999年、2001年、2004年和2007年）资料显示，2001年长江口春季鱼类浮游生物丰度高于1999年，2004年迅速下降，仅为1999年的13.9%和2001年的4.3%；与2004年相比，2007年长江口鱼类生物丰度略有回升，分别为1999年的25.2%和2001年的7.8%（见表13-2）。

表13-2 长江口鱼类浮游生物优势种类组成

种类	丰度			
	1999	2001	2004	2007
鲲	1280	605	40	46
凤鲚	517	6353	116	224
松江鲈	63	943	92	125
白氏银汉鱼	282	222	100	274
六丝矛尾鰕虎鱼	359	50	5	1
小黄鱼	26	67	2	3
康氏小公鱼	0	15	10	5
细条天竺鱼	0	0	2	1
鲕	4	18	0	0
银鲳	23	5	0	2
鲐	3	5	0	0
七星底灯鱼	85	5	2	1
前颌间银鱼	79	0	2	0
矛尾复鰕虎鱼	0	59	0	0
矛尾鰕虎鱼	0	269	1	0
寡鳞飘鱼	0	0	3	0
黄鲫	0	11	0	0
鰕虎鱼科（未定种）	0	26	0	1
赤鼻棱鲲	0	92	0	1

从1999年至2007年，凤鲚和鲲始终在长江口鱼类浮游生物中占据优势地位；白氏银汉鱼除在2001年出现过波动外，在其他年度也处于优势地位；松江鲈的优势度从1999年的34.33上升到2007年的226.45，其重要性在长江口鱼类浮游生物群落中逐步提升。长江口鱼类浮游生物种类数量呈现出先升高随后又下降的趋势，种类丰富度指数也呈现类似的变化趋势，但均匀度和多样性指数则有不同的变化，均匀度指数除了2001年有一定的波动外，总体上成上升的趋势，多样性指数则刚好相反，呈下降的趋势。2004年和2007年两个年度的生物多样性显著低于1999年和2001年水平（见表13-3）。

表 13-3　　　　　　　　　　　长江口及其邻近海域鱼类浮游生物多样性指数变化

年份	丰富度(D)	均匀度(J')	Shannon – Wiener 指数(H')
1999	0.74 ± 0.61^{A}	0.63 ± 0.25^{A}	$0.68 \pm 0.57^{A,B}$
2001	0.81 ± 0.52^{A}	0.56 ± 0.23^{A}	0.68 ± 0.49^{A}
2004	0.75 ± 0.51^{A}	0.67 ± 0.29^{A}	$0.42 \pm 0.38^{B,C}$
2007	0.59 ± 0.66^{A}	0.75 ± 0.21^{A}	0.33 ± 0.43^{C}

3. 底栖生物成分复杂，群落结构变化显著

底栖生物是指生活在海洋基底表面或沉积物中的各种生物所组成的生态类群,在海洋生态系统物质循环过程中占重要地位。底栖生物以浮游或底栖植物、动物或有机碎屑作为食物,是海洋碎屑食物链的重要环节,同时,其自身又是许多鱼类、无脊椎动物的饵料生物,将物质和能量传递到高营养层次生物。底栖生物群落的动态变化,直接影响水域生物生产过程。

长江口受强大的长江径流、黄海冷水和台湾暖流的影响,底栖生物成分复杂,有河口半咸水种,近海广盐温带种和亚热带种,其数量分布格局和季节变化情况都有自己的特点。2004 年长江口底栖生物 202 种,其中多毛类 102 种,软体动物 51 种,甲壳类 27 种,棘皮动物 7 种,其他 15 种。与 2001 年和 2002 年同期相比,底栖生物种类数量分别减少了 19.7% 和 33.3%(见表 13-4)。

表 13-4　　　　　　　　　　　　　　长江口大型底栖生物种类组成

时间	种类总数	多毛类	软体动物	甲壳类	棘皮动物	其他
2004.2	127	71	32	11	3	10
2004.5	110	53	32	14	4	11
2004.8	83	41	18	15	3	6
2004.11	96	52	19	12	6	7
1999.5	75	40	19	7	4	5
2000.11	91	42	29	9	4	7
2001.5	137	65	40	17	6	9
2002.11	144	77	38	16	5	8

与 1985—1986 年长江口调查结果比较,长江口底栖生物优势种组成有所改变。1985—1986 年的优势种小长手虫、异单指虫、方格独毛虫、灰双齿蛤、金星蝶铰蛤在 2004 年调查中均未出现,豆形短眼蟹仅在个别站位采到少量。2004 年调查中,无吻蜳、池体蜳在多个站位出现,而且池体蜳成为长江口秋季优势种。这说明,长江口生态与环境的改变造成了底栖生物种类丰富度的降低,在种类数量减少的情况下,适应这种变化的底栖生物种类迅速发展,造成群落结构的改变。

2004 年长江口底栖生物群落多样性以冬季为最高,种类丰富度夏季最低。种类丰富

度季节性波动较强,均匀度变化较小。2004 年长江口底栖生物种类丰富度下降幅度明显,而表现在数量上的 Shannon – Weiner 指数和均匀度有所提高。这说明,长江口生态与环境的改变造成了底栖生物种类丰富度的降低,在种类数量减少的情况下,适应这种变化的底栖生物种类迅速发展,造成群落结构的改变(见表 13-5)。

表 13-5　　　　　　　　　　　　长江口底栖生物生物多样性

时间	Shannon – Weiner 指数(H')	丰富度指数(D)	均匀度指数(J)
2004.2	2.94 ± 0.84	1.34 ± 0.78	0.89 ± 0.11
2004.5	2.76 ± 1.05	1.28 ± 0.72	0.85 ± 0.17
2004.8	2.42 ± 0.73	0.98 ± 0.50	0.87 ± 0.14
2004.11	2.60 ± 1.07	1.23 ± 0.75	0.82 ± 0.22
2001.5	1.97 ± 0.12	3.29 ± 0.27	0.58 ± 0.04
2002.11	2.15 ± 0.13	3.53 ± 0.30	0.67 ± 0.04

4. 渔业资源丰富,资源价值有所衰退

长江口冲淡水和邻近海域各海水系混合,此处饵料丰富,为多种鱼类和无脊椎动物提供了适宜生境。许多鱼类和经济无脊椎动物在该水域范围内生殖、育肥、索饵,形成春、夏、秋渔汛,如带鱼、大黄鱼、小黄鱼、银鲳、鲌、鲹类和三疣梭子蟹、曼氏无针乌贼等经济种类,孕育了舟山渔场、嵊泗渔场和吕泗渔场,成为高多样性的群落交错区和高生产力的生态系统。该水域是某些洄游性鱼类的必经之路,如降海性鱼类鳗鲡、松江鲈、甲壳类的中华绒螯蟹,溯河性鱼类刀鲚、鲥鱼和中华鲟等。这些鱼类在它们不同的生命时期要经历两种完全不同的生态环境。长江口及其近海以其特有的环境条件孕育的渔业资源生物群落,在生态系统服务方面,维持着当地的渔业经济;在保护生态学方面,提供了高异质性的河口—近海生境,支撑了较高的生物多样性。

长江口冬季径流量最小,水温最低,环境条件最差,饵料生物最少,导致该季节鱼种数最少。从春到夏,长江径流增加,水温上升,盐度下降,营养盐增加,饵料生物逐渐丰盛,在外海和南方水域越冬的暖温、暖水种陆续进入河口水域,冷水种离去,由于增加的鱼种一般多于离去的,因而种数增加。而 7 月份径流急增,河口盐度大幅度下降,泥沙量增加导致透明度降低,浮游植物现存量大降,许多狭盐性的海洋鱼类和底栖鱼类纷纷离去,使得 7、8 月份种数出现大幅度下降。随着径流量逐渐减少,盐度上升,底质相对稳定,浮游生物和底栖生物增加,鱼类又陆续回到长江口,种数迅速增加,至 11 月达到最高峰。

长江口鱼类以鲈形目种类为最多,鲱形目次之。1985—1986 年 5 月和 11 月在长江口曾记录了一定数量的软骨鱼类和一些淡水种类,从 1998 年起就没有再捕获。与 20 世纪 80 年代相比,目前鱼类资源种类数量在所有季节都显著降低,种类多样性降低。长江口无脊椎动物以甲壳类为主。与 80 年代相比,春季长江口无脊椎动物无论是在数量还是在重量上均显著减少,主要表现为甲壳动物的生物量和栖息密度大幅度降低;秋季无

脊椎动物资源变动则为水母类所主宰。

从鱼类盐度类型看,在河口这一咸、淡水交汇,盐度对鱼类的生活和分布是一个重要的制约因素,长江河口区的鱼类包括了整个生活史在淡水中完成的淡水鱼类;生活的不同阶段能适应从淡水到海水或从海水到淡水的各种盐度的海河间洄游鱼类;生活在河口附近,常喜栖息在河口区盐度在5~15的中盐性水域的半咸水鱼类,如凤鲚;适盐范围广的近岸广盐海洋鱼类,是长江口的一些重要种和常见种,如鳓、黄鲫、龙头鱼、棘头梅童鱼、银鲳等;属季节性洄游鱼类的近海鱼类,如小黄鱼、横带髭鲷、长蛇鲻、鲐、竹荚鱼5个盐度类型。

从鱼类水温区系来看,包括了分布在月平均水温超过15℃的水域、最适温度为20℃的暖水种,如凤鲚、黄鲫、龙头鱼、海龙、带鱼、银鲳等,多为种群数量较大的种;适应温度范围较广、最适范围为4~20℃的暖温种,如鳗、刀鲚、蓝圆鲹、棘头梅童鱼、矛尾鰕虎鱼、暗色东方鲀、黄鲦鳒等;出现于月平均水温不超过10℃、最适温度不超过4℃的冷温种,如细纹狮子鱼等。1985－1986年度,冬季暖水种在长江口水域的相对丰盛度和种数最低,从春到夏逐月增加,到8月达到最高峰,之后逐月降低;暖温种则相反,夏季8月所占比例在全年最低,从秋到冬逐月增加,2、3月达高峰,后又逐渐降低。冷温种变化与暖水种相似,但由于种数少,所占比例极小。2004年长江口暖水种占绝对优势,11月水温虽略有下降,但由于一些秋季生殖种类和越冬种类如部分鳀科和石首鱼科鱼类的加入,河口鱼类总种数高,暖水种依然呈上升趋势,所占比例为68.75%。暖温种种数变化变动相对较大,但整体趋势正好与暖水种相反,而且在全年各季节其比例都低于暖水种。

从鱼类水层分布来看,长江河口水域不同层次的环境条件相差很大,长江河口鱼类群居同其他生物群落一样,其生物垂直分布有分层现象,包括中上层鱼类,如鳀科、银鲳、鳓等;中下层鱼类,如龙头鱼、带鱼、鲥等;底层鱼类,如鲉科、鲷科、海鳗、小黄鱼、鰕虎鱼类等。与20世纪80年代调查资料相比较,各水层鱼类都显著下降。中上层鱼类数量和重量占整个渔业资源的比重发生了显著变化,在长江口渔业资源中的地位显著提升;中下层鱼类的种类数量减少,占渔业资源比重的显著降低;尽管底层鱼类依旧占据长江河口鱼类组成的首位,但优势程度显然不如以往。这表明长江河口渔业资源已逐渐由中下层、底层大型、肉食性鱼类向中上层小型、浮游生物食性鱼类过渡。

从鱼类食性组成来看,长江口鱼类的食性很复杂,单一食性者很少,许多鱼类属于杂食性,包括主要以藻类和有机碎屑为食的植物、腐屑食性鱼类,是初级消费者,如斑鰶、鲛、鲻等均为历来长江河口常见种类;以浮游动物为主要摄食对象的浮游动物食性鱼类,是次级消费者,如银鲳、燕尾鲳、凤鲚、刀鲚、黄鲫、鳀、鳓等;以摄食底栖动物为主的底栖动物食性鱼类,尤其是底栖无脊椎动物,如棘头梅童鱼、小黄鱼、白姑鱼、东方鲀类等;以游泳动物为主要摄食对象的游泳动物食性鱼类,为大型、凶猛型鱼类,处于较高营养层次,如带鱼、龙头鱼、海鳗、细纹狮子鱼、黄鲦鳒等。与以往调查比较,营游泳动物食性鱼类资源种类数量下降,但幅度远低于该食性的鱼类种类在渔业资源数量中的百分比。长江口底栖生物食性的鱼类种类明显减少。营底栖生物食性的鱼类资源种类最显著的变化特点是种类数量减少,秋季个体明显减小,春季在渔业资源的优势地位降低。浮游生物食性鱼类种类的数量百分比和重量百分比都有了迅速的增加,尤其是在春季,这说明,长江口浮游生物食性的鱼类资源在整个渔业资源中的优势地位迅速提高,其代表种类如银鲳等。

从长江口鱼类优势种来看,龙头鱼在秋季调查中一直处于优势种地位,在春季也有一定的资源量。而 1985 年秋季的优势种棘头梅童鱼后来则被黄鲫所取代成为优势种。可以看出,长江口鱼类资源秋季优势种中,中上层鱼类种类数量增加,优势地位也有了大幅提升。在春季,优势种成分亦发生了变异:小黄鱼和银鲳取代皮氏叫姑鱼成为主要优势种,鳀和刀鲚已经降为普通种和次要种,龙头鱼和黄鲫为春季鱼类资源主要优势种的新成员。2004 年度调查中,龙头鱼在秋季依然保持优势地位,小黄鱼有所增加,带鱼也在多年后的资源匮乏的情况后又回到了优势种地位。20 世纪 80 年代的优势种除三疣梭子蟹在 2000 年秋季和 2001 年春季恢复其优势地位外,其他 4 种已被取代。其中,昔日秋季优势种栉江珧和春季优势种曼氏无针乌贼,分别在本调查的秋季和春季失去踪迹,原经济价值略低的口虾蛄和霞水母一跃成为现今长江口无脊椎生物春季和秋季的重要种。经济价值较低的霞水母 2000 年秋成为重要种,2002 年一跃成为优势度最高的资源种类,这已成为长江河口生态系统功能退化的特征之一。无脊椎生物经济种在优势度上明显低于 80 年代,对长江口渔业资源的贡献逊色了许多。2004 年,三疣梭子蟹在经历 2002 年的资源稀少之外,又恢复到优势种地位。日本枪乌贼依旧保持较高的资源量。海蜇在经历了多年霞水母的肆虐之后,资源得到恢复增加并以绝对优势占据领先地位。

二、长江口滩涂湿地变化

1. 湿地资源丰富,生态服务功能极为重要

长江河口滩涂湿地不仅具有独特的环境特征和重要的生态服务功能,同时也是较为脆弱的生态系统,在抵御外部干扰能力和生态系统稳定性等方面表现脆弱,被世界自然基金会(WWF)列为全球生物多样性优先保护地区之一,对长江口地区的资源、环境和经济的可持续发展具有十分重要的意义。

长江口湿地主要包括崇明岛东滩、长兴岛和横沙岛潮间滩涂和微咸水沼泽地、南汇从白龙港到芦潮港沿长江口南岸的有潮沼泽地和潮间滩涂、奉贤潮滩沼泽和潮间滩涂、淀山湖沼泽地、南支各沙洲和外海拦门沙洲以及邻近的沿江沿海部分湿地,面积约为 2150km^2,占整个上海地区自然湿地总面积的 93%。

根据《湿地公约》中的分类系统和标准,长江口湿地可分为沿江沿海滩涂湿地和河口沙洲岛屿湿地两种类型。滨海湿地分布于沿江沿海的滨海湿地包括潮上带淡水湿地,潮间带滩涂地和潮下带近海湿地,总面积 404.7km^2。其中潮间带滩涂湿地约 146.5km^2,潮下带近海湿地(海拔 $-5\sim0$m)约为 258.2km^2。滨海湿地主要分布在长江口南岸(西起浏

河口,东至芦潮港)。在自然湿地中以沿江湿地为主,约为365km²,占90%左右。沿江湿地以南汇边滩为主,约为331km²。

长江口丰富的滩涂湿地资源,支持着上海市60%～70%的特有、珍稀和濒危物种的栖息环境,为350多种鸟类、600多种水生植物、400多种鱼类以及许多珍稀动物提供生息之地。湿地植物有维管束植物和低等植物两类,维管束植物种类较丰富,约90种,植被覆盖率大,生产力高,其中有很多经济植物。湿地动物种类繁多,资源性很强,一些种类已被作为水产养殖而广泛开发利用,有些种类是传统的狩猎动物,有些还是我国甚至是国际上著名的珍稀濒危物种。

2. 围垦与环境污染成为长江口湿地保护面临的主要问题

长江口滨海湿地长期以来对上海市经济发展起着重要作用。近年来经济高速发展造成土地资源紧缺矛盾日益突出,湿地的生态功能被忽视,而围垦开发的经济功能得到强化,造成湿地围垦消失的面积大于湿地新生的能力,导致长江口湿地面积持续减少,滩涂原生植被及底栖动物适于生存的栖息地遭受破坏,生态系统内各营养级的生物受到不同程度的影响。从1949到1984年,南汇县共围垦滩地4339.9hm²,川沙县共围垦滩地642.3 hm²,仅1968年一年,川沙县新建圩、向阳圩就围垦滩地达324.3 hm²。同一时期,长兴岛、横沙岛周围滩地,都有大面积的围垦。1958年,横沙岛面积比1953年拓展了一倍多,北面岸线不断向前推进。而崇明岛从1952年到1994年,由于围垦其面积也几乎增长了一倍。近50年来,上海市围垦的滩涂面积达730km²。特别是近年来随着工程技术的发展,围垦由原来的高滩围垦发展为中低滩围垦,围垦强度越来越大。

经济高速发展带来的工农业污染使得河口滨海湿地污染严重,生态系统结构和功能大大受损。如长江口西区和南区排污口日排污量近1000万t。宝山石洞口到五好沟一带,水体污染导致许多水生生物已难以生存,加上长江下泄入海的污染物,导致长江口外沿海赤潮频发,湿地生态系统生态特征发生变化,并形成严重衰退的局面,水生生物群落结构发生显著变化,物种明显减少。1998年与1983年相比,浮游生物减少69%,1998年与1992年相比,底栖生物减少54%,生物量减少88.6%。国家保护物种,如中华鲟、白暨豚、胭脂鱼等几乎灭绝,经济水产生物产量明显下降。

三、长江河口水生生物和湿地变化的主要原因分析

1. 长江大型水利工程引起河口水文情势变化

河口是一个相对独立的生态系统,河口径流、盐分、泥沙等水文要素是影响河口生态系统结构和功能的重要因素。三峡工程、南水北调工程、以及上游梯级开发等大型水利工程相继实施将不可避免地对长江河口的水文情势产生影响,尤其是近年来叠加极端气候事件的影响,使得一些问题更为突出。2003年6月1—15日和同年10月20—31日三峡水库蓄水期间,6月份水库蓄水后使下游大通流量减少了37%,长江口淡水资源的持

续时数降低了40%,长江口南槽口门附近最大盐度由6月上旬的3.5‰增加到中下旬的10.9‰;10月份水库蓄水使大通流量减少了1/2,淡水资源的持续时间呈现下降趋势。2004年5月,长江口及其临近海域平均盐度为21.28‰,显著高于蓄水前2001年的18.64‰和1999年的16.01‰。2007年5月长江口及其临近海域平均盐度为22.03‰,较2004年又有所提升。

近年来长江输沙量大幅度减少,2007年长江大通站输沙量比2003年三峡水库蓄水前减少了63%。输沙量减少导致河口悬浮物显著减少,如三峡工程一期蓄水后的2003年6月下旬,长江口南支水域悬浮物浓度由蓄水前的445 mg/L降到148 mg/L,2004年该水域悬浮物平均浓度降为33.33 mg/L。2006年在三峡水库蓄水和特枯水情的背景下,长江中下游水体含沙量仅为2003—2005年平均值的20.6%,造成2004年和2007年长江口最大浑浊带水域的平均悬浮物浓度为151.04 mg/L,仅个别站位悬浮物浓度超过200 mg/L,显著低于三峡水库蓄水前的水平。

水体悬浮物含量是影响长江口及邻近水域春季鱼类浮游生物群落格局的重要因子。混浊水体对仔稚鱼摄食有利,鱼类早期阶段游泳能力和视觉灵敏度较低,扰动条件增加了与食物的相遇率;并且,高浊度条件增加了残存率,因为鱼类浮游生物的捕食者较少出现在该区域。长江口口门地区的最大浑浊带就成为白氏银汉鱼和松江鲈等众多鱼类浮游生物躲避敌害、觅食繁育的最佳场所。近年来长江口鱼类生物群聚栖息环境发生了一系列变化,其中水体盐度和悬浮体成为引起鱼类浮游生物群聚变异的主要环境影响因素。

2. 污染排放增加导致河口环境质量下降

河口地区是人类活动最为频繁、环境变化影响最为深远的地区。随着现代工农业的发展,人类活动日益加剧,河口资源过度开发,使得大量的工业废水和生活污水通过各种途径排入河口区,此外,流域中上游的经济发展也导致污染物排放逐年增加,河口及其邻近海域呈现水质下降和水体富营养化。

此外,排污量逐年增加,河口污染物的浓度增高,河口及其邻近海域呈现水体富营养化。水域的富营养化除了引发赤潮外,还可能导致河口及附近水域的水体氧亏,甚至是缺氧,水体的氧亏通常导致相应水域生物群落结构的破坏,鱼类的饵料资源受到影响,浮游生物、水生植物、底栖生物等各种鱼类的饵料生物的种类组成和数量发生变化。

与20世纪80年代相比,长江口营养盐含量发生显著变化:硅酸盐、硝酸盐和亚硝酸盐增加了一倍多,磷酸盐含量显著提高,氨氮减少了50%,而水体溶解氧含量显著降低。这些环境因子的改变,直接影响浮游植物群落结构,通过生物生产过程作用于长江口生态系统的物质输运(见表13-6)。

表 13-6　　　　　　　　　　　　　　长江口营养盐参数

环境变量	2004 年		1985 – 1986 年	
	全年平均值	变化范围	全年平均值	变化范围
$PO_4 - P(\mu mol/L)$	0.69	0.21 ~ 1.70	0.58	0.08 ~ 4.33
$SiO_3 - Si(\mu mol/L)$	45.59	1.50 ~ 148.90	21.5	0.22 ~ 118.00
$NO_3 - N(\mu mol/L)$	23.98	0.00 ~ 74.20	10.6	0.43 ~ 44.67
$NO_2 - N(\mu mol/L)$	0.50	0.11 ~ 1.40	0.19	0.04 ~ 0.51
$NH_4 - N(\mu mol/L)$	3.54	1.40 ~ 22.80	7.45	1.70 ~ 35.8
DO(mg/L)	7.38	3.67 ~ 10.74	8.16	5.92 ~ 15.32

3. 过度捕捞造成的野生鱼类资源量下降

河口地区淡水和海水交汇,营养盐丰富,许多大型渔场都位于河口附近。近年来,随着海洋渔业的快速发展,捕捞渔具现代化和捕捞技术改良使捕捞强度逐年增大,捕捞强度远远超过了资源的增补能力,严重削弱了资源补充的基础,使作为渔业补充资源的鱼类浮游生物受到很大的冲击,其群落结果也发生了很大的改变,甚至一些经济种类在原区域内消失,渔业资源遭到严重破坏,许多传统渔场已基本难以形成渔汛。如长江口海域,由于对带鱼和小黄鱼等重要经济种类幼鱼的捕杀,致使鱼体趋于小型化、早熟和低龄化现象加剧。过度捕捞和环境退化使生物群落的生态系统失去恢复力和完整性,生态系统的稳定性变差,使依赖生态系统产出的渔业产量在质和量两个方面具有不可预见的变化。

长江河口及邻近海域由于渔业的发展,渔业资源的演变过程,既是渔业开发利用的过程,也是渔业资源结构不断调整和变化的过程。在持续增长的高强度的捕捞压力下,主要经济价值较高的资源遭受破坏是过度捕捞的直接结果。渔获资源不断向低值劣质转化,渔获日趋小型化,短生命周期,低营养级,是过度利用的重要表征。产量的增加并不表明资源状况的良好,而是资源向劣质转化,渐趋恶化的结果。海洋生物与环境之间维持着一定的生态平衡,捕捞活动会使原有的生态衡被打破,渔业资源出现彼消此长,是海洋生物种间结构和自身生物学性状的被动适应。河口及邻近海域的渔业资源处于持续的变动中,资源的营养级不断向低级发展,资源结构发生很大变化,虾蟹类和低值的小型鱼比重越趋加重。捕捞渔获量远远超过资源的承载能力。

4. 堤防建设阻隔海陆水文与物质联系导致滨海湿地退化

长江口滨海海岸特有的潮汐过程及其他水文过程在不同的地形部位因作用强度的不同和组合特征差异形成不同的水土条件,是滨海湿地发育的基础。受风暴潮防护、围垦、城市扩展等堤防建设工程的影响,海陆滨海湿地所依赖的海陆的水文联系受到阻隔,潮汐的侵入减少甚至完全丧失,同时堤防内因排水的需要建立的排水系统,导致地下水位减少,从而导致草滩湿地的生态系统结构和演替方向发生变化,部分湿地功能退化甚至丧失。如滩涂湿地因潮汐周期性的侵入,沉积海水带来的颗粒物质和营养成分被湿地生态吸收和利用,从而达到净化海水的作用,但是堤防建设阻隔海陆水文联系后,滩涂湿地对海水的净化功能无法发挥,致使近海水环境恶化。

5. 城市扩展与不合理围垦导致自然湿地面积减少

过度围垦是目前长江河口湿地生态系统最主要的人为干扰类型,是造成自然湿地面积和数量减少以及生态功能退化的重要因素。大规模的圈围使长江河口湿地沿岸植物毁灭,植被群落结构变化,浮游生物和底栖动物大为减少,水生生物种类和数量的变化直接影响到以这些水生生物为食的各种鸟类的栖息和繁殖,一些珍贵鸟类已在湿地绝迹,还有一些则种群数量急剧减少。由于盲目围垦,鱼类产卵场和育肥场也遭到破坏,珍稀鱼类以及经济鱼类的生存面临威胁,许多经济鱼类消失或濒危灭绝。

第三节　长江河口综合管理策略

一、长江河口综合管理的重要性

河口是整个流域中具有重要的社会、经济和生态多重价值的特殊地区。河口生态系统具有极其丰富而独特的生物多样性。同时,河口又往往是整个流域中经济最活跃、文化最繁盛的地区之一。来自整个流域的影响及河口地区自身的发展压力使得河口生态系统备显脆弱,亟需有效的管理和保护,河口综合管理的使命即在于此。

长江口丰富的生物资源亟待有效保护。长江口独特的生境条件孕育了独特而丰富的生物多样性,是许多生物所依赖的繁殖地、索饵场和洄游/迁徙通道,在整个流域中独一无二,无可替代。仅在长江口水域的鱼类就有 329 种(据庄平等,长江口水生生物资源及其保护对策,2008),可与整个长江流域的鱼类总数相媲美。

长江口复杂的演变历史需要辩证认识和科学发展。从历史上看,长江口的形成和发展经历了漫长而复杂的过程,其中近百年来人类活动对长江河口的改变尤为明显。湿地的促淤和围垦,航道和码头等航运基础设施的建设、堤坝和海防工事的发展都在人为地改变着长江河口的演变趋势,也对河口自然生态系统带来了巨大的影响。

长江口的持续健康发展需要跨界的综合管理。河口的健康与否还受到整个流域的影响,上中下游的所有生产、开发和建设活动都会影响河口的水质、水量和生态系统状况。要实现有限的河口保护和发展,就需要以整个流域的视角来规划和实施整个流域的开发、管理和保护。如何打破现行管理体制中的地区分割和部门分割,将整个流域视为统一的整体,既是健康河口所要倚赖的,也对保障整个流域可持续发展具有重要意义。

二、长江河口综合管理的目标与重点

1. 长江河口综合管理的目标

长江河口综合管理的目标是:以河口健康和可持续发展为目的,通过战略、规划、政策、法规、监督、市场调控、公众参与等手段,避免由于部门分割、地区分割、研究与实践脱离、信息不共享、发展与保护相孤立等不合理的传统管理方式的局限性所造成的环境受损、生态退化、资源锐减、安全堪忧等问题,保证河口资源的持续利用和河口复合生态系统的持续发展,保障河口安全、促进河口地区的经济社会发展,实现公众福利的最大化,城市发展和自然保护之间的和谐。

2. 长江河口综合管理的重点

(1)维护河口的生态系统健康、确保河口地区的生态安全。河口综合管理的重中之重是保障和维护健康的河口生态系统:保护和恢复河口生态系统和生物多样性,防止生态退化,实现资源的可持续利用。在全球气候变化的背景下,还需要重视河口地区的生态安全。

(2)建立河口综合管理的协调机制,实现跨界综合管理。要实现河口综合管理就需要打破现有行政和地区的管理界限,建立部门、地区等利益相关方之间的协商、协调机制,全面组织和协调与河口的开发和保护相关的管理工作。

(3)科学制定和实施河口规划,平衡开发和保护的关系。河口面临的很多问题来自于开发和保护之间的矛盾冲突,只有从源头抓起,自规划阶段就体现河口综合管理的思想,才能尽可能规避这种矛盾的出现。特别需要重视的关系包括湿地保护和滩涂开发之间的平衡、渔业发展和水生生物多样性保护和平衡、河口航运与基建和生境保护的平衡。规划设计中也要特别考虑气候变化对河口生态系统的影响及其应对措施。

(4)构建信息共享和交流平台,加大面向国内外的宣传推广。河口综合管理涉及多学科、多部门、长时段的信息和资源,具有高度的综合性。这些高度综合的信息需要倚赖一个完整的河口信息共享平台。河口的保护和管理更需要信息的交流和沟通,构建联系全国乃至全世界重要河口的联络、交流机构,加强不同河口之间的经验交流和教训分享,可以有效地帮助各地的决策者和保护者改进决策的科学性,提高行动的有效性。

(5)积极尝试和推行有效的经济政策。河口的健康倚赖与整个流域的呵护,但河口地区社会和经济的繁荣也应该能为整个流域的发展提供支撑。水资源的供需矛盾、水质的持续恶化、生物资源的衰竭、上游来沙的变化等问题都需要一系列水权、环境税和环境补偿政策的实施来有效地解决。通过合理的环境补偿来寻求区域经济社会发展和自然保护的平衡在国外是一种比较普遍而有效的做法,在我国应该推广。

(6)加大决策公开,鼓励公众参与。建立河口综合管理的全民意识和公众参与机制,在人口聚集社会繁荣的河口地区尤为重要。首先需要建立有效的信息和决策公开机制,为公众提供了解河口状况,与政府对话并参与政府决策的机会。公众参与也能为政府决策和政策的实施提供有效的监督。另外,公众对河口保护意识的提高和积极参与,也有助于深入推进和开展河口综合管理的工作。

三、长江河口综合管理对策建议

1. 建立河口综合开发和管理的协商机制

河口综合管理的核心思想之一是推动体制和机制创新,实现跨部门、跨区域的综合管理,而这些要求往往是现行管理机制所欠缺的。传统的部门分割、地区分割体制清晰的划分了权责范围,但却割裂了保护和开发的内在联系,降低了管理效率。长江河口的开发、保护与管理涉及环保、水务、农业、绿化、气象等各政府部门,全流域各地方政府相关领导,河口保护和管理的研究机构,具体开发建设项目的实施单位执行委员会,相关的国际组织和公众团体等,应提供一种综合协商的机制,促进利益相关方改进在河口管理的参与方式和途径。

长江口的综合管理特别要求跨区域的合作和协调。长江河口的保护要放眼整个流域,积极与流域上中下游各省市加强沟通和合作。位于流域末端的河口地区受到来自整个流域的复杂影响,河口的健康与否依赖整个流域的综合管理,需要上中下游的区域管理能考虑到对河口的影响。而河口在设定自身保护和发展规划的同时,要理性分析自身的自然保护需求(保障河口水资源和供水安全、控制流域污染等),同时认识自己在经济社会发展上所具有的独特优势,考虑对上中下游地区在经济发展等领域的必要支持,探寻流域合作、环境补偿等可操作的解决方案,形成一种互助、互利的共赢局面。

2. 科学认识河口生态系统现状, 积极应对气候变化

长江河口地处海陆交界地带,对气候变化的响应非常敏感,如洪枯变化与盐水入侵、气候变暖与海平面上升等。在分析长江河口面临的海岸带湿地开发和保护、生物多样性受损、航运发展和生态安全等具体问题现状、影响和未来发展趋势时,要进一步考虑全球气候变化对长江河口的复杂影响,包括对具体问题的叠加影响和气候变化引发的极端气候事件多发等新问题,科学分析这些问题之间的相互关系,树立优先次序。气候变化的影响广泛,与很多传统的自然保护和环境管理领域都有相关性,因而有必要根据气候变化的规律和趋势设定有针对性的综合应对措施。

气候变化适应（adaptation）和减缓（mitigation）

适应气候变化是指自然和人为系统对于实际的或预期的气候刺激因素及其影响所做出的趋利避害的反应。河口地区是受气候变化影响的脆弱性区域。世界自然基金会以河口城市上海为例，梳理了气候变化对长江河口产生影响的重点区域分布，开展了气候变化脆弱性评价及分区研究。结果表明，长江河口城市受气候变化影响最脆弱的区域（一、二级脆弱区）主要分布在：河口岛屿和湿地、东南沿海海岸带及滩涂湿地、淀山湖水源地及其周边淀卯湿地、黄浦江及其沿岸缓冲带、上海主要水系等区域（图1、图2）。为决策者制订管理对策和行动方案提供依据，为调整人类活动，减缓气候变化提供借鉴。

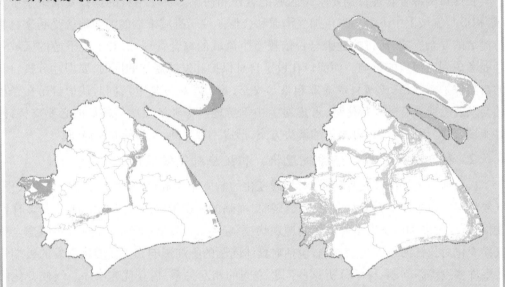

图1　长江河口城市气候变化一级脆弱区分布图　图2　长江河口城市气候变化二级脆弱区分布图
资料来源：WWF，长江河口城市气候变化脆弱性评价报告，2008。

对于未来可能的海平面上升和极端气候问题，一方面要强化现有堤防的安全性和稳定性，加强监测和预警，确保城市安全。特别对于浦东机场东侧，南汇临港新城外围岸线、金山和奉贤南部侵蚀问题显著的杭州湾北部岸线，尤其要强化岸线的安全性；另一方面要在海岸带堤防内外的适当区域加强湿地保护，保留足够的自然湿地和洪泛区，增强自然生态系统适应气候变化的缓冲能力。越是对于城市安全意义重要的岸线，越需要将人工堤防和自然缓冲湿地结合起来，留足自然湿地，确保缓冲能力。

对于可能危及未来城市供水安全的盐水入侵问题，一方面要加强对水质水量变化的监测和管理，科学设定大通流量预报盐水入侵的临界值，提高预警机制的时效性和可靠性；另一方面要加强流域合作，效仿以不断流为目标的黄河水量调度管理办法，推动长江流域重大工程的联合调度，合理规划在枯水季节长江沿岸省市的流域性调水行为，通过保障河口的入海淡水流量，确保河口环境流，有效缓解盐水入侵的危害频率和强度。

对于河口航运功能的未来发展，一方面要通过合理的水利工程方法稳定长江口河势，确保现有航道实现其规划功能即航运安全，另一方面要在保护河口生态系统前提下审慎地设计未来的航运发展规划，例如：稳定河势的工作应尽可能考虑用更为生态和环境友好的技术手段，而不局限于纯人工的硬质化岸线和堤坝建设；科学研究疏浚土的综合利用方案，尝试将疏浚土吹填形成的新湿地发展成为一种环境补偿措施；对于航运工程对生态系统造成的影响要积极采取人工放流、污染防护、植被恢复等手段进行补偿和修复。

3. 寻求保护和发展的平衡，针对综合保护目标设计长期保护计划

长江口的未来发展要确保保护和发展之间的平衡。在发展航运功能的同时要确保给河口生物保留足够的生存空间和有效的生境；在城市发展的过程中要重视滩涂围垦和湿地保护之间的平衡；要通过规范渔业行为保证河口水生生物资源的可持续发展。

长江口的保护要时刻强调其重要的生态价值。加高堤坝、建设硬质护岸、切断或束窄盐水入侵的部分通道等工程手段可能在短时间内奏效，但长远来看，其效用的局限性十分明显，无法应对持续的未来变化，并且经济成本极高。河口综合管理所要求设计的对策不仅要对紧迫问题有时效性，也要动态地应对未来可能的长期变化。尊重和应用自然规律的对策，如保留缓冲湿地、利用疏浚土新建自然湿地、引入本地种，恢复生物多样性、合理界定航运发展和自然保护在时间和空间上的范围和关系，从长远的角度来说是经济而有效的解决方案。河口综合管理应该设计一套能整合短期工程解决方案和长远自然解决方案的综合目标，展望健康而可持续发展的河口未来愿景，它也是指导设计和实施具体行动计划的重要依据。

4. 重视科学研究、大力支持科研成果向实践的转化

河口面临的问题复杂多样，气候变化、流域开发等外部因素更使河口的保护和管理需要全面综合考虑很多复杂的因素及其综合作用的结果。这需要相关的工作者不仅有扎实而长期的工作积累，更要与时俱进，关注这个领域最新的研究和实践进展，探索更为行之有效的保护和管理策略。河口综合管理需要科学研究的支撑，但更强调科学研究必

须着眼于具体的现实问题,不仅要从科学上揭示问题发生的原因和未来的趋势,更要以此为基础,提供可操作的解决方案。

5. 建立信息共享平台,建立国际化交流机制

河口综合管理强调合作和交流。特别需要推动政府各部门、各领域科学家和社会各界力量之间的合作交流:用易于理解的环境经济分析方法将河口保护和管理与经济社会发展的目标结合起来,引导和荐言决策者采取行动;结合企业社会责任的实现目标将河口综合管理的抽象目标细化为可操作项目方案,赢取多种社会力量在经济和人力上的支持和参与;用通俗生动、深入浅出的表达方式演绎河口综合管理中的科学问题和管理思路,教育、吸引普通公众的关注和支持。

长江口在空间上大尺度性、生物和生境多样性上的特殊性、所孕育的河口城市群的典型性,都使之吸引了全球的关注。这些机遇中可能酝酿更多可能的未来国际合作,大大推进相关科学研究、实践示范和宣传教育的有效性和影响力。要促进建立国际大江河口开发、保护、治理等方面的交流平台,组织研讨、交流、考察,共商未来的行动方案,加强资源整合,充分借鉴世界其他河口整治管理的历史教训、管理经验和未来规划。

第十四章

长江三角洲地区的发展

长江三角洲(以下简称长三角)地区位于我国东部沿海开放带和沿江城镇产业密集带的交会部,核心区包括上海市,江苏省南京、苏州、无锡、常州、镇江、扬州、泰州、南通和浙江省杭州、嘉兴、湖州、宁波、绍兴、舟山和台州共 16 个城市,陆域国土面积 11 万 km²,2007 年底常住人口 9749.1 万,地区生产总值 46860.4 亿元,分别占全国的 1.1%、7.4% 和18.8%。这一地区是我国综合实力最强的区域,是国家新一轮改革开放的重心和经济全球化的前沿阵地,在国家经济社会发展全局中具有重要的战略地位,带动作用突出。

第一节 改革开放 30 年发展历程与成就

一、发展历程

1. 20 世纪80 年代以计划经济为主导的区域分散发展阶段

改革开放以前,在计划经济体制的约束下,私营经济、集体经济的发展受到抑制;上海原有的金融服务功能严重衰退,以"上海制造"闻名的国有经济实力较强,但因每年要上缴国家大量的财政收入,产业和城市建设更新缓慢,对周边地区的带动作用不强。改革开放以来,长三角地区被压抑的经济发展活力逐渐地迸发出来,计划经济相对忽略的江浙农村,抓住了市场短缺的机会,利用为上海大工业配套、与企业联营、外贸订单、聘用"星期日工程师"等技术力量,通过运用非常灵活的生产、销售模式,蓬勃发展了集体经济为主体的乡镇企业,占据了长三角经济的半壁江山,并占领了较大比重的国内消费品市场。以农村集体经济为主体的"苏南模式"和以个体、私营经济为主体的"温州模式"并驾齐驱,风靡全国。

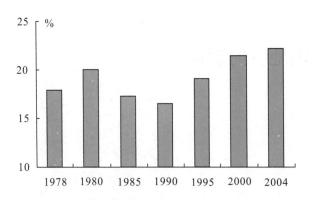

图 14-1　1978—2004 年长三角经济总量占全国比重

这个时期,长三角的开放早于全国,但滞后于珠江三角洲(简称珠三角)。1985 年长三角经济开放度(外贸依存度和外资依存度之和,其中外贸依存度为进出口总额与 GDP 之比,外资依存度为 FDI 和 GDP 之比)为 15.9%,而同期珠三角为 30%,全国为 11.4%。珠三角依靠毗邻港澳的独特地理位置,以"三来一补"(来料加工、来件装配、来样加工和补偿贸易)为主要贸易形式的外向经济企业遍及城乡。而同期长三角经济则各自分散发展,在江浙地区主要依靠内资为主的乡镇企业,产品以国内市场为主,而上海因受计划经济体制限制,经济转型较为艰难,区域整体经济发展略显滞缓,遂出现"资本南下"、"广货北上"等现象。

2.20 世纪 90 年代以上海浦东龙头带动的经济转轨发展阶段

1990 年浦东的开发开放,带动了长三角巨大的经济变革,促进该区域从计划经济向市场经济过渡。上海浦东开发战略实施,促进了城市空间结构调整,进而带动了经济结构的调整;长三角的其他城市充分利用浦东开发的机遇和毗邻上海的区位优势,分别设立了国家高新技术开发区、经济技术开发区、省级经济开发区、市级开发区等各级各类开发区,以优惠政策和新成长空间吸引外资进入,苏州工业园区、昆山经济开发区都成为集聚外资的典型。长三角也因此成功实现了乡镇企业与外资的嫁接,并在推动计划经济向市场经济过渡的进程中,促进国有、集体、私营、外资等所有制结构多样化;将引进海外资金和技术同地区产业结构调整结合起来,促进了经济结构优化:家用电器和以电子工业为中心的高技术产业明显增强,电力、冶金、石油化工、机械等也有很大加强。

开发区建设,推动了大中城市的新区建设和自上而下的城市化,城市发展由小而分散向大而集中方式过渡,上海、南京、杭州、苏州、宁波、无锡等区域发展极化明显,城市间的竞争日益显现。为了协调内部发展,提高区域整体竞争力,加强长三角内部一体化的需求日益迫切,各省市间也开始重视加强基础设施的衔接、旅游合作,尤其是沪宁、沪杭甬高速公路的建成通车,进一步密切了长三角内部的经济联系。

3. 21 世纪初以一体化为主要趋向的市场经济加速发展阶段

进入 21 世纪以来,随着社会主义市场经济体制的逐步完善,上海和长三角其他城市间的发展联动关系日益深入。原有的上海以国资为主、江苏以外资为主、浙江以民资为主的特色发展模式,正在从彼此间相互借鉴、日益趋同,向国资、民资、外资相互渗透的混合经济发展模式发展。

2001 年 5 月起,上海、江苏、浙江三省市每年召开经济合作与发展座谈会,每两年一次的长三角区域发展国际研讨会、长三角旅游城市 15 + 1 高峰论坛、长三角 15 城市市长论坛等定期和不定期的对话与交流,加快了区域一体化进程。区域性基础设施建设加快,区域发展呈现了网络互动的态势,各种城市和区域联盟不断涌现,如沿江、沿湾、环湖区域和各级大都市区,构成合作开发的主体。尤其是伴随沿路高新技术产业带建设、沿江开发战略和环杭州湾开发战略的实施,长三角进入重工业化和高新技术产业共同加速发展时期,通过港口物流发展与重化工业基地建设,长三角正在形成强大的基础产业带;通过吸引有技术竞争力的世界 500 强及其研发机构集聚,形成了长三角高新技术产业集群,并迅速形成我国区域高新技术产业成长的地区竞争优势。快速、崭新的发展态势,使长三角在招商引资、对外出口以及 GDP 等发展指标上已远远超过了珠三角地区。

二、发展成就与问题

1. 全国经济中心的地位得到加强

改革开放以来,长三角地区经济有了很大发展。改革开放前期的 1978—1990 年,长三角核心地区 GDP 年平均增长率为 13.34%(可比价格),但还略低于全国平均增长率;从 20 世纪 90 年代开始,随着浦东开发开放政策的实施,该地区的经济增长速度明显提高,1991—2006 年,GDP 的年增长率达到 19.53%,高出全国同期平均水平(16.65%)近 3 个百分点,对全国经济起到了强有力的拉动作用。经过 30 年的快速发展,长三角核心地区在全国的经济地位明显提升。1978 年长三角核心地区 GDP 总量仅为 546 亿元,2006 年增长到 39612 亿元,28 年间增长了 71.5 倍,GDP 占全国的比重由 1978 年的 13.4% 增长到 18.8%,增长了 5 个百分点以上。该地区人均 GDP 由 1978 年 620 元提高到 2006 年的 47532 元,增长了 75.7 倍,换算成美元,人均 GDP 达 7000 多美元,已达到世界中等发达国家水平,大概相当于全国平均水平的 3 倍。

2. 产业结构不断优化,一、二次产业比重下降,现代服务业比重上升,向后工业化方向发展

伴随着长三角地区经济的持续增长,三次产业结构也发生了显著的变化。1978 年,长三角核心地区三次产业的比例分别为 16.0:57.8:26.2,到 2006 年,三次产业比例变为 3.7:54.9:41.4,第一产业比重大幅下降,而第三产业比重则快速上升,已形成了二、三产业并驾齐驱的局面(见图 14 - 2)。上海市第二产业比重从 1978 年的 77.36% 下降

到 2006 年的 47.29%，下降了 30 个百分点，第三产业份额不断增加，二、三产业所占份额已不相上下，表现了产业结构的升级和高度化，正在向后工业化迈进；浙北地区第一产业所占份额不断下降，从 1978 年的 36.45% 下降到 2006 年的 6.45%，下降了 30 个百分点，第二产业的比重上升了 20 个百分点以上，基本实现了工业化。2006 年，南京、杭州、苏州、宁波和无锡等城市的第三产业比重已超过 40%，正处于工业化后期。

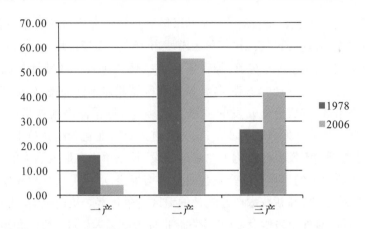

图 14-2　长江三角洲核心地区 1978 年与 2006 年三次产业结构比较(％)

　　在工业结构内部，一方面由于各地以打造国际制造业基地为目标，增加工业投入，保持工业生产高位运行；另一方面，由于消费需求的多元化发展，民用汽车、住宅、通信设备进入家庭，加上大型基础设施建设的需要，使轻纺和耐用消费品等工业部门发展减速，市场需求逐步让位于重工业。总体上，长三角核心地区工业内部结构重化工业趋势明显，长三角核心地区工业结构已从 1978 年轻工业比重高于重工业的状况变为重工业为主的结构，2006 年轻重工业比例为 41.6:58.4。

3. 外向型经济和民营经济发展迅速，经济活力增强

　　20 世纪 90 年代以来，长三角地区抓住浦东开发开放和我国加入 WTO 的契机，加快推进"引进来"和"走出去"相结合的开放进程，不断提高利用国内外"两个市场、两种资源"的能力和水平，目前长三角核心地区已进入了一个全方位、多层次、宽领域开放的新阶段。对外贸易规模不断扩大，2000 年长三角地区的进出口总额为 1235.8 亿美元，到 2006 年进出口总额达 6257.4 亿美元，6 年间增长了 5 倍多，占我国进出口总额的 35.6%，超过了原来雄踞第一的珠三角地区；2000 年实际利用外商直接投资 105.7 亿美元，2006 年增长到 316.4 亿美元，占我国引资总量的 43.0%，遥遥领先于其他区域，成为促进长三角地区经济发展的重要驱动力。以上海为例，目前世界 500 强企业入驻上海总数已达 280 多家，在沪投资的国家和地区达到 108 个，跨国公司地区总部、投资性公司和研发中心分别达到 56 家、90 家和 106 家。

　　改革开放以来，长三角核心地区民营经济发展迅速，总量持续增长，结构优化，对经

济和社会发展的贡献日益加大。截至 2006 年底,上海市私营企业户数从 2000 年的 14 万户猛增到 2006 年的 50 多万户,增长了 2.6 倍;私营企业总注册资本从 2000 年的约 1200 亿元上升到 2006 年的 8000 多亿元,增长约 5.7 倍。民营经济的经营领域进一步拓宽。民营经济的科技含量进一步提高。至 2006 年末,上海市科技型私营企业已达 5 万多家,其中经认定的高新技术企业约为 2000 家,占全市高新技术企业总数的三分之一。外向型经济和民营经济的迅速发展,极大地增强了长三角核心地区的经济实力和参与国际竞争的能力。

4. 公路、铁路、港口与机场等基础设施快速发展,形成了发达的陆、水、空综合交通网络

改革开放以来,长三角地区公路尤其是高速公路发展很快,先后建设了沪宁、沪杭、宁杭、宁通、苏嘉杭、苏南沿江、甬台等高速公路,建成了江阴长江大桥、南京长江二桥和三桥、润扬长江大桥、苏通长江大桥、杭州湾大桥、东海大桥。2005 年,长三角共有公路 8.9 万 km,路网密度 0.81km/km^2,每万人拥有公路 11.2km,公路网密度远远高于全国平均水平。在铁路建设方面,长三角地区改革开放以来修建了新长铁路、宁启铁路,目前正在规划建设贯穿长三角地区的京沪高速铁路、沪杭高速铁路、城际轨道交通等。通过这些项目的建设,长三角地区将形成更加快速、便利、发达的陆路交通网络,为支撑区域更巨大的物流、人流、信息流、资金流和技术流提供了可靠的基础条件。

长三角地区水网密布,通江达海,发展江海运输比其他地区具有明显优势。改革开放以来,外向型经济的快速发展,使长三角成为全球最大的集装箱运输生成地,也使港口成为区域基础设施建设的重点。长三角核心地区先后建设、发展了上海港、宁波港、舟山港、江苏沿江港口群,建设了上海洋山深水大港,货物吞吐能力大大提高。1990 年以来,长三角核心地区主要港口的货物吞吐量年均增长率在 10% 以上,特别是 2000 年以后,平均每年增长达到 18% 以上,主要港口和内河码头吞吐量从 6.3 亿 t 增长到 17.7 亿 t,国际集装箱吞吐量年增长率 31.3%,从 624 万标箱增长到 3204 万标箱(见图 14-3)。2006 年,上海港货物和集装箱吞吐量分别达 5.37 亿 t 和 2172 万标箱,分列全球第一和第三位,宁波港已迈入亿吨大港行列,2006 年货物吞吐量达 3.0 亿 t,成为世界第四大港,南京港已成为全国最大内河港口。长三角核心地区目前已经建成上海虹桥和浦东(简称上海机场)、南京禄口、杭州萧山、无锡硕放、宁波栎社、南通兴东、常州奔牛、舟山普陀山、黄岩路桥、苏州光福等机场,目前刚刚完成浦东机场二期工程,正在扩建无锡硕放机场为区域性国际机场,在扬(州)和泰(州)地区规划建设苏中机场,航空运输能力和运输量大大提升,国内旅客运输量从 1980 年的 85.2 万人次增长到 2006 的 3678 万人次,增长了 43.2 倍,飞机起降由 1995 年的 141629 架次增加到 2003 年的 361006 架次,成为各种运输方式中发展最快的部门(见图 14-4)。

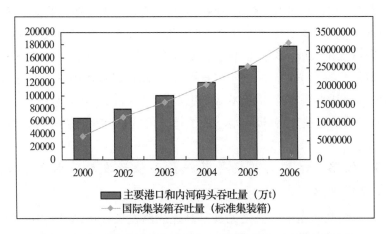

图14-3　长三角主要港口码头吞吐量与集装箱吞吐量变化趋势

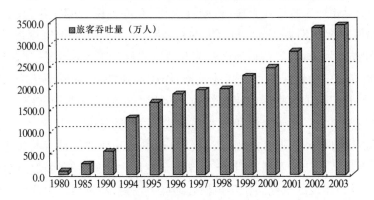

图14-4　长三角地区航空旅客运输量变化(1980—2005)

5.科教水平大幅度提升,科技创新能力明显增强

改革开放以来,长三角地区的科技教育水平快速提高,工作人员素质明显提升。长三角核心地区有普通高校244所,占全国的14.1%;所在的两省一市人均教育经费投入呈快速增长趋势,仅1997—2006年的10年间就翻了3倍多,从336.4元增加到1190.9元。从每万人大学在校生人数来看,上海从1979年的60人增长到2006年的341人,增长了4.7倍;江苏从12.3人增长到173人,增长了13倍;浙江从8.5人增长到144.6人,增长了16倍。在发达的教育资源的支撑下,科技水平也大幅度提升,大专及以上人口所占总人口的比例达到9.5%,远高于全国平均水平;目前长三角地区科学家、两院院士等高水平科技人才已经占到全国总数的1/5左右;建成了上海、南京、杭州等6个国家级高新技术产业开发区,成为我国以微电子、光纤通信、生物工程、海洋工程、新材料等为代表的高新技术产业的研发、中试和产业化重要基地,创新能力和国际竞争力明显提升。

6.高速城市化与工业化,增加了资源消耗和供应的压力

长三角是我国人多地少、人口密度较大的地区,历来土地资源紧缺。改革开放30年

来,经历了高速城市化的过程,长三角核心地区城市化水平已经上升到 50% 以上,16 城市的城市和乡镇建成区快速扩张。目前以上海为中心包括苏州、无锡的长三角核心区域建设空间几乎连绵成片。根据遥感图像量测,以苏锡常为例,苏州建成区由 1984 年 50km² 增长到 2005 年的 481km²,增长了 8.6 倍,无锡建成区由 1984 年的 55km² 增长到 2005 年的 359km²,增长了 5.5 倍,常州建成区由 1984 年的 57km²,增长到 2005 年的 247km²,增长了 3.3 倍(见图 14-5)。城市化的快速发展,使土地资源加速消耗,建设用地扩展与农田保护的矛盾十分突出。尤其是 20 世纪 90 年代以来,长三角核心地区受保护的农业用地就减少了 14.8%。到 2006 年,人均耕地面积下降到 0.047 hm²,仅为全国平均水平的一半,而上海及苏锡常、浙北地区人均耕地面积已不足 0.03 hm²,而且,耕地被建设用地切割零碎,破碎化严重,土壤极易遭受污染。长三角核心区域建设空间紧缺,已成为进一步发展的重要制约因素。

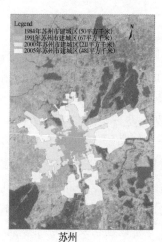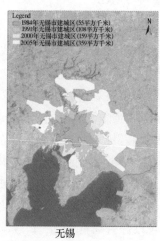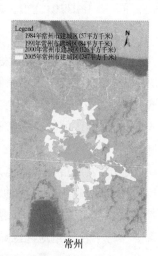

| 苏州 | 无锡 | 常州 |

图 14-5　20 世纪 80 年代以来苏州、无锡、常州城市建成区扩展趋势

快速的工业化也带来了对能源和矿产资源的巨大需求。上海、江苏和浙江是我国能源、矿产资源短缺、原材料贫乏的省份,尤其是 20 世纪 90 年代以来经济的高速发展及重工业化过程,更加剧了对能源和其他原材料的消耗,也加深了该地区对外能源和矿产资源的依赖程度,加重了对交通、环境的压力。2004 年以来,长三角地区一度出现"电荒、煤荒和油荒",暴露了资源对经济发展的约束力。

7. 环境保护滞后经济发展,导致区域环境污染较为严重

改革开放以来,长三角经济的快速发展,但环境生态没有得到同步建设和保护,水、大气和土壤受到了不同程度的污染,环境问题比较突出。地表水受到工业、农业和生活污水中的氮、磷、长效有机复合物等污染,除长江、钱塘江源头、水库以及太湖湖心水域的水质为 Ⅱ～Ⅲ 类水外,其他内河和水网地区河道、湖泊水质总体为 Ⅳ、Ⅴ 类水,甚至劣 Ⅴ 类,大部分农村河道以及城市内河达不到水环境功能要求,成为典型的水质型缺水地区。

随着电力及重化工业的发展,私家汽车的大量增加,大气污染随之加剧,酸雨频率增加。目前,长三角核心地区集中了4000万kW左右的发电能力,加上钢铁、化工及民用等煤炭使用量,虽然,大力开展了节能减排和SO_2的回收处理工作,但大气污染仍然十分严重。酸雨频率苏—锡—常和南京在60%以上,浙江省局部地区降水pH值平均为4.5左右,检出率达到84.6%。此外,地表水污染,大量超负荷开采地下水,引起地下水水位迅速下降和严重的地面沉降问题。1990—2001年,年均地面下沉16.4mm,苏锡常、杭嘉湖和上海累计沉降超过200mm的范围占该地区的1/3。地面的大幅度沉降与气候变暖、海平面上升叠加,使太湖洪水出路严重受堵,排洪更加困难,加上河湖围垦、淤塞,调蓄面积减少,太湖水系的调蓄功能大大下降,遭受洪涝灾害的威胁加重。

第二节　面临的机遇与挑战

长三角历来是我国经济发达的地区之一,现已成为我国最重要的制造业基地、科技资源最集中、制造业技术创新能力最强和国际化进程最快的地区,进一步发展面临诸多机遇和挑战。为全面贯彻落实科学发展观,构建社会主义和谐社会,率先转变经济增长方式,不断提高区域综合实力和国际竞争力,国家发展和改革委员会组织有关方面共同编制了《长江三角洲地区区域规划》。规划力求从长远和全局的角度,合理确定区域发展的功能定位、发展目标和总体布局框架,明确区域内部各城市职能分工,统筹区域发展与人口增长、资源利用、环境保护之间的关系,重点协调解决区域内各方共同关注、任何一方都难以自行解决的重大问题,加快区域一体化和国际化进程,增强整体实力。本节内容部分参考了长三角地区区域规划综合研究报告(长江三角洲地区区域规划综合组,长江三角洲地区区域规划综合研究报告,2006)。

一、发展机遇

1. 经济全球化日益加深，国际产业加快向亚太地区转移，为长三角承接国际产业转移提供了极好的机遇

随着全球经济一体化进程和国际合作与交流深入发展,国际产业转移速度加快,虽然发达国家仍然是跨国直接投资特别是跨国并购的主要目的地和发生地,但亚太地区成本和市场优势日益显现,越来越成为跨国直接投资的热点地区。在世界地缘格局中,长三角地区处于西太平洋东亚航线之要冲,有望成为西太平洋沿岸有一个重要的世界城市群和产业密集区;从国内发展格局看,长三角位于我国东部沿海地区与长江黄金水道T形经济总体格局的接合部,区位得天独厚,战略地位突出,经济文化基础雄厚,科教实力强,发展潜力巨大,又有上海这样一个全国最大的城市,被公认为世界级城市群和21世纪中国最具发展潜力的区域之一,理所当然承担率先参与国际竞争、提升综合竞争力乃

至国际竞争力的重任,越来越成为跨国公司扩大对华投资的首选地。

从当前跨国公司所选投资区域的企业数分布看,长三角地区以47%的压倒性优势,成为跨国公司投资首选。FDI投资不仅规模不断扩大,而且质量也不断提升,从以加工配件为主向以石化、汽车、冶金等重化工业行业转移,产业链进一步向高端延伸,高端制造和研发机构大量涌入,支撑长三角逐步成为国际先进制造业基地,近几年来,中国FDI流入一直位居世界前列,其中,长三角地区约占全国一半,成为中国受经济全球化渗透全面、影响深远的地区。国际产业加快向亚太地区转移,有利于长三角地区继续发挥开放优势,进一步加快对外开放步伐和提升国际化水平,随着全球化全方位地渗透到长三角经济、政治、社会、文化、体制等各个领域,进一步加深了长三角地区与国际社会的资源、市场、资本、科技和人才的融合度。

2. 我国正处于发展的重要战略机遇期, 经济增长的空间很大, 有利于长三角发挥优势, 加快产业结构优化升级

随着经济全球化和全球产业结构调整的深化,发达国家的跨国公司在向发展中国家继续转移制造业的同时,也越来越多地采用外包形式向外转移服务业。目前,服务业吸收的跨国直接投资存量已经从1990年的不足50%上升到目前超过60%,服务业外包已成为全球跨国直接投资的主要引擎,未来几年全球服务业外包市场仍将以30%~40%的速度增长,并将成全球跨国直接投资的重要领域。

21世纪头20年,是我国必须紧紧抓住并且可以大有作为的重要战略机遇期,经济国际化程度不断加深,经济改革不断深化,以重化工业为主的工业化和以沿海城市密集区崛起的城市化高速发展,都在推动我国经济快速增长。长三角一直是中国经济增长最具活力的地区,作为我国参与经济全球化竞争的前沿区,加快发展仍是这一地区发展的主旋律,今后相当长时期,将是长三角地区坚持贯彻和率先体现科学发展观的重要时期,真正做到既加快发展,又协调发展,从而使长三角的发展模式经得住时间和历史的检验,并能够在又快又好发展中提升区域国际竞争力。总体上看,长三角地区产品结构差异性大、同构率低,结构调整优化有较大空间。虽然长三角地区在大产业的选择和布局上有所雷同,制造业的大产业门类同构率达0.9,但具体的产品同构率低于0.3,这些产品的差异给相应产业的进一步发展带来了较大的空间。

随着我国加入WTO过渡期结束,金融、保险、物流等服务业领域正在逐步开放,为长三角地区通过结构升级和角色转换,形成以服务业为主体的产业结构,实现部分行业与发达国家的差别化水平分工提供了良好契机,并藉此提升在全球劳动地域分工体系中地位。将于2010年5月1日举行的上海世界博览会是加速长三角地区发展的重要的战略新机遇。上海世界博览会将提升上海中心城市的能级,同时,也将成为长三角经济圈加速融合的最佳契机,成为进一步促进长三角地区经济社会一体化发展的强劲动力,将推动长三角地区在更高层次、更广领域融入世界。

3. 国家区域发展总体战略深入实施和国务院关于进一步加快长三角改革开放和经济社会发展的指导意见，为长三角科学发展、和谐发展、率先发展、一体化发展指明了方向

《中共中央关于制定国民经济和社会发展第十一个五年规划的建议》提出,我国将通过有效的区域政策调控,促进合理的区域发展格局形成。国家将继续推进西部大开发,振兴东北地区等老工业基地,促进中部地区崛起,鼓励东部地区率先发展。东部地区要努力提高自主创新能力,加快实现结构优化升级和增长方式转变,提高外向型经济水平,增强国际竞争力和可持续发展能力。东部地区发展是支持区域协调发展的重要基础,要在率先发展中带动和帮助中西部地区发展。

长三角作为东部率先发展和带动全国经济腾飞的龙头,国务院出台了《关于进一步推进长江三角洲地区改革开放和经济社会发展的指导意见》,并即将颁布《长江三角洲地区区域规划》。明确提出长三角地区要全面落实科学发展观,从进一步提高国家经济综合实力和提升国际竞争力、改善民生的目标出发,转变经济增长方式,加强创新能力建设,优化产业结构和空间布局,合理调配资源、合理布局生产力、共同保护、建设好环境生态。从高资源消耗转变到发展新型能源,走低污染、低耗能、可持续发展之路;从商品输出向商品与劳务、资本、技术输出并重转型;加大自主创新,逐步转移劳动密集型加工企业,发展现代服务业,从"中国制造"向"中国创造"转变;重视引进外资的同时,更加注重先进技术的引进、吸收和创新,有选择的引进外资,提高产业层次;加强私营企业与外资协作互动,加速外资企业产业链的本土化,实现产业升级和产品升级换代;加大环境保护和生态建设的投入和力度,进一步改善投资环境,创造更加美好的人居环境,建成高度现代化的城乡协调发展的世界级城市化地区。

因此,长三角不仅肩负着科学发展、创新发展、率先发展,引领中国经济全面参与全球化竞争的重任,同时也担负着辐射周边及长江流域,带动中部地区崛起,乃至全国经济振兴的历史使命,面临更高层次的发展机遇。

二、面临挑战

1. 经济全球化和长三角经济高度外向化，增加了长三角外部竞争加剧的压力和应对国际市场变幻的难度

长三角地区虽为我国综合实力最强的区域,但与国外发达地区相比,国际化的层次和应对国际风险的能力明显不足。作为全国首位经济区和全球竞争主体区域,长三角地区经济总量只占全国的20%左右,与其他世界级城市密集区相比,比重偏小;引进外资整体产业层次和技术水平不高,以制造业为主,制造业中高新技术产品的占比不高,实际获利较低,外资投入中的高新技术企业只占30%左右;引进外资总量大,投资对外资依赖性强,增大货币政策调控和对资本流动风险控制的难度,存在债务和金融危机风险,特别是

2008 年由美国次贷危机引发的全球金融风暴,不仅导致长三角虚拟经济受全球金融危机影响快速下调,而且实体经济受全球需求下降的影响明显减速,对长三角发展冲击较大。同时,大量国际资本投资,挤占国内资本和产业市场,面临宏观经济管理风险,而且 FDI 引入带来的技术大多处于技术生命周期成熟和衰退阶段的技术,存在高技术缺失风险。

近年来,世界局势动荡、投资基金炒作、国际金融危机等,加剧了石油、铁矿石等全球性资源供需失衡和价格大幅波动,资源争控问题严重。随着我国出口规模扩大,中国面临的贸易摩擦也越演越烈,国外针对中国产品的贸易壁垒将越来越多,使中国企业出口特别是出口导向的劳动密集型低端制造业出口潜伏的压力越来越大。随着中、东欧以及东南亚等地区吸引外资优惠政策的大力实施,以及国内东北老工业基地改造、中部崛起以及沿海珠三角和京津冀都市圈两大经济密集区的快速发展,FDI 分流倾向日益明显,与长三角的竞争加剧。加上长三角自身发展存在的以中低端产业为主体、一体化聚合力不足、生产和商务成本上升、高端人才缺乏和资源环境压力趋紧等问题,导致长三角发展面临巨大竞争压力。

这一新的发展和竞争态势,对处于开放前沿的长三角地区国际化战略提出转型的要求,需要进一步探索有利的外资利用模式和国际贸易策略,乃至整体经济社会发展战略。因此,充分发挥自身的发展优势,放大接受国际制造业转移的先发效应,抓住经济全球化地域分工结构转变等历史机遇,加快增长模式转型和产业结构优化升级,在国际竞争格局中占据较高地位,成为长三角区域发展的重大任务。

2. 区域定位和分工不明确,重大基础设施缺乏配套衔接,一体化进程有待加快

虽然长三角地区较早建立了区域合作机制,但政府非理性企业化行为,竞争有余,整合不足,地方政府追求经济利益的驱动,造成了各自为政、恶性竞争,各城市定位和产业分工并不明确,重大基础设施建设行政分割,缺乏有效衔接,尚有很多问题需要进一步解决。各地制造业领域存在较严重的低水平产品同构与产业同构问题,在长三角产值位居前十名的主要工业行业中,江浙沪三省市之间有 6 个行业完全相同,其中江浙和江沪之间各有 8 个行业完全相同;全国 34 种主要工业产品中,江浙沪共有 18 种工业产品产量各自超过 10% 以上的全国市场份额,其中江沪之间有 3 种产品雷同,江浙之间有 6 种产品雷同。区域内部缺乏功能合理分工和空间的有效管制,区域内部城市、产业发展与基础设施建设等缺乏适应当地环境资源条件和经济社会基础的合理分工和优化布局,重要生态功能区保护缺乏有效的管制,难以约束产业和城镇用地的无序蔓延。生产要素统一市场及区域竞争协调机制尚未确立,没有建立起按照市场规律、由市场和企业主导的区域竞争协调机制。导致城市之间、地区之间的产业互补性较弱,跨地区的产业分工合作难以展开,造成低水平的重复建设和无序争夺资源、争夺市场、争夺外资项目的恶性竞争。

铁路和公路等交通通道特别是过江通道缺乏统一规划和建设,公路路网不断加密,不但导致占用耕地的矛盾,而且导致空间分割、破碎的问题日显突出;港口建设缺乏跨区域联动开发和合理分工,在相当程度上存在无序竞争问题;区内国际航线航班密度不高,上海两大机场与杭州萧山和南京禄口及其他几个国内民用机场缺乏有效分工合作,抑制航空业快速发展。各级物流中心城市的功能定位不明确,相互之间缺乏协调与合作,大多自成体系、独立运作、部门分割、行业垄断、地方封锁,相互之间很少关联,不仅难以达到节约物流成本的作用,还造成资源配置的极大浪费。水利环保设施建设缺乏从全局角度统筹考虑,水系结构破坏严重。

3. 经济增长方式粗放,资源环境瓶颈约束日益明显

长三角地区人口众多,经济发达,产业、城镇密布,经济增长方式相对粗放,对资源、能源的需求量巨大,造成日益严重的资源和能源短缺。"三高一低"(高投入、高污染、高消耗和低效益)的粗放型经济增长模式,对资源、能源及各种生产要素的投入高,消耗大,产出低,依赖性强。长三角地区单位 GDP 的能耗和工业企业全员劳动生产率虽高于全国平均水平,但相对于西方发达国家仍有数倍的差距。

长三角地区人口密集,人口密度高达全国平均值的近 6 倍,人均耕地面积较少,仅 $0.05hm^2$,只及全国平均水平的 2/3、世界平均水平的 1/5。土地紧缺,不仅已使该地区作为全国商品粮基地的地位受到动摇,而且还导致各类用地的地价飙升,大幅度增加生产成本,使得区域在经济全球化国际竞争中的低成本优势逐渐丧失。而且由于长三角地区经济发展处于重化工业发展阶段,在今后一段时间内耕地快速减少的趋势仍不可避免,土地供求矛盾还将日益加剧。区内煤炭、石油等资源更是严重短缺。由于能源需求的快速增长,对外依存度大,能源的组织、运输困难较大,能源安全问题突出。大量的区际能源调配(主要是煤炭)和进口(主要是油气)主要依赖少数能源通道或运输线路来完成,存在很多瓶颈和不稳定因素。煤炭库存最少时仅能维持电厂 2～3 天的需求量,能源已成为影响该地区社会经济快速健康发展的最大阻碍之一。

近年来,长三角地区经济发展与资源、环境不相协调,高能耗、高污染的第二产业占国民经济比重偏高,造成日益严重的环境污染和生态退化问题。2004 年江浙沪工业废气排放总量为 38401 亿 m^3,工业废水排放总量为 485171 万 t,工业固体废物产生量 8802 万 t,分别占全国的 16.2%、21.9% 和 7.3%。虽然其工业废水排放达标率 96.7% 和工业固体废物综合利用率 95.6% 都明显高于全国同期 90.7% 和 56.5% 的平均水平,但相对于西方发达国家,其人均三废排放量和三废的单位产值排放量仍有较大差距。近年来,为应对电力不足,长三角新建、扩建了一大批燃煤电厂,火电厂排放的大量污染物,特别是二氧化硫成为导致酸雨的重要原因,长三角大部分城市已经列入酸雨和二氧化硫"两控区"。

大量污染物排入江湖和海洋,导致区域水质污染和水生态退化严重。长江干流的饮用水源地水质虽然达到功能类别的要求,但生态安全的保障程度较低。长江江苏段目前均有不同程度的有机毒物检出,浙江地区水源地水质不够稳定,城镇饮用水源地水质达标率仅 95%,上海市近 70% 的用水量取自黄浦江水系,其干流水质总体在Ⅳ～Ⅴ类之间,有机污染比较突出。太湖近 40 余年来水质急剧恶化,受总氮因子影响,现状太湖水质为

劣Ⅴ类,富营养化程度高,每年均暴发不同程度的蓝藻"水华"。两省一市虽然都有关于水源保护的相关法规和条例,但因执法措施与力度上存在薄弱环节,致使水源水质改善的难度较大。该地区海洋污染面积逐年扩大,严重污染区域主要分布在排污口及邻近海域,并呈向近海扩展的趋势,尤以长江口等邻近海域污染较重,杭州湾地区近海海域水质呈高度富营养化,已成为浙江省及全国污染最严重的近岸海域之一,导致赤潮灾害频发,严重破坏了近海生物资源的生产能力。从1985年到2000年,长江口的水生生物种类减少了40%,生态系统功能下降了50%;长江口河蟹和蟹苗自然种群资源枯竭,产量骤减,1998年仅为200 kg,2004年长江口鳗苗期已不能起汛。

　　长期以来,由于水环境污染导致水质型缺水,长三角地区大量开采地下水,又造成大范围严重的地面沉降问题。20世纪末,苏州、无锡、常州和嘉兴地面沉降中心累计最大沉降量已分别达到2.8m和0.84m。近20年来地面沉降主要集中区已由城区向区域外围扩展,苏锡常地区沉降量大于1000mm的地区面积达119.4km²,杭嘉湖地区累计沉降量超过100mm的沉降面积已达2500km²,约占整个平原地区面积的40%,对区域防洪排涝、土地利用、城市规划建设、航运交通等造成严重危害。

4. 区域自主创新能力不足,影响区域整体竞争力的进一步提升

　　长三角地区虽为全国科教实力最强的区域之一,但技术创新能力不强,科技成果转化和技术创新不充分,相对缺乏核心技术及其应用能力;国际性制造基地建设还处于组装、装配阶段,尚未成为以研究与开发为支持的制造基地;高新技术引进多而消化更新少,拥有自主知识产权的强势产业和企业很少,高新技术产品还处于"三来一补"的低级阶段,附加价值低,出口效益差。长三角在积极承接世界制造业向我国及亚太地区转移的进程中,还只是一个主要承担加工的制造业生产中心,还远没有成为世界级的制造中心和研发中心,致使大部分关键技术仍然依赖从国外进口,装备制造业发展严重滞后,成套能力薄弱,先进制造技术的研发和应用与工业发达国家仍有相当的差距。

　　长三角地区虽在上游的基础性研究方面具有较强的实力,但中游的应用研究相对薄弱,产学研之间缺乏彼此结合的链条与平台,科研与生产"两张皮"的脱节现象尚未得到根本扭转。现在的转化机制并不能有效地促进大学、科研院所、企业、政府的联动。科技、经济等各项资源的配置也不合理,致使高新科技成果的产业化水平低下,既不能适应国内市场的发展变化,更不能适应国际市场的发展变化。产业组织内部与不同地区的同一产业之间普遍缺乏分工合作与共享机制,不利于高新技术的转移与扩散,使得高新技术产业很难形成足够的经济规模,在新产品的研制、开发与生产之间,普遍缺乏高效、健全的转化机制。

　　企业普遍缺乏技术创新的动力与实力,众多企业尤其是民营企业仍然处在较低的以量的扩张为主要方式的发展阶段,企业规模小,技术层次低,企业管理落后,需要整体提升。在企业技术引进工作中,普遍存在着低水平分散重复引进,重设备引进轻技术引进,重引进轻消化、吸收、扩散和再创新的倾向与问题。企业技术引进活动仍然停留在分散

引进和简单使用的层次,还没有达到对引进技术与设备的复制、再设计进而再创新的更高层次的能力。企业作为技术创新主体的地位尚未真正确立,从而严重制约了长三角地区高新技术的产业化和传统产业的升级。由于众多产品长期施行"低成本生产扩张战略",致使产品的科技含量普遍较低,一些高新技术产品也大多停留在劳动密集型的加工装配环节,缺乏拥有自主知识产权的核心技术。中外合资企业产品大多沿袭国外品牌而缺乏自主品牌,内资企业产品大多缺乏国际知名度,出口产品大多贴牌生产。

第三节　长江三角洲地区保护与发展的重点

长三角地区作为我国综合实力最强的区域,未来发展肩负着率先全面融入全球经济、引领全国经济腾飞的历史重任,更高水平和层次的发展面临转变发展方式、突破资源环境瓶颈约束、全面提升自主创新能力和核心竞争力、加快国际化和区域一体化进程等一系列发展任务。本节着重从保护和发展协调的角度加以分析,主要为长三角地区区域规划综合研究的部分成果。

一、优化区域空间发展布局,加快推进区域一体化进程

1.合理划分主体功能分区

以长三角地区内上海市市辖区、江苏及浙江省的地级市市辖区和县(县级市、上海市郊区)为基本单元,综合考虑生态服务功能、生态敏感性和水资源开发压力等自然约束条件以及开发效益和开发潜力等经济开发需求条件,分别将长三角区域内各市县的自然生态约束和经济开发需求强度划分为高、较高、中等和低4级,综合分析自然生态约束和经济开发需求以及现状土地开发状况,将长三角区域分为优化调整区域、重点拓展区域、生态控制区域和禁止开发区域四大功能区(见图14-6)。按照空间功能分区的要求,制定财政、产业、土地、人口流动、环境准入等方面的差别化政策,规划和调整城市体系布局,进行配套基础设施建设、资源跨区域调动,逐步形成合理的空间开发格局。

(1)优先开发区域即经济开发需求旺盛,但现有的开发强度已经较高,或本身就是历史文化名城,具有一定生态约束性的地区,主要包括上海、南京、苏锡常、杭州、宁波等几大都市区的核心区域。该区域要着力提升产业的技术水平,向外转移技术含量低、环境污染重、占地大、劳动密集型等的项目,提高城镇功能和质量,化解资源环境瓶颈制约;严格控制土地增长和环境污染,提高建设用地的集约化水平和企业绿色化水平;提高人口引进门槛,优化人口智力结构;以经济效率和质量为主要指标制定干部考核指标体系。

(2)重点开发区域即经济开发需求较强,自然生态约束不强,现有的开发强度不是很高的地区,主要位于沿海、沿江、沿湾产业带的大部分地区以及湖州、台州等市区。该区域适宜大规模的工业开发,或适合以现代服务业和居住为主的城镇建设。加强该区域的

产业和城镇配套能力建设,高标准建设基础设施和人居环境,放宽人口管制约束,增强产业和人口吸聚能力;适当扩大用地供给和环境容量的指标分配,满足其加快工业化和城市化发展的需求;以经济产出规模和效率为主要指标制定干部考核指标体系。

图例
重点拓展区域
优化调整区域
生态控制区域
禁止开发区域

图 14-6　长江三角洲地区主体功能分区(据长江三角洲区域规划综合组,2006)

(3)控制开发区域即自然生态约束强和较强的地区,生态环境较为脆弱,经济开发受自然生态约束明显。该区域原则上以保护或控制性开发为主,鼓励发展生态友好型产业及无污染的绿色产业。财政应重点向该区域倾斜,完善该区域的基础设施配套和防灾能力建设,增强对富民的财政扶持,增强发展的可持续性;对干部考核的经济产出和效率指标标准较低,但对环境维持的指标要求更高。

(4)禁止开发区域为极高自然生态约束或生态服务功能地区。该区域应维护自然生态状况和环境质量,维持生物群落的多样化和生态系统结构的完整性,实行严格的土地和人口控制,禁止一切无关建设行为,增加财政转移支付和生态环境补偿费用,重点用于公共服务设施和生态环境建设的扶持,缩小当地居民的生活福利与其他区域的差距。

2.优化区域空间开发格局

充分考虑长三角主体功能分区和管制方向要求,优化形成以上海为核心,沿沪宁和沪杭甬交通线、沿长江两岸、沿杭州湾、沿海、沿宁湖杭交通线、环太湖沿岸发展带"一核六带"的总体开发格局。

(1)上海作为发展核心,应整合和利用周边地区的优势资源,进一步强化上海作为长三角地区发展核心的地位,深入推进城市综合服务功能建设,发挥国际经济、金融、贸易和航运中心的功能,增强集聚和引导能力,使上海成为吸引全球流动资本、传递功能辐射的世界级城市,成为东北亚地区的主枢纽港和服务业中心。在产业分布上,内环线以内的地区实现退二进三,以发展第三产业为重点,适当保留都市型工业;城市内外环线之间的地区则以发展高科技、高增值、无污染的工业为重点,调整、整治、完善现有工业区;城市外环线以外的地区以发展第二产业为重点,提高经济规模和集约化水平,集中建设工业区,积极发展现代化农业和郊区旅游业。基础设施重点强化各城镇与中心城市的交通联系,注重与城区轨道交通网络相衔接,建立一体化社会保障网络,各功能组团间保留足够的生态隔离空间。

(2)沪宁和沪杭甬交通沿线发展带,按照集约、创新、优化的原则,着力提高发展质量;严格控制环境污染重、资源消耗大的产业发展,努力提升技术创新能力和服务业发展水平,加快高技术产业集聚和现代服务业发展;优化城市功能,保护开敞生态空间,改善环境质量,建成具有世界发达水平的都市连绵区。着力于优化调整产业结构和布局,通过产业转型和空间集约发展,挖掘空间潜力,重点合作发展高技术产业和服务业,建设全国乃至全球重要的高新技术产业发展、技术创新及现代服务业集聚基地。严格控制环境污染重、占地大的项目和劳动密集型项目,提高建设用地的集约化水平和企业绿色化水平。不断提高发展内涵质量,提升国际竞争力。

(3)沿长江两岸发展带,充分发挥黄金水道的优势及沿江交通通道的作用,依托沿江岸线的合理开发和港口建设,以临江城市为载体,集中布局大运量、大耗水量的基础工业,形成化工、冶金、装备制造、物流等重要产业;提升开发水平,注重水环境保护与生态建设,大力加强水源地和沿江重要湿地保护,设置绿色隔离带,为产业发展构筑良好的生态屏障。建成特色鲜明、规模集聚、布局合理、生态良好的基础产业发展带和城镇集聚带,成为具有全球影响的长江产业带的核心组成部分。

(4)沿杭州湾发展带,依托现有产业基础和港口条件,积极发展高技术、高附加值的加工制造业和重化工业,提高制造业深加工水平和科技含量,对原有优势产业进行调整、提升和转移,成为加工制造集群基地和重化工业基地。建设若干现代化新城区,注重区域环境综合治理,建成分工明确、布局合理、功能协调的现代制造业密集带和城镇集聚带,带动长三角地区南部的全面发展。

(5)沿海发展带,依托临海港口,培育和进一步发展临港基础产业,建设港口物流、大型重化工和能源基地,以上海大小洋山港为龙头,整合宁波、苏州太仓、南通包括如东以及台州等沿海港口,建设直接面向国际近远洋运输服务的临海港口群;依托临海港口,培育和壮大临港基础产业的发展,建设港口物流、大型重化工和能源基地;按海洋功能区划要求合理保护和开发海洋资源,发展海洋渔业、海洋旅游业,建设海洋产业基地,发展壮大相关城镇,形成与生态保护相协调的新兴临港产业和海洋经济综合发展带,辐射带动苏北、浙南地区经济发展。

(6)宁湖杭交通沿线发展带,充分考虑资源环境容量及区域的生态屏障功能,促进生态环境综合整治和旅游统一开发的协调出发,强化高新技术无污染工业、旅游休闲度假等行业发展,重点发展高新技术、轻纺家电、旅游休闲、现代物流、生态农业及资源加工等产业;配套建设农副产品、建材、地方特产等物品的物流中心,建设长三角西侧重要的物流基地;大力开发生态休闲旅游,重点建设太湖西侧旅游度假风光带,成为长三角重要的休闲观光基地和纵向生态走廊;积极培育城镇集聚区,形成生态产业集聚、城镇发展有序的新型发展带,拓展长三角地区向中西部地区辐射带动的范围。

(7)环太湖沿岸生态服务带,临太湖 5km 纵深的地区,以健康太湖为重点,坚持生态优先原则,以保护太湖及其沿岸生态环境、发挥生态服务功能为前提,保护沿岸的湿地和山地森林,严禁在沿湖 1km 范围内的有损生态健康的开发活动,5km 范围内地区,严格控制土地开发规模和强度,适度发展旅游观光、休闲度假、会展、研发等服务业和特色生态农业,成为全国重要旅游休闲带和区域会展中心与研发基地,成为长三角区域旅游休闲观光带以及科学研究与技术创新基地。

二、严格保护耕地和生态用地,提高用地集约利用水平,合理利用土地资源

1. 加大基本农田保护力度,严格保护耕地

粮食安全对于全国和区域经济发展和人民生活稳定具有重要意义。随着经济发展水平的提高,经济发展对耕地的占用也将逐渐减少,但这种占用还会持续较长时间。未来经济发展对建设用地的需求增加,必然会增加对长三角耕地资源的占用。长三角地区人口集聚,粮食需求量大,从区域粮食安全角度考虑,不可能完全依赖于其他地区的供应,必须保有一定的耕地面积,确保一定的粮食安全水平。在综合考虑影响耕地需求面积因素的情况下,参考发达国家和地区在类似发展阶段经济发展与土地利用的关系以及粮食自给情况,利用基于粮食自给率的耕地最小保有量预测公式,确定 2010 年长三角地区保障粮食自给率不低于 50%,2020 年不低于 40%,且在全部实现蔬菜自给的前提下,长三角最小保有耕地面积 2010 年不少于 344 万 hm²,2020 年不能少于 315 万 hm²,这是长三角可持续发展必须严守的耕地保有底线。

坚持保护耕地的基本国策,切实保护耕地特别是基本农田,遵循实事求是的原则,从保障经济发展和粮食安全综合角度,合理确定长三角基本农田面积,确保基本农田保护率不低于国家规定的占耕地面积 80% 的标准,划定保护范围,并实施最严格的耕地保护空间管制政策,确保耕地保有面积高于耕地最小保有水平。加大土地复垦、开发整理力度,建设高标准基本农田,大幅度提高耕地质量和产出水平。

按照空间开发总体布局框架,实施差别化土地政策,统筹保有耕地,优化用地布局。沪宁和沪杭甬沿线发展带,采取最严格的措施,划定基本农田保护区,保护优质基本农田和重要生态功能保护区;优化土地利用结构,加大土地整理、复垦力度,着力提高土地产出率;严格控制上海、南京、苏州、无锡、杭州、宁波的城市建设用地增量。沿江发展带、沿湾发展带和沿海发展带,优先安排建设用地指标,满足重点产业发展的需求。宁湖杭发

展带以及其他沿路发展轴带,确保基本农田保护面积和生态保护面积,保留足够的自然生态空间,适度安排建设用地,促进城市与产业有序集聚和发展。沿湖生态服务带,优先满足保护生态的要求,实施有效的土地管制,控制土地开发强度。其他地区,适当调高基本农田保护率,增加耕地保护面积,严格控制建设用地占用耕地的规模,平衡区域土地利用结构。

2. 充分挖掘土地利用潜力,提高建设用地集约利用水平

长三角地区土地农耕历史悠久,在全区山丘占 44.9%、平原仅占 55.1%(其中水域面积又占 12%)的自然条件下,耕地垦殖指数高达 38.5%,接近全国平均水平的 4 倍,超过世界平均水平的 3 倍。若加上园地和交通、工矿与居民点等建设用地,则全区土地开发利用率超过 57%,其中还不包括水面开发利用部分。而全区目前土地后备资源约 11.2 万 hm^2,仅占土地总面积的 1.0%,主要类型为江河滩地、海涂和荒草地,其中滩涂资源占后备资源的 80% 以上。由于滩涂资源围垦开发周期长、投入大,加上滩涂开发受生态环境建设的制约,新增用地潜力很难平衡建设占用农用地的巨大需求。1997—2004 年长三角地区年均建设占用耕地 3.6 万 hm^2 左右,耕地非农化率为 1.04%,是同期全国水平的 6.93 倍,其中 80% 为占用的耕地,按此比例,则到 2020 年新增建设用地需要占用耕地 59 万 hm^2,按照现行的基本农田保护政策,可用于建设占用的耕地仅能满足一半左右,缺口很大。

而与国外发达地区相比,长三角地区土地利用效率则较低,2005 年前后,长三角地区特大城市、大城市、中等城市和小城市分别为 2.8 亿元/km^2、2.3 亿元/km^2、1.0 亿元/km^2 和 0.6 亿元/km^2,其中建设用地产出率最高的苏州为 6.3 亿元/km^2,而香港地区的建设用地产出率则高达 691.8 亿元/km^2。若将长三角地区建设用地平均产出效率提高到上海建设用地产出率的 50%、75% 和 100% 的情况下,则创造相同的二、三产业 GDP 分别可以节约用地 5.6%、36.8% 和 52.7%,建设用地集约利用水平有很大潜力。

大力推进农民居住向城镇和中心村集中、工业向园区集中、土地利用向规模经营集中,实行严格的农村居民点和城镇生活占用土地标准,逐步过渡到国家规定标准的下限,严格控制城镇和农村居住用地增长,全面提高居住用地效率。以提高工业用地的产出效率为重点,大幅提高工业用地产出率;制定区域产业用地标准,全面实施工业用地招拍挂制度,提高新上工业项目入区入园门槛。强化各类公路、铁路建设选线的统一规划和协调,降低基础设施造成的土地破碎化,切实提高土地占用效率。

3. 保障生态用地

对重要生态功能保护区和其他生态地位重要的地区,实施有效的保护和管制。对区内 37 个自然保护区、12 个国家级森林公园、2 个国家湿地公园、重要集中式饮用水供水水源地和重要水源涵养区、浙江南部地区海拔 500m 以上山体、江苏和上海以及浙江的湖州和嘉兴两市海拔 200m 以上的山体、沿海湿地等区域实施严格的保护,确保到 2010 年

受保护国土面积占区域总面积的比例达到10%。严格保护河湖水域、荡滩、湿地,对于重要湿地、重要水源地外围和输水通道两侧地区、长江干流、城市间的重要生态斑块、浙江西部海拔200~500m之间的山体、江苏和上海以及浙江湖州和嘉兴两市海拔50~200m之间的地带,严格控制土地开发强度,禁止导致生态退化的各种生产活动,积极促进产业转型,鼓励发展生态型产业,有针对性地新建自然保护区和海洋特别保护区,改善区域生态环境质量。加强林地保护,防止非法占用林地。

三、加强饮用水源地水质保护,加大水环境和大气环境污染防治

1. 以保护饮用水源地水质为重点,强化水污染治理和水环境保护

采取预防与治理、污染控制与水资源节约利用相结合的方针,从长三角水资源消耗和环境污染大户纺织、钢铁等行业入手,努力提高工业用水重复利用率,尽快达到全国平均水平;限制高耗水型工业项目的发展,严格控制工业污染物的排放,坚决淘汰浪费资源、污染环境的落后工艺、技术、设备和产品,逐步形成有利于节约资源、保护环境的产业结构;以现有开发区和工业小区为基础,提高项目准入标准,降低产品单位产量耗水定额,提高工业用水重复利用率,优化产业结构,促进清洁生产。

重点围绕长江、太湖、钱塘江下游水系和流域的环境污染进行综合整治,控制河流有机污染与湖泊富营氧化。继续实施污染物总量控制。建立点源达标排放的长效管理机制。着力建设城市、城镇污水集中处理设施,完善污水收集管网系统,提高污水处理水平。加强河湖水域管理,禁止围湖和侵占水面,维护河湖水面率,恢复河湖调蓄洪水能力,保护湿地,改善生态环境。实施近岸海域总量控制制度。开展海域环境容量研究,弄清长江口海域环境容量底数,按各海域的环境容量、环境功能,确定控制标准,对海域环境质量实行规划控制管理。加强排海企业、污水处理厂及港口、船舶等污染源的管理,严格控制入海污染物种类和总量。加大研究该海域的赤潮成因的机理及预测研究,采取有效措施防止赤潮的发生,确保海洋自然生态环境免遭破坏。

重点保护集中式饮用水源,加强江、河、湖、库集中供水的饮用水源保护,划分水源保护区,确定保护范围、保护措施。重点加强对南水北调东线水源地、引江济太等调水水源与输水通道水污染控制和水质保护。严格实行两省一市水功能区、水环境功能区划方案,水行政主管部门和环境保护行政主管部门依据各自职能,加强对水功能区、水环境功能区水质监测和管理;按保护、保留、缓冲、饮用水源、工业用水、农业用水、渔业用水、景观娱乐用水和过渡区的水质目标要求,正确处理保护与开发建设的关系,确保水源水质的生态安全。

2. 大力实施节能减排,保护大气环境

改变能源结构,采用清洁能源,对改善大气环境至关重要。长江三角洲区域应以"西气东输"、"西电东送"为契机,全力推进能源结构调整,以清洁能源替代煤。燃煤锅炉必

须使用洁净煤或采取脱硫措施。积极推进天然气发电,优化一次能源结构和电源结构。重点推进常州戚墅堰电厂和苏州望亭电厂的燃气工程及张家港和华能金陵燃气电厂建设。加速中小型锅炉燃气或电力对煤的替代。坚决贯彻执行国家关停小火电的有关规定,逐步淘汰能耗高、污染大、调峰能力差、出力不足 5 万 kW 以下的机组。

依托特殊的地理区位优势和独特的自然环境,应该大力发展核电、水电、风力发电等多种能源形式。大力扶持发展风能和太阳能等再生能源,重点在沿海地区建设风能发电示范工程。鼓励利用太阳能和地热能,大力发展水源或空气源热泵技术,进一步扩大热电联产的集中供热系统,从而缓解对天然气的过度依赖,使供热能源结构多元化。大力推广使用太阳能热水器和建设被动式太阳能采暖屋以及利用地热水采暖。采用焚烧垃圾发电,最符合循环经济的原则,减少化石能源消耗,利用生物质能、风能和太阳能等可再生能源给居民提供采暖、炊事、生活热水,从而减少化石能源(即石油、煤等不可再生能源)消费量。

严格控制新建火电厂二氧化硫排放。大中城市建成区和规划区,原则上不得新建、扩建火电厂(机组),所有新建、扩建和改建燃煤含硫量大于 1% 的火电机组,必须采用低硫优质煤或安装高效烟气脱硫设施,并配备安装烟气自动监测装置,安装低氮燃烧器控制氮氧化物的排放,安装电除尘器净化烟气,以控制颗粒物的排放。严格控制电厂建设规模,实施二氧化硫排放总量控制。现有燃煤燃油火电厂要求安装烟气脱硫设施;严格限制燃用原煤含硫量在 1% 以上的煤;2010 年采用现有烟气脱硫,可选用石灰石/石灰脱硫装备。分期分批淘汰高能耗、重污染的各类工业炉窑,积极发展低能耗、轻污染或无污染的炉窑。工业炉窑应优先考虑使用电、气体燃料、低硫油、优质低硫煤、洗后动力煤或固硫型煤,积极发展清洁煤燃烧技术。控制民用炉灶二氧化硫排放主要通过改变能源结构,大力推行清洁能源等措施,城区内民用炉灶,包括居民烧饭和取暖炉灶、餐饮服务业炉灶、机关和企事业单位炊事炉灶、茶浴炉等,应逐步禁止燃用原煤,限期实现燃用清洁能源。

3. 重视跨区域重大生态环境问题的协调

太湖流域下游沪苏、苏浙、沪浙交界及区域内部相关地市交界地区水污染严重是流域性环境矛盾的集中表现,尤其是省界断面的污染控制难度大,两省一市境内水污染治理的绩效难以在边界地区落实。首先必须加强跨界水环境功能区的协调,对所有河流进行水环境功能区划,优化调整现状不合理的功能区目标,通过科学测算河流的水环境容量,根据流域水资源统一保护和适度开发利用的原则,合理确定沿河各城镇允许排污量;强化跨省、市界的断面水质达标管理,实施污染物排放总量控制,明确各省市水质保护的目标和责任,缓解上下游因水污染引起的纠纷,实现流域共同发展的目标;加强入河排污口的监督管理,合理规划入河排污口的布局,严格实行排污总量控制和排污许可证制度;制定跨省、市界水域水质监督管理办法,强化区域内省界和市界断面水质统一监测和信息共享平台建设,并建立相应的经济补偿机制,对上游地区超标排污给下游地区造成的经济损失,要给予相应的补偿。

　　加强环杭州湾上海化工产业带和浙北化工集聚区环境保护协调,遏制地表水和近岸海域水污染加重趋势。充分利用业已启动的近海海域环境保护的区域合作机制,拓展合作领域与范围,在杭州湾及近岸海域生态环境质量现状调查基础上,积极开展污染治理与综合防治工作,推动杭州湾南北岸的环境整治及生态,建立涉岸和涉海部门与地区的合作机制,明确各自职责与管辖范围。按照准确、及时、高效、重点的原则,对优先扶持的重点经济开发区(工业园),规范建设环境监测网络。建设重点为园区及周边地区空气、河湖水体环境质量,建立重点污染源监测、监控体系,提高环境监督执法装备水平,加强突发污染事故预警和应急处置能力,减轻危害,妥善处理纠纷,维护社会稳定。

　　以河口、近岸海域重点功能区生态恢复与环境保护为重点,推进海域生态环境保护的区域合作,遏制海域生态环境的恶化趋势,改善海域环境质量,增强海洋生态系统服务功能,确保近海地区经济社会的可持续发展。坚持保护与适度开发相结合的原则,有效缓解涉海开发建设与环境保护的矛盾,科学合理地开发滩涂资源,建立各种类型的湿地自然保护区。建立海洋生物特别保护区,促进海洋生物多样性的发展。强化对海水养殖的环境管理。加快建立长三角海洋环境监测与预警预报体系。以长江口与杭州湾近海渔场为重点海域,明确海洋环境保护在各类开发活动中的基础地位,建立排污总量控制制度,制定《中华人民共和国海洋环境保护法》的实施细则,颁布陆源污染物离岸深海排放的具体管理办法,加强海洋生物资源管理,开展海域环境综合整治,建立和完善海洋环境监测监视体系,建立近岸海域污损事故应急处理机制,使突发性污染事故得到及时、有效、妥善的处理。

　　建立大气污染控制的区域协调机制,有效治理区域日益严重的大气污染问题。实施严格的二氧化硫总量控制制度,协调跨区域污染物总量控制方案,出台相关的管理办法。强化各地区二氧化硫污染监测、年度排放审核、总量分配信息交流、总量核算、违法行为协查等方面的合作。协商制定长三角地区统一的环境规划和环境目标,明确各地环境保护责任,加强责任监督,对环境问题采取统一行动,通过建立环境协调的长效机制,实现长三角的大气污染治理目标。

四、建设生态安全网架体系,重点保护重要生态功能区

1. 构筑长三角"两横两纵"井字形生态安全体系

　　长三角地区宏观尺度的地貌、地势具有明显的地带性,西部是山体林地生态屏障带、中部为湖群水系网络、东部是沿海及近海生态防护带。以长三角地貌、水系轮廓格局为基本依据,以宏观尺度区域空间安全体系的构建与发展为目标,以自然生态斑块的空间链接和多种生态服务功能的集聚为手段,构筑区域生态安全网架。

　　该网架以"二水二绿"复合生态系统为骨架(见图14-7)。一横(北横)为长江干流水体生态通道,以长江及其沿岸低山丘陵、湿地为主体,包括西部老山、宁镇山地余脉,江阴

分散低山丘陵,直到长江口的崇明等沙洲,构成区域一条水系为主体的生态走廊,确保长江干流稳定达到地表水环境质量Ⅱ类功能区的标准。该通道主要对沿江开发以及沿江城市建设提供水资源保障、增氧固碳、净化水、气污染物以及调节气候等服务功能。二横(南横)为千岛湖—括苍山山体生态通道,以长三角南部山地丘陵及水系构成的山水复合生态走廊,自西向东包括千岛湖、龙王山、会稽山、四明山、天台山、括苍山等连绵山脉,以及曹娥江、甬江、椒江等水系。区域生态系统中的自然组分比例高,是区域自然生境和乡土物种保留地,对区域生态系统的稳定起到控制性和生态源的作用,具备区域生态流通的源功能,对钱塘江流域的开发建设起生态屏障作用。一纵(西纵)为高邮—邵伯湖—天目山水复合生态通道,北起高邮—邵伯湖,经宁镇山脉、茅山、宜溧山地、太湖,直到莫干山、天目山脉所构成的山水复合生态走廊。作为城市景观源和生态控制骨架,发挥分割屏障和绿岛作用,对区域生态系统的稳定起到重要的生态源作用,具备一定的区域生态流通的源功能。二纵(东纵)为启海—象山港—漩门湾沿海生态通道,北起江苏南通(如东、海门、启东)沿海平原、湿地及纵横交错的河流湖荡,经长江口、杭州湾,到舟山群岛及沿台州的众多海湾。构成沿海城市和产业密集地带的生态防护带,对江苏的南通、上海市、浙江的杭州、嘉兴、宁波、台州等沿海地区的生态调控以及释放海陆交错带的生物多样性功能具有重要作用。

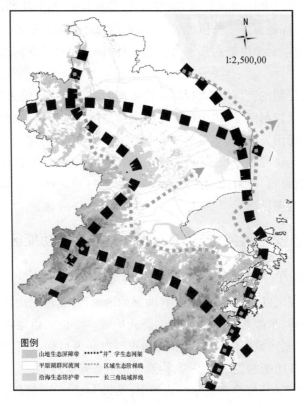

图 14-7　长江三角洲地区生态网架图(据长江三角洲地区区域规划综合组,2006)

3. 加强重要生态功能保护区建设

在区域生态功能区划基础上,基于区域生态结构体系的维护、重要与敏感生态功能区的保护,提出长三角地区区域生态保护分级控制战略。在这个分级控制的生态保护战略中,依据生态保护控制的严格程度,在长三角地区划出极重要生态功能保护区、重要生态功能保护区和一般自然生态功能保护区3个生态保护级别。

(1)**极重要生态功能保护区**。总面积约 10893km^2,占长三角地区总面积的 9.9%。主要包括:自然保护区、国家级森林公园、重要水源地(其中长江 31 个主要取水口和南水北调水源地)和水源涵养区、浙江南部地区(不含湖州和嘉兴两市)海拔 500m 以上的地区、江苏和上海以及湖州和嘉兴两市海拔 200m 以上的地区。在此区域内,应停止一切导致生态功能继续退化的开发活动和其他人为破坏活动,严格执行国家和地方的法规和有关规范标准,特别是重点保护饮用水源地和水源涵养区内的森林植被,对已存在的工矿企业应坚决予以搬迁;严格控制人口增长,区内人口已超出承载能力的应采取必要的移民措施。对已经破坏的重要生态系统,要结合生态环境建设措施,认真组织重建 与恢复,尽快遏制生态环境恶化趋势。

(2)**重要生态功能保护区**。总面积约 20864km^2,占区域总面积的 19.03%。处于极重要生态功能保护区的外围,主要由山地森林生态系统和重要的湿地生态系统组成,是严格保护区的重要屏障和有效补充,生态敏感性比较强,同时在生物多样性保护、水源涵养、水土保持等方面也具有比较重要的作用,是保障与改善长三角地区整体环境质量的重要区域。该区主要由自然保护区的外围、重要水源地的外围地区和输水通道的两侧地区、长江干流、城市间的重要生态斑块、浙江南部地区(不含湖州和嘉兴两市)海拔 200~500m 之间的地区、江苏和上海以及湖州和嘉兴两市海拔 50~200m 之间的地区。严格控制人类的土地开发活动,对森林与水体等自然资源的开发利用要以不损害生态系统的服务功能为原则,禁止导致植被退化的各种生产活动,加强生态防护林体系建设,彻底改变区内生产经营方式,走生态经济化和经济生态化的发展道路;在经济林区要培育多林种立体种植模式,同时积极开展商品林向生态公益林的改造工作。结合水源地保护和水源涵养区维护,开发利用湿地和水域的,严格保护水生生态系统的生物多样性和功能的完善性。有计划、有针对性地维护和新建提升自然保护区、水源保护区、森林公园的等级、面积。

(3)**一般自然生态功能保护区**。总面积约 21482km^2,占区域总面积的 19.59%。主要是由重要生态功能保护区范围外的森林生态系统、草地生态系统和湿地组成。处于自然生态保护地区与引导开发建设区之间的生态缓冲范围内,土地利用以经济林、园地和草地为主,建设开发活动不很明显,生态条件良好,应注重现有自然植被、湿地水域的保护,加强现存水土流失的治理和水土流失敏感区的保护,积极开展森林公园和休闲景观建设。可适当发展经济,但是必须限制城镇发展规模,禁止污染型工业的发展,适度开发利用区内资源。

附 表

地区	GDP (亿元)	第一产业 增加值(亿元)	第二产业 增加值(亿元)	第三产业 增加值(亿元)	人均GDP (元)
上海	10366.37	93.30	5028.73	5244.35	57695
南京	2773.78	82.10	1359.98	1331.69	46114
无锡	3300.59	51.49	1968.80	1280.63	72489
常州	1569.46	59.48	947.48	562.65	44440
苏州	4820.26	94.00	3151.97	1574.30	78801
南通	1758.34	168.10	985.02	605.22	22826
扬州	1100.16	94.50	620.60	385.06	24048
镇江	1021.52	41.58	618.63	361.31	38088
泰州	1002.28	95.02	585.53	321.73	19933
杭州	3441.51	154.87	1734.52	1552.12	51878
宁波	2874.44	139.41	1583.53	1151.50	51460
嘉兴	1346.65	88.21	807.18	451.26	40206
湖州	761.02	65.60	435.15	260.27	29527
绍兴	1677.63	97.30	1015.80	564.52	38540
舟山	335.20	41.90	139.51	153.82	34682
台州	1463.31	105.94	782.28	575.08	26026
马鞍山	428.87	18.83	275.31	134.76	34040
巢湖	344.36	79.90	135.49	129.01	8319
芜湖	479.72	30.32	270.37	178.98	21511
铜陵	243.55	7.07	163.13	73.43	34310
池州	130.09	28.53	49.53	52.04	9066
安庆	494.37	94.39	208.90	190.91	8758
九江	506.22	78.16	262.88	165.18	10825
武汉	2590.76	115.81	1195.63	1279.06	29899
黄石	401.03	31.80	212.55	156.68	15838
鄂州	168.33	126.73	141.76	169.58	16367
荆门	348.73	86.03	127.60	135.10	11903
荆州	438.06	25.13	84.59	58.61	6802
宜昌	694.91	90.34	354.68	249.89	17190
黄冈	391.20	121.15	126.20	143.84	5376
咸宁	234.25	55.47	95.51	83.17	8385
恩施	189.50	72.79	47.48	69.23	4885
岳阳	733.40	134.43	351.01	247.96	14331

地区	GDP （亿元）	第一产业 增加值（亿元）	第二产业 增加值（亿元）	第三产业 增加值（亿元）	人均 GDP （元）
常德	723.84	177.48	303.00	243.35	13338
益阳	336.21	89.20	102.21	144.84	8082
重庆	3491.57	425.97	1501.03	1564.92	12457
宜宾	428.07	83.73	219.04	125.25	9560
攀枝花	290.07	13.00	204.59	72.46	25539
泸州	331.12	75.79	138.21	117.12	7819

注：数据来源于《中国城市统计年鉴2007》，部分指标依据该年鉴中数据计算，以下表格数据来源与此相同。

附表1 　　　　　　　　　长江产业带城市经济社会统计数据（二）

地区	从业人员 （万人）	第一产业从业 人员（万人）	第二产业从业 人员（万人）	第三产业从业 人员（万人）	农村居民人 均收入（元）	城镇职工平 均工资（元）
上海	332.52	1.30	135.96	195.26	9139	41188
南京	96.44	0.51	43.14	52.79	7068	32459
无锡	58.67	0.42	31.57	26.68	8881	29658
常州	36.50	0.17	19.00	17.33	8001	26553
苏州	114.09	0.79	81.54	31.76	9281	28010
南通	57.21	1.78	31.05	24.38	6106	21662
扬州	35.40	0.21	18.43	16.76	5813	20847
镇江	32.71	0.44	16.59	15.68	6717	22924
泰州	32.75	0.44	14.92	17.39	5695	17309
杭州	129.32	0.16	64.11	65.05	8515	32792
宁波	95.42	0.15	60.00	35.27	8847	28949
嘉兴	68.72	0.15	50.58	17.99	8952	22625
湖州	26.76	0.03	16.10	10.63	8333	26041
绍兴	63.18	0.05	45.14	17.99	8619	26914
舟山	10.63	0.02	3.73	6.88	8333	28443
台州	42.87	0.46	20.69	21.72	7368	31946
马鞍山	15.03	0.05	9.64	5.34	5191	26290
巢湖	17.40	0.72	6.14	10.54	3317	15589
芜湖	22.00	0.08	12.67	9.25	4512	18972
铜陵	11.14	0.31	6.89	3.94	3869	19288
池州	6.74	0.14	1.90	4.70	3347	16145
安庆	23.77	1.15	5.21	17.41	2970	14712
九江	36.40	1.57	15.86	18.97	3551	13592

地区	从业人员 （万人）	第一产业从业 人员（万人）	第二产业从业 人员（万人）	第三产业从业 人员（万人）	农村居民人 均收入（元）	城镇职工平 均工资（元）
武汉	153.89	5.41	66.20	82.28	4748	21839
黄石	30.37	1.14	19.28	9.95	3182	13822
鄂州	15.36	0.23	9.49	5.64	3799	11962
荆门	22.29	3.51	8.62	10.16	4059	12986
荆州	36.35	4.17	13.28	18.90	3502	11281
宜昌	41.73	1.27	22.37	18.09	3433	12731
黄冈	32.79	2.28	9.05	21.46	2861	10296
咸宁	20.08	0.68	9.20	10.20	3213	11136
恩施	22.25	10.00	5.84	6.41	1848	14296
岳阳	30.40	3.84	10.76	15.80	3876	15506
常德	29.69	0.26	12.61	16.82	3549	15981
益阳	21.87	0.57	7.22	14.08	3371	15150
重庆	219.74	2.14	104.20	113.40	2874	19215
宜宾	30.60	0.25	16.16	14.19	3331	15571
攀枝花	18.20	0.17	12.69	5.34	3864	21426
泸州	23.74	0.31	11.41	12.02	3422	15406

附表 1 　　　　　　　　　　　**长江产业带城市经济社会统计数据（三）**

地区	普通高等 学校数（个）	普通高等学校 在校学生数（人）	城镇万人拥有 医院床位数（张）	城镇万人拥有 医生数（人）	文盲率 （%）	大专以上 人口比例（%）
上海	60	466333	68	33	5.3	10.9
南京	41	620779	35	25	5.8	12.3
无锡	11	91327	40	24	4.1	4.8
常州	9	94235	34	20	6.1	4.5
苏州	17	128194	44	24	5.0	4.7
南通	6	65364	27	15	6.6	2.7
扬州	5	69846	28	16	7.5	3.8
镇江	5	72913	31	20	5.7	5.0
泰州	3	25618	23	15	6.4	2.4
杭州	36	349976	48	28	5.3	7.2
宁波	13	121263	35	26	5.6	3.5
嘉兴	4	25540	36	19	8.0	2.2
湖州	3	18795	35	19	7.1	2.1
绍兴	5	38332	29	19	5.7	2.3
舟山	3	17311	37	23	9.3	3.3
台州	3	21079	24	16	8.1	1.9
马鞍山	4	25786	27	18	8.9	4.8

续表

地区	普通高等学校数(个)	普通高等学校在校学生数(人)	城镇万人拥有医院床位数(张)	城镇万人拥有医生数(人)	文盲率(%)	大专以上人口比例(%)
巢湖	2	15278	17	10	8.4	1.4
芜湖	11	110524	32	17	9.7	4.5
铜陵	3	20088	43	23	10.5	5.1
池州	2	7909	20	9	11.2	2.1
安庆	2	17643	19	10	11.7	2.1
九江	7	84184	20	10	6.3	2.5
武汉	52	747227	40	26	5.0	11.9
黄石	3	29569	30	16	7.2	3.8
鄂州	1	8862	30	16	7.0	3.0
荆门	2	19276	22	15	5.7	3.1
荆州	9	117197	17	11	7.4	2.7
宜昌	2	39435	28	19	6.3	3.9
黄冈	4	31700	15	11	10.5	1.8
咸宁	3	29457	16	11	6.8	2.6
恩施	2	22977	19	11	7.6	1.7
岳阳	3	33587	20	10	3.4	2.6
常德	4	19135	19	10	5.9	2.1
益阳	3	18454	16	11	4.0	2.2
重庆	38	376118	20	12	7.1	2.8
宜宾	2	16789	20	11	6.4	1.5
攀枝花	2	15632	51	30	8.1	5.1
泸州	4	26905	14	9	6.4	1.7

附表1 　　　　　　　　　　　**长江产业带城市经济社会统计数据(四)**

地区	2001—2006年经济增长率(%)	2001—2006年固定资产投资增长率(%)	非农人口比重(%)	全社会固定资产投资总额(万元)	实际使用外资金额(万美元)
上海	15.9	14.5	64.6	39250884	710689
南京	19.2	32.7	77.6	16135518	151911
无锡	19.4	45.6	72.3	14749380	275228
常州	18.5	50.3	45.5	9515629	125145
苏州	22.3	45.4	52.2	21069898	610461
南通	16.8	50.9	34.3	10488974	257497
扬州	16.8	37.9	39.5	5332998	76099
镇江	15.2	40.0	43	4785412	73044
泰州	17.4	41.6	27.5	5325636	65815
杭州	17.0	25.9	46.5	14607422	225536
宁波	17.0	36.2	33.7	15027686	243018

地区	2001—2006 年经济增长率（%）	2001—2006 年固定资产投资增长率（%）	非农人口比重（%）	全社会固定资产投资总额（万元）	实际使用外资金额（万美元）
嘉兴	17.4	33.0	34.6	8002118	122178
湖州	14.6	38.4	30.4	4797505	75702
绍兴	15.3	39.5	30.4	7657451	97188
舟山	21.5	42.0	36.4	2189878	5003
台州	14.4	39.6	17.7	6237376	41354
马鞍山	25.4	53.6	47.5	2622499	8638
巢湖	10.9	32.7	15.9	1624866	5755
芜湖	17.0	36.3	48.8	2866237	34192
铜陵	24.9	26.2	58	923347	10003
池州	16.0	41.1	17	910421	5531
安庆	13.4	34.0	17.2	2109314	5781
九江	16.8	38.0	26.8	2551300	34143
武汉	14.0	22.2	63.4	13252827	200143
黄石	12.5	30.1	35.7	1380527	24000
鄂州	10.7	25.1	38	720489	6633
荆门	5.2	27.3	26.9	1277409	8890
荆州	5.8	15.9	24.7	1496604	8738
宜昌	11.1	15.2	32.8	3235450	19830
黄冈	2.7	15.9	22.8	1928906	9422
咸宁	10.1	16.1	27.6	1038318	6177
恩施	10.7	22.2	11.7	450599	1537
岳阳	12.5	20.6	38.1	2390276	7214
常德	12.7	29.0	23.4	1961080	15143
益阳	9.9	20.1	19.7	1292443	4131
重庆	14.8	30.1	26.4	24518351	69600
宜宾	20.1	27.8	17.5	1869292	1181
攀枝花	10.3	35.5	54	1233134	774
泸州	7.6	22.5	17.3	1215596	1976

附表 1 长江产业带城市经济社会统计数据（五）

城市名	土地面积（km²）	人均耕地面积（亩）	多年平均水资源总量（亿 m³）	工业废水排放量（万 t）	工业二氧化硫排放量（t）
上海市	34964	0.00	31.7	762	13408
南京市	102869	0.60	26.3	287191	1191424
无锡市	6582	0.48	18.7	43182	145751
常州市	11258	0.75	15.2	9752	121000
苏州市	4375	0.58	26.1	27300	83847

城市名	土地面积（km²）	人均耕地面积（亩）	多年平均水资源总量（亿 m³）	工业废水排放量（万 t）	工业二氧化硫排放量（t）
南通市	8488	0.92	20.6	73227	228962
扬州市	16972	1.00	29.6	9124	39121
镇江市	6634	0.97	13.2	12594	89442
泰州市	3847	0.95	21.2	10320	86405
杭州市	103662	0.41	97.4	199474	828037
宁波市	16596	0.56	87.9	76539	121189
嘉兴市	11784	0.95	15.0	11409	70834
湖州市	3915	0.84	31.6	16291	109760
绍兴市	5818	0.58	55.9	9862	57187
舟山市	8841	0.26	6.9	15676	33329
台州市	1440	0.39	121.6	1755	27635
马鞍山市	2585	0.96	5.3	5791	116085
巢湖地区	9787	1.32	41.9	1433	11294
芜湖市	7029	0.80	15.5	5502	27206
铜陵市	2741	0.51	5.5	2115	63647
池州地区	8374	1.20	51.5	1531	4895
安庆市	1113	0.86	74.9	4397	45059
九江市	3824	0.71	124.8	1496	52219
武汉市	151495	0.38	32.9	87490	610900
黄石市	8494	0.64	23.0	24822	132613
荆州市	8910	0.60	66.1	6565	48319
荆门市	1504	1.29	49.0	2488	41880
鄂州市	19724	1.53	6.6	11158	83868
宜昌市	23680	1.20	120.6	4336	28825
黄冈市	14205	0.70	82.1	6089	36280
咸宁市	17446	1.01	55.3	3623	11184
恩施州	23942	0.94	207.7	5931	33100
岳阳市	20830	0.80	92.5	7747	27190
常德市	15087	1.10	155.9	11147	69992
益阳市	9516	0.80	91.7	609	8415
重庆市	1915	0.96	586.4	292	385
宜宾市	7186	0.69	92.7	9004	22744
攀枝花	4373	0.43	53.5	2782	35171
泸州市	7440	0.64	58.2	1481	106415

地区	综合实力指数	排序	经济发展水平指数	排序	社会发展水平指数	排序	经济发展活力指数	排序	发展能力指数	排序
上海	161.4	1	158.3	1	150.4	1	155.5	2	189.5	1
苏州	132.0	2	142.2	2	111.6	4	165.3	1	115.4	6
南京	117.8	3	106.1	6	119.9	3	111.7	6	137.3	3
无锡	117.3	4	129.3	3	111.4	5	126.5	5	101.5	8
杭州	115.7	5	113.2	4	122.2	2	110.6	9	121.2	5
武汉	115.4	6	92.3	9	109.6	6	132.2	3	143.1	2
宁波	107.3	7	109.6	5	104.2	7	110.8	8	109.9	7
常州	97.0	8	97.7	7	95.9	8	108.6	10	90.6	10
南通	92.6	9	79.5	16	74.6	19	130.6	4	90.4	11
镇江	90.8	10	89.8	11	91	12	103	15	84.1	14
嘉兴	90.5	11	91.8	10	86.4	14	108.5	11	80	18
绍兴	88.6	12	92.8	8	91.6	11	91.4	21	82.9	15
扬州	85.1	13	77.3	19	75.4	18	106.8	13	85.1	13
芜湖	85.1	13	73.3	21	68.8	20	107.4	12	91.9	9
铜陵	84.3	14	83.4	12	75.9	17	106.5	14	79	20
湖州	83.1	15	79.4	17	88.1	13	94.4	20	74.5	26
马鞍山	82.6	16	83.3	13	76.4	16	95.3	18	79.4	19
重庆	81.4	17	79.9	15	56.9	28	65.1	30	127.7	4
舟山	80.7	18	78.5	18	91.6	10	90.3	22	66.5	35
泰州	80.2	19	73.2	22	68.6	21	100.2	16	82.7	16
攀枝花	78.1	20	76.2	20	92.1	9	94.8	19	53.2	38
台州	77.7	21	81.6	14	79.3	15	65.3	29	88.6	12
黄石	76.4	22	67.7	23	64	25	110.9	7	66.9	34
鄂州	72.2	23	62.7	25	63	26	98.3	17	68.3	32
宜昌	69.2	24	67.4	24	67.3	22	64.9	31	80.8	17
九江	67.7	25	60.2	27	54.7	30	85.8	23	73.5	29
岳阳	67.2	26	62.4	26	64.4	23	68	26	77.2	25
常德	63.2	27	58	28	55.9	29	64.4	32	77.5	24
荆门	61.7	28	54.7	31	64.1	24	68.4	25	62.6	37
咸宁	61.2	29	52.1	35	50.1	33	72.2	24	73.6	28
安庆	60.5	30	56.5	29	43.6	37	67.2	28	77.7	22
荆州	60.3	31	49	37	50	34	67.5	27	77.6	23
益阳	59.5	32	50.8	36	59.6	27	61.8	34	68.6	31
宜宾	58.9	33	56.4	30	54	31	58.1	36	69.9	30
巢湖	58.1	34	52.9	33	47	35	57	37	78.4	21
池州	57.7	35	53.1	32	43.7	36	62.8	33	74.1	27
泸州	54.0	36	52.7	34	50.4	32	51.3	38	64.2	36
黄冈	53.0	37	46.5	38	42.7	38	58.5	35	66.9	33
恩施	44.4	38	40.7	39	40.6	39	51	39	47.5	39

主要参考文献

1. Cao L. Barte M. Lei G. New Anatidae population estimates for eastern China: Implications for current flyway estimates, Biological Conservation, 2008, 141 : 2301 – 2309.

2. Chen X. , Pan W. . Relationships among phonological growing season, time – integrated normalized difference vegetation index and climate forcing in the temperate region of eastern China. International Journal of Climatolgoy, 2002, 22: 1781-1792. DOI: 10. 1002 / joc. 823.

3. Chen X. , Hu B. , Yu R. Spatial and temporal variation of phenological growing season and climate change impacts in temperate eastern China. Global Change Biology, 2005, 11: 1118 – 1130. DOI:10. 1111/j. 1365 – 2486. 2005. 00974.

4. Fang J. , Chen A. , Peng C. , et al. Changes in forest biomass carbon storage in China Between 1949 and 1998. Science, 2001, 292: 2320 – 2322.

5. Fang J. , Piao S. , Field C. B. , et al. Increasing net primary production in China from 1982 to 1999. Front Ecol Environ, 2003, 1 (6) : 293-297.

6. IPCC Working Group Ⅰ. Climate change 1995 — The science of climate change. Cambridge : Cambridge University Press, 1996: 229 - 412.

7. Jiang T. , Su B . D. , Heike H. . Temporal and spatial trends of precipitation and river flow in the Yangtze River Basin, 1961 – 2000. Geomorphology, Volume 85, Issues 3 – 4, 30 March 2007: 143 – 154.

8. Ji J. , Huang M. , Li K. . Prediction of carbon exchanges between China terrestrial ecosystem and atmosphere in the 21st century. Science in China (series D : Earth Sciences), 2008, 51(6): 885 – 898.

9. Peñuelas J. , Filella I. . Phenology: response to a warming world. Science, 2001, 294 : 793-795.

10. Piao S. , Fang J. , Zhou L. . et al. Interannual variations of monthly and seasonal normalized difference vegetation index (NDVI) in China from 1982 to 1999. Journal of Geophysical Research, 2003, 108 (D14), 4401. DOI: 10. 1029/2002JD002848.

11. Rosenzweig C. , Casassa G. , Karoly D. . et al. Assessment of observed changes and responses in natural and managed systems. Climate Change 2007: Impacts, adaptation and vulnerability. contribution of working group II to the fourth assessment report of the intergovernmental panel on climate change, M. L. Parry, O. F. Canziani, J. P. Palutikof, P. J. van der Linden and C. E. Hanson, Eds. , Cambridge University Press, Cambridge, UK, 2007: 79 – 131.

12. Su B. D. , Jiang T. , Jin W. . Recent trends in temperature and precipitation extremes in the Yangtze River basin, China. Theoretical and Applied Climatology. 2006, 83 (1 – 4): 139 – 151.

13. Xu, M. , C. P. Chang, C. Fu, Y. Qi, A. Robock, D. Robinson, Zhang, H. . Steady decline of east Asian monsoon winds, 1969 – 2000: Evidence from direct ground measurements of wind speed, J. Geophys. Res. , 2006, 111, D24111. DOI:10. 1029 / 2006JD007337.

14. Yang G. S. , Zhu J. W. . A study of impacts of global sea level rise on salt water intrusion into the Changjiang Estuary. Science in China (series B), 1993, 36 (11) : 1391- 1401.

15. Yang G. S. Hazards from sea level rise and their impacts on resources utilization in the Yangtze River Deltaic Plain, China. In: Landbased and Marine Hazards. Kluwer Academic Publishers, 1996: 179-289.

16. Zhou L. ,Tucker C. J. ,Kaufmann R. K. ,et al. Variation in northern vegetation activity inferred from satellite data of vegetation index during 1981-1999. Journal Geophysical Research—Atmospheres, 2001, 106 (D17): 20069-20083.

17. Zhong C. H. , Xing Z. G. ,Zhao W. Q. , et al. Eutrophication investigation and assessment of the Daning River after water storage of the Three Gorges Reservoir. Chinese Journal of Geochemistry. 2005, 24 (2): 149-154.

18. Richard R. Heim J. ,周跃武,等. 美国 20 世纪干旱指数评述. 干旱气象, 2006, 24 (1): 79 – 89.

19. 安旭东,朱继业,陈浮,等. 全球变化对长江三角洲土地持续利用的影响及其对策. 长江流域资源与环境, 2001,10 (3):761 – 772.

20. 白艳莹,王效科,欧阳志云. 苏锡常地区的城市化及其资源环境胁迫作用. 城市环境与城市生态, 2003,16 (6):286 – 288.

21. 包维楷,庞学勇. 四川汶川大地震重灾区灾后生态退化及其基本特点. 应用与环境生物学报, 2008, 14 (4):441 – 444.

22. 蔡其华. 深入贯彻落实党的十七大精神,奋力开创治江工作新局面——在长江委 2008 年工作会议上的报告. 中国水利网 http://www.cjw.com.cn.

23. 蔡其华. 实施科学发展新战略 打好水利建设攻坚战 为治江事业又好又快发展而奋斗——在长江委 2009 年工作会议上的报告. 中国水利网 http://www.cjw.com.cn.

24. 蔡其华. 长江流域节水与水资源可持续利用. 中国水利,2005(13): 180 – 183.

25. 曹文宣. 有关长江流域鱼类资源保护的几个问题. 长江流域资源与环境, 2008, 17 (2): 163 – 164.

26. 曹勇,陈吉余,张二凤,等. 三峡水库初期蓄水对长江口淡水资源的影响. 水科学进展, 2006, 17(4): 554-558.

27. 曾小凡 , 苏布达, 姜彤. 全球增暖背景下 2050 年前长江流域气候趋势预估. 气候变化研究进展, 2007, 3 (5):293 – 298.

28. 曾小凡,苏布达,姜彤,等. 21 世纪前半叶长江流域气候趋势的一种预估. 气候变化研究进展, 2007,3(5): 293 – 298.

29. 柴超,俞志明,宋秀贤,等. 三峡工程蓄水前后长江口水域营养盐结构及限制特征. 环境科学, 2007, 28(1): 64- 69.

30. 车涛,李新. 1993—2002 年中国积雪水资源时空分布与变化特征. 冰川冻土, 2005, 27(1): 64 – 67.

31. 陈大庆,段辛斌,刘绍平,等. 长江渔业资源变动和管理对策. 水生生物学报 ,2002,26 (6): 685 – 690.

32. 陈吉余. 中国河口海岸研究与实践. 北京:高等教育出版社,2007.

33. 陈吉余,程和琴,戴志军. 河口过程中第三驱动力的作用和响应——以长江河口为例. 自然科学进展, 2008, 18 (9): 994 – 1000.

34.陈建军.长江三角洲地区的产业同构及产业定位.中国工业经济,2004,(2):19-26.

35.陈进,黄薇,张卉.长江上游水电开发对流域生态环境影响初探.水利发展研究,2006,6(8):10-13.

36.陈进,黄薇,程卫帅.风险分析在水利工程中的应用.武汉:长江出版社,2006.

37.陈进,黄薇.三峡工程后的长江中下游防洪策略变化.水利发展研究,2005,5(1):41-43.

38.陈进,黄薇.水资源与长江的生态环境.北京:中国水利水电出版社,2008.

39.陈进,黄薇.通江湖泊对长江中下游防洪的作用.中国水利水电科学研究院学报,2005,3(1):11-15.

40.陈进,黄薇.未来长江流域水资源配置的思考.水利水电快报,2005,26(17):1-3,7.

41.陈进,王建.长江与黄河历史洪水对比.长江科学院院报,2002,19(4):39-41.

42.陈克林.湿地保护与全球变暖.环境经济,2007,42(6):25-27.

43.陈雷.在全国水利工作会议上的报告.2009.http://www.chinawater.com.cn/ztgz/xwzt/2009slgzhy/1/200901/t20090107_235977.htm

44.陈立,吴门伍,张俊勇.三峡工程蓄水运用对长江口径流来沙的影响.长江流域资源与环境,2003,12(1):50-54.

45.陈立华.国际装备制造业产业转移下的中国战略.新材料产业,2008(3).

46.陈肃利,张金锋,张军.长江流域水资源配置思路探讨.人民长江,2006,37(7):18-20.

47.陈西庆.近70年长江口海平面变化研究及其意义.地理学报,1990,45(4):387-398.

48.陈显维,许全喜,陈泽方.三峡水库蓄水以来进出库水沙特性分析.人民长江,2006,37(8):1-6.

49.陈宜瑜.中国气候与环境演变(下卷:气候与环境变化的影响与适应、减缓对策).北京:科学出版社,2005:98-109.

50.迟传德,许信旺,吴新民,等.安徽省升金湖湿地土壤有机碳储存及分布.地球与环境,2006,34(3):59-64.

51.崔鹏,韦方强,陈晓清.汶川地震次生山地灾害及其减灾对策.中国科学院院报,2008,23(4):317-323.

52.崔书红.汶川地震生态环境影响及对策.环境保护,2008,13:37-38.

53.戴宏伟.国际产业转移的新趋势及对我国的启示.国际贸易,2007(2):45-49.

54.丁一汇,任国玉,石广玉,等.气候变化国家评估报告(Ⅰ):中国气候变化的历史和未来趋势.气候变化研究进展,2006,2(1):3-8.

55.董晓伟.长江堤防建设管理及护岸工程论文集.武汉:长江出版社,2006.

56.窦鸿身,姜加虎.中国五大淡水湖.合肥:中国科技大学出版社,2003.

57.段进军.长江三角洲地区交通、城市化及产业发展态势分析.经济地理,2002,22(6):679-683.

58.方精云,朴世龙,贺金生,等.近20年来中国植被活动在增强.中国科学(C辑),2003,47:229-240.

59.方精云.中国森林生产力及其对全球气候变化的响应.植物生态学报.2000,24(5):513-517.

60. 傅伯杰,刘国华,陈利顶,等．中国生态区划方案．生态学报，2001（1）．

61. 傅伯杰．区域生态环境预警理论与应用．应用生态学报，1993,4(4).

62. 傅伯杰．土地可持续利用评价的指标体系与方法．自然资源学报，1997, 12 (2).

63. 高亮之,金之庆．全球气候变化和中国的农业．江苏农业学报，1994, 10 (1)：1 – 10.

64. 葛向东,彭补拙,濮励杰,等．长江三角洲地区耕地质量变化的初步研究——以锡山市为例．长江流域资源与环境，2002, 11 (1).

65. 葛永刚,庄建琦.5·12 汶川大地震对岷江上游河道的影响——以都江堰—汶川段为例．地质科技情报，2009, 28(2).

66. 龚林儿．关注鄱阳湖．前进论坛，2007,（7）：19 – 20.

67. 顾朝林．长江三角洲地区及主要城市比较研究．南京：江苏人民出版社,2003.

68. 郭海晋,王政祥,邹宁．长江流域水资源概述．人民长江，2008, 39 (17)：3 – 11.

69. 郭玉洁,杨则禹．长江口区浮游植物的数量变动及生态分析．海洋科学集刊，1992, 33：167-188.

70. 国家发展计划委员会．长江上游水污染整治规划,1998.

71. 国家海洋局,2006 年中国海平面公报,2007.

72. 国家环保总局．三峡库区及其上游水污染防治规划（2001— 2010）. 2001.

73. 国家环境保护部．长江三峡工程生态与环境监测公报(1997—2008).

74. 国家林业局. http://www.china.com.cn/news/2008 – 06/12/content_15759096.htm,2008.

75. 国家林业局. http://www.gov.cn/jrzg/2008 – 06/12/content_1014881.htm,2008.

76. 国家林业局．中国林业发展报告．北京:中国林业出版社,2008.

77. 国家林业局. 全国湿地资源调查. 1996—2003.

78. 国家林业局退耕还林办公室．退耕还林工程政策文件．北京:知识产权出版社,2006.

79. 国家林业重点工程社会经济效益监测报告(2006). 北京:中国林业出版社,2007.

80. 国家气候中心．2008 年初我国南方低温雨雪冰冻灾害及气候分析．北京:气象出版社,2008.

81. 国家统计局．国际统计年鉴 2008．北京:中国统计出版社,2008.

82. 国家统计局．中国城市统计年鉴 2007．北京:中国统计出版社,2008.

83. 国家统计局．中国统计年鉴 2008．北京:中国统计出版社,2008.

84. 国家汶川地震灾后重建规划．国家汶川地震灾后恢复重建总体规划（公开征求意见稿）．北京,2008.

85. 国务院新闻办. http://society.people.com.cn/GB/41158/8087272.html,2008.

86. 何剑锋,庄大方.长江三角洲地区城镇时空动态格局及其环境效应.地理研究，2006, 25(3)：388 – 396.

87. 洪庆余．'98 洪水和长江防洪.北京:中国水利水电出版社,1998.

88. 胡昌新．海平面上升与长江口盐水入侵距离的推算．见:中国科学院地学部．海平面上升对中国三角洲地区的影响与对策．北京:科学出版社,1994;241 – 245.

89. 胡维忠,仲志余,刘巧清．从 1998 年洪水看长江防洪治理及建设．人民长江，1999, 30(2)：48 – 50.

90. 胡振鹏．鄱阳湖流域综合管理的探索．气象与减灾研究，2006, 29 (2)：1 – 7.

91. 环境保护部 . 中国环境公报（ 2001— 2007）.

92. 黄润秋,李为乐 . "5·12"汶川大地震触发地质灾害的发育分布规律研究 . 岩石力学与工程学报,2008, 27(12)：2585 - 2592.

93. 黄润秋,许强 . 中国典型灾害性滑坡 . 北京:科学出版社, 2008：525 - 553.

94. 黄思平,吴易发,谭启富 . 水库工程对 1998 年长江防洪作用分析 . 人民长江, 1999, 30(2)：24 - 26.

95. 黄煜龄,卢金友,等 . 三峡水库运用不同时段拦沙泄水对下游河道冲淤与河势影响及对策研究 . "九五"三峡工程泥沙问题研究子题 3 总报告, 2000.

96. 黄真理,李玉梁 . 三峡水库水质预测和环境容量计算 . 北京:中国水利水电出版社, 2006.

97. 黄真理 . 三峡水库水环境保护研究及其进展 . 四川大学学报, 2006, 38(5)：7 - 15.

98. 季子修,蒋自巽,朱季文,等 . 海平面上升对长江三角洲附近沿海潮滩和湿地的影响 . 海洋与湖沼, 1994, 25(6)：582 - 590.

99. 姜彤,曾小凡,熊明 . 气候变化与长江洪水 . 见:杨桂山,翁立达,李利锋主编 . 长江保护与发展报告 2007. 武汉:长江出版社, 2007:128 - 129.

100. 姜彤,苏布达, Marco Gemmer. 长江流域降水极值的变化趋势 . 水科学进展 , 2008,19(5).

101. 金腊华,李明玉,黄报远 . 鄱阳湖洪灾特征与圩区还湖减灾运用方式研究 . 自然灾害学报, 2002, 11(4)：74 - 77.

102. 金镠,朱剑飞 . 长江口深水航道治理意义与进展 . 中国水运, 2005(7)：52 - 53.

103. 柯金虎,朴世龙,方精云 . 长江流域植被净第一性生产力及其时空格局研究 . 植物生态学报, 2003, 27(6)：764 - 770.

104. 孙玮 . 栖息地保护是对大熊猫最好的保护. 科学时报, 2008. 10. 14.

105. 李恒鹏,杨桂山 . 长江三角洲与苏北海岸动态类型划分及侵蚀危险度研究 . 自然灾害学报, 2001, 10(4)：20 - 25.

106. 李荣昉,吴敦银,阮月远 . 对鄱阳湖区"平垸行洪,退田还湖"的研究 . 江西师范大学学报（自然科学版）, 2001, 25(4)：365 - 368.

107. 李世勤,闵骞,谭国良,等 . 鄱阳湖 2006 年枯水特征及其成因研究 . 水文, 2008, 28(6)：73 - 76.

108. 李双成,郑度,张镱锂 . 环境与生态系统资本价值评估的区域范式 . 地理科学, 2002 (3).

109. 李晓文,方精云,朴世龙 . 上海及周边主要城镇城市用地扩展空间特征及其比较 . 地理研究, 2003, 22 (6)：769 - 779.

110. 李育材 . 中国的退耕还林工程 . 北京:中国林业出版社,2005.

111. 林峰竹,吴玉霖,于海成,等 .2004 长江口浮游植物群落结构特征分析 . 海洋与湖沼, 2008, 39(4)：401 - 410.

112. 刘波,姜彤,任国玉,等 .2050 年前长江流域地表水资源变化趋势 . 气候变化研究进展, 2008, 4 (3)：145 - 150.

113. 刘传正 . 四川汶川地震灾害与地质环境安全 . 地质通报, 2008, 27(11)：1907 - 1912.

114. 刘杜娟,叶银灿 . 长江三角洲地区的相对海平面上升与地面沉降 . 地质灾害与环境保护, 2005, 16(4)：400 - 404.

115. 刘红,何青,徐俊杰,等.特枯水情对长江中下游悬浮泥沙的影响.地理学报,2008,63(1):50-64.

116. 刘乐和.长江葛洲坝水利枢纽兴建后对中、上游主要经济鱼类影响的综合评价.淡水渔业,1991(3):3-7.

117. 刘庆,吴宁,刘照光.长江上游生态环境建设与可持续发展对策.http://www.cycnet.com/cysn/kijj/luntan/forum99/000929117.htm.

118. 刘瑞玉,罗秉征.三峡工程对长江口及邻近海域生态与环境的影响.海洋科学集刊,1992,33:1-13.

119. 刘绍平,段辛斌,陈大庆,等.长江中游渔业资源现状研究.水生生物学报,2005,29(6):708-711.

120. 刘淑德,线薇薇,刘栋.春季长江口及其邻近海域鱼类浮游生物群落特征,应用生态学报,2008,19(10):2284-2292.

121. 刘卫东,张国钦.经济全球化背景下中国经济发展空间格局的演变趋势研究.地理科学,2007,27(5):609-616.

122. 刘影.平垸行洪退田还湖对鄱阳湖区防洪形势的影响分析.江西科学,2003,21(3):235-238.

123. 刘勇,线薇薇,孙世春.长江口及其邻近海域大型底栖生物群落生物量、丰度和次级生产力的初步研究.中国海洋大学学报,2008,38(5):749-756.

124. 刘子刚.湿地生态系统碳储存和温室气体排放研究.地理科学,2004,24(5):634-639.

125. 卢金友,董耀华,黄悦.三峡水库蓄水运用以来水库淤积和坝下游冲刷初步分析.水电2006国际研讨会,2006.

126. 卢金友.三峡工程下游河床冲刷对护岸工程的影响.人民长江,2002(8).

127. 陆大道,薛凤旋,等.中国区域发展报告.北京:商务印书馆,1997.

128. 陆大道.1997中国区域发展报告.北京:商务印书馆,1997.

129. 陆佩玲,于强.植物物候对气候变化的响应.生态学报,2006,(3):923-929.

130. 陆雅海,朱华潭.全球气候变化对我国农业的影响与对策.世界农业,1996(8):41-43.

131. 罗秉征,沈焕庭.三峡工程与河口生态环境.北京:科学出版社,1994.

132. 吕晓荣,吕胜利.青藏高原青南和甘南牧区气候变化趋势及对环境和牧草生长的影响.开发研究,2002(2):30-33.

133. 吕晓英.西部主要牧区气候暖干化及草地畜牧业可持续发展的政策建议.农业发展,2003(7):51-55.

134. 吕新苗,郑度.气候变化对长江源地区高寒草甸生态系统的影响,长江流域资源与环境,2006,15(5):603-607.

135. 吕子同,毛一剑.气候变化与水稻育种对策,中国稻米,1995(5):1-2.

136. 马建华.贯彻治水新思路谱写长江防洪规划新篇章.人民长江,2006,37(9):5-7.

137. 马瑞俊,蒋志刚.全球气候变化对野生动物的影响.生态学杂志,2005,11(25):3061-3066.

138. 茅志昌,沈焕庭,徐彭令.长江河口咸潮入侵规律及淡水资源利用.地理学报,2000,55(2):

243-250.

139. 闵骞,刘影,马定国. 退田还湖对鄱阳湖洪水调控能力的影响,长江流域资源与环境,2006,15(5):574－578.

140. 闵骞. 鄱阳湖洪水水文风险的变化及其与退田还湖的关系. 防汛与抗旱,2002(3):27-30.

141. 倪绍祥. 近10年来中国土地评价研究的进展. 自然资源学报,2003(6).

142. 聂芳容,弘征,王胜利. 洞庭湖及其湿地保护对策. 岳阳职业技术学院学报,2007(1):36－39.

143. 彭补拙,安旭东,陈浮.长江三角洲土地资源可持续利用研究.自然资源学报,2001,16(4):305－312.

144. 彭补拙,程烨,濮励杰. 长江三角洲地区耕地可持续利用研究. 北京:地质出版社,2003.

145. 剖析四川暴雨成因:三大变化导致今年洪水年. http://www. sc. xinhuanet. com/content/2007－07/24/content_10661410. htm

146. 蒲健辰,姚檀栋,张寅生,等. 长江河源区的现代冰川. 地球科学进展,1998,13 (增刊):58－64.

147. 濮培民,蔡述明,朱海虹,等. 三峡工程与长江中游湖泊洼地环境,北京:科学出版社,1994.

148. 朴世龙,方精云. 1982—1999年我国陆地植被活动对气候变化响应的季节差异. 地理学报,2003,58 (1):119－125.

149. 秦大河,罗勇,陈振林,等.气候变化科学的最新进展:IPCC第四次评估综合报告解析. 气候变化研究进展,2007,3(6):311－314.

150.《气候变化国家评估报告》编写委员会. 第六章.21世纪全球和中国气候变化趋势. 气候变化国家评估报告,北京:科学出版社,2007:130－132.

151.《气候变化——人类面临的挑战》编写组编写. 气候变化——人类面临的挑战. 北京:气象出版社,2007.

152. 人民网. 切实建设资源节约型环境友好型社会 ,2008. http://theory. people. com. cn/GB/49154/49155/6208778. html

153. 人民网. "5·12"汶川地震灾情综合分析,2008. http://scitech. people. com. cn/GB/7332696. html

154. 人民网. 长江遭遇百年罕见枯水期,可能引发洞庭湖鼠患 ,2008. http://society. people. com. cn/GB/6782620. html

155. 任兵芳. 长江防洪体系中非工程措施建设. 水利水电快报,2003,24(2):15－17.

156. 任美锷. 黄河、长江和珠江三角洲海平面上升趋势及2050年海平面上升的预测. 见:中国科学院地学部. 海平面上升对中国三角洲地区的影响与对策. 北京:科学出版社,1994:18－28.

157. 桑连海,黄薇,刘强.长江流域节水现状分析及对策.长江科学院院报,2005,22 (5):11－13.

158. 上海市、江苏省、浙江省统计局.上海、江苏、浙江统计年鉴. 1979、2007.

159. 沈焕庭,潘定安. 长江河口最大浑浊带. 北京:海洋出版社 ,2001.

160. 沈松平,王军,杨铭军,等. 若尔盖高原沼泽湿地萎缩退化要因初探. 四川地质学报,2003,23 (2):123－125.

161. 沈志良. 长江口海区理化环境对初级生产力的影响. 海洋湖沼通报,1993,(1):47－51.

162. 施雅风,姜彤,王俊,等．全球变暖对长江洪水的影响及其前景预测．湖泊科学,2003 增刊：1 – 15.

163. 施雅风,刘时银,上官冬辉,等．近 30 年青藏高原气候与冰川变化中的两种特殊现象．气候变化研究进展,2006,2(4)：154 – 160.

164. 施雅风,朱季文,谢志仁,等．长江三角洲及毗连地区海平面上升影响预测与防治对策．中国科学（D辑）,2000,30(3)：225 – 232.

165. 石登荣,裘季冰,严曾.长江三角洲部分城市空气质量对比研究.现代城市研究,2001(3)：55 – 57.

166. 史培军,宋常青,景贵飞．加强我国土地利用／覆盖变化及其对生态环境安全影响的研究．地球科学进展,2002,17(2).

167. 水利部长江水利委员会.长江口综合整治开发规划要点报告,2004.

168. 水利部长江水利委员会．长江流域及西南诸河水资源公报(1999—2007).

169. 水利部长江水利委员会．长江流域及西南诸河水资源公报(2006—2007).

170. 水利部长江水利委员会．长江流域泥沙公报(2006—2007).

171. 水利部长江水利委员会．长江流域水功能区水质通报(2006—2007).

172. 世界自然基金会(WWF).长江河口城市气候变化脆弱性评价报告.上海,2008.

173. 四川省科学技术顾问团,四川省农业厅．"5·12"地震对四川省农田的破坏及灾后重建对策,2008. http://www.gwt.gov.cn/Article/ShowClass.asp？ID = 20087249102496&Page = 2

174. 苏布达,姜彤,任国玉,等.长江流域1960—2004极端强降水时空分布变化趋势.气候变化研究进展,2006,2(1)：9 – 14.

175. 苏布达,姜彤,任国玉,等．长江流域1960—2004年极端强降水时空变化趋势.气候变化研究进展,2006,2(1)：9 – 14.

176. 苏布达,姜彤．长江流域降水极值时间序列的分布特征．湖泊科学,2008,20(1)：123 – 128.

177. 苏布达．气候变化对水文水资源影响研究:鄱阳湖流域为例,2008.

178. 苏凤环,刘洪江,韩用顺．汶川地震山地灾害遥感快速提取及其分布特点分析．遥感学报,2008,12(6)：956 – 963.

179. 苏珍,施雅风.小冰期以来中国季风温冰川对全球变暖的响应.冰川冻土,2000,22(3)：223 – 229.

180. 孙清,张玉淑,胡恩和,等．海平面上升对长江三角洲地区的影响评价研究．长江流域资源与环境,1997,6(1)：58 – 64.

181. 孙秀莲,霍太英,褚君达．水环境容量的不确定性分析计算．人民黄河,2005,27(3)：34 – 36.

182. 谭培伦．对长江防洪规划的思考．长江流域资源与环境,1999,8(3)：320 – 325.

183. 谭培伦．长江防洪应贯彻"蓄泄兼筹,以泄为主"的方针．人民长江,1999,30(2)：41 – 42.

184. 唐冬梅,徐国新．长江平垸行洪、退田还湖的建设情况与效果浅析．江西水利科技,28(4)：234 – 236.

185. 陶波,曹明奎,李克让,等．1981—2000 年中国陆地净生态系统生产力空间格局及其变化．中国科学(D 辑),2006, 36(12): 1131 - 1139.

186. 陶战,蔡罗保,杨书润. 气候变化对我国农业的可能影响及对策. 农业环境与发展, 1994, 11(3): 1 - 7

187. 田明诚,沈友石,孙宝龄. 长江口及其邻近海区鱼类区系研究. 海洋科学集刊, 1992, 33: 265 - 280.

188. 万咸涛. 长江流域(片)水资源水质现状及特征. 水电能源科学, 2006, 24(3): 1 - 5.

189. 王春乙,郭建平,崔读昌,等. CO_2 浓度增加对小麦和玉米品质影响的实验研究. 作物学报, 2000, 26(6): 931 - 936.

190. 王根绪,等. 青藏高原多年冻土区典型高寒草地生物量对气候变化的响应. 冰川冻土, 2007, 29(5): 671 - 679.

191. 王利民,胡慧建,王丁. 江湖阻隔对涨渡湖区鱼类资源的生态影响. 长江流域资源与环境, 2005, 14(3): 287 - 292.

192. 王守荣,朱川海,程磊. 全球水循环与水资源. 北京:气象出版社, 2003: 125 - 132.

193. 王思远,刘纪远,张增祥,等. 近10年中国土地利用格局及其演变. 地理学报, 2002, 57(5).

194. 王欣,谢自楚,冯清华,等. 长江源区冰川对气候变化的响应. 冰川冻土, 2005, 27(4): 498 - 510.

195. 王勇,郭聪,张美文,等. 洞庭湖区东方田鼠种群动态及其危害预警. 应用生态学报, 2004, 15(2): 308 - 312.

196. 王志宪,虞孝感,徐科峰,等.长江三角洲地区可持续发展的态势与对策.地理学报, 2005, 60(3): 381 - 391.

197. 魏山忠. 结合长江防洪实际做好流域治理专项规划. 人民长江, 1999, 30(2): 46 - 47.

198. 吴道喜. 长江流域防洪体系与评价. 中国水利(B刊), 2003(3): 64 - 66.

199. 吴敦银,李荣昉,王永文. 鄱阳湖区平垸行洪、退田还湖后的防洪减灾形势分析. 水文, 2004, 24(6): 26 - 31.

200. 吴豪,许刚,虞孝感. 关于建立长江流域生态安全体系的初步探讨. 地域研究与开发, 2001(2).

201. 吴豪,虞孝感,许刚. 长江源区冰川对全球气候变化的响应. 地理学与国土研究, 2001, 17(4): 1 - 5.

202. 吴豪,虞孝感. 长江源自然保护区生态环境状况及功能区划分. 长江流域资源与环境, 2001, 10(3): 252 - 257.

203. 吴立功,丁洪亮. 关于现代长江流域水资源管理的思考, 2003, 34(10): 9 - 10.

204. 吴威,曹有挥,曹卫东,等.长江三角洲公路网络的可达性空间格局及其演化.地理学报, 2006, 61(10): 1065 - 1074.

205. 吴循,周青. 气候变暖对陆地生态系统的影响. 中国生态农业学报, 2008, 16(1): 223 - 228.

206. 吴玉成. 鄱阳湖地区平垸行洪、退田还湖、移民建镇后防洪减灾态势. 水利发展研究, 2002, 12(2): 29 - 32.

207. 吴玉霖,傅月娜,张永山,等. 长江口海域浮游植物分布及其与径流的关系. 海洋与湖沼, 2004, 5(3): 246 - 251.

208.席涛,范军,崔浩,等．四川汶川地震对中国经济、社会、环境的影响分析．国际经济评论，2009（4）13－18.

209.线薇薇,刘瑞玉,罗秉征．三峡水库蓄水前长江口生态与环境．长江流域资源与环境，2004，13：119－123.

210.谢洪,王士革,孔纪名．"5·12"汶川地震次生山地灾害的分布与特点．山地学报，2008，26（4）：396－401.

211.熊鹰,王克林,汪朝辉．洞庭湖区退田还湖生态补偿机制．农村生态环境，2003，19（4）：10－13.

212.徐影,赵宗慈,高学杰．南水北调东线工程流域未来气候变化预估．气候变化进展，2005，1（4）：176－178.

213.徐国新,余启辉．长江流域分蓄洪区建设与管理规划初步研究．人民长江，2006，37（9）：24－26.

214.徐海根,朱慧芳．海平面上升对长江口盐水入侵的影响．见:中国科学院地学部编．海平面上升对中国三角洲地区的影响及对策．北京:科学出版社，1994：334－340.

215.徐俊杰,何青,刘红,等．2006年长江特枯径流特征及其原因初探．长江流域资源与环境，2008，17（5）：716－722.

216.徐影,高学杰,郭振海,等．温室效应对未来长江中下游地区温度和降水变化的影响．湖泊科学，2003，15（增刊）：30-37.

217.严作良,周华坤,刘伟,周立．江河源区草地退化状况的成因．中国草地，2003，25（1）：73－78.

218 杨达源,姜彤主编．全球变化与区域响应．北京:化学工业出版社，2005：183－186.

219 杨东莱,吴光宗,孙继仁．长江口及其邻近海区的浮性鱼卵和仔稚鱼的生态研究.海洋与湖沼，1990，21（4）：346－355.

220.杨桂山,施雅风,季子修,等．江苏沿海地区的相对海平面上升及其灾害性影响研究．自然灾害学报，1997，6（1）：288-296.

221.杨桂山,于秀波,李恒鹏,等．流域综合管理导论．北京:科学出版社，2004.

222.杨桂山．中国海岸环境变化及其区域响应．北京:高等教育出版社,2002.

223.杨桂山．三峡与南水北调工程建设及海平面上升对上海城市供水水质的可能影响．地理科学，2001，21（2）：123-129.

224.杨桂山．长江三角洲耕地数量变化趋势及总量动态平衡前景分析.自然资源学报，2002（5）：525－532.

225.杨桂山．长江三角洲近50年耕地变化及其驱动机制研究.自然资源学报，2001，16（2）:121－127.

226.杨桂山,施雅风,张琛.2002 江苏滨海平原淤泥质潮滩湿地对潮位变化的生态响应研究.地理学报,57（3）：325－332.

227.杨建平,丁永建,陈仁升,等．长江黄河源区多年冻土变化及其生态环境效应．2004，22（3）：278－285.

228.姚士谋,陈爽.长江三角洲地区城市空间演化趋势.地理学报，1998，53（增刊）：1－10.

229. 易伯鲁,余志堂,梁秩燊. 葛洲坝水利枢纽与长江四大家鱼. 武汉：湖北科学技术出版社,1988.

230. 殷跃平. 汶川 8 级地震地质灾害研究. 工程地质学报,2008,16(4)：433－444.

231. 於琍,曹明奎,陶波,等. 基于潜在植被的中国陆地生态系统对气候变化的脆弱性定量评价. 植物生态学报,2008,32(3)：521－530.

232. 於琍. 异常降水年份长江中下游陆地生态系统的脆弱性评估. 博士后出站报告,2008.

233. 于浩,线薇薇,吴耀泉. 2004 长江口及邻近海域大型底栖生物群落特征分析. 海洋与湖沼,2006,37(增刊)：222－230.

234. 余文畴. 长江防洪中的河道整治问题,人民长江,1999,30(2)：43－45.

235. 于晓东,罗天宏,周红章. 长江流域鱼类物种大尺度格局研究. 生物多样性,2005,13 (6)：473－495.

236. 于兴修,杨桂山,李恒鹏. 典型流域土地利用／覆被变化及其景观生态效应. 自然资源学报,2003,18(1).

237. 虞孝感,姜加虎,贾绍凤. 长江流域水环境演化规律研究平台及切入点初探. 长江流域资源与环境,2001,10 (6)：485－489.

238. 虞孝感. 长江产业带的建设与发展研究. 北京:科学出版社,1997.

239. 袁婧薇,倪健. 中国气候变化的植物信号和生态证据. 干旱区地理,2007,30(4)：465－473.

240. 张厚瑄. 关于气候变暖对我国农业生态环境影响及其对策的几点看法. 中国农业气象,1992,13 (3)：20－23.

241. 张厚瑄. 中国种植制度对全球气候变化响应的有关问题Ⅰ:气候变化对我国种植制度的影响. 中国农业气象,2000,21 (1)：9－13.

242. 张怀静,翟世奎,范德江,等. 三峡工程一期蓄水后长江口及其邻近海域悬浮物浓度分布特征. 环境科学,2007,28(8) 1655-1661.

243. 张雷,刘毅. 中国东部沿海地带人地关系状态分析. 地理学报,2004,59 (2)：311－319.

244. 张敏莹,徐东坡,刘凯,等. 长江安庆江段鱼类调查及物种多样性初步研究. 湖泊科学,2006,18 (6)：670－676.

245. 张敏莹,刘凯,徐东坡,等. 春季禁渔对常熟江段渔业群落结构及物种多样性影响的初步研究. 长江流域资源与环境,2006,15 (4)：442－446.

246. 张晟,李崇明,郑丙辉,等. 三峡库区次级河流营养状态及营养盐输入影响. 环境科学,2007,28 (3)：500－505.

247. 张愫. 平垸行洪减轻洞庭湖区洪涝灾害,湖南水利水电,2002(5)：25－26.

248. 张新时,刘春迎. 全球变化条件下的青藏高原植被变化图景预测. 见:张新时,陆仲康主编. 全球变化与生态系统. 上海:上海科学技术出版社,1994：17-26.

249. 张旭辉,李典友,等. 中国湿地土壤碳库保护与气候变化问题. 气候变化研究进展,2008,4 (4)：202.

250. 张燕生. 提升经济全球化条件下国际竞争新优势. 中国发展观察,2008 (5)：039－041.

251. 张莹莹,张经,吴莹,等. 长江口溶解氧的分布特征及影响因素研究. 环境科学,2007,28 (8)：1649-1654.

252. 张宇,王馥堂. 气候变暖对中国水稻生产可能影响的研究. 气象学报,1998,56(3):369 – 376.

253. 张增信. 长江流域大气水文过程对流域水资源的影响研究,2008.

254. 张志达,满益群,刘志东. 天然林资源保护工程全面停伐森工企业改革思路和若干政策问题. 见:生态建设与改革发展林业重大问题调查研究报告. 北京:中国林业出版社,2008:174 – 180.

255. 长江产业带 9 省市水利局,9 省市水资源公报. 2003,2005,2007.

256. 长江产业带 9 省市统计局,9 省市统计年鉴 2008. 北京:中国统计出版社,2008.

257. 长江干流 2007 年输沙量偏小三到九成. http://www.863p.com/shuili/RiverNews/200810/85766.html.

258. 长江流域水资源保护局. 三峡库区水域纳污能力及限制排污总量研究,2004.

259. 长江年鉴编纂委员会. 长江年鉴 1994—1995. 水利部长江水利委员会长江年鉴社,1996:543 – 766.

260. 长江水利委员会水文局. 三峡水库蓄水以来进出库水沙特性、水库淤积及下游河道冲刷分析,2007.

261. 长江水为何越来越少. http://www.cjw.gov.cn/index/detail/20081216/108923.asp.

262. 长江水资源保护局. 三峡工程不同蓄水位对河口生态环境的影响. 见:长江三峡工程生态与环境影响文集. 北京:中国水利水电出版社,1988:256 – 278.

263. 长江源冰川——加剧退缩的"中国水塔". http://www.alpinist.cn/Article_Show.asp?ArticleID=5974

264. 赵祥润,王仁坤,章建跃,等. 2008 汶川地震对岷江上游水电工程的影响分析. 水力发电,34(11):5 – 9.

265. 郑景云,葛全胜,郝志新. 气候增暖对中国近 40 年植物物候变化的影响. 科学通报,2002,47(20):1582 – 1587.

266. 中国地震台网中心. http://www.csndmc.ac.cn/newweb/wenchuan/wenchuan_aftershocks.htm

267. 中国工程院. 三峡库区及其上游水污染防治战略咨询研究报告,2008.

268. 中国科学院南京地理与湖泊研究所. 咨询报告:太湖梅梁湾 2007 年藻类"水华"大规模暴发原因分析及应急措施建议.

269. 中国科学院南京地理与湖泊研究所. 咨询报告:太湖"水华"污染无锡市供水水源地的原因及治理对策与建议.

270. 中国可持续发展战略研究组. 中国可持续发展战略报告——政策回顾与展望. 北京:科学出版社,2008.

271. 中国水资源公报(2001—2007). http://www.sdhh.gov.cn/news/Article_Show.asp?ArticleID=31752

272. 重庆市环境保护局. 长江重庆三峡库区水污染防治及生态保护规划,2001.

273. 周广胜,王玉辉,白莉萍,等. 陆地生态系统与全球变化相互作用的研究进展. 气象学报,2004,62(5):692 – 706.

274. 周平. 全球气候变化对我国农业生产的可能影响与对策. 云南大学学报,2001,16(1):1 – 4.

275. 周生路,李如海,王黎明. 江苏省农用地资源分等研究. 南京:东南大学出版社,2004.

276. 周锁铨,廖启龙,等. 区域气候变化影响评估模式的参数确定及预测. 南京气象学院学报, 1999(4):493-499.

277. 周月华. 未来50年南水北调中线水源区水资源变化分析. 中国气象局气候变化专项,2008.

278. 朱明勇,王学雷,宁龙梅. 水事活动对洪湖鱼类资源的生态影响. 水资源与水工程学报, 2008,19(1):32-35.

279. 庄平. 长江口水生生物资源及其保护对策,河口水生生物多样性与可持续发展. 上海:上海科学技术出版社,2008:2-12.

280. 左伟,周慧珍. 王桥. 区域生态安全评价指标体系选取的概念框架研究. 生态学报,2003 (1).

281. 左伟. 基于RS、GIS的区域生态安全综合评价研究. 北京:测绘出版社,2004:66-89.

282. 左晓阳. 洞庭湖调蓄作用分析. 湖南水利水电,2004(1):44-45.

长江流域图

0　100　200　300公里